NOUVELLE MECANIQUE

OU

STATIQUE,

DONT LE PROJET FUT DONNÉ EN M. DC. LXXXVII.

Ouvrage posthume de M. VARIGNON, *des Académies Royales des Sciences de France, d'Angleterre & de Prusse, Lecteur du Roy en Philosophie au College Royal, & Professeur des Mathématiques au College Mazarin.*

TOME SECOND.

A PARIS,

Chez CLAUDE JOMBERT, ruë S. Jacques, au coin de la ruë des Mathurins, à l'Image Notre-Dame.

M. DCC. XXV.

Avec Approbation & Privilege du Roy.

TABLE

DES SECTIONS CONTENUES
dans ce Volume.

Fautes à corriger.

Page 315. *lig.* 3. au dessus, *lis.* au dessous.

Page 358. *lig.* 9. $3\frac{1013093}{2000000}$, *lis.* $3\frac{1009093}{2000000}$.

Pag. 360. *lig.* 18. $3\frac{1013093}{2000000}$, *lis.* $\frac{1009093}{2000000}$.

Ibid. *lig.* 23. $15\frac{5919081603413745017888 1}{705000000000000000009000}$, *lis.*

$15\frac{237326705772654930213 5524}{283000000000000000000000}$.

Ibid. *lig. dern.* corrigez comme dessus ligne 23.

Page 361. *lig.* 2. corrigez encore de même.

Ibid. *lig.* 3. cinq septiémes, *lis.* trois huitiémes.

Page 368. *lig.* 9. ainsi, *lis.* aussi.

Ibid. *lig.* 14. eu, *lis.* en.

Page 411. *lig.* 3. AM à MA, *lis.* AN à MA.

Page 413. *lig. prem.* suivie, *lis.* suive.

Page 420. *lig.* 28. ſAPO, *lis.* ſAPQ.

Page 421. *lig.* 33. le poids E, *lis.* le poids F.

Page 422. *lig.* 34. NC. *lis.* NK.

ORDRE DES FIGURES.

TOME II.

NOUVELLE

NOUVELLE MECANIQUE.

TOME SECOND.

❉❉❉❉❉❉❉❉❉❉❉❉❉❉❉❉❉❉❉ ❉❉❉❉❉❉❉❉❉❉❉❉❉❉❉❉❉

SECTION VI.

Des Poids soûtenus sur des surfaces inclinées.

DEFINITION XXV.

UN plan qui n'est ni vertical, ni horisontal, s'appelle un *plan incliné* ; l'angle qu'il
fait avec l'horison s'appelle son *angle d'inclinaison* ; la verticale comprise entre son
extrêmité superieure & l'horisontale qui
passe par l'inferieure, s'appelle sa *hauteur* ;
& la partie de cette horisontale comprise entre ce plan
& sa hauteur, s'appelle sa *base*.

Suivant cela, si des surfaces S, V, on prend la moyenne Fig. 264;

Tome II.   A

pour un plan incliné à l'horifon GK, & HG, pour la *longueur* de ce plan comprife entre l'horifontale GH & la verticale HK, l'on aura HGK pour fon *angle d'inclinai-fon*, HK pour fa *hauteur*, & GK pour fa *bafe*.

COROLLAIRE.

Toutes les furfaces courbes pouvant être regardées comme faites d'une infinité de petits plans infiniment petits differemment inclinez fuivant les directions de ceux qui les touchent en ces points ou parties infiniment petites regardées comme s'évanouïffant en points; il fuit de la précedente Déf. 25. que l'inclinaifon d'une ligne ou furface courbe quelconque varie dans tous fes points, & que fon inclinaifon en chacun d'eux eft toûjours celle de fa tangente droite ou de fon plan touchant en ce point: de forte qu'en chaque point O de la furface courbe SOV, cette furface peut paffer pour le plan incliné HG qui la touche en ce point O, ayant là HGK pour fon angle d'in-clinaifon, HK pour fa hauteur, & GK pour fa bafe, en prenant HG pour la longueur de ce plan.

DEFINITION XXVI.

On appellera ici & dans la fuite, *bafe* d'un corps ou d'un poids, ce qu'il aura de fa furface appliquée à celle fur laquelle il fe trouvera: par exemple, ici O fera la *bafe* du poids EO, foit que O foit un point, ou une fur-face, felon la figure & la pofition de ce poids.

Suivant ce langage, un poids aura autant de *bafes* qu'il touchera de furfaces differentes en des endroits differens; c'eft pour cela que dans la fuite nous lui donnerons deux *bafes*, lorfqu'il fera foûtenu entre deux furfaces, une pour chacune.

Ce langage extraordinaire n'eft que pour abreger nos ex-preffions, & rendre par-là nos démonftrations plus courtes & moins embarraffées.

DEFINITION XXVII.

Si du point A de concours des directions quelconques AM, AR, du poids EO & de la puissance R qui le retiendroit en équilibre sur la surface quelconque SV, on imagine une perpendiculaire AD à cette surface, à laquelle on va voir (*Th. 26. Corol. 1. 2.*) que pour cet équilibre cette perpendiculaire doit passer par quelqu'un des points O de la base du poids; & si d'un point quelconque D de cette perpendiculaire AD, on mene une autre perpendiculaire DM à la direction AM de ce poids EO. La force qu'on a vû dans les Corol. 8. 9. du Lem. 3. & qu'on va voir encore dans les part. 1. 2. du Th. 26. devoir résulter du concours d'action de ce poids EO & de la puissance R. sur la surface SV suivant AD, sera appellée la *charge* de cette surface; & la résistance directement opposée que (*Lem. 3. Corol. 2. nomb. 2.*) cette surface y fera, s'appellera sa *résistance totale*, ou sa *résistance directe*, ou simplement sa *résistance*; ce qu'elle en fera (*Lem. 3. Corol. 6. 7.*) de M vers A suivant la direction MA du poids EO, s'appellera sa *résistance verticale*; & on appellera sa *résistance horisontale* ce qu'elle en fera de même (*Lem. 3. Corol. 6. 7.*) de D vers M suivant DM.

Les efforts suivant AM, MD, directement opposez & égaux à ces résistances verticale & horisontale, s'appelleront aussi les *charges* des plans GK, HK, ausquels ces efforts sont (*Hyp.*) perpendiculaires.

AVERTISSEMENT.

Les surfaces, soit planes, soit courbes, s'appelleront SV dans la suite, pour faire quadrer chaque démonstration à toutes à la fois avec moins de figures & de discours: on prendra HG pour la longueur de la plane ou du plan touchant de la courbe au point O de sa charge; & par conséquent (*Déf. 25. & son Corol.*) la verticale HK pour sa hauteur, & l'horisontale KG pour sa base.

On prend ici à l'ordinaire pour une surface inclinée

quelconque, & pour sa base horisontale, les sections SV, GK; faites par un même plan vertical qui les coupe perpendiculairement toutes deux: il en sera de même de la hauteur HK de cette surface.

Enfin lorsqu'il s'agira de deux surfaces inclinées entre-elles, on les supposera toûjours avoir de telles sections de leurs bases en ligne droite.

THEOREME XXVI.

Fondamental de la presente Section 6.

Fig. 205.
206. 207.
208.

Quelques soient la surface inclinée SV, le poids mobile EON, la puissance R qui lui est appliquée, & les directions FC, ER, de ce poids & de cette puissance; & consequemment aussi quelqu'angle RAC que ces deux directions fassent entre-elles: soit imaginé un parallelogramme BACD fait de côtez AB, AC, pris sur les directions ER, FC, de la puissance R & du poids EON depuis le point A de concours de ces mêmes directions.

I. S'il y a équilibre entre cette puissance R & ce poids EON, soûtenu par elle sur la surface SV, & que la diagonale AD de ce parallelogramme BACD soit perpendiculaire à cette surface, & la seule qu'on lui puisse ainsi mener du point A (la raison de cette exception paroîtra dans le Scholie suivant) cette diagonale AD passera toûjours par quelque point O de la base du poids EON; & l'impression ou la charge résultante du concours d'action de la puissance R & de la pesanteur du poids EON, sur la surface SV, sera toûjours à chacune de ces deux forces comme cette diagonale AD à chacun des côtez AB, AC, qui leur répondent sur leurs directions dans le parallelogramme BACD.

II. En ce cas d'équilibre sur quelque surface SV que ce soit, sans en excepter presentement aucune, si les côtez AB, AC, du parallelogramme BACD sont entr'eux comme la puissance R & la pesanteur du poids EON, sur les directions desquelles on suppose ces côtez; la diagonale AD de ce parallelogramme sera perpendiculaire à cette surface SV en quelque point O de

la baſe du poids *EON* ; & la charge ou impreſſion réſultante
du concours d'action de ces deux forces ſur cette ſurface ; ſera
encore à chacune d'elles comme cette diagonale *AD* à chacun
des côteᶻ *AB*, *AC*, qui leur répondent ſur leurs directions dans
le parallelogramme *BACD*.

III. *Reciproquement ſur quelque ſurface que ce ſoit encore ;
ſi le parallelogramme BACD a encore ſes côtez AB, AC, entr'eux en raiſon de la puiſſance R & de la peſanteur du poids
EON, ſur les directions deſquelles on ſuppoſe ces côteᶻ ; &
que la diagonale AD de ce parallelogramme ſoit perpendiculaire à cette ſurface quelconque SV en quelque point O de la
baſe du poids EON : ce poids ſera toûjours alors ſoûtenu ſur
cette ſurface par la puiſſance R en équilibre avec lui.*

DEMONSTRATION.

PART. I. Les Corol. 8. 9. du Lem. 3. font voir que
pour que la puiſſance R ſoûtienne le poids EON ſur la
ſurface quelconque inclinée SV, l'impreſſion ou la force
réſultante du concours d'action de cette puiſſance & de
la peſanteur de ce poids ſur lui, doit être dirigée ſuivant
une perpendiculaire menée du point A à cette ſurface,
laquelle perpendiculaire paſſe par la baſe de ce poids.
Donc cet équilibre étant ici ſuppoſé entre la puiſſance R
& le poids EON ſur cette ſurface SV ou HG, & la diagonale AD y étant auſſi ſuppoſée perpendiculaire à cette
même ſurface, & la ſeule qu'on y puiſſe mener du point
A ; l'impreſſion réſultante du concours d'action de la
puiſſance R & de la peſanteur du poids EON ſur lui,
doit être ici ſuivant cette diagonale AD, & cette diagonale paſſer par la baſe de ce poids EON. Donc auſſi
(*Lem.* 3. *Corol.* 4.) cette force ou impreſſion de A vers D
ſuivant AD perpendiculaire en O à la ſurface SV, qui en
ce cas d'équilibre la ſoûtient ainſi toute entiere, c'eſt-à-
dire, la charge de cette ſurface en ce point O, réſultante ſur elle du concours d'action de la puiſſance R & de la
peſanteur du poids EON ; doit être ici à chacune de ces
deux forces generatrices de celle-là, comme cette diago-

A iij

nale AD eſt à chacun des côtez AB, AC, qui leur répondent ſur leurs directions dans le parallelogramme BACD. *Ce qu'il falloit* 1°. *démontrer.*

Part. II. Puiſque (*Hyp.*) la puiſſance R & la peſanteur du poids EON ſont ici entr'elles comme les côtez AB, AC, du parallelogramme BACD ; l'impreſſion réſultante de leur concours d'action ſur ce poids, doit être (*Lem.* 3. *part.* 4. & *Corol.* 1. *nomb.* 1.) de A vers D ſuivant la diagonale AD de çe parallelogramme comme (*Lem.* 3. *Corol.* 6.) ſi ce corps au lieu d'être pouſſé ou tiré par ces deux forces à la fois, ne l'étoit en ce ſens que par une ſeule qui fût égale à ce qu'il lui en réſulte du concours d'action de ces deux-là. Donc dans le cas d'équilibre ici ſuppoſé entre la puiſſance R & le poids EON ſur la ſurface SV, cette diagonale doit être (*Lem.* 3. *Corol.* 8. 9.) perpendiculaire à cette ſurface en quelque point O de la baſe de ce poids ; & (*Déf.* 27.) la charge de cette ſurface, égale (*Ax.* 4.) à cette force ou impreſſion réſultante du concours d'action de la puiſſance R & de la peſanteur du poids EON, que cette ſurface ſoûtient toute entiere d'une réſiſtance directement oppoſée, être (*Lem.* 3. *Corol.* 1. *nomb.* 2.) à chacune de ces deux forces generatrices de celle-là, comme cette diagonale AD à chacun des côtez AB, AC, qui leur répondent ſur leurs directions dans le parallelogramme BACD, ainſi que dans la précedente part. 1. *Ce qui eſt tout ce qu'il falloit* 2°. *démontrer.*

Part. III. Puiſque l'on ſuppoſe encore ici la puiſſance R & la peſanteur du poids EON en raiſon des côtez AB, AC, du parallelogramme BACD, pris ſur leurs directions ; & que de plus la diagonale AD de ce parallelogramme eſt perpendiculaire à la ſurface SV ou HG en quelque point O de la baſe du poids EON ; l'impreſſion réſultante du concours d'action de la puiſſance R & de la peſanteur de ce poids EON ſur ce corps, doit être ici (*Lem.* 3. *part.* 4. & *Corol.* 1. *nomb.* 1.) de A vers D ſuivant cette diagonale AD, & conſequemment être auſſi

(*Hyp.*) perpendiculaire à la surface SV par quelqu'un des points O de la base du poids EON. Donc (*Lem.* 3. *Corol.* 8. 9.) ce poids doit être ici en équilibre avec la puissance R sur cette surface SV. *Ce qu'il falloit* 3°. *démontrer.*

AUTRE DEMONSTRATION.

PART. I. Au lieu de la surface SV imaginons pour un moment une puissance T, qui avec une corde ZT dirigée suivant DA prolongée de ce côté-là, soûtienne avec la puissance R le poids EON presentement soûtenu avec des cordes seulement. Il est manifeste que puisque (*Hyp.*) la droite TD est perpendiculaire en O à la surface SV, & la seule (*Hyp.*) qu'on lui puisse mener par le point A ; non seulement cette surface SV ne peut suppléer la puissance T, & soûtenir en sa place avec la puissance R le poids EON, à moins (*Lem.* 3. *Corol.* 8. 9.) que cette perpendiculaire AO ne passe par quelque point de la base de ce poids ; mais encore qu'alors la résistance ou (*Déf.* 27.) la charge de cette surface ou de son point O seroit (*princip. gener. Corol.* 2.) égale à la puissance T. Or cette puissance T (à la place de la résistance de cette surface SV) soûtenant ainsi avec la puissance R le poids EON, ou (ce qui revient au même) se trouvant ainsi soûtenue par le concours d'action de la puissance R & de la pesanteur du poids EON, comme si elle étoit un poids dirigé suivant AT, & soûtenu avec des cordes AR, AC, par deux puissances R, C, dont celle-ci (C) fût égale à la pesanteur du poids EON, & de même direction AC que cette pesanteur : cette puissance T (dis-je) ainsi soûtenue, seroit alors (*Th.* 1 *part.* 3. 4.) à la puissance R & à la pesanteur du poids EON, comme la diagonale AD du parallelogramme BACD est à chacun de ses côtez AB, AC, correspondans sur leurs directions. Donc non seulement cette diagonale AD perpendiculaire (*Hyp.*) en O à la surface SV restituée au lieu de la puissance T, doit passer ici par la base du poids EON ; mais encore la charge de cette

ſurface y doit être auſſi à la puiſſance R & à ce poids
EON , comme cette diagonale AD du parallelogramme
BACD eſt à chacun de ſes côtez AB , AC , correſpondans
ſur les directions de cette puiſſance R & de ce poids EON.
Ce qu'il falloit encore 1°. *démontrer.*

P a r t. I I. En ſuppoſant encore ici la puiſſance T au
lieu de la ſurface SV , dont elle ſupplée la réſiſtance en
équilibre (*Hyp.*) avec la puiſſance R & le poids EON ,
comme ſi cette puiſſance T étoit un poids ſoûtenu ſeulement avec des cordes AR , AC , par deux puiſſances R ,
C , dont la ſeconde (C) fût égale à la peſanteur du poids
EON , & de même direction AC que cette peſanteur ; la
part. 4. du Th. 1. fait voir que puiſque (*Hyp.*) les côtez
AB , AC , du parallelogramme BACD ſont ici entr'eux
comme la puiſſance R & la peſanteur du poids EON , la
direction TA de la puiſſance T doit être en ligne droite
avec la diagonale AD de ce parallelogramme. Or les Corol. 8. 9. du Lem. 3. font voir auſſi qu'afin que la ſurface SV ſupplée cette puiſſance T par ſa réſiſtance , la
direction TA prolongée de cette même puiſſance T doit
être perpendiculaire en quelque point O de la baſe du
poids EON. Donc en ce cas d'équilibre entre la puiſſance R & le poids EON ſur la ſurface SV remiſe en ſa place au lieu de la puiſſance T , la diagonale AD du parallelogramme BACD doit être perpendiculaire à cette ſurface SV en quelque point O de la baſe du poids EON , & la
réſiſtance de cette ſurface alors égale (*princ. gen. Cor.* 2.)
à la puiſſance T , être auſſi pour lors (*Th.* 1. *part.* 4.) à la
puiſſance R & au poids EON , comme cette diagonale
AD du parallelogramme BACD eſt à chacun de ſes côtez AB , AC , correſpondans ſur leurs directions. *Ce qu'il*
falloit encore 1°. *démontrer.*

P a r t. I I I. Puiſqu'on ſuppoſe encore ici les côtez
AB , AC , du parallelogramme BACD ſur les directions
de la puiſſance R & de la peſanteur du poids EON , & en
raiſon de ces deux forces ; la part. 6. du Th. 1. fais voir
qu'une puiſſance T appliquée au poids EON par le moyen
d'une

d'une corde ZT dirigée suivant la diagonale DA prolongée de ce parallelogramme, & qui seroit à la puissance
R & à ce poids EON, comme cette diagonale AD est à
chacun des côtez correspondans AB, AC, de ce parallelogramme, demeureroit en équilibre avec cette puissance
R & ce poids EON ainsi soûtenu avec des cordes ZT, ER,
par ces deux puissances T, R. Donc si au lieu de la
puissance T, de qui la direction TD passe (*Hyp.*) par le
point O de la surface du poids EON, une autre surface
immobile SV se presente pour soûtenir ce poids par une
base dans laquelle soit ce point O, & perpendiculairement à cette direction TD ou AD ; cette surface SV
(*Lem.* 3. *Corol.* 8. 9.) soûtiendra effectivement le poids
EON en équilibre avec la puissance R. *Ce qu'il falloit encore* 3°. *démontrer.*

*Ce qu'on voit ici des surfaces convexes SV, s'entendra sans
peine des concaves : tout ce qui precede se démontrera précisément de même. Les cas où le point A de concours des directions
de la puissance R & du poids EON se trouveroit hors l'étendue de ce poids, se résoudront aussi comme les précedens : le
Lem. 3. & ses Corollaires font voir que la diversité quelconque des situations de ce point A, ne doit rien changer aux raisonnemens précedens, non plus qu'aux consequences qu'on en
va déduire ; c'est-à-dire, que tout cela doit également convenir à toutes les situations possibles du point A de concours des
directions du poids EON & de la puissance R. C'est pourquoi
on n'en exprime point ici les figures, de peur d'en multiplier
inutilement le nombre.*

*On n'exprime point non plus la figure d'aucune surface ho-
rifontale, parce que la ligne de direction de quelque poids que
ce soit, lui étant toûjours perpendiculaire, il se soûtient dessus
de lui même, & sans le secours d'aucune puissance, par la
même raison qu'il en a besoin (comme on vient de le voir) pour
demeurer en repos sur quelqu'autre surface que ce soit. Le present Th. 26. ne laisse pourtant pas de s'étendre encore jusques-
là, ainsi qu'on le verra dans les Corollaires.*

COROLLAIRE I.

La part. 2. fait voir qu'aucun poids EON ne peut être
foûtenu par aucune puiffance R fur aucune furface SV,
à moins que la diagonale AD du parallelogramme BADC
qui auroit fes côtez AB, AC, en raifon de cette puiffance & de la pefanteur de ce poids fur leurs directions, ne
tombe perpendiculairement fur cette furface, & ne paffe
en même tems par quelqu'un des points de la bafe de ce
poids.

COROLLAIRE II.

Mais auffi fuivant la partie 3. dès que l'un & l'autre
arrivera, la puiffance R appliquée alors à ce poids EON,
ne manquera pas de le foûtenir fur cette furface SV.

COROLLAIRE III.

Lorfque le poids ne touche la furface qu'en un point,
comme lorfqu'il ne s'y appuye que fur un de fes angles,
ou que fur un point de la convexité de fa courbure, felon qu'il eft angulaire, ou d'une furface courbe; alors
n'y ayant qu'une feule perpendiculaire poffible à cette
furface fur la bafe de ce poids ainfi réduite à un point, il
fuit du Corol. 1. qu'il n'y a point de puiffance capable
de le foûtenir en cet état, à moins que le concours des lignes de direction de cette puiffance & de la pefanteur de
ce poids, ne fe faffe en quelque point de cette perpendiculaire, c'eft-à-dire, à moins que la direction de cette
puiffance ne paffe par le point où cette perpendiculaire &
la direction du poids fe rencontrent ; & qu'ainfi lorfque
ce poids eft fpherique, ces deux lignes paffant toûjours
par fon centre, il n'y a point de puiffance capable de le
foûtenir fur quelque furface inclinée que ce foit, à
moins que la ligne de direction de cette puiffance ne paffe
auffi par le centre de cette Sphere.

La raifon de cela vient, fuivant le Corol. 1. de ce que
lorfqu'un corps ne touche ou ne s'appuye que par un feul

de ses points sur la surface inclinée, le concours de sa direction & de celle de la puissance qui lui est appliquée,
ne se peut faire aussi qu'en un seul point d'où l'on puisse
mener une perpendiculaire à la surface par la base de ce
poids. Il en est tout autrement lorsque le poids est de figure & de situation à toucher en plusieurs points la surface inclinée, parce qu'alors on y peut trouver aussi plusieurs points d'où l'on peut tirer de telles perpendiculaires à cette surface par la base de ce poids.

COROLLAIRE IV.

Il n'y a point non plus de puissance R quelle qu'elle
soit, qui puisse soûtenir aucun poids EON sur quelque
surface SV que ce puisse être, à moins que la direction
AR de cette puissance ne se trouve dans le complement
NAO (à deux angles droits) de l'angle CAO compris entre la direction AC de ce poids , & la droite AO menée
du point A perpendiculairement à la surface SV. Car ,

1°. Si cette direction AR de la puissance R , se confondoit avec AN, elle ne feroit plus aucun angle avec AC :
ainsi (*Ax. 4. & Lem. 3. Corol. 2.*) cette puissance R porteroit seule tout le poids EON sans le secours de la surface
SV ; ce qui est contre l'hypothese.

2°. Si cette ligne AR de direction de la puissance R ,
se confondoit avec AO , ou si elle sortoit de l'angle NAO,
la diagonale AD du parallelogramme BACD , se trouveroit alors vers G obliquement à HG ; ce qui feroit necessairement (*Lem. 3. Corol. 7. 8. 9.*) tomber le poids
EON de ce côté-là ; ce qui est encore contre l'hypothese.

Donc la direction AR de la puissance R doit toûjours se
trouver dans le complement NAO de l'angle CAO : de
sorte que le complement à deux droits est tout l'espace du
mouvement que cette direction AR peut avoir , c'est-à-
dire, tout l'espace dans lequel doivent être comprises toutes les directions AR des puissances R capables de soûtenir le poids EON sur le point O de la surface SV.

Par un raifonnement à peu près femblable, on prouvera qu'en cas d'équilibre la direction AC du poids ne peut jamais fe rencontrer dans l'angle RAO.

COROLLAIRE V.

En cas d'équilibre entre la puiffance R & le poids EON fur la furface SV, le plan BAC, ou le parallelogramme BACD fait de côtez AB, AC, qui (*Hyp.*) leur font proportionnels fur leurs directions, eft toûjours perpendiculaire à cette furface; puifque (*part.* 2.) la diagonale AD de ce parallelogramme l'eft toûjours à cette même furface SV.

COROLLAIRE VI.

En cas d'équilibre entre la puiffance R & le poids EON fur la furface SV, la part. 1. fait voir que fi la diagonale AD d'un parallelogramme BACD fait de côtez pris fur les directions de cette puiffance & de ce poids, la charge de cette même furface, qui lui réfulte du concours d'action de la puiffance R & de la pefanteur du poids EON, fera toûjours alors à chacune de ces deux forces comme cette diagonale AD eft à chacun des côtez AB, AC, qui répondent fur leurs directions dans le parallelogramme BACD; & confequemment que dans cette part. 1. ces côtez AB, AC, de ce parallelogramme font toûjours en- tr'eux comme la puiffance R & le poids EON, ainfi qu'on l'a fuppofé dans la part. 2. D'où l'on voit que le paralle- logramme BACD fait de côtez AB, AC, pris fur les di- rections de la puiffance R & de la pefanteur du poids EON, doit toûjours être ici le même, foit qu'on y fuppofe ces côtez en raifon de ces forces comme dans la part. 2. ou qu'on en fuppofe la diagonale perpendiculaire à la fur- face SV par la bafe du poids EON.

COROLLAIRE VII.

Les part. 1. 2. font voir qu'en cas d'équilibre entre la puiffance R & le poids EON fur la furface SV, l'im-

preſſion que cette puiſſance & la peſanteur de ce poids
font enſemble ſur cette ſurface , c'eſt-à-dire, la charge
de cette ſurface, réſultante du concours d'action de ces
deux forces ſur elle, eſt toûjours à chacune de ces forces
comme la diagonale AD du parallelogramme BACD,
perpendiculaire à cette ſurface, eſt à chacun des deux
côtez AB, AC, qui leur répondent ſur leurs directions
dans ce parallelogramme BACD ; l'on aura toûjours alors
cette charge de la ſurface SV, la puiſſance R, & la peſanteur du poids EON, en raiſon des trois parties AD,
AB, AC, de leurs directions, ou (à cauſe que BD=AC
dans le parallelogramme BACD) en raiſon des trois côtez AD, AB, BD, du triangle BAD. Donc une quelconque de ces trois forces ſera toûjours moindre que la ſomme des deux autres, chacun des trois côtez d'un triangle quelconque étant toûjours plus petit que les deux
autres pris enſemble.

COROLLAIRE VIII.

Ç'a donc été une mépriſe que de dire, comme a fait un *Fig. 10.*
Auteur du premier ordre, qu'*il eſt certain que le poids O
ne peſe ſur le plan AD que la difference qui eſt entre la force
qu'il faut à le ſoûtenir ſur ce plan, & celle qu'il faut pour le
ſoûtenir en l'air ; comme s'il peſe cent livres, & qu'il n'en
faille que quarante pour le ſoûtenir ſur le plan AD , ce plan
en porte ſoixante ſeulement.* A ce compte ce poids de 100
livres ſeroit égal à la ſomme de 40+60 faite de la
puiſſance requiſe pour le ſoûtenir ſur le plan AD, & de
la charge de ce plan ; ce que le précedent Corol. 7. fait
voir être faux, auſſi-bien que cette propoſition d'un autre Auteur: *Gravitatio in planum horiſontale ad gravita-
tionem in planum inclinatum, eſt ut ſecans AD ad exceſſum
ſecantis ſupra radium AB ;* laquelle expreſſion ne ſignifie
en Latin que ce qu'on vient de voir en François de l'autre
Auteur.

B iij

COROLLAIRE IX.

FIG. 105.
206. 107.
108.

Puisque (*Corol.* 7.) en cas d'équilibre entre la puissance R & la pesanteur du poids EON sur la surface quelconque SV , la charge de cette surface , résultante du
concours d'action de ces deux forces sur elle , cette puissance R , & cette pesanteur du poids EON , sont toûjours
entr'elles comme les trois côtez AD , AB , BD , du triangle BAD ; & que ces trois côtez sont toûjours entr'eux
(*Lem.* 8. *Corol.* 2.) comme les sinus des trois angles ABD,
ADB , BAD , qui leur sont opposez dans ce triangle , ou
(*Déf.* 9. *Corol.* 2.) comme les sinus des trois angles BAC,
CAD , BAD , complemens ou égaux à ceux-là : la charge
de cette surface SV , résultante du concours d'action de
la puissance R & de la pesanteur du poids EON sur elle,
doit toûjours être à chacune de ces deux forces. en cas
d'équilibre entr'elles (*Hyp.*) sur cette surface SV , comme le sinus de l'angle BAC compris entre leurs directions,
est à chacun des sinus des angles CAD , BAD , que ces
directions reciproquement prises, font avec la perpendiculaire AD menée de leur concours A à la surface SV.

COROLLAIRE X.

Donc en cas d'équilibre la puissance R est toûjours aussi
au poids EON , comme le sinus de l'angle CAD est au sinus de l'angle BAD , c'est-à-dire, en raison reciproque
des sinus des angles que leurs directions font avec la perpendiculaire AD menée de leur concours A à la surface
SV sur laquelle on les suppose ici en équilibre.

COROLLAIRE XI.

De ce que suivant les part. 1. 2. la charge de la surface
SV , résultante du concours d'action de la puissance R
& de la pesanteur du poids EON en équilibre sur elle,
est alors à chacune de ces deux forces comme la diagonale AD du parallelogramme BACD (fait comme dans celle
qu'on voudra des part. 1. 2.) est à chacun de ses côtez AB,

AC, pris fur leurs directions ; il eſt viſible que plus l'angle
BAC (compris entre ces directions) fera grand, la diagonale AD en étant d'autant moins grande (quoiqu'en raiſon differente) par rapport aux mêmes côtez AB, AC,
de ce parallelogramme BACD , moins auſſi fera grande
la charge de la ſurface SV , ſur laquelle la même puiſſance R & le même poids EON feront ainſi en équilibre
entr'eux ; & que cet angle BAC peut augmenter à tel
point que cette charge fera ſi petite qu'on voudra , ſans
cependant (Lem. 9. part. 3.) pouvoir devenir moindre
que la difference du poids & de la puiſſance : le cas de la
moindre charge fera lorſque la direction de cette puiſſance R, directement oppoſée à celle du poids EON , rendra
(Déf. 11.) l'angle BAC infiniment obtus : auquel cas la
ſurface inclinée SV ou HG ſe trouvera horiſontale , &
le poids EON plus grand de cette valeur que la puiſſance
R ; ou s'il lui eſt égal , cette charge fera nulle , & la ſurface SV ſe trouvera au contraire verticale , cette égalité,
qui exige par tout (Corol. 8.) les angles BAD , CAD ,
égaux entr'eux , exigeant ainſi AD horiſontale , & conſéquemment HG (ſa perpendiculaire en O) verticale
lorſque l'angle BAC eſt infiniment obtus.

*On entend ici par une ſurface horiſontale ou verticale,
un plan qui le ſoit , ou bien un point d'une ſurface courbe , dont
le plan touchant en ce point , ſoit horiſontal ou vertical.*

C O R O L L A I R E XII.

Le précedent Corol. 11. peut encore ſe déduire du
Corol. 7. par le moyen du Corol. 2. du Lem. 7. Car ce
Corol. 7. fait voir en general qu'en cas d'équilibre entre
la puiſſance R & la peſanteur du poids EON ſur la ſurface SV , la charge de cette ſurface , réſultante du concours d'action de ces deux forces ſur elle , eſt toûjours à
chacune de ces deux forces , comme le ſinus de l'angle
BAC compris entre leurs directions, eſt à chacun des ſinus des angles CAD , BAD , que ces directions reciproquement priſes , font avec la perpendiculaire AO ou AD

menée de leur concours A à cette surface SV. Or lorfque l'angle BAC est infiniment obtus, c'est-à-dire (*Lem.*
6. Corol. 4.) lorfque les côtez AB, AC, du parallelogramme BACD se trouvent en ligne droite, la diagonale
AD de ce parallelogramme se trouvant alors confondue
avec un de ces deux côtez, sçavoir, avec celui qui exprime la plus grande des deux forces, dont ils font les directions, & consequemment (*Déf.* 11.) un des deux angles CAD, BAD, se trouvant alors infiniment aigu, le
Corol. 2. du Lem. 7. fait voir qu'alors le sinus de l'angle
infiniment obtus BAC, doit être égal à la difference des
sinus de ces deux-là. Donc aussi pour lors la charge de la
surface SV, résultante du concours d'action de la puissance R & de la pesanteur du poids EON en équilibre entr'eux (*Hyp.*) sur elle, doit être égale à la difference de
ces deux forces ; & le reste comme dans le précedent Corol. 11.

    Il suit de tout ce qui précede, que la charge d'une surface
inclinée quelconque, sur laquelle un poids aussi quelconque est
soûtenu par quelque puissance que ce soit, n'est pas toûjours la
même, mais qu'elle varie avec l'angle que font entr'elles les
directions du poids & de la puissance, & augmente à mesure
que cet angle devient plus aigu.

    Pour abreger nos expressions, la charge résultante du con-
cours d'action de la puissance R & du poids EON sur la sur-
face SV en cas d'équilibre entr'eux sur cette surface, étant
(démonstrat. de la part. 2.) suivant AO perpendiculaire à
cette même surface en O ; ce point O de cette surface SV, le-
quel soûtient ainsi cette charge toute entiere, sera appellée
dans la suite le point sur lequel le poids EON est soûtenu,
quand même ce poids toucheroit cette surface en d'autres points.
C'est aussi de cette maniere qu'il faut entendre cette expression,
s'il nous est arrivé de nous en être déja servis.

COROLLAIRE XIII.

    Il suit aussi du Corol. 10. qu'il faut d'autant moins de
force R pour soûtenir un poids EON suivant la même
direction

direction AR fur quelque furface SV que ce foit, que
cette furface, fi elle eft plane, ou que fon plan touchant
au point O, auquel la perpendiculaire AO la rencontre,
eft plus incliné, ou que l'angle d'inclinaifon de ce plan
avec l'horifon eft plus petit, quoiqu'en raifon differente;
parce que la raifon du finus de l'angle CAD au finus de
l'angle BAD en eft d'autant moindre; & comme cet angle d'inclinaifon, tel qu'eft HGK dans les Fig. 205. 206.
peut diminuer à l'infini, la force R qu'il faut pour foûtenir un poids quelconque EON fuivant la même direction
AR fur quelque furface SV que ce foit, peut auffi diminuer à l'infini: de forte que lorfque cette furface fera infiniment inclinée, c'eft-à-dire, horifontale, du moins dans
le point où la perpendiculaire AO la rencontre, cette
force R fera nulle, ou réduite à zero, c'eft-à-dire, qu'il
n'en faudra plus alors pour foûtenir le poids EON fur
cette furface. La raifon en eft évidente; puifque la réfiftance de cette furface alors perpendiculaire à la direction de ce poids, lui étant directement oppofée, en foûtiendra feule (*ax.* 4.) toute la pefanteur.

Fig. 205.
206.

COROLLAIRE XIV.

Cela fe peut encore démontrer fans le fecours des finus, fi l'on confidere, par exemple, dans les Fig. 205.
206. dont le plan HG foit auffi le touchant d'une furface courbe en celui O de fes points fur lequel le poids EON
eft foûtenu: fi l'on confidere, dis-je, que les perpendiculaires AD en O fur HG, & AC en P fur l'horifontale GK,
rendent toûjours les angles HGK, CAD, égaux entre-
eux; & qu'ainfi à mefure que le premier d'inclinaifon
HGK diminuera par l'approche du plan HG vers l'horifon GK, l'autre CAD diminuera auffi par l'approche de
la diagonale AD du parallelogramme BACD vers fon
côté vertical AC, ou du côté AC vers AD, fi l'équilibre fe fait fur un même point O de la furface HG ou SV;
ce qui changeant ce parallelogramme en un autre d'un
moindre rapport de AB (fuppofée de direction conftante)

à AC, le poids EON fucceffivement foûtenu fur le même plan HG (*Hyp.*) par differentes puiffances R dirigées toutes fuivant la même direction AR, les exigera
pour cela (*part.* 1.) toûjours moindres à mefure que l'angle d'inclinaifon HGK diminuera, & enfin nulles lorfque cet angle le fera, c'eft-à-dire, lorfque ce plan HG
fera horifontal, ou que la furface SV le fera au point
touché par ce plan, fur lequel point ce même poids EON
feroit ainfi fucceffivement foûtenu par differentes puiffances R toutes de même direction AR.

<h2 style="text-align:center">C O R O L L A I R E XV.</h2>

Au contraire pour foûtenir ce poids EON fur le même
point O d'une furface quelconque toûjours également
inclinée en ce point, mais fuivant differentes directions
AR des puiffances R capables de l'y foûtenir chacune
fuivant la fienne ; il fuit du Corol. 10. qu'il leur faut
d'autant plus de force que l'angle DAB partie (*Corol.* 4.)
de l'angle DAN, comprife entre la perpendiculaire AO
à la furface SV, & la direction AB de la puiffance R qui
foûtient ce poids EON, differe davantage de l'angle
droit ; parce que le finus de cet angle DAB en étant
(*Déf.* 9.) d'autant moindre, la raifon du finus de l'angle CAD (*Hyp.*) toûjours le même, en fera d'autant plus
grande à celui-là : & comme cet angle DAB peut être
plus ou moins grand qu'un angle droit, & en differer de
plus en plus jufqu'à ce que AB (*Corol.* 4.) fe confonde
avec AN ou avec AO, fans que AB forte de l'angle NAO ;
la puiffance R qui foûtient (*Hyp.*) ce poids EON, doit
(*Corol.* 10.) augmenter ou diminuer de part & d'autre
jufques-là ; mais differemment felon que AB s'approche
de AN ou de AO. Car,

1°. Cette puiffance R ne peut jamais être plus grande
(*Corol.* 4. 10.) par l'approche de cette direction AB vers
AN, qui rend le l'angle DAB plus grand qu'un droit, que
lorfque cette direction AB fe confond avec AN, puifque

l'angle DAB (alors égal à DAN) differant pour lors de l'angle droit le plus qu'il en puiſſe differer de ce côté-là, ſans que AB ſorte (*Corol. 4.*) de l'angle DAN, la raiſon du ſinus de l'angle DAC au ſinus de DAB, c'eſt-à-dire (*Corol.* 10.) la raiſon de la puiſſance R au poids EON, ſe trouve la plus grande qu'elle puiſſe être en cas de l'angle DAB plus grand qu'un droit. Mais cet angle DAB ſe trouvant alors complement de CAD à deux droits, & conſequemment (*Déf.* 9. *Corol.* 2.) de même ſinus que lui ; la puiſſance R devroit alors (*Corol.* 10.) être égale au poids EON qu'elle ſoûtiendroit. Donc cette puiſſance R, qui par l'approche de ſa direction AR vers AN depuis l'angle droit avec AO, doit toûjours augmenter, ne le peut que juſqu'à ſe trouver égale au poids EON qu'elle ſoûtiendroit ſur le point O de la ſurface SV : ſçavoir, lorſque AB feroit confondue avec AN, & que la puiſſance R feroit ainſi d'une direction directement contraire à celle du poids EON ; auquel cas il eſt viſible (*ax.* 4.) que cette puiſſance ſoûtiendroit ſeule le poids ſans le ſecours de la ſurface SV, qui alors ne porteroit plus rien.

2°. Au contraire cette puiſſance R peut augmenter à l'infini par l'approche de ſa direction AR vers AO ; parce que la raiſon du ſinus de l'angle CAD au ſinus de BAD augmentant à meſure que la ligne AB s'approche de AO en s'éloignant de la ſituation où elle feroit un angle droit avec AO ; cette puiſſance R peut auſſi (*Corollaire* 10.) augmenter de ce côté-là juſqu'à ce que (*Corol.* 4.) ſa direction AB concoure avec AO en ſe confondant avec elle. Or en ce cas l'angle BAD (*Déf.* 11. & *Corol.* 3. *du Lem.* 6.) ſe trouvant infiniment petit, la raiſon du ſinus de l'angle fini CAD au ſinus de cet infiniment petit BAD, ſera (*Déf.* 9.) infinie ; & conſequemment auſſi (*Cor.* 10.) celle de la puiſſance R au poids EON en équilibre (*Hyp.*) avec elle ſur le point O de la ſurface SV, c'eſt-à-dire, que cette puiſſance R devroit pour lors être infinie pour ſoûtenir ainſi le poids fini quelconque EON ſur le point O de la ſurface HG ou SV. Donc cette puiſſance R peut

C ij

effectivement augmenter à l'infini dans le mouvement
que la direction AR peut avoir depuis la situation où
elle feroit un angle droit avec AO perpendiculaire à cette surface, jusqu'au concours de ces deux mêmes lignes
en une, & demeurer cependant toûjours en équilibre
avec le même poids EON sur le même point O d'une surface inclinée quelconque SV.

On vient de supposer dans ce Corol. 15. & on le supposera
toûjours dans la suite, conformément au Corol. 4. qu'en cas
d'équilibre entre la puissance quelconque R & le poids EON
sur la surface aussi quelconque SV, la direction AB de cette
puissance R ne peut jamais être au dehors de l'angle DAN;
parce que si cette direction AB passoit dans quelqu'un des an-
gles NAC, CAO, l'impression résultante du concours d'action
de la puissance quelconque R & de la pesanteur du poids EON
sur ce poids, devant (Lem. 3. Corol. 2.) le porter suivant
une ligne qui du point A passeroit aussi à travers de cet angle,
sans pouvoir jamais être perpendiculaire à la surface SV sur
laquelle AO l'est déja (Hyp.) & l'unique qui s'y puisse me-
ner du point A par la base du poids EON; ce poids ne pourroit
jamais alors (Lem. 3. Corol. 8. & Th. 26. Corol. 1.)
faire équilibre sur cette surface avec la puissance R, quelle
qu'elle fût; ce qui seroit contre la presente hypothese, dans la-
quelle on les y suppose en équilibre. C'est, dis-je, pour cela
qu'on vient de supposer dans le précedent Corol. 15. & qu'on
supposera toûjours dans la suite, qu'en cas d'équilibre entre
une puissance R & un poids quelconque EON sur une surface
aussi quelconque SV, la direction AB ou AR de cette puissan-
ce R ne peut jamais sortir de l'angle DAN compris entre la
direction AC du poids EON prolongée vers N, & la perpen-
diculaire AO ou AD menée du point A sur la surface SV (par
la base du poids EON) à laquelle, dans le present Th. 26. &
dans tous ses Corollaires on suppose qu'on n'en peut mener qu'u-
ne seule du point A, pour la raison qu'on en dira dans le Scho-
lie suivant, de peur de digression dans ce Théoreme-ci.

C O R O L L A I R E X V I.

Tout le contenu du précedent Corol. 15. peut encore **Fig. 21.**
être démontré sans le secours des sinus. Imaginons d'a-
bord la direction AR de la puissance R, perpendiculaire
à la droite AX qu'on suppose l'être en O à la surface SV
ou HG par la base du poids EON en équilibre sur ce
point O avec la puissance R; & consequemment que le
côté CD du parallelogramme BACD soit perpendiculaire à la diagonale AD de ce parallelogramme. Il est manifeste que cette perpendiculaire CD est la plus courte de
toutes les droites CD, Cd, Cδ, &c. qu'on peut mener
du même point C sur cette diagonale prolongée, & que
les plus éloignées de CD sont les plus grandes. Par consequent la puissance R qui soûtiendroit le poids EON en
O sur la surface quelconque SV, suivant AR, devant
être à ce poids (*Corol.* 6.) comme AB ou CD est à AD,
seroit ici la plus petite qui l'y pût soûtenir, & moindre
que toute autre qui l'y soûtiendroit suivant toute autre
direction Ar ou Aρ, &c. parallele à Cd ou Cδ, &c. cette
nouvelle puissance en r ou en ρ, &c. devant alors (*Cor.* 6.)
être à ce même poids EON en raison de Cd ou Cδ, &c.
côté du parallelogramme bACd ou βACδ, &c. à son autre côté AC, le même pour tous ces parallelogrammes
comme le poids EON est ici (*Hyp.*) toujours le même à
soûtenir par chacune de ces puissances placées en R, r, ρ,
&c. sur le même point O de la surface SV. Donc,

1°. Le côté Cd du parallelogramme bACd augmentant
à mesure que l'angle ACd ou son égal NAr se trouve
plus aigu, & cela jusqu'à ce que ce côté Cd confondu
avec CA, lui soit égal; la puissance en r pour soûtenir
le poids EON sur le même point O de la surface SV suivant une direction Ar parallele à Cd, doit toujours augmenter jusqu'à ce que cette direction Ar soit confondue
avec AN, ou sa parallele Cd avec CA; & à cet instant de
confusion être égale au poids EON, sans pouvoir devenir plus grande de ce côté, Cd ne pouvant devenir plus

grande que CA par l'approche de fa parallèle A*r* vers AN, au-delà de laquelle elle ne peut (*Corol.* 4.) paſſer en fortant de l'angle DAN fans rompre l'équilibre fuppoſé. Donc depuis la fituation de fa direction AR perpendiculaire à AO, cette puiſſance R en *r*, doit toujours augmenter par l'approche de fa nouvelle direction A*r* vers AN, juſqu'à ce que cette direction A*r* fe trouve confondue avec AN ; & à cet inſtant de confuſion fe trouver égale au poids EON, fans pouvoir être plus grande de ce côté-là, ainſi qu'on l'a déja vû dans le nomb. 1. du précedent Corol. 15.

2°. Au contraire, lorſque la direction A*p* de la puiſſance R en *p*, s'éloigne de la fituation AR perpendiculaire à AO, en s'approchant de AO ; cette puiſſance en ce cas d'équilibre avec le poids EON fur le point O de la furface SV, devant être (*Corol.* 6. à ce poids comme Aβ ou Cδ à AC, il eſt viſible que plus la direction AC de cette puiſſance en *p*, fera près de AO, fa parallele Cδ en devenant d'autant plus grande, quoiqu'en raiſon differente ; cette puiſſance en *p* en devra être d'autant plus grande pour foûtenir le même poids EON fuivant cette direction A*p* fur le même point O de la furface SV ; & être enfin infinie lorſque cette direction A*p* fe trouvera confondue avec AX, fa parallele Cδ fe trouvant alors infinie. C'eſt auſſi ce qu'on a déja vû dans le nomb. 2. du précedent Corol. 15.

COROLLAIRE XVII.

FIG. 208.
209. 210.

Les nomb. 1. 2. du précedent Corol. 16. font voir non feulement que pour foûtenir un même poids EON fur le même point O d'une furface quelconque SV toûjours également inclinée, fuivant differentes directions AR, A*r*, A*p*, &c. des puiſſances capables de l'y foûtenir chacune fuivant la fienne, il leur faut d'autant plus de force que les angles *r*AO, *p*AO, &c. de leurs directions avec AO, different davantage de l'angle droit RAO, ainſi qu'on l'a déja vû dans le Corol. 15. mais encore

que lorſque les differences rAR, pAR, &c. en ſeront
égales, ces forces (*Corol. 6.*) le ſeront auſſi entr'elles, les
côtez C*d*, C*δ*, des parallelogrammes *b*AC*d*, *β*AC*δ*, alors
également éloignez de CD perpendiculaire (*Hyp.*) ſur
AX, ſe trouvant alors égaux entr'eux.

COROLLAIRE XVIII.

Il ſuit encore des Corol. 15. 16. que de toutes les directions AR, A*r*, A*p*, &c. ſuivant leſquelles differentes
puiſſances peuvent chacune ſuivant la ſienne ſoûtenir
un même poids EON ſur un même point O d'une ſurface
quelconque SV toûjours également inclinée ; la direction
AR perpendiculaire à AO ; ou parallele au plan GH,
qui ſoit auſſi le plan touchant en O de la ſurface SV propoſée , ſi cette ſurface eſt courbe, eſt celle qui exige
la moindre de toutes ces puiſſances pour l'y ſoûtenir ; &
que la perpendiculaire AO à ce plan, eſt de toutes ces
directions celle qui exige la plus grande de toutes ces
puiſſances : la première ſuivant AR, doit être à ce poids
EON (*Corol.* 10.) comme la longueur GH de ce plan eſt
à ſa hauteur HK ; & la ſeconde ſuivant AO, devroit
(*nomb. 2. des Corol.* 15. 16.) être infinie.

COROLLAIRE XIX.

Pour les ſurfaces planes HG paralleles à la direction
AC du poids EON, & pour les points des ſurfaces courbes SV, d'où l'on peut mener des plans touchans qui
ſoient auſſi perpendiculaires à l'horiſon : la ligne de direction AR de la puiſſance R qui ſoûtient ce poids EON
ſur ou contre ces plans, ou ces points de ſurfaces courbes, ne pouvant (*Corol.* 4.) s'éloigner de la ſituation où
elle ſeroit perpendiculaire à AO, qu'en s'approchant de
cette même AO perpendiculaire (*Hyp.*) en O à la ſurface
HG ou SV, puiſque l'angle NAO en ce cas eſt droit ;
cette puiſſance R ne peut auſſi augmenter (*Cor.* 15. 16.)
que dans ce mouvement de ſa direction, depuis AN, où
elle ſeroit égale au poids EON, juſqu'en AO, où elle de-

vroit être infinie pour soûtenir ce poids fini quelconque
EON contre le point O de la surface HG ou SV verticale en ce point, suivant AO perpendiculaire (*Hyp.*) à
cette surface en ce même point O.

Il est à remarquer que suivant l'avis qui précede le Corol.
13. lorsqu'on dit ici qu'un poids est soûtenu sur ou contre
le même point d'une surface, l'on ne prétend pas dire qu'il ne
la rencontre jamais qu'en un seul point : l'on entend seulement
que la droite AD , qui du concours A des directions de ce poids
EON & de la puissance R en équilibre avec lui sur cette surface quelconque SV , tombe perpendiculairement sur cette même surface, la rencontre toûjours dans le même point O tant
que ce poids est soûtenu dessus, quoique ce soit suivant differentes directions de puissances. La raison de cette précaution
est évidente du côté des surfaces courbes , dont tous les points
ont chacun un plan touchant d'une direction particuliere. Pour
du côté des surfaces planes , on la reconnoîtra dans les Corol.
35. 36. 37. où l'on verra que dans l'hypothese du concours
des lignes de direction des poids en quelque point de la Terre
que ce soit, ils ne pesent pas toûjours également sur ces plans,
quoique la direction de la puissance appliquée à chacun d'eux,
demeure toûjours la même, & quand même ces poids seroient
de pesanteur constante, c'est-à-dire , chacun de pesanteur absolue toûjours la même , malgré le Corol. 37. du Th. 21.
Au contraire ils pesent toûjours également chacun sur le même point de quelque surface que ce soit, & la charge de cette
surface y est toûjours la même , à moins qu'on ne change la
direction de la puissance , ou la situation de cette surface. C'est
pour cela que dans les sept précedens Corol. 13. 14. 15. 16.
17. 18. 19. où l'on examine separément le changement que
peuvent causer dans l'action du poids sur une surface, & dans
la charge de cette surface , les differentes inclinaisons de la
même ou de differentes surfaces sur lesquelles ce poids seroit
soûtenu , & les differentes directions des puissances qui l'y soûtiendroient , on a regardé ce poids comme appliqué non seulement à une même surface de même inclinaison , mais aussi
toûjours au même point de cette surface.

COROL.

COROLLAIRE XX.

Puifqu'en cas d'équilibre entre la puiffance R & le poids EON fur quelque furface SV que ce foit, fi du concours A des directions ER , FC, de cette puiffance & de ce poids , on mene une perpendiculaire AO à cette furface, de laquelle perpendiculaire prolongée on prenne de A vers O une partie quelconque AD, fur laquelle (comme diagonale) on faffe un parallelogramme BACD compris entre ces directions ; la puiffance R , la pefanteur du poids EON , & la charge réfultante de leur concours d'action fur cette furface SV , font entr'elles (*Corol.* 7.) en raifon des trois côtez AB., BD , AD., du triangle BAD, ou comme les trois côtez CD , CA , AD , de fon femblable CDA dans le parallelogramme BACD : il eft manifefte dans l'hypothefe ordinaire où l'on regarde les verticales AC, HK, comme paralleles entr'elles, & comme faifant l'une & l'autre des angles droits en P, K, avec l'horifontale GK, de même que AO (*Hyp.*) en O avec HG , & dans laquelle par confequent les trois triangles AOQ, GPQ, GKH, font femblables entr'eux, les deux premiers ayant les angles égaux en Q , & l'angle G étant commun aux deux derniers : il eft, dis-je, manifefte dans cette hypothefe,

I. Que fi la direction AR de la puiffance R eft parallele à la longueur HG du plan touchant en O de la furface quelconque SV , c'eft-à-dire, fi l'angle DAB , ou fon égal ADC eft droit ; la reffemblance qui fe trouve alors entre les triangles DAC & le triangle OAQ qu'on vient de voir femblable ici au triangle KGH, y rendant auffi les triangles DAC, KGH, femblables entr'eux , & confequemment auffi les trois côtez CD , CA , AD , du premier de ces deux-ci, en raifon des trois homologues HK, HG, KG, du fecond ; la puiffance R , la pefanteur du poids EON , & la charge réfultante de leur concours d'action fur la furface SV , feront ici entr'elles en raifon de ces trois côtez HK , HG , KG , du triangle KGH,

c’eſt-à-dire, comme la hauteur HK du plan HG, ſa longueur HG, & ſa baſe KG, ſont entr’elles. De ſorte
qu’ici;

1°. La puiſſance R eſt au poids EON, comme la hauteur HK du plan HG eſt à ſa longueur HG.

2°. La même puiſſance R eſt à la charge de la ſurface
SV, réſultante du concours d’action de la puiſſance R,
& de la peſanteur du poids EON ſur cette ſurface, comme la hauteur HK du plan HG eſt à ſa baſe KG.

3°. La peſanteur du poids EON eſt à cette même charge de la ſurface SV ou HG, comme la longueur HG du
plan de ce nom eſt à ſa baſe KG.

4°. L’effort d’un poids quelconque EON pour deſcendre le long d’un plan incliné HG, & en vertu duquel ce
poids commenceroit effectivement à deſcendre, ſi on l’a-
bandonnoit à lui-même, étant égal (*Ax.* 4.) à la puiſſance R, qui dirigée parallelement à la longueur HG de
ce plan, retiendroit ce poids en repos ſur ce même plan;
on voit (*nomb.* 1. 2. 3.) que cet effort, qu’un Auteur *
appelle *Momentum liberum*, ce poids & ce que ce poids
libre en feroit de perpendiculaire ſur ce plan HG, doivent toûjours être entr’eux comme ſont ici la puiſſance
R, & ce poids EON, & la charge de la ſurface SV.

* Vitalis
Jordanus.

II. Si la direction AR de la puiſſance R eſt parallele à
la baſe KG du plan HG, c’eſt-à-dire, ſi l’angle BAC eſt
droit, & conſequemment auſſi tous les autres angles du
parallelogramme BACD, comme le ſont (*Hyp.*) les angles en P, K; la reſſemblance qui ſe trouve alors entre le
triangle CDA, & le triangle QOA, qu’on vient de voir
ſemblable ici au triangle HKG, y rendant auſſi les triangles CDA, HKG, ſemblables entr’eux, & conſequemment les trois côtez CD, CA, AD, du premier de ces
deux-ci, en raiſon des trois homologues HK, KG, HG,
du ſecond; la puiſſance R, la peſanteur du poids EON,
& la charge réſultante du concours d’action perpendiculaire ſur la ſurface SV, ſeront ici entr’elles en raiſon de
ces trois côtez HK, HG, KG, du triangle HKG, c’eſt-

à-dire, comme la hauteur HK du plan HG , sa bafe KG,
& fa longueur HG., font entr'elles. De forte qu'ici,

1°. La puiffance R eft au poids EON, ou à fa pefanteur , comme la hauteur HK du plan HG eft à fa bafe HG.

2°. La puiffance R eft à la charge de la furface SV ,
réfultante du concours d'action perpendiculaire de cette
puiffance & du poids EON fur cette furface, comme la
hauteur HK du plan HG eft à fa longueur HG.

3°. La pefanteur du poids EON eft à cette même charge de la furface SV , comme la bafe KG du plan HG eft à
fa longueur HG.

III. Si prefentement on fuppofe deux puiffances R, r,
qui foûtiennent fucceffivement un même poids EON fur
le même point O de la même furface SV , la premiere
(R) fuivant une direction parallele à la longueur HG
du plan , & la feconde (r) fuivant une direction parallele
à la bafe KG de ce plan; les nomb. 1. des deux précédens art. 1. 2. font voir enfemble que la premiere (R) de
ces deux puiffances fera ici à la feconde (r) comme la
bafe KG du plan HG fera à fa longur HG. Car (art. 1.
nomb. 1. R. EON :: HK. HG. Et (art. 2. nomb. 1.) EON.
r :: KG. HK. Donc (en multipliant par ordre) R. r :: KG.
HG. ainfi qu'on le vient de dire.

C O R O L L A I R E XXI.

Dans la même hypothefe des poids de directions paralleles aux hauteurs des plans, foient deux poids P, p,
foûtenus par deux puiffances R, r, fur deux plans inclinez de longueurs L, l, defquels les hauteurs foient H, h,
les bafes B, b, & les charges C, c, réfultantes chacune du
concours d'action perpendiculaire de chaque poids & de
chaque puiffance fur chaque furface ou plan : Soient
(dis-je) appellées

Les longueurs des plans,   L, l.
Leurs hauteurs,   H, h.
Leurs bafes,   B, b.

Leurs charges,   C, c.
Les poids, ou leurs pefanteurs,   P, p.
Les puiffances qui les foûtiennent fur ces plans, R, r.

Ces noms fuppofez, il fuit de l'art. 1. du précedent Corol. 20. que fi les directions des puiffances R, r, font paralleles aux longueurs L, l, des plans fur lefquels elles foûtiennent les poids P, p,

1°. L'on aura (*Cor.* 20. *art.* 1. *nomb.* 1.) $R.P :: H.L = \frac{P \times H}{R}$. Et $r.p :: h.l = \frac{p \times h}{r}$. Donc $L.l :: \frac{P \times H}{R} . \frac{p \times h}{r}$. D'où réfulte $\frac{L \times p \times h}{r} = \frac{l \times P \times H}{R}$, ou $L \times R \times p \times h = l \times r \times P \times H$. Ce qui donne tous les rapports poffibles de deux quelconques comparables entr'elles, des huit grandeurs qui entrent dans cette égalité, quelques autres rapports qu'on fuppofe entre les fix autres grandeurs prifes ainfi deux à deux comparables entr'elles.

2°. L'on aura auffi (*Corol.* 20. *art.* 1. *nomb.* 2.) $R.C :: H.B = \frac{C \times H}{R}$. Et $r.c :: h.b = \frac{c \times h}{r}$. Donc $B.b :: \frac{C \times H}{R} . \frac{c \times h}{r}$. D'où réfulte $\frac{B \times c \times h}{r} = \frac{b \times C \times H}{R}$, ou $B \times R \times c \times h = b \times r \times C \times H$. Ce qui donne tous les rapports poffibles des huit grandeurs qui entrent en cette égalité, en les prenant deux à deux comparables entr'elles, comme dans le précedent nomb. 1.

3°. L'on aura de plus (*Corol.* 20. *art.* 1. *nomb.* 3). $C.P :: B.L = \frac{P \times B}{C}$. Et $c.p :: b.l = \frac{p \times b}{c}$. Donc $L.l :: \frac{P \times B}{C} . \frac{p \times b}{c}$. D'où réfulte $\frac{L \times p \times b}{c} = \frac{l \times P \times B}{C}$, ou $L \times C \times p \times b = l \times c \times P \times B$.

Ce qui donne auffi tous les rapports poffibles des huit grandeurs qui entrent dans cette égalité, en les prenant deux à deux quelconques comparables entr'elles, comme dans les précedens nomb. 1. 2.

COROLLAIRE XXII.

Les noms demeurans les mêmes que dans le précedent Corol. 21. aussi-bien que l'hypothese des poids de directions paralleles aux hauteurs des plans ; il suit aussi de l'art 2. du Corol. 20. que si les directions des puissances R, r, sont paralleles aux bases B, b, des plans sur lesquels elles soûtiennent les poids P, p ;

1°. L'on aura (*Cor.* 20. *art.* 2. *nomb.* 1.) R. P :: H. B $= \frac{P \times H}{R}$. Et $r.\ p :: h : b = \frac{p \times h}{r}$. Donc B. $b :: \frac{P \times H}{R} . \frac{p \times h}{r}$. D'où

résulte $\frac{B \times p \times h}{r} = \frac{b \times P \times H}{R}$, ou B$\times$R$\times p \times h =b\times r\times$P$\times$H. Ce qui

donne tous les rapports possibles des huit grandeurs qui entrent dans cette égalité , en les prenant deux à deux quelconques comparables entr'elles , comme dans les nomb. 1. 2. 3'. de l'art. 1.

2°. L'on aura aussi *Corol.* 20. *art.* 2. *nomb.* 2.) R. C :: H L $= \frac{C \times H}{R}$. Et $r.\ c :: h.\ l = \frac{c \times h}{r}$. Donc L. $l :: \frac{C \times H}{R} . \frac{c \times h}{r}$ D'où

résulte $\frac{L \times c \times h}{r} = \frac{l \times C \times H}{R}$, ou L$\times$R$\times c \times h = l\times r\times$C$\times$H. Ce qui

donne aussi tous les rapports possibles entre deux quelconques comparables entr'elles des huit grandeurs qui entrent dans cette égalité, quelques soient les rapports supposez des six autres de ces huit grandeurs, ainsi prises deux à deux comparables entr'elles.

3°. L'on aura aussi (*Cor.* 20. *art.* 2. *nomb.* 3.) P. C :: B. L $= \frac{C \times B}{P}$. Et $p.\ c :: b.\ l = \frac{c \times b}{p}$. Donc L. $l :: \frac{C \times B}{P} . \frac{c \times b}{p}$. D'où

résulte $\frac{L \times c \times b}{p} = \frac{l \times C \times B}{p}$, ou L$\times$P$\times c \times b = l\times p\times$C$\times$B. Ce qui

donne comme ci-dessus tous les rapports possibles entre deux quelconques comparables entr'elles , des huit grandeurs comprises dans cette égalité.

COROLLAIRE XXIII.

Les noms demeurant encore les mêmes que dans les précedens Corol. 21. & 22. aussi-bien que l'hypothese des poids de directions paralleles aux hauteurs des plans; il suit encore du Corol. 20. que si des deux puissances R, r, une d'entr'elles, par exemple, R, a sa direction parallele à la longueur L de son plan, & l'autre r parallele à la base b du sien;

I. L'on aura (*Corol. 20. art. 1. nomb. 1.*) H. L :: R. P $= \dfrac{L \times R}{H}$. D'où résulte L $= \dfrac{P \times H}{R}$. L'on aura aussi (*Cor. 20. art. 2. nomb. 1. 2. 3.*) h. b :: r. p $= \dfrac{b \times r}{h}$. De plus r. c :: h. l $= \dfrac{c \times h}{r}$. De plus encore p. c :: b. l $= \dfrac{c \times b}{p}$. Donc,

1°. L'on aura ici P. p :: $\dfrac{L \times R}{H}$. $\dfrac{b \times r}{h}$ D'où résulte $\dfrac{P \times b \times r}{h}$ $\dfrac{P \times L \times R}{H}$, ou P $\times$ H $\times$ b $\times$ r $=$ p $\times$ b $\times$ L $\times$ R.

2°. L'on aura aussi L. l :: $\dfrac{P \times H}{R}$. $\dfrac{c \times h}{r}$. D'où résulte $\dfrac{L \times c \times h}{r}$ $= \dfrac{l \times P \times H}{R}$, ou L $\times$ R $\times$ c $\times$ h $=$ l $\times$ r $\times$ P $\times$ H.

3°. L'on aura de plus L. l :: $\dfrac{P \times H}{R}$. $\dfrac{c \times b}{p}$. D'où résulte $\dfrac{L \times c \times b}{p} = \dfrac{l \times P \times H}{R}$, ou L $\times$ R $\times$ c $\times$ b $=$ l $\times$ p $\times$ P $\times$ H.

II. Le nomb. 2. de l'art. 1. du Corol. 20. donnera R. C :: H. B $= \dfrac{C \times H}{R}$. D'où résulte aussi H $= \dfrac{B \times R}{C}$. Et les nomb. 1. 2. 3. de l'art. 2. du même Corol. 20. donneront pareillement $r. p :: b. b=\frac{p×h}{r}$. De plus $c. r :: l. b=\frac{l×r}{c}$. De plus

encore $c. p :: l. b=\frac{p×l}{c}$. Donc,

1°. L'on aura ici $B. b :: \frac{C×H}{R}. \frac{p×h}{r}$. D'où résulte $\frac{B×p×h}{r}$

$= \frac{b×C×H}{R}$, ou $B×R×p×h=b×r×C×H$.

2°. L'on aura aussi $B. b :: \frac{C×H}{R}. \frac{p×l}{c}$. D'où résulte $\frac{B×p×l}{c}$

$= \frac{b×C×H}{R}$, ou $B×R×p×l=b×c×C×H$.

3°. L'on aura de plus $H. b :: \frac{B×R}{C}. \frac{l×r}{c}$. D'où résulte

$\frac{H×l×r}{c} = \frac{b×B×R}{C}$, ou $H×C×l×r=b×c×B×R$.

III. Le nomb. 3. de l'art. 1. du Corol. 2o. donnera

$P. C :: L. B=\frac{C×L}{p}$. D'où résulte aussi $L=\frac{B×P}{C}$. Et les

nomb. 1. 2. 3. de l'art. 2. du même Corol. 2o. donneront

pareillement $r. p :: b. b=\frac{p×h}{r}$. De plus $r. c :: b. l=\frac{c×h}{r}$.

De plus encore $c. p :: l. b=\frac{p×l}{c}$. Donc,

1°. L'on aura ici $B. b :: \frac{C×L}{P}. \frac{p×h}{r}$. D'où résulte $\frac{B×p×h}{r}$

$= \frac{b×C×L}{P}$, ou $B×P×p×h=b×r×C×L$.

2°. L'on aura aussi $B. b :: \frac{C×L}{P}. \frac{p×l}{c}$. D'où résulte $\frac{B×p×l}{c}$

$= \frac{b×C×L}{P}$, où $B×P×p×l=b×c×C×L$.

3°. L'on aura de plus $L . l : : \frac{B \times P}{C} . \frac{c \times h}{r}$. D'où résulte $\frac{L \times c \times h}{r}$

$= \frac{l \times B \times P}{C}$, ou $L \times C \times c \times h = l \times r \times B \times P$.

Toutes les équations trouvées pour le cas du présent Corol. 23. dans les nomb. 1. 2. 3. de ses art. 1. 2. 3. donneront (comme celles des précédens Corol. 21. 22.) tous les rapports entre deux quelconques comparables entr'elles, des huit grandeurs comprises dans chacune de ces égalitez. On ne s'arrête point ici à détailler ces rapports particuliers, non plus que dans les Corol. 21. 22. ce détail étant facile aux moindres Géomètres qui auront la curiosité d'y entrer.

C O R O L L A I R E XXIV.

Fig. 205.
206.

En cas d'équilibre entre la puissance R & le poids EON sur la surface quelconque SV dans la même hypothese des poids de directions paralleles aux hauteurs des plans, si après avoir prolongé RA, ou le plan HG, jusqu'à ce qu'ils se rencontrent en M dans les Fig. 205. 206. lequel plan GH soit le touchant de la surface courbe SV en celui O de ses points sur lequel le poids EON seroit soûtenu par la puissance R : si, dis-je, après cela on considere que les angles en O, K, sont droits, & que l'angle G (*Corol.* 20.) est toûjours égal à l'angle DAC; l'on aura (*Déf.* 9. *Corol.* 1. 2.) le sinus de l'angle BAD, ou de son égal, ou complement MAO, au sinus total : : MO. AM. Et ce sinus total au sinus de l'angle DAC, ou de son égal G : : GH. HK. Donc (en multipliant par ordre les termes de ces deux analogies) le sinus de l'angle BAD se trouvera être au sinus de l'angle DAC : : MO×GH. AM×HK. Donc en general en cas d'équilibre entre la puissance R & le poids EON sur un point quelconque O de la surface inclinée SV ou HG; ce poids EON dans la presente hypothese de sa direction parallele à la hauteur HK de ce plan HG, quelle que soit la direction de la puissan-

ce R, fera auſſi toûjours (*Corol.* 10.) à cette puiſſance
R :: MO×GH. AM×HK.

C O R O L L A I R E XXV.

Donc lorſque la direction AR de la puiſſance R ſera
parallele à la longueur du plan GH, les lignes MO, AM,
alors infinies, ſe trouvant pour lors égales entr'elles; le
poids EON ſera à cette puiſſance R :: GH. HK. c'eſt-à-
dire, comme la longueur du plan GH eſt à ſa hauteur,
ainſi qu'on l'a déja vû d'une autre maniere dans le nomb.
1. de l'art. 1. du Corol. 20.

C O R O L L A I R E XXVI.

Puiſqu'en general (*Corol.* 18. 19.) de toutes les puiſſances R capables de ſoûtenir un même poids EON ſur
un même point O de quelque ſurface fixe SV que ce ſoit,
la moindre eſt toûjours celle dont la direction AR ſeroit
parallele à GA; il ſuit du précedent Cor. 25. & du nomb.
1. de l'art. 1. du Corol. 20. que dans l'hypotheſe des directions des poids paralleles aux hauteurs des plans, la
moindre de toutes ces puiſſances R ſeroit auſſi celle qui
ſeroit à ce même poids EON, comme la hauteur HK du
plan GH eſt à ſa longueur HG.

Voilà juſqu'ici tout autant de Corollaires des part. 1. 2. du
preſent Th. 25. en voici preſentement quelques-uns de ſa part.
3. après quoi on en verra auſſi de toutes ſes trois parties en-
ſemble. Nous y prendrons ſ pour la marque ou la caracteriſti-
que des ſinus, juſqu'à ce que nous avertiſſions du contraire.

C O R O L L A I R E XXVII.

Quelles que ſoient les directions ER, FC, de la puiſſance R & du poids EON, auquel elle eſt appliquée ſur la
ſurface inclinée quelconque SV, ſi la perpendiculaire
AO à cette ſurface en O, menée du concours A de ces
directions, paſſe par la baſe du poids EON, & qu'il ſoit à
la puiſſance R comme le ſinus de l'angle RAO au ſinus

Fɪɢ. 205.
206 207.
208.

de l'angle CAO, c'eſt-à-dire, en raiſon reciproque des
ſinus des angles que leurs directions font avec AO ; il
ſuit de la part. 3. que cette puiſſance R ſoûtiendra ce
poids EON en équilibre ſur le point O de la ſurface SV.

Pour le voir, ſoit ſur la diagonale AD, partie quelconque de AO prolongée vers D, la parallelogramme BACD,
dont les côtez AB, AC, ſoient ſur les directions de la
puiſſance R & du poids EON. L'angle ADB étant égal à
ſon alterne CAD, ſi l'on prend ſ pour la caracteriſtique
des ſinus, l'on aura pour lors ſBAD. ſADB :: ſBAD.
ſCAD :: ſRAO. ſCAO (*Hyp.*) :: EON. R. Or (*Lem. 8.*
Corol. 2.) ſBAD. ſADB :: BD. AB :: AC. AB. Donc on
aura auſſi pour lors EON. R. :: AC. AB. c'eſt-à-dire, le
poids EON à la puiſſance R ; comme le côté AC eſt au
côté AB du parallelogramme BACD, qui (*conſtr.*) les a
ſur les directions de ce poids & de cette puiſſance, ayant
auſſi (*Hyp.*) ſa diagonale AD perpendiculaire en O à la
ſurface SV, & par la baſe de ce même poids. Donc
(*part.* 3.) la puiſſance R ſoûtiendra ici en équilibre ce
poids EON ſur ce point O de cette ſurface quelconque
SV, ainſi qu'il le falloit faire voir.

Corollaire XXVIII.

Il ſuit de-là que toute puiſſance R qui peut ſoûtenir un
poids quelconque EON ſur quelque point O d'une ſurface inclinée quelconque SV, ſuivant une ligne de direction AR, ou Aρ, qui faſſe au point A avec AR perpendiculaire à AO, ou parallele à la longueur HD du plan
touchant en O la ſurface en queſtion, un angle RAr, ou
RAρ, moindre que RAN, l'y peut ſoûtenir encore ſur le
même point O ſuivant une autre ligne de direction Aρ,
ou Ar, laquelle paſſant de l'autre côté de cette perpendiculaire AR, faſſe avec elle un angle RAρ, ou RAr,
égal au premier RAr, ou RAρ, c'eſt-à-dire, que ſi les
deux angles quelconques RAr, RAρ, ſont égaux entre-
eux, & chacun moindre que l'angle RAN, la puiſſance

capable de foûtenir le poids EON fuivant A*r* fur le point O de la furface inclinée quelconque SV, l'y foûtiendra auffi fuivant A*p*, & reciproquement.

Car il eft vifible qu'on auroit alors *r*AO+*p*AO=2× RAO, c'eft-à-dire, les deux angles *r*AO, *p*AO, égaux enfemble à deux droits RAO; & qu'ainfi chacun de ces deux-là feroit le complement de l'autre à deux droits; & confequemment auffi (*Déf. 9. Corol. 2.*) que le finus de l'un feroit pour lors le finus de l'autre. Donc alors le finus de l'angle CAO feroit en même raifon au finus de chacun des angles *r*AO, *p*AO. Donc auffi (*Corol. 10. 27.*) la même puiffance R, qui dirigée fuivant celle qu'on voudra des lignes A*r*, A*p* foûtiendroit le poids EON fur le point O de la furface SV, l'y foûtiendroit auffi fuivant l'autre de ces deux directions, tant qu'elles feront des angles égaux quelconques *r*AR, *p*AR, avec AR (*Hyp.*) perpendiculaire fur AO, ou parallele à GH, & chacun moindre que RAN.

<h3 align="center">COROLLAIRE XXIX.</h3>

Cela peut encore fe démontrer fans le fecours des finus: car tant que les directions A*r*, A*p*, feront des angles égaux de part & d'autre avec AR, leurs paralleles C*d*, C*δ*, en feront auffi d'égaux avec CD parallele à AR. Par confequent CD étant perpendiculaire en D fur AO prolongée vers X, comme l'eft (*Hyp.*) AR en A fur la même AO, les lignes C*d*, C*δ*, feront égales entr'elles, & confequemment auffi A*b*, A*β*, côtez qui leur font oppofez dans les parallelogrammes *b*AC*d*, *β*AC*δ*. Donc (*part. 2. 3.*) la puiffance R, qui dirigée fuivant une quelconque des lignes A*r*, A*p*, pourroit foûtenir le poids EON fur un point quelconque O d'une furface fixe inclinée quelconque SV, pourroit auffi l'y foûtenir fuivant l'autre de ces deux directions, tant qu'elles feront des angles égaux de part & d'autre avec AR, & chacun moindre que l'angle RAN. Tout cela s'accorde avec la fin du Corol. 17.

E ij

Chacun de ces deux derniers Corollaires 28. 29. fait affez voir que tout ce qu'ils contiennent, feroit encore vrai, quand même chacun des angles rAR, pAR, feroit égal à RAN: mais la puiffance R dirigée fuivant Ar, fe trouvant alors l'être fuivant AN directement à contre-fens du poids EON, le foûtiendroit alors feule (nomb. 1. des Corol. 15. 16.) fans le fecours de la furface SV ; ce qui ne feroit plus de la prefente hypothefe, dans laquelle on fuppofe cette puiffance & ce poids en équilibre entr'eux fur cette furface. Le cas où l'angle feroit plus grand que RAN de ce côté-la, y feroit encore plus contraire; puifqu'alors (fuivant la reflexion qui eft entre les Corob. 15. 16.) il n'y auroit plus du tout d'équilibre entre cette puiffance & ce poids, bien loin de le foûtenir fur la furface SV, ainfi qu'on le fuppofe ici.

COROLLAIRE XXX.

Puifque (*Corol.* 28.) de toutes les directions Ar, AR, Ap, &c. fuivant lefquelles differentes puiffances peuvent, chacune fuivant la fienne, foûtenir un même poids EON fur le même point O' d'une furface quelconque SV toûjours également inclinée en ce point O ; la direction AR, perpendiculaire à AO, ou parallele au plan GH, eft celle qui exige la moindre de toutes ces puiffances pour l'y foûtenir: puifqu'auffi (*Corol.* 10. 18.) cette moindre puiffance R dirigée fuivant AR, eft alors à ce même poids EON, comme le finus de l'angle CAO ou CAD eft au finus de DAR fuppofé droit, c'eft-à-dire, comme le finus de l'angle CAD eft au finus total ; il eft vifible que toute autre puiffance dirigée fuivant celle qu'on voudra des autres directions Ar, Ap, &c. comprifes auffi dans l'angle DAN, & en équilibre avec le même poids EON fur le même point O de la même furface fixe SV, fera à ce poids en plus grande raifon que le finus de l'angle CAD au finus total, ou que OQ à AQ ; & confequemment auffi. (en fuppofant la direction FC du poids EON parallele à la hauteur HK du plan HG) en plus grande raifon que HK à HG, cette hypothefe rendant les triangles rectangles

AOQ , GPQ , GKH, femblables entr'eux ; & en general pour quelque hypothefe que ce foit de parallelifme
ou de concours entr'elles des verticales FC, HK, en raifon
d'autant plus grande (*Corol.* 15. 16.) que la direction A*r*,
ou A*p*, de cette puiffance, fera un angle RA*r*, ou RA*p*,
plus grand avec AR perpendiculaire (*Hyp.*) à AO, ou
parallele à HG, fans fortir de l'angle OAN.

C O R O L L A I R E X X X I.

Cela étant, & d'un autre côté (*nomb.* 1. des *Corol.* 15.
16.) la puiffance requife ici pour foûtenir le poids EON
fur le point O de la furface SV fuivant une direction A*r*, ou
A*p*, non perpendiculaire à AO, devant être d'autant moindre que ce poids (quoiqu'en raifon differente) que l'angle
RA*r* ou RA*p*, de cette direction avec AR perpendiculaire
(*Hyp.*) à AO, fera moindre que l'angle RAN ; il fuit en
general qu'une même puiffance peut foûtenir un même
poids fur un même point d'une furface inclinée fixe quelconque fuivant deux directions differentes, pourvû qu'elle foit moindre que ce poids, & qu'elle lui foit cependant
en plus grande raifon que le finus de l'angle CAD au finus total ; c'eft-à-dire, dans l'hypothefe ordinaire des
poids de directions paralleles aux hauteurs des plans,
pourvû que cette puiffance moindre que ce poids, lui foit
cependant en plus grande raifon que le finus d'inclinaifon G du plan GH au finus total; ou (*Déf.* 9. *Corol.* 1. &
Lem. 8. *Corol.* 2.) que la hauteur HK de ce plan à fa longueur HG.

C O R O L L A I R E X X X I I.

En tout autre cas, c'eft-à-dire, lorfque cette puiffance
eft plus grande que ce poids, ou du moins lorfqu'elle lui
eft égale, ou bien lorfqu'elle lui eft en même raifon que
le finus de l'angle CAD au finus total ; elle ne peut le
foûtenir fur le même point O de la furface fixe SV, que
fuivant une feule direction. Car en fuppofant toûjours
l'angle RAO ou RAD droit,

E iij

1°. Si cette puiſſance étoit plus grande que le poids EON, avec lequel on la ſuppoſe ici en équilibre ſur le point O de la ſurface SV, la direction de cette puiſſance non ſeulement ne pourroit être (*Corol.* 15. 16.) que dans l'angle droit RAD, telle qu'eſt ici Aρ; mais encore cette direction Aρ y ſeroit unique, ne pouvant faire avec AD qu'un angle ρAD, dont le ſinus ſoit à celui de CAD comme le poids EON à cette puiſſance, ainſi qu'il eſt requis (*Corol.* 10.) pour leur équilibre ſuppoſé ſur le point O de la ſurface fixe SV.

2°. Si cette puiſſance étoit égale à ce poids EON, des deux directions également éloignées de AR, ſuivant leſquelles elle pourroit (*Corol.* 17.) ſucceſſivement ſoûtenir ce poids; il y en auroit neceſſairement une (*nomb.* 1. *des Corol.* 15. 16.) ſuivant AN, ſuivant laquelle cette puiſſance ſoûtiendroit (*nomb.* 1. *des Corol.* 15. 16.) ſeule ce poids ſans le ſecours de la ſurface SV; ce qui ſeroit ici contre l'hypotheſe.

3°. Si cette puiſſance étoit au poids en même raiſon que le ſinus de l'angle CAD au ſinus total ou de l'angle (*Hyp.*) droit RAD, elle ne pourroit le ſoûtenir (*Corol.* 10.) que ſuivant AR.

4°. Enfin ſi cette puiſſance étoit à ce poids EON en moindre raiſon que le ſinus de l'angle CAD au ſinus total ou de l'angle (*Hyp.*) droit RAD; elle ne pourroit plus du tout (*Corol.* 10.) faire équilibre avec ce poids ſur la ſurface SV, ne pouvant y avoir d'angle, au ſinus duquel celui de l'angle conſtant CAD puiſſe être en moindre raiſon qu'au ſinus total, c'eſt-à-dire, de ſinus plus grand que le total.

Donc (*nomb.* 1. 2. 3. 4.) lorſque cette puiſſance eſt plus grande que le poids EON, ou qu'elle lui eſt égale, ou bien lorſqu'elle lui eſt en même raiſon que le ſinus de l'angle CAD au ſinus total; elle ne peut ſoûtenir ce poids quelconque ſur un même point quelconque de quelque ſurface fixe que ce ſoit, que ſuivant une ſeule direction, ainſi qu'on le vient d'avancer, & ſuivant aucune (*nomb.* 3.)

lorſque cette puiſſance eſt au poids EON en moindre raiſon que le ſinus de l'angle CAD au ſinus total.

Au contraire (*Corol.* 3.) elle le peut toûjours ſoûtenir
ſur ce même ponit de cette même ſurface fixe, ſuivant
deux directions differentes également éloignées de AR
perpendiculaire à AO, ou parallele au plan HG, tant
qu'elle eſt moindre que ce poids, & qu'elle lui eſt cependant en plus grande raiſon que le ſinus de l'angle CAD au
ſinus total.

Juſqu'ici nous n'avons regardé le même poids que comme
appliqué au même endroit de quelque ſurface que ce ſoit, ou
que comme appliqué au même point d'un plan qui la toucheroit
en ce point lorſqu'elle eſt courbe ; ce qu'on a vû pour toutes ſor-
tes de ſurfaces revenir au même que ſi ce poids n'eût été appli-
qué qu'au même point d'une plane, ou d'un plan incliné quel-
conque : de ſorte que ce poids ſur differens points d'une même
ſurface courbe, y doit être conſideré comme ſur differens plans
touchans de cette ſurface en ces differens points ; ce qui étant
compris dans ce qui précede de poids quelconques ſoûtenus cha-
cun ſur un même point auſſi quelconque de quelque ſurface que
ce ſoit, il ne nous reſte plus qu'à conſiderer ce poids ſucceſſive-
ment ſoûtenu ſur differens points d'un plan incliné. Mais parce
que hors l'hypotheſe ordinaire des directions des graves toutes
paralleles entr'elles, ce poids n'auroit plus (Th. 21. Cor. 37.)
la même peſanteur ſur ces differens points d'un même plan,
quand même tous ſes points y conſerveroient chacun la ſienne,
c'eſt-à-dire, la même pour chacun de ces points ; nous n'appel-
lerons ici mêmes poids que ceux qui ſeront de peſanteurs éga-
les aux differens endroits où nous les placerons, quelques dif-
ferens qu'ils ſoient d'ailleurs entr'eux, pour rendre encore ce qui
ſuit general pour toutes les hypotheſes imaginables des directions
des graves.

C O R O L L A I R E XXXIII.

Soit preſentément un même corps, ou deux differens
EON, FQM, de même peſanteur en differens points d'un
même plan incliné HG ſur leſquels points ces corps ſoient

foûtenus par deux puiſſances R , P , des directions quelconques ER , FP , qui concourent en A , B , avec les directions AB , BD , de ces poids , leſquelles concourent entre-
elles en quelque point D que ce ſoit , lequel ſoit (ſi l'on
veut) le centre de la Terre. Des points A , B , de concours
des directions des puiſſances & des poids qu'elles ſoûtiennent , ſoient AO , BQ , perpendiculaires en O , Q , au
plan HG ; ſoient auſſi les directions des poids prolongées
vers N , M.

Cela fait, le Corol. 10. fait voir qu'en ce cas d'équilibre entre les puiſſances R , P , & les poids EON , FQM ,
qu'elles ſoûtiennent ſur les points O , Q , du plan HG ;
que la puiſſance R ſera à la puiſſance P en raiſon compoſée de la directe des ſinus des angles DAO , DBQ , que les
directions des poids qu'elles ſoûtiennent , font avec les
perpendiculaires AO , BQ , au plan GH ; & de la reciproque des ſinus des angles RAO , PBQ , que les directions de ces puiſſances font avec ces mêmes perpendiculaires ; c'eſt-à-dire (en prenant ſ pour la marque ou la caracteriſtique des ſinus) R. P :: ſDAO×ſPBQ. ſDBQ×
ſRAO.

Car en ce cas d'équilibre, ce Corol. 10. donne R. EON
:: ſDAO. ſRAO. & FQM. P :: ſPBQ. ſDBQ. Donc
les poids EON , FQM , étant pris ici pour leurs peſanteurs
ſuppoſées égales entr'elles en O , Q ; ſi l'on multiplie par
ordre les termes de ces deux analogies , l'on aura ici R. P
:: ſDAO×ſPBQ. ſDBQ×ſRAO. ainſi qu'on le vient de
dire.

Corollaire XXXIV.

Or les perpendiculaires AO , BQ , au plan HG , ſe
trouvant ainſi paralleles entr'elles , ſi l'on prolonge BQ
juſqu'à la rencontre de AD en S , l'on aura l'angle DAO
ou SAO égal à ſon alterne ASB , outre DRQ=DBS.
Donc (Corol. 33.) l'on aura pareillement ici R. P :: ſASB×
ſPBQ. ſDBS×ſRAO. Mais (Léf. 9. Cor. 2.) ſASB=ſBSD ,
& (Lem. 8. Corol. 2.) ſBSD. ſDBS :: DB. DS. Donc auſſi
R. P :: BD×ſPBQ. DS×ſRAO.

Corol.

COROLLAIRE XXXV.

Puifque dans l'équilibre ici fuppofé entre les puiffances R, P, & les poids EON, FQM, fuppofez de même pefanteur fur differens points O, Q, d'un même plan HG d'inclinaifon quelconque ; le Corol. 33. donne R. P :: $\int$DAO×$\int$PBQ. $\int$DBQ×$\int$RAO.

1°. Si les directions ER, FP, des puiffances R, P, font paralleles entr'elles, & celles des poids EON, FQM, concourantes en quelque point D que ce foit ; les angles RAO, PBQ, fe trouvant alors égaux entr'eux, & confequemment auffi leurs finus $\int$RAO, $\int$PBQ, l'on aura pour lors R. P :: $\int$DAO. $\int$DBQ. c'eft-à-dire, les puiffances R, P, entr'elles en raifon des finus des angles DAO, DBQ, que les directions des poids EON, FQM, qu'elles foûtiennent, font avec les perpendiculaires AO, BQ, au plan GH.

2°. Si ce font les directions des poids EON, FQM, qui foient paralleles entr'elles, & non celles des puiffances R, P, qui les foûtiennent ; les angles DAO, DBQ, fe trouvant alors égaux, & confequemment auffi leurs finus $\int$DAO, $\int$DBQ, l'on aura pour lors R. P :: $\int$PBQ. $\int$RAO. c'eft-à-dire, les puiffances R, P, entr'elles en raifon reciproque des finus des angles RAO, PBQ, que leurs directions ER, FP, font avec AO, BQ, perpendiculaires au plan GH.

3°. Enfin fi les directions des puiffances font paralleles entr'elles, & celles des poids paralleles auffi entr'elles, non feulement les angles RAO, PBQ, mais encore les angles DAO, DBQ, fe trouvant alors égaux entr'eux comme dans les deux précedens nomb. 1. 2. l'on aura pour lors R=P, c'eft-à-dire, que les puiffances feront alors égales entr'elles, auffi-bien que (*Hyp.*) les poids.

COROLLAIRE XXXVI.

Puifque dans l'équilibre ici fuppofé le Corol. 34. donne R. P :: BD×$\int$PBQ. DS×$\int$RAO.

1°. Si les directions ER, FP, des puissances R, P, sont parallèles entr'elles, & les directions des poids EON, FQM, concourantes en quelque point D que ce soit, ainsi que dans le nomb. 1. du précedent Corol. 35. les angles RAO, PBQ, se trouvant encore ici comme là, égaux entr'eux, & consequemment aussi leurs sinus ʃRAO, ʃPBQ, l'on aura pour lors R. P: : BD. DS.

2°. Si ce sont les directions AD, BD, des poids EON, FQM, qui soient parallèles entr'elles, & non celles des puissances R, P, qui soûtiennent ces poids sur les points O, Q, du plan HG, ainsi que dans le nomb. 2. du précedent Corol. 35. Cette hypothese rendant (*Lem. 6. Corol. 1.*) l'angle D infiniment aigu, & consequemment (*nom. 6. Corol. 2.*) BD, SD, toutes deux infinies & égales entr'elles, leur difference se trouvant alors infiniment petite ou nulle par rapport à elles : l'on aura pour lors R. P: : ʃPBQ. ʃRAO. c'est-à-dire, les puissances R, P, en raison reciproque des sinus des angles RAO, PBQ, que les directions des poids EON, FMQ, qu'elles soûtiennent, font avec AO, BQ, perpendiculaires au plan GH, ainsi qu'on l'a déja vû pour cette hypothese dans le nomb. 2. du précedent Corol. 35.

3°. Enfin si (comme dans le nomb. 3. du précedent Corol. 35.) les directions des puissances sont parallèles entre-elles, & celles des poids parallèles aussi entr'elles ; cette hypothese rendant non seulement BD=SD, comme dans le précedent nomb. 2. mais encore les angles RAO, PBQ, égaux entr'eux, comme dans le nomb. 1. l'on aura encore ici R=P, ainsi que cette même hypothese l'a déja donné dans le nomb. 3. du précedent Corol. 35.

COROLLAIRE XXXVII.

Le Corol. 37. du Th. 21. a fait voir que dans l'hypothese des directions des graves concourantes en quelque point que ce soit, par exemple, au centre de la Terre, chacun de ces corps peseroit plus ou moins, ou (si l'on veut) tireroit plus ou moins fortement le fil sans pesanteur auquel

il feroit verticalement fufpendu, felon qu'il fe trouveroit alors plus ou moins éloigné de ce point de concours,
quand même chacun des fiens peferoit également à toutes
diftances de celui-là : de forte qu'en appellant *Pefanteur
abfolue* de chacun de ces poids ce que le fil vertical, ou
la force qui le retiendroit, en auroit à foûtenir à chaque
diftance où le poids fe trouveroit du point de concours
des directions de tous les fiens ; la pefanteur abfolue de
ce même corps fe trouveroit variable dans cette hypothefe, c'eft-à-dire, plus ou moins grande , felon que ce
corps fe trouveroit plus ou moins éloigné de ce concours :
de forte , dis-je, que dans cette hypothefe des directions
des graves concourantes en quelque point que ce foit, des
corps differens d'ailleurs pourroient être de même pefanteur abfolue par la feule varieté de leurs diftances à ce
point, fçavoir, le moindre en maffe être égal en pefanteur au plus grand, par fon plus grand éloignement de ce
point de concours.

Voilà, dis-je, ce que le Corol. 37. du Th. 21. fait voir.
Voici prefentement ce qui fuit du nomb. 1. des deux
derniers Corol. 35. 36. Ils font voir de plus qu'un même
corps, ou deux differens EON , FQM, de même pefanteur abfolue, fur deux differens points O , Q , d'un même plan incliné HG, par de-là lequel les directions des
graves concourreroient en quelque point D que ce fût,
y peferoient encore plus ou moins, felon qu'ils y feroient
plus ou moins éloignez de ce point D : en forte qu'il faudroit ici une plus grande force à la puiffance R pour foûtenir le poids EON en O, fuivant quelque direction ER
que ce fût, qu'à la puiffance P pour le foûtenir en Q fuivant une direction FP parallele à ER , quand même il feroit de même pefanteur abfolue en O , Q : puifque le
nomb. 1. du Corol. 35. donneroit alors R. P : : ∫DAO.
∫DBQ : : ∫BSA. ∫DBS. & que le nomb. 1. du Corol. 36.
donneroit auffi pour lors R. P : : BD. DS. c'eft-à-dire, de
part & d'autre, la puiffance R plus grande que la puiffance P.

F ij

Tout cela fait voir que l'hypothese des directions des
graves EON, FQM , concourantes en quelque point D
que ce soit, auſſi-bien que celles de leurs parties , y doit
cauſer une double variabilité de peſanteur par rapport
aux puiſſances R , P, requiſes pour le ſoûtenir ſuivant
des directions paralleles ſur des points O , Q, d'un plan
HG, differemment éloignez du point D : c'eſt-à-dire, une
double raiſon de diminution de peſanteur dans le plus proche FQM du point D , & une double d'augmentation dans
le plus éloigné EON de ce point ; puiſque quand il n'y
auroit point ici de plan HG, ni d'autre ſurface pour ſoûtenir les poids FQM , EON , chacun d'eux (*Th.* 2 1. Co-
rol. 3 7.) peſeroit abſolument moins en Q qu'en O , &
que quand même ils y auroient les mêmes peſanteurs abſolues , & qu'ils y peſeroient également ſans s'appuyer ſur
le plan HG , ils peſeroient encore (*nomb.* 1. *des Corol.* 3 6.
3 7.) moins en Q qu'en O , y étant ſoûtenus par des puiſſances P, R , de directions paralleles entr'elles, c'eſt-à-dire,
que nonobſtant cetté égalité de peſanteurs abſolues , il
faudroit encore par cette nouvelle raiſon une moindre
puiſſance pour le ſoûtenir en Q qu'en O , ſuivant des
directions paralleles entr'elles pendant que celles qu'il
auroit en ces points , concourreroient en D.

*On voit preſentement que dans l'hypotheſe des directions des
graves concourantes en quelque point que ce ſoit , il y a bien
de la difference entre un poids ſoûtenu ſur un même plan , &
un poids ſoûtenu ſur le même point d'un plan , ou de toute autre
ſurface quelconque. C'eſt auſſi pour cela qu'on a pris ſoin ci-
deſſus de ne les pas confondre , & de faire remarquer cette difference dans la reflexion qui ſuit le Corol. 1 9. où il s'agiſſoit ,
comme preſque par tout juſqu'ici des directions quelconques des
graves en general : je dis preſque , n'y ayant que peu d'endroits où on les ait regardez comme paralleles entr'elles , & où
on en a averti le Lecteur. Quant à ce cas particulier des directions des graves paralleles entr'elles, le Corollaire ſuivant va
faire voir que cette difference s'y évanoüit ſur un même plan ,
& qu'un même poids y doit peſer également ſur tous les points*

de ce plan ; en sorte qu'une même puiſſance l'y peut ſucceſſive-
ment ſoûtenir ſur differens points ſuivant une même direction
quelconque, c'eſt-à-dire, ſuivant des directions quelconques tou-
tes paralleles auſſi entr'elles. En effet,

. Il eſt à remarquer que lorſqu'en cas d'équilibre on ſuppoſe-
ra dans la ſuite les directions des poids paralleles entr'elles
vers quelque côté que ce ſoit, ou celles des puiſſances paralleles
auſſi entr'elles vers tel côté qu'on voudra, & de même lorſ-
qu'on ſuppoſera ces directions tant des poids que des puiſſances
à volonté ; il faudra toûjours excepter les cas où les directions
des poids ſeroient dans les angles RAO, PBQ, & où celles
des puiſſances ſeroient hors des angles NAO, MBQ ; puiſque
ſuivant le Corol. 4. & la reflexion italique qui le ſuit, l'équi-
libre ſuppoſé ſeroit impoſſible dans l'un & dans l'autre de
ces deux cas.

COROLLAIRE XXXVIII.

Si les directions des poids, & celles de tous leurs points
étoient toutes paralleles entr'elles, chacun de ces poids
ſeroit non ſeulement par tout (*Th. 21. Corol. 39.*) de
même peſanteur abſolue, mais encore peſeroit également
(*nomb. 3. Corol. 35. 36.*) ſur tous les points d'un même
plan incliné ; c'eſt-à-dire, que non ſeulement un même
poids ſeroit alors de même peſanteur abſolue en differens
points d'un même plan incliné, mais encore qu'une même puiſſance le pourroit ſucceſſivement ſoûtenir ſur tous
ces differens points quelconques ſuivant des directions
paralleles entr'elles.

La part. 1. du preſent Th. 26. fait voir de plus que tous
ces differens points d'un même plan incliné, ſeroient
toûjours alors également chargez du concours d'action
de la puiſſance & du poids ſur eux, c'eſt-à-dire, que les
charges perpendiculaires réſultantes de ce concours d'action ſur chacun des points de ce plan incliné, ſeroient
alors toutes égales entr'elles.

COROLLAIRE XXXIX.

FIG. 111.
112.

Toutes chofes demeurant les mêmes que dans le Corol. 33. c'eft-à-dire, les poids EON, FQM, étant de même pefanteur abfolue, & le refte tel qu'on voudra, fi
l'on appelle O, Q, les differentes charges perpendiculaires en ces points du plan HG, réfultantes chacune du
concours d'action de la puiffance & du poids fuppofez en
équilibre fur chacun de ces points O, Q, de ce plan HG;
lé Corol. 9. donnera O. EON ∷ ∫RAD. ∫RAO. & le
poids FQM ou fon égal (*Hyp.*) EON. Q ∷ ∫PBQ. ∫PBD.
Donc (en multipliant par ordre) O. Q ∷ ∫RAD×∫PBQ.
∫PBD×∫RAO. C'eft-à-dire (dans la prefente hypothefe
des poids égaux) que les differentes charges O, Q, du
plan GH aux points de ces noms, font entr'elles en raifon compofée de la directe des finus des angles totaux
RAD, PBD, & de la reciproque des finus des angles partiaux RAO, PBQ, quelques foient l'inclinaifon de ce
plan HG, & les directions des poids & des puiffances qui
lui caufent ces deux charges. Donc,

I. Si les directions AR, BP, des puiffances R, P, font
paralleles entr'elles vers quelque côté que ce foit, fans
fortir (*Corol.* 4.) des angles NAO, MBQ, quelles que
foient encore les directions des poids EON, FQM, ainfi
que dans le nomb. 1. des Corol. 35. 36.

1°. Les perpendiculaires (*part.* 1. 2.) AO, BQ, au
plan HG, étant auffi paralleles entr'elles, & ces deux
parallelifmes rendant les angles RAO, PBQ, égaux entr'eux, & confequemment auffi ∫RAO=∫PBQ, l'on aura ici O. Q ∷ ∫RAD. ∫PBD. c'eft-à-dire, les differentes
charges O, Q, du plan HG, en raifon des finus des angles RAD, PBD, compris chacun entre les directions de
chaque puiffance, & chaque poids foûtenu par elle fur
ce plan.

2°. Donc fi l'on prolonge RA jufqu'à la rencontre en X
de BD prolongée, le parallelifme fuppofé entre les directions AR, BP, des puiffances R, P, rendant l'angle

PBD=RXD=AXD, & conſequemment ∫PBD=∫AXD,
outre (*Déf. 9. Corol. 2.*) ∫RAD=∫XAD ; l'on aura pareillement ici O. Q : : ∫XAD. ∫AXD (*Lem. 8. Corol. 2.*)
: : XD. AD. c'eſt-à-dire, les differentes charges en O, Q,
du plan HG, en raiſon des côtez XD, AD, du triangle
AXD.

3°. D'où l'on voit que la charge O du plan HG, doit
être ici plus ou moins grande par rapport à ſa charge Q,
ſelon que l'angle RAD (toûjours égal à PBQ) ſera plus
ou moins petit; puiſque l'angle XAD en devenant plus ou
moins grand, le côté XD du triangle AXD en doit devenir auſſi plus ou moins grand par rapport à ſon autre
côté AD.

II. Si outre les directions AR, BP, des puiſſances R,
P, paralleles entr'elles vers quelque côté que ce ſoit,
ſans ſortir (*Corol. 4.*) des angles NAO, MBQ, l'on veut
(comme dans le nomb. 3. des Corol. 35. 36.) que les directions AD, BD, des poids (*Hyp.*) égaux EON, FQM,
ſoient auſſi paralleles entr'elles vers tel autre côté qu'on
voudra, ſans entrer dans les angles RAO, PBQ ; ces
deux parallelifmes joints à celui qui eſt (*part. 1. 2.*) entre les droites AO, BQ, rendant les angles RAD=PBD,
RAO=PBQ, & conſequemment auſſi leurs ſinus ∫RAD
=∫PBD, ∫RAO=∫PBQ, l'on aura ici O=Q, c'eſt-à-
dire, les charges en O, Q, du plan HG égales entr'elles, de même que le ſont (*Hyp.*) les peſanteurs abſolues
des poids EON, FQM, & (*nomb. 3. des Corol.* 35. 36.)
les puiſſances R, P, qui les ſoûtiennent ſur ces points
auſſi égales entr'elles.

Voilà juſqu'ici depuis le Corol. 33. incluſivement pour un
même ou pour differens poids de même peſanteur abſolue, ſuc-
ceſſivement ſoûtenus ſur differens points d'un même plan in-
cliné par des puiſſances quelconques dirigées à volonté, ſans
ſortir (Corol. 4.) des angles NAO, MBQ. Voici preſente-
ment pour des poids de differentes peſanteurs abſolues, ſuc-
ceſſivement ſoûtenus ſur tous ces differens points par une mê-

me ou par differentes puiſſances égales dirigées encore à vo-
lonté comme ci-deſſus.

COROLLAIRE XL.

Soient preſentement les poids EON , FQM , de peſanteurs abſolues differentes quelconques appellées auſſi
EON , FQM , & encore ſucceſſivement ſoûtenus ſur differens points O , Q , d'un même plan incliné auſſi quelconque GH par une même puiſſance , ou par deux R , P ,
égales entr'elles , dirigées encore comme l'on voudra , ſans
ſortir (*Cor.* 4.) des angles NAO, MBQ. En quelque point
D que concourent les directions des poids EON , FQM ,
par de-là le plan HG ſans entrer dans les angles RAO ,
PBQ ; le Corol. 10. fait encore voir qu'en ce cas d'équilibre la peſanteur abſolue du poids EON ſera à celle du
poids FQM en raiſon compoſée de la directe des ſinus des
angles RAO , PBQ , que les directions des puiſſances
R , P , qui les ſoûtiennent , font avec les perpendiculaires
AO , BQ , menées des points A , B , au plan HG , & de
la reciproque des ſinus des angles DAO , DBQ , que les
directions de ces poids font avec ces mêmes perpendiculaires , c'eſt-à-dire , EON. FQM :: ſRAO×ſDBQ. ſPBQ.
×ſDAO.

Car en ce cas d'équilibre ce Corol. 10. donne EON.
R :: ſRAO. ſDAO. & P. FQM :: ſDBQ. ſPBQ. Donc
les puiſſances R , P , étant ici ſuppoſées égales entr'elles ,
ou la même quelconque , l'on y aura (en multipliant par
ordre les termes de ces deux analogies) EON. FQM
:: ſRAO×ſDBQ. ſPBQ×ſDAO. ainſi qu'on le vient de
dire.

COROLLAIRE XLI.

Or (ainſi que dans le Corol. 34.) les perpendiculaires
AO , BQ , ſe trouvant paralleles entr'elles , ſi l'on prolonge BQ juſqu'à la rencontre de AD en S ; l'on aura
l'angle DAO ou SAO égal à ſon alterne ASB , outre
DBQ=DBS. Donc (*Corol.* 39.) l'on aura pareillement

ici

ici EON. FQM :: ∫RAO×∫DBS. ∫PBQ×∫ASB. Mais
(*Déf. 9. Corol. 2.*) ∫ASB=∫BSD , & (*Lem. 8. Corol. 2.*)
∫DBS. ∫BSD :: DS. BD. Donc auffi EON. FQM :: DS×
∫RAO. BD×∫PBQ.

COROLLAIRE XLII.

Puifque dans l'équilibre ici fuppofé entre chacune des
puiffances (*Hyp.*) égales R , P , & chacun des poids EO ,
FQ , de péfanteurs abfolues quelconques fur differens
points O , Q , d'un même plan HG d'inclinaifon auffi
quelconque , le Corol. 39. donne EON. FQM :: ∫RAO×
∫DBQ. ∫PBQ×∫DAO.

1°. Si les directions ER , FP , des puiffances R , P , font
paralleles entr'elles , & celles des poids EON , FQM , concourantes en quelque point D que ce foit , les angles RAO
& PBQ fe trouvant alors égaux entr'eux , & confequemment auffi leurs finus ∫RAO , ∫PBQ , ainfi que dans le
nomb. 1. du Corol. 35. l'on aura pour lors EON. FQM
:: ∫DBQ. ∫DAO. c'eft-à-dire , les péfanteurs abfolues des
poids EON , FQM entr'elles en raifon reciproque des finus des angles DAO , DBQ , que leurs directions AD ,
BD , font avec AO , BQ , perpendiculaires au plan HG.

2°. Si ce font les directions des poids EON , FQM , qui
foient paralleles entr'elles , & non celles des puiffances R ,
P , qui les foûtiennent fur les points O , Q , du plan GH ;
les angles DAO , DBQ , fe trouvant alors égaux entre-
eux , & confequemment auffi leurs finus ∫DAO , ∫DBQ ,
ainfi que dans le nomb. 2. du Corol. 35. l'on aura pour
lors EON. FQM :: ∫RAO. ∫PBQ. c'eft-à-dire , les péfanteurs abfolues des poids EON , FQM , en raifon des finus
des angles RAO , PBQ , que les directions des puiffances R , P , qui les foûtiennent , font avec AO , BQ , perpendiculaires au plan GH , fur les points O , Q , duquel
ces poids font foûtenus par ces puiffances.

3°. Si les directions de ces puiffances font paralleles entr'elles , & celles des poids auffi , non feulement les angles RAO , PBQ , mais encore les angles DAO , DBQ ,

ſe trouvant alors égaux entr'eux, comme dans les précedens nomb. 1. 2. l'on aura pour lors EO=FQ , c'eſt-à-
dire, les peſanteurs abſolues des poids EON , FQM, alors
égales entr'elles, auſſi-bien (*Hyp.*) que les puiſſances R ,
P., qu'on ſuppoſe les ſoûtenir ainſi ſur les points O , Q ,
du plan GH.

COROLLAIRE XLIII.

Puiſqu'auſſi dans l'équilibre ſuppoſé le Corol. 4. donne
EON.FQM::DS×ſRAO. DB×ſPBQ.

1°. Si les directions ER , FP, des puiſſances R , P, ſont
paralleles entr'elles, & celles des poids EON , FQM ,
concourantes en quelque point D que ce ſoit , ainſi que
dans le nomb. 1. du précédent Corol. 4.1. les angles
RAO , PBQ , ſe trouvant encore égaux ici comme là ,
& par conſequent auſſi leurs ſinus ſRAO, ſPBQ , l'on
aura pour lors EON. FQM::DS. DB.

2°. Si ce ſont les directions AD , BD , des poids EON ,
FQM, qui ſoient paralleles entr'elles, & non celles des
puiſſances R , P, qui les ſoûtiennent ſur les points O , Q ,
du plan incliné HG ; cette hypotkeſe donnant ici DS=
DB, comme dans le nomb. 2. du Corol. 36. l'on aura ici
EON. FQM :: ſRAO. ſPBQ. c'eſt-à-dire , les peſanteurs abſolues des poids EON , FQM , en raiſon des ſinus
des angles RAO , PBQ , que les directions des puiſſances
R , P, font avec AO , BQ , perpendiculaires au plan
HG , ſur lequel elles les ſoûtiennent , ainſi que dans le
nomb. 2. du précédent Corol. 4.1.

3°. Enfin ſi les directions de ces puiſſances ſont paralleles entr'elles , & celles de ces poids auſſi ; ayant alors
ſRAO=ſPBD , & DS=DB , l'on aura auſſi pour lors
EO=FQ , c'eſt-à-dire, les peſanteurs abſolues des poids
EO , FQ , alors égales entr'elles , ainſi que dans le nomb.
3. du précédent Corol. 4.1.

COROLLAIRE XLIV.

Toutes choſes demeurant ainſi les mêmes que dans le

Corol. 40. c'eft-à-dire, les puiffances R , P , étant égales entr'elles, & le refte tel qu'on voudra , les noms O , Q , des differentes charges du plan HG en O , Q , demeurant auffi les mêmes que dans le Corol. 39. l'on aura (*Cor. 9.*) O. R :: ∫DAR. ∫DAO. & la puiffance P ou fon égale (*Hyp.*) R. Q :: ∫DBQ. ∫DBP. Donc (en multipliant par ordre) O. Q :: ∫DAR×∫DBQ. ∫DBP×∫DAO. c'eft-à-dire (dans la prefente hypothefe des puiffances égales) les differentes charges O , Q , du plan HG , en raifon compofée de la directe des finus des angles totaux DAR , DBP , & de la reciproque des finus des angles partiaux DAO , DBQ.

C O R O L L A I R E XLV.

Or les perpendiculaires AO , BQ , au plan HG , fe trouvant toûjours paralleles entr'elles , fi l'on prolonge BQ jufqu'à la rencontre de AD en S , comme dans les Corol. 34. 41. l'on aura ici comme là , les angles DAO =ASB , & DBQ= DBS. Donc (*Cor.* 44.) O. Q :: ∫DAR ×∫DBS. ∫DBP×∫ASB. Mais (*Déf.* 9. *Corol.* 2.) ∫ASB= ∫BSD , & (*Lem.* 8. *Corol.* 2.) ∫DBS. ∫BSD : : DS. BD. Donc auffi O. Q :: DS×∫DAR. BD×∫DBP.

C O R O L L A I R E XLVI.

Puifque dans l'équilibre ici fuppofé des puiffances éga-les R , P , avec les poids quelconques EO , FQ , fur diffe-rens points O , Q , d'un même plan HG , dont les char-ges en ces points font auffi appellées O , Q ; le Corol. 44. donne O. Q :: ∫DAR×∫DBQ. ∫DBP×∫DAO.

1°. Si les directions AD : BD , des poids EON , FQM , font paralleles entr'elles vers quelque côté que ce foit, fans entrer dans les angles RAO , PBQ , les directions AR , BP , des puiffances R , P , étant telles qu'on voudra , fans fortir (*Corol.* 4.) des angles NAO , MBQ ; les an-gles DAO , DBQ , fe trouvant alors égaux entr'eux, l'on aura pour lors O. Q :: ∫DAR. ∫DBP. c'eft-à-dire, des charges O , Q , du plan HG , en raifon des finus des

.G ij

angles DAR, DBP, dans ce parallelifme des directions
des poids quelconques EON, FQM, foûtenus fur differens points O, Q, d'un même plan HG par des puiffances égales R, P, de directions quelconques, ainfi que le
parallelifme de directions des puiffances quelconques,
qui y foûtenoient des poids égaux, l'a donné dans le nomb.
1. de l'art. 1. du Corol. 3 9.

2°. D'où l'on voit que foit que des poids abfolument
égaux, & de directions quelconques, foient foûtenus fur
differens points d'un même plan quelconque par differentes puiffances de directions paralleles entr'elles ; ou que
des puiffances égales de directions quelconques y foûtiennent des poids de differentes pefanteurs abfolues, & de
directions paralleles entr'elles : les charges de ce plan en
ces differens points, feront toûjours entr'elles comme les
finus des angles compris chacun entre les directions de
chaque puiffance & de chaque poids foûtenu par elle,
du concours defquels chacune de ces charges réfulte.

3°. Si outre les directions AD, BD, des poids EON,
FQM, paralleles entr'elles vers quelque côté que ce foit,
fans entrer dans les angles RAO, PBQ, les directions
AR, BP, des puiffances égales R, P, font auffi paralleles
entr'elles vers tel côté qu'on voudra, fans fortir (*Cor. 4.*)
des angles NAO, MBQ ; ce double parallelifme rendant
non feulement les angles DAO, DBQ, mais auffi les
angles DAR, DBP, égaux entr'eux pris ainfi deux à deux,
rendra pour lors O=Q ; c'eft-à-dire, que les charges
O, Q, du plan HG aux points de ces noms, feront alors
pareillement égales, les puiffances R, P, étant fuppofées
l'être, ainfi que ce double parallelifme a rendu ces charges égales dans l'art. 2. du Corol. 3 9. où les poids EON,
FQM, étoient fuppofez d'égales pefanteurs abfolues.

C O R O L L A I R E   XLVII.

Puifque dans la même hypothefe du Corol. 40. c'eft-à-
dire, dans l'hypothefe des puiffances R, P, égales entre

elles, le refte étant tel qu'on voudra, le Corol. 45. donne O. Q :: DS×∫DAR. BD×∫DBP.

1°. Si les directions AD, BD, des poids EON, FQM,
font parallales entr'elles vers quelque côté que ce foit,
celles des puiffances telles qu'on voudra, ainfi que dans
le nomb. 1. du précedent Corol. 46. ce parallelifme rendant ici DS=BD, comme dans les nomb. 2. des Corol.
36. 43. il donnera ici O. Q :: ∫DAR. ∫DBP. ainfi que
dans le nomb. 1. du précedent Corol. 46.

2°. Si outre les directions AD, BD, des poids EON,
FQM, paralleles entr'elles vers quelque côté que ce foit,
celles AR, BP, des puiffances (égales R, P,) font auffi
paralleles entr'elles vers tel autre côté qu'on voudra; ce
double parallelifme rendant non feulement DS=BD,
mais auffi ∫DAR=∫DBP, donnera ici O=Q, c'eft-à-
dire, que les charges O, Q, du plan HG aux points de
ces noms, feront ici égales entr'elles, ainfi que dans le
nomb. 3. du précedent Corol. 46.

*Depuis le Corol. 33. inclufivement, voilà pour des poids
d'égales pefanteurs abfolues, foûtenus fur differens points d'un
même plan par des puiffances ou forces quelconques; &
pour des poids de pefanteurs abfolues differentes, que des puiffances égales y foûtiiendroient. Voici prefentement pour des
poids & des puiffances quelconques qui, en équilibre fur ces
points, y cauferoient par leurs concours des charges égales au
plan fur lequel ces differens équilibres fe feroient.*

C O R O L L A I R E XLVIII.

Les noms O, Q, des charges du plan GH en O, Q,
demeurant toûjours les mêmes, fi prefentement on fuppofe ces deux charges égales entr'elles, quelque foit le
refte, le Corol. 9. donnera R. O :: ∫DAO. ∫DAR. & la
charge Q ou fon égale (*Hyp.*) O. P :: ∫DBP. ∫DBQ. Donc
(en multipliant par ordre) R. P :: ∫DAO×∫DBP. ∫DBQ×
∫DAR. c'eft-à-dire, que les puiffances R, P, feront toûjours ici entr'elles en raifon compofée de la directe des fi-

G iij

nus des angles partiaux DAO , DBQ , & de la reciproque des sinus des angles totaux DAR. DBP.

Corollaire XLIX.

Or on voit dans les Corol. 34. 41. 45. qu'en general $\int$DAO$=\int$ASB$=\int$BSD, & $\int$DBQ$=\int$DBS. Donc (*Corol.* 48.) l'on aura pareillement ici R. P :: $\int$BSD×$\int$DBP. $\int$DBS×$\int$DAR. mais (*Lem. 8. Cor. 2.*) $\int$BSD. $\int$DBS :: BD. DS. Donc aussi R. P :: BD×$\int$DBP. DS×$\int$DAR.

Corollaire L.

Puisque dans la presente hypothese des charges égales O Q , du plan HG, le Corol. 48. donne R. P :: $\int$DAO× $\int$DBP. $\int$DBQ×$\int$DAR.

1°. Si les directions AD, BD, des poids EON, FQM, font deux paralleles quelconques, & celles des puissances R , P, telles qu'on voudra, ce parallelisme joint a celui des lignes AO, BQ, perpendiculaires (*part.* 1. 2.) au plan HG, rendant les angles DAO, DBQ , égaux entr'eux, l'on aura ici R. P :: $\int$DBP. $\int$DAR. c'est-à-dire, les puissances R , P, en raison reciproque des sinus des angles totaux DAR , DPB.

2°. Si non seulement les directions des poids font paralleles entr'elles, mais aussi celles des puissances, ces deux parallelismes ajoûtez à celui qu'ont entr'elles les lignes AO, BQ , rendant les angles DAO$=$DBQ , & DBP $=$DAR rendront aussi pour lors R$=$P, c'est-à-dire , les puissances R , P, égales entr'elles.

Corollaire LI.

Dans la même hypothese des charges égales O, Q , du plan HG, le Corol. 49. donnant aussi R. P :: BD× $\int$DBP. DS×$\int$DAR.

1°. Si les directions AD , BD , des poids EON , FQM, font paralles ensr'elles, & non celles des puissances R , P ; cette hypothese rendra ici BD$=$DS comme dans le nomb. 1. du Corol. 47. doit y rendre aussi R. P : $\int$DBP. $\int$DAR.

c'eſt-à-dire, les puiſſances R, P, entr'elles en raiſon reciproque des ſinus des angles DAR, DBP, compris chacun entre les directions de chacune d'elles & du poids
qu'elle ſoûtient.

2°. Si outre les directions AD, BD, des poids EON,
FQM, paralleles entr'elles vers quelque côté que ce ſoit,
celles AR, BP, des puiſſances R, P, ſont auſſi paralleles
entr'elles vers tel autre côté qu'on voudra, ce double paralleliſme rendant non ſeulement DB=DS, mais encore
DAR=DBP, doit auſſi rendre ici R=P, c'eſt-à-dire, les
puiſſances R, P, égales entr'elles.

COROLLAIRE LII.

Dans la même hypotheſe des charges égales O, Q,
du plan HG, le Corol. 9. donnera EON. O :: ∫RAO.
∫DAR. & la charge Q, ou ſon égale (*Hyp.*) O. FQM
:: ∫DBP. ∫PBQ. Donc (en multipliant par ordre) EON.
FQM :: ∫RAO×∫DBP. ∫PBQ×∫DAR. c'eſt-à-dire, les
peſanteurs des poids EON, FQM, entr'elles en raiſon
compoſée de la directe des angles partiaux, RAO, PBQ,
& de la reciproque des ſinus des angles totaux DAR,
DBP. Donc,

1°. Si les directions AR, BP, des puiſſances R, P, ſont
paralleles entr'elles, celles des poids étant telles qu'on
voudra, les angles RAO, PBQ, ſe trouvant alors égaux
entr'eux, l'on aura pour lors ici EON. FQM :· ∫DBP.
∫DAR. c'eſt-à-dire, les peſanteurs abſolues des poids
EON, FQM, en raiſon reciproque des ſinus des angles
totaux DAR, DBP.

2°. Or ce cas de parallelifme des directions AR, BP,
des puiſſances R, P, rend auſſi ∫DBP=∫DXA, & (*Déf.*
9. *Cor.* 2.) ∫DAR=∫DAX. Donc (*nomb.* 1.) ce même
parallelifme rend pareillement ici EON. FQM :: ∫DXA.
∫DAX (*Lem.* 8. *Corol.* 2.) :: AD. XD. c'eſt-à-dire, les
peſanteurs abſolues des poids EON, FQM, en raiſon des
côtez AD, XD, du triangle AXD.

3°. D'où l'on voit que ſi outre les directions AR, BP, des puiſſances R, P, paralleles entr'elles, celles AD,BD, des poids EON, FQM, le font auſſi entr'elles, ce double parallelisme joint à celui (*part.* 1. 2.) des droites AO, BD, entr'elles, rendant les angles RAO=PBQ , & DBP=DAR, rendroit pareillement ici EON=FQM, c'eſt-à-dire, les pefanteurs abſolues des poids EON,FQM, égales entr'elles.

COROLLAIRE LIII.

Les noms O, Q, des charges du plan HG aux points O, Q, demeurant toûjours les mêmes, il fuit des Corol. 33. 39. 40. 44. 48. 52. que,

I. Puiſque l'hypotheſe des poids EON, FQM, d'éga-les pefanteurs abſolues, quelque foit le reſte, donne (*Cor.* 33.) R. P :: ſDAO׃PBQ. ſDBQ׃RAO.

1°. Le Corol. 9. donnant P. Q :: ſDBQ. ſDBP. Cette hypotheſe donnera auſſi R. Q :: ſDAO׃PBQ. ſDBP× ſRAO.

2°. Le Corol. 9. donnant pareillement O. R :: ſDAR. ſDAO. cette même hypotheſe donnera O. P :: ſDAR× ſPEQ. ſDBQ×ſRAO.

II. Puiſque la même hypotheſe d'égales pefanteurs ab-ſolues des poids EON, FQM, donne de plus (*Corol.* 39.) O. Q :: ſRAD×ſPEQ. ſDPB×ſRAO.

1°. Le Corol. 9. donnant R. O :: ſDAO. ſRAD. cette hypotheſe de pefanteurs abſolues EON, FQM, égales entr'elles, donnera encore R. Q :: ſDAO×ſPEQ. ſDBP× ſRAO. ainſi que dans le nomb. 1. du précedent art. 1.

2°. Le Corol. 9. donnant pareillement Q. P :: ſDBP. ſDBQ. la même hypotheſe de pefanteurs abſolues des poids EON, FQM, égales entr'elles, donnera encore auſſi O. P :: ſRAD×ſPEQ. ſDEQ×ſRAO. comme dans le nomb. 1. du précedent art. 1.

III. Puiſque l'hypotheſe des puiſſances R, P, égales entr'elles, quelque foit le reſte, donne (*Corol.* 40.) EON. FQM :: ſRAO×ſDBQ. ſPEQ×ſDAO.

2°. Le

1°. Le Corol. 9. donnant FQM. Q : : ∫PBQ. ∫DBP. cette hypothese de R=P, donnera aussi EON. Q : : ∫RAO ×∫DBQ. ∫DBP×∫DAO.

2°. Le Corollaire 9. donnant pareillement O. EON : : ∫RAD. ∫RAO. cette même hypothese de R=P donnera aussi O, FQM : : ∫RAD×∫DEQ. ∫PEQ×∫DAO.

I V. Puisque la même hypothese de R=P donne de plus (*Corol.* 44.) O. Q : : ∫RAD×∫DBQ. ∫DBP×∫DAO.

1°. Le Corol. 9. donnant EON. O : : ∫RAO. ∫RA D. cette hypothese de R=P donnera encore EON. Q : : ∫RAO×∫DBQ. ∫DBP×∫DAO. ainsi que dans le nomb. 1. du précedent art. 3.

2°. Le Cor. 9. donnant pareillement Q. FQM : : ∫DBP. ∫PBQ. la même hypothese de R=P, donnera encore aussi O. FQM : : ∫RAD×∫DBQ. ∫PBQ×∫DAO. comme dans le nomb. 2. du précedent art. 3.

V. Puisque l'hypothese des charges O , Q , du plan HG en ses points O, Q, égales entr'elles, quelque soit le reste , donne (*Corol.* 48.) R. P : : ∫DAO×∫DBP. ∫DBQ× ∫DAR.

1°. Le Corol. 9. donnant P. FQM : : ∫DBQ. ∫PBQ. cette hypothese de O=Q donnera aussi R. FQM : : ∫DAO× ∫DBP. ∫PEQ×∫DAR.

2°. Le Cor. 9. donnant pareillement EON. R : : ∫RAO. ∫DAO. cette même hypothese de O=Q donnera aussi EON. P : : ∫RAO×∫DBP. ∫DBQ×∫DAR.

V I. Puisque la même hypothese de O=Q donne de plus (*Corol.* 52.) EON. FQM : : ∫RAO×∫DBP. ∫PBQ× ∫DAR.

1°. Le Corol. 9. donnant R. EON : : ∫DAO. ∫RAO. cette hypothese de O=Q donnera encore R. FQM : : ∫DAO×∫DBP. ∫PEQ×∫DAR. ainsi que dans le nomb. 1. du précedent art. 5.

2°. Le Cor. 9. donnant pareillement FQM. P : : ∫PEQ. ∫DBQ. cette hypothese de O=Q donnera encore aussi EON. P : : ∫RAO×∫DBP. ∫DBQ×∫DAR. comme dans le nomb. 2. du précedent art. 5.

*Toutes ces analogies résultantes des Corol. 33. 39. 40. 44.
48. 52. par le moyen du Corol. 9. dans les six articles du présent Corollaire 53. peuvent encore se détailler en plusieurs autres, suivant les differentes hypotheses qu'on y peut faire des
angles qui y sont compris : & cela de la maniere que les analogies de ces Corol. 33. 39. 40. 44. 48. 52. l'ont été ci-dessus,
& qu'on le va voir encore dans les deux Corollaires suivans.*

*Voilà jusqu'ici pour des poids soûtenus sur differens points
d'un même plan : en voici presentement de soûtenus sur differens plans.*

COROLLAIRE LIV.

FIG. 213.
214.

Soient presentement deux poids EO, FQ, de même pesanteur absolue, & de directions AD, BD, concourantes
en tel point D qu'on voudra, soûtenus sur deux plans HG,
HL, de hauteurs & de longueurs quelconques (ce n'est
que pour épargner les figures qu'on marque ici ces plans
comme s'ils étoient de même hauteur ; & que les directions, tant des poids, que des puissances, n'expriment
pas ici toutes les hypotheses qu'on en va faire : c'est à
l'imagination du Lecteur à faire le reste qu'il pourra se fi-
gurer sans peine sur ceci.) un sur chacun, par deux puissances R, P, de directions quelconques ER, FP, qui prolongées concourent en A, B, avec celles des poids ; desquels points A, B, soient AO, BQ, perpendiculaires en O,
Q, à ces plans HG, HL. On trouvera ici, comme dans
le Corol. 33. R. P :: ∫DAO×∫PBQ. ∫DBQ×∫RAO. Donc,

1°. Si les directions AR, BP, des puissances R, P, sont
deux paralleles entr'elles quelconques, & celles AD, BD,
des poids EO, FQ, deux autres paralleles entr'elles aussi
quelconques, dont la seconde BD prolongée rencontre
OA prolongée en N, laquelle OA prolongée rencontre
aussi BP en V, & QB prolongée en M : ayant alors ∫RAO
=∫PVO=∫BVM, ∫DAO=∫BNM, ∫PBQ=∫MBV,
& ∫DBQ=∫MBN ; l'on aura pour lors R. P :: ∫BNM×
∫MBV. ∫MBN×∫BVM. Or (*Lem.* 8. *Corol.* 2.) ∫BNM.
∫MBN :: BM. MN. Et ∫MBV. ∫BVM :: MV. BM. Donc

auſſi pour lors R . P . : : BM×MV . MN×BM : : MV . MN.
quelques ſoient les hauteurs des plans HG , HL.

2°. Si les directions AR , BP , des puiſſances R , P , ſont
paralleles chacune à chacune des longueurs HG , HL ,
des plans ſur leſquels elles ſoûtiennent chacune un des
poids EO , FQ ; ſçavoir, AR à HG , & BP à HL ; & ſi les
directions AD , BD , ſont paralleles auſſi chacune à chacune des hauteurs de ces deux plans, ou à leur hauteur
commune HK , s'ils ont la même : cette hypotheſe rendant les angles RAO=HOA=HQB=PBQ, DAO=
HGK , DBQ=HLG ; & conſequemment auſſi ſRAO=
ſPBQ , ſDAO=ſHGK (Déf. 9. Corol. 2.)=ſHGL ,
ſDBQ=ſHLG ; cette même hypotheſe donnera ici
R . P : : ſHGL×ſRAO . ſHLG×ſRAO : : ſHGL . ſHLG.
c'eſt-à-dire, les puiſſances R , P , entr'elles en raiſon des
ſinus des angles HGL ou HGK , & HLG , d'inclinaiſon
des plans HG , HL , aux longueurs deſquels on ſuppoſe
ici que ces directions de ces puiſſances ſont paralleles chacune à chacune , quelques ſoient les hauteurs de ces
plans.

3°. Si l'on veut preſentement que ces hauteurs ſoient
égales , ou la même HK pour tous les deux ; ayant pour
lors (Lem. 8. Corol. 2.) ſHGL . ſHLG : : HL . HG. l'hypotheſe du precedent nomb. 2. ajoûtée à celle-ci, donnera pareillement ici R . P : : HL . HG. c'eſt-à-dire, les
puiſſances R , P , ici entr'elles en raiſon reciproque des
longueurs HG , HL , des plans , auſquelles on ſuppoſe
encore ici que leurs directions AR , BP , ſont paralleles
chacune à chacune de ces longueurs.

4°. Toutes choſes demeurant les mêmes que dans le
nomb. 3. ſi l'on imagine ſur le diamétre HK le demi-cercle HTSK dans la Fig. 2 1 0. où le cercle entier HTSK
dans la Fig. 2 1 1. lequel perpendiculaire aux plans HG ,
HL , en rencontre ces longueurs en S , T : leur hauteur
commune HK étant ici ſuppoſée perpendiculaire à la
droite KL, ſur laquelle leurs baſes ſont auſſi ſuppoſées ;
les perpendiculaires KS , KT , aux longueurs HG , HL ,

H ij

de ces plans, donneront ici $HS. HK :: HK. HG = \dfrac{HK \times HK}{HS}$.

Et $HT. HK :: HK. LH = \dfrac{HK \times HK}{HT}$. Donc dans cette hypo-

thefe du précedent nomb. 3. ce même nomb. 3. donnera pa-

reillement ici $R. P :: \dfrac{HK \times HK}{HT} . \dfrac{HK \times HK}{HS} :: \dfrac{I}{HT} . \dfrac{I}{HS} : HS.$

HT. c'eft-à-dire, les puiffances R, P, entr'elles en raifon des parties HS, HT, des longueurs de leurs plans, com- prifes dans le cercle HTSK ou HTKS.

La même chofe peut encore fe démontrer par le feul Corol. 20. art. 1. nomb. 1. car ce nomb. 1. donnant ici R. EO :: HK. HG :: HS. HK. Et le poids FQ ou fon égal (*Hyp.*) EO. P :: HL. HK :: HK. HT. L'on aura encore ici (en raifon ordonnée) R. P :: HS. HT. ainfi qu'on le vient de trouver dans le prefent nomb. 4.

COROLLAIRE LV.

En appellant (comme jufqu'ici) O, Q, les charges des plans HG, HL, la même hypothefe des poids EO, FQ, d'égales pefanteurs abfolues, donnera encore ici ces char- ges O. Q :: $\int$RAD×$\int$PBQ. $\int$PBD×$\int$RAO. fur ces diffe- rens plans, comme on les a trouvées dans le Corol. 39. fur differens points d'un même plan ; ce qui, outre le dé- tail qui s'en eft fait là, donne encore le fuivant.

1°. Si les directions AR, BP, des puiffances R, P, font deux paralleles entr'elles quelconques, & celles AD, BD, des poids EO, FQ, deux autres paralleles entr'elles auffi quelconques, comme dans le nomb. 1. du Corol. 54. ce double parallelifme donnant $\int$RAD $= \int$PBD, $\int$PBQ $= \int$VBM, & $\int$RAO $= \int$PVO $= \int$BVM, l'on aura ici les charges O. Q :: $\int$PBQ. $\int$RAO :: $\int$VBM. $\int$BVM (*Lem.* 8. *Corol.* 2.) :: MV. MB.

2°. Si les directions AR, BP, des puiffances R, P, font parallèles chacune à chacune des longueurs HG, HL,

des plans, ſur chacun deſquels elles ſoûtiennent chacune
un des poids EO, FQ, dont les directions AD, BD, qui
rencontrent les plans en Y, Z, ſoient paralleles aux hauteurs de ces plans ; le tout comme dans le nomb. 2. du
précedent Corol. 54. Cette hypotheſe rendant ſPBQ =
ſRAO, ſRAD = ſAYH = ſGHK, & ſPBD = ſBZH =
ſLHK, l'on aura ici O. Q :: ſRAD. ſPBD :: ſGHK.
ſLHK. c'eſt-à-dire, les charges O, Q, des plans HG,
HL, en raiſon des ſinus des angles GHK, LHK, que les
longueurs de ces plans font avec leurs hauteurs.

3°. Si l'on veut preſentement que ces hauteurs ſoient
égales ou la même HK pour les deux plans ; ſi l'on prend
cette hauteur commune HK pour le ſinus total, l'on aura
(Déf. 9. Corol. 1.) KS, KT, pour les ſinus de ces angles
GHK, LHK. Donc en ce cas-ci on aura O. Q :: KS. KT.
le demi-cercle KSTH de la Fig. 210. & le cercle KSHT
de la Fig. 211. étant ici les mêmes que dans le nomb. 4.
du Corol. 54.

*Voilà pour un même ou differens poids de même peſanteur
abſolue, ſoûtenus ſur differens plans d'inclinaiſons & de hauteurs quelconques par des puiſſances dirigées à volonté, auſſi-
bien que les poids. Voici preſentement pour des poids de differentes peſanteurs abſolues, ſoûtenus ſur differens plans par des
puiſſances égales, quelles que ſoient encore les inclinaiſons &
les hauteurs de ces plans ; quelles que ſoient encore auſſi les directions, tant des poids, que des puiſſances égales qu'on ſuppoſe les ſoûtenir chacune en équilibre ſur chacun de ces plans.*

COROLLAIRE LVI.

Soient preſentement les puiſſances R, P, égales entr'elles, Fig. 223.
& les poids EO, FQ, de differentes peſanteurs abſolues 214.
quelconques, ſoûtenus encore par ces puiſſances ſur differens plans HG, HL, d'inclinaiſons & de hauteurs auſſi
quelconques, quoique, pour épargner les Figures, on ne
les voye ici que de même hauteur HK. Tout le reſte demeurant le même que dans le Corol. 54. l'on aura ici

H iij

comme dans le Corol. 40. EO. FQ :: ∫RAO×∫DBQ.
∫PBQ×∫DAO. Donc,

1°. Si les directions ER , FP, des puiſſances R , P, ſont
deux paralleles entr'elles quelconques, & celles AD, BD,
des poids EO , FQ , deux autres paralleles auſſi entr'elles
quelconques; & le reſte comme dans le nomb. 3. du Corol. 54. Cela donnant ici comme là , ∫RAO=∫BVM,
∫BDQ=∫MBN , ∫PBQ=∫MBV , & ∫DAO=∫BNM ;
l'on aura ici EO. FQ :: ∫BVM×∫MBN. ∫MBV×∫BNM.
Or (*Lem. 8. Corol. 2.*) ∫BVM. ∫MBV :: BM. MV. Et
∫MBN. ∫BNM :: MN. BM. Donc on aura pareillement
ici EO. FQ :: BM×MN. MV×BM :: MN. MV. quelles
que ſoient encore les hauteurs des plans HG , HL.

2°. Si les direction AR, BP , des puiſſances R , P, ſont
paralleles chacune à chacune des longueurs HG , HL,
des plans ſur leſquels elles ſoûtiennent les poids EO. FQ ;
ſçavoir, AR à HG, & BP à HL; & les directions AD,
BD , de ces poids paralleles auſſi chacune à chacune des
hauteurs de ces plans , ou toutes deux à leur hauteur
commune HK, s'ils ont la même : cette hypotheſe , qui eſt
celle des nomb. 2. des précedens Corol. 54. 55. rendant
ici comme là les ſinus ∫RAO=∫PBQ, ∫DAO=∫HGK,
∫DBQ=∫HLG, donnera ici EO. FQ :: ∫RAO×∫HLG.
∫RAO×∫HGK :: ∫HLG. ∫HGK. c'eſt-à-dire , les poids
EO, FQ , ou leurs peſanteurs abſolues, en raiſon reciproque des ſinus des angles HGK, HLK , d'inclinaiſon
des plans ſur leſquels on ſuppoſe ici ces poids ſoûtenus
par des puiſſances égales R , P , dirigées parallelement aux
longueurs HG, HL, de ces plans , quelles que ſoient encore les hauteurs de ces mêmes plans.

3°. Si l'on veut preſentement que ces plans HG, HL,
ſoient de même hauteur HK , comme dans les nomb. 3.
des précedens Corol. 54. 55. ayant alors (*Lem. 8. Corol. 2.*) HG. HL :: ∫HLG. ∫HGL (*Déf. 9. Corol. 2.*)
:: ∫HLG. ∫HGK. l'hypotheſe du précedent nomb. 2.
donnera pareillement ici EO. FQ :: HG. HL. c'eſt-à-
dire , les poids EO , FQ , en raiſon des longueurs HG,

HL , des plans fur lefquels on les fuppofe foûtenus par des puiſſances égales R , P.

Un Auteur de ce tems rejette ce fentiment-ci , le trouvant contraire à la prop. 27. de fa Mecanique ; mais cette propofit. 27. n'étant fondée que fur la prop. 26. qu'on va voir être fauſſe dans le Corol. 4. du Théoreme fuivant , ce Corollaire 4. fuffira pour faire voir auſſi la fauſſeté de celle-là.

4°. Toutes chofes demeurant les mêmes que dans le précedent nomb. 3. fi l'on imagine fur le diamétre HK le demi-cercle HTSK de la Fig. 210. ou le cercle entier HSKT de la Fig. 211. & le refte comme dans le nomb. 4.

du Cor. 54. ayant ici comme là $HG = \dfrac{HK \times HK}{HS}$, & $HL =$

$\dfrac{HK \times HK}{HT}$; le précedent nomb. 3. donnera encore ici EO.

$FQ :: \dfrac{HK \times HK}{HS} . \dfrac{HK \times HK}{HT} :: \dfrac{1}{HS} . \dfrac{1}{HT} :: HT . HS.$ c'eft-à-

dire , les poids EO , FQ , en raifon reciproque des parties HS , HT , des longueurs de leurs plans , comprifes dans le demi-cercle HTSK , ou dans le cercle entier HSKT.

Cela fe pourroit encore démontrer de la feconde maniere dont l'a été le nomb. 4. du Corol. 54.

COROLLAIRE LVII.

En appellant encore O , Q , les charges des plans HG , HL , la même hypothefe des puiſſances R , P , égales entr'elles , donnera encore ici les charges $O . Q :: \int RAD \times \int DBQ . \int DBP \times \int DAO.$ fur ces differens plans , comme on les a trouvées dans le Corol. 44. fur les differens points d'un même plan. Ce qui , outre le détail qui s'en eft fait là , fournit encore le fuivant.

1°. Si les directions AR , BP , des puiſſances R , P , font deux paralleles quelconques ; & celles AD , BD , des poids EO , FQ , deux autres paralleles auſſi quelconques ,

le tout comme dans les nomb. 1. des Corol. 54. 55. 56.
Ce double parallelifme donnant $\int$RAD$=\int$DBP, $\int$DBQ
$=\int$MBN, & $\int$DAO$=\int$DNO$=\int$BNM, l'on aura ici les
charges O. Q : : $\int$DBQ. $\int$DAO : : $\int$MBN. $\int$BNM (*Lem.* 8.
Corol. 2.) : : MN. MB. quelles que foient les hauteurs des
plans HG, LH.

2°. Si les directions AR, BP., des puiffances R, P, font
paralleles chacune à chacune des longueurs HG, HL,
des plans fur chacun defquels elles foutiennent chacune
un des poids EO, FQ, dont les directions AD, BD, qui
rencontrent ces plans HG, HL, en Y; Z, foient paralleles aux hauteurs paralleles de ces mêmes plans; le tout
comme dans le nomb. 2. des Corol. 54. 55. 56. Ce double parallelifme rendant $\int$RAD$=\int$AYH$=\int$GHK,
$\int$DBP$=\int$BZH$=\int$LHK, $\int$DBQ$=\int$MBN, $\int$DAO$=\int$ANB
$=\int$MNB; l'on aura ici O. Q : : $\int$GHK$\times\int$MBN. $\int$LHK$\times$
$\int$MNB (*Lem.* 8. *Corol.* 2.) : : $\int$GKH$\times$MN. $\int$LHK$\times$MB.
quelles que foient les hauteurs des plans HG, HL, qui
foûtiendront ces charges O, Q, réfultantes perpendiculairement fur eux du concours de chaque puiffance & de
chaque poids fuppofez en équilibre fur chacun de ces
plans, quelles qu'en foient encore les hauteurs paralleles
entr'elles.

3°. Si l'on veut prefentement que les hauteurs de ces
plans foient égales, ou la même HK, cette hauteur commune HK prife pour le finus total, donnera (*Déf.* 9.
Corol. 1.) KS$=\int$GHK, & KT$=\int$LHK. Donc en ce cas
les charges feront O. Q : : KS$\times$MN. KT$\times$MB.

C O R O L L A I R E L V I I I.

Enfin fi l'on fuppofe les charges O, Q, des plans HG,
HL, égales entr'elles, on trouvera ici comme dans le Co-
rol. 48. les puiffances R. P : : $\int$DAO$\times\int$DBP. $\int$DBQ$\times$
$\int$DAR. Donc,

1°. Si les directions AR, BP, de ces puiffances R, P,
font deux paralleles quelconques, & celles AD, BD, des
poids

poids EO, FQ, deux autres paralleles auſſi quelconques;
le tout comme dans les nomb. 1. des Cor. 54. 55. 56. 57. Ce
double parallelifme donnant ici comme dans le nomb. 1.
du précedent Corollaire 57. ∫DAO=∫DNO=∫MNB ,
∫DBQ=∫MBN , & ∫DBP=∫DAR ; l'on aura ici R. P
:: ∫DAO. ∫DBQ :: ∫MNB. ∫MBN (*Lem.* 8. *Corol.* 2.)
:: MB. MN. quelles que ſoient les hauteurs des plans
HG, HL.

2°. Si les directions AR, BP, de ces puiſſances R, P,
ſont deux paralleles chacune à chacune des longueurs
HG, HL, des plans, & celles AD, BD, des poids EO,
FQ, paralleles auſſi aux hauteurs paralleles de ces plans
ſur leſquels on ſuppoſe ces puiſſances en équilibre avec
ces poids ; le tout comme dans les nomb. 2. des Corol.
54. 55. 56. 57. Ce double parallelifme donnant ici,
comme dans le nomb. 2. du précedent Corol. 57. ∫DAO
=∫ANB=∫MNB., ∫DBQ=∫MBN , ∫DBP=∫BZH=
∫LHK, & ∫DAR=∫AYH=∫GHK, l'on aura ici R. P
:: ∫MNB×∫LHK. ∫MBN×∫GHK (*Lem.* 8. *Corol.* 2.)
:: MB×∫LHK. MN×∫GHK. quelles que ſoient encore les
hauteurs paralleles des plans HG, HL, ſur leſquels ces
puiſſances R, P, ſont ſuppoſées en équilibre avec les
poids EO, FQ, chacune avec chacun ſur chacun de ces
plans de hauteurs paralleles quelconques.

3°. Si l'on veut preſentement que ces hauteurs ſoient
égales, ou la même HK, cette hauteur commune HK
priſe pour le ſinus total, donnera ici (*Déf.* 9. *Corol.* 1.)
KT=∫LHK, & KS=∫GHK. Donc en ce cas-ci les puiſſances ſeront R. P :: MB×KT. MN×KS.

COROLLAIRE LIX.

Dans la même hypotheſe des charges O, Q, des plans
HG, HL, égales entr'elles, on trouvera ici comme dans
le Corol. 52. les poids de peſanteurs abſolues EO. FQ
:: ∫RAO×∫DBP. ∫PBQ×∫DAR. Ce qui, outre le détail
qui s'en eſt fait dans ce Corol. 52. fournit encore le ſuivant.

1°. Si les directions AR , BP , des puissances R , P , font deux paralleles quelconques , & celles AD , BD , des poids EO , FQ , deux autres paralleles aussi quelconques ; le tout comme dans les nomb. 1. des Corol. 54. 55. 56. 57. 58. Ce double parallelisme donnant ici comme dans le nomb. 1. du Corol. 55. $\int$RAO $=\int$BVM, $\int$PBQ $=\int$MBV, & $\int$DBP $=\int$DAR, l'on aura ici EO. FQ : : $\int$RAO. $\int$PBQ : : $\int$BVM. $\int$MBV (*Lem.* 8. *Corol.* 2.) : : MB. MV. quelles que soient les hauteurs de plans HG. HL.

2°. Si les directions AR , BP , des puissances R , P , font paralleles chacune à chacune des longueurs HG , HL , des plans, & que les directions AD , BD , des poids EO , FQ , soûtenus (*Hyp.*) par ces puissances sur les points O , Q , de ces plans, soient aussi paralleles aux hauteurs paralleles de mêmes plans ; le tout comme dans les nomb. 2. des Corol. 54. 55. 56. 57. 58. Ce double parallelisme donnant ici comme dans le nomb. 2. du Corol. 55, $\int$RAO $=\int$PBQ , $\int$DBP $=\int$BZH $=\int$LHK , & $\int$DAR $=\int$AYH $=\int$GHK. l'on aura ici EO. FQ : : $\int$DBP. $\int$DAR : : $\int$LHK. $\int$GHK. c'est-à-dire, les pesanteurs absolues des poids EO , FQ , en raison reciproque des sinus des angles GHK , LHK , que les longueurs HG , HL , des plans sur lesquels ces poids font supposez soûtenus par les puissances R , P , font avec les hauteurs paralleles quelconques de ces mêmes plans.

3°. Si l'on veut presentement que ces hauteurs soient égales entr'elles, ou soient la même HK ; cette hauteur commune HK prise pour le sinus total , donnera (*Déf.* 9. *Corol.* 1.) KT $=\int$LHK, & KS $=\int$GHK. Donc en ce cas-ci l'on aura EO. FQ : : KT. KS. Le demi-cercle KSTH de la Fig. 210. & le cercle entier HSHT de la Fig. 211. étant ici les mêmes que dans le nomb. 4. du Corol. 54. & par tout depuis jusqu'ici.

C O R O L L A I R E LX.

Fig. 211.
212. 213.
214.

Soit presentement que deux poids EO , FQ , soient soûtenus par deux puissances R , P , sur differens points d'un

même plan, comme dans les Fig. 211. 212. ou ſur differens plans, comme dans les Fig. 213. 214. les Corol. 33.
39. 40. 44. 48. 52. 54. 55. 56. 57. 58. 59. font voir
qu'en cas d'équilibre par tout là, c'eſt-à-dire, tant ſur
differens points d'un même plan, que ſur differens plans
dont les charges en O, Q, ſoient encore appellées de
ces noms O, Q.

1°. L'hypotheſe de EO=FQ, c'eſt-à-dire, d'égalité
entre les peſanteurs abſolues des deux poids de ces noms,
donnera les puiſſances R. P :: ∫DAO×∫PBQ. ∫DBQ×
∫RAO. ainſi que dans les Corol. 33. 54.

2°. La même hypotheſe des poids de peſanteurs abſolues égales entr'elles, donnera les charges O. Q :: ∫RAD
×∫PBQ. ∫PBD×∫RAO. ainſi que dans les Corollaires
39. 55.

3°. L'hypotheſe de R=P, c'eſt-à-dire, des puiſſances
R, P, égales entr'elles, donnera EO. FQ :: ∫RAO×
∫DBQ. ∫PBQ×∫DAO. pour le rapport des peſanteurs
abſolues des poids EO, FQ, ainſi que dans les Corol.
40. 56.

4°. La même hypotheſe des puiſſances égales R, P,
donnera O. Q :: ∫RAD×∫DBQ. ∫DPB×∫DAO. pour
le rapport des charges aux differens points O, Q, d'un
même ou de differens plans, ainſi que dans les Col. 44. 57.

5°. L'hypotheſe de O=Q, c'eſt-à-dire, des charges
égales d'un même ou de differens plans aux points de
ces noms, donnera les puiſſances R, P :: ∫DAO×∫DBP.
∫DBQ×∫DAR. ainſi que dans les Corol. 48. 58.

6°. La même hypotheſe des charges égales O, Q, donnera EO. FQ :: ∫RAO×∫DBP. ∫PBQ×∫DAR. pour le
rapport des peſanteurs abſolues des poids EO, FQ, ainſi
que dans les Corol. 52. 59.

C O R O L L A I R E LXI.

Il ſuit encore du Corol. 20. art. 1. nomb. 1. dans la Fig. 209.
Fig. 209. que deux puiſſances P, R, ſoûtenant ſucceſſivement un même poids C, ou d'eux d'égales peſanteurs

I ij

absolues chacun sur un des plans AD, HD, suivant des directions CP, CR, paralleles chacune à chacune des longueurs AD, HD, de ces deux plans, aux hauteurs AB, HK, la direction du poids successivement soûtenu sur eux, soit toûjours parallele : il suit, dis-je, du nomb. 1. de l'art. 1. du Corol. 20. que la somme P—+R des deux puissances P, R, soûtiennent ainsi ce poids C sur differens plans, peut être tantôt égale, tantôt plus grande, & tantôt moindre que la pesanteur absolue (*Hyp.*) constante de ce même poids C.

Car si quelqu'un des deux plans AD, HD, par exemple, AD est plus long que l'autre HD, soit celui-ci prolongé vers E jusqu'à ce qu'on ait DE=DA ; ensuite du point E la verticale EF parallele aux hauteurs de ces plans. Cela fait, le Corol. 20. art. 1. nomb. 1. donnera P. C :: AB. AD (*Hyp.*) :: AB. ED. Et C. R :: HD. HK :: ED. EF. Donc (en raison ordonnée) P. R :: AB. EF. Et (en composant) P. P—+R :: AB. AB—+EF. Or (*Corol.* 20. *art.* 1. *nomb.* 1.) C. P :: AD. AB. Donc (en raison ordonnée) C. P—+R :: AD. AB—+EF. Or il est visible que AD peut être égale, plus grande, ou plus petite que AB—+EF, selon les differentes inclinaisons que les plans AD, HD ou DE, peuvent avoir sur la droite BF de leurs bases. Donc aussi le poids C peut être égal, plus grand, ou plus petit que la somme P—+R des puissances P, R, capables chacune de le soûtenir successivement sur chacun de ces deux plans suivant des directions CP, CR, paralleles chacune à chacune des longueurs AD, HD, de ces mêmes plans.

COROLLAIRE LXII.

Il suit aussi du même Corol. 20. art. 2. nomb. 1. que ce même poids quelconque C successivement soûtenu sur chacun des plans AD, HD, par chacune de deux autres puissances S, T, suivant des directions CS, CT, paralleles a la base commune BK de ces deux plans, peut

être tantôt égal, tantôt plus grand, & tantôt moindre
que la fomme S+T de ces deux autres puiffances.

Car fi l'on fuppofe DH prolongée de maniere que la
verticale EF rende DF=BD, le Corol. 20. art. 2. nomb.
1. donnera ici S. C :: AB. BD (*Hyp.*) :: AB. DF. Et C. T.
:: DK. HK :: DF. EF. Donc (en raifon ordonnée) S. T.
:: AB. EF. Et (en compofant) S. S+T :: AB. AB+EF.
Or (*Corol.* 20. *art.* 2. *nomb.* 1.) C. S :: BD. AB. Donc (en
raifon ordonnée) C. S+T :: BD. AB+EF. Or il eft encore vifible que BD peut être égale, plus grande, ou
plus petite que AB+EF, felon les differentes inclinai-
fons des plans AD, HD, fur leur bafe commune BK.
Donc auffi le poids C peut être encore ici égal, plus
grand, ou moindre que la fomme S+T des puiffances
S, T, capables chacune de foûtenir ce poids C fur chacun des plans AD, HD, fuivant des directions CS, CT,
paralleles à la bafe commune BK de ces deux plans.

On n'entrera point ici dans un plus grand détail des Corol-
laires qu'on pourroit encore tirer des précedens, & du prefent
Th. 26. que l'on vient de donner : la fecondité de ce Théoreme
nous les a prefentez fi naturellement, que fans y penfer, nous
ne nous y fommes peut-être déja que trop arrêtez.

S C H O L I E.

On a vû dans les Cor. 8. 9. du Lem. 3. qu'afin qu'une
puiffance puiffe foûtenir un poids en équilibre fur une furface quelconque, la direction de la force réfultante du concours d'action de cette puiffance & de ce poids doit toûjours
être perpendiculaire à cette furface, laquelle perpendiculaire paffe par la bafe de ce poids. Donc la force réfultante
du concours de deux déterminées, & de deux directions déterminées, ne pouvant être dirigée (*Lem.* 3. *part.* 4. *& n.* 1. *du*
Cor. 1.) que fuivant la diagonale d'un parallelogramme fait
de côtez pris fur leurs directions en raifon de ces forces generatrices de celle-là, menée du point de concours de ces
directions laterales ; il ne peut y avoir de ce point de concours à quelque furface que ce foit, qu'une feule per-

I iij

pendiculaire, ſuivant laquelle la force réſultante du concours d'action d'une puiſſance & d'un poids de forces &
de directions déterminées , puiſſe être dirigée ; & conſequemment auſſi qu'un ſeul point de cette même ſurface ,
ſur lequel cette puiſſance & ce poids puiſſent demeurer
en équilibre entr'eux , quand même du concours de leurs
directions , l'on pourroit mener pluſieurs perpendiculaires à cette ſurface , par exemple, ſi elle étoit en calote
ſpherique , ou en goutiere circulaire , qui eût ce point
pour centre. C'eſt pour cela qu'on la doit toûjours ſuppoſer ici comme ſi de ce point de concours on ne lui pouvoit
mener que cette ſeule perpendiculaire, ainſi qu'on l'a fait
dans la part. 1. du preſent Th. 25. & dans la reflexion
qui ſuit ſon Corol. 15. ou s'il y en a pluſieurs poſſibles de
ce point de concours à cette ſurface, il n'y faut conſiderer ici que celle ſuivant laquelle ſe fera le concours
d'action de la puiſſance & du poids, ſuivant laquelle ſera
(*Lem.* 3. *part.* 4. *& Corol.* 1. *nomb.* 1.) la diagonale du
parallelogramme fait de côtez pris ſur leurs directions en
raiſon de leurs forces.

R E M A R Q U E

Sur la démonſtration ordinaire des Poids ſoûtenus ſur des
Plans inclinez , faite par le moyen des Leviers.

I. Pour faire cette démonſtration, on ſuppoſe d'ordinaire un poids ſpherique EOQ , ſoûtenu par une puiſſance R ſur le plan incliné HG , comme dans les Fig. 212.
213. Je ne ſçais qu'un Auteur qui en ait mis un angulaire , qu'il a placé de maniere qu'il ne touchât auſſi le
plan HG qu'en un point , en l'y plaçant ſeulement ſur
une de ſes pointes O , comme dans les Fig. 214. 215. de
maniere auſſi que la droite menée de ce point O au concours A des directions AR , AP , de la puiſſance R , & du
poids EOQ , fût perpendiculaire à ce plan HG.

On a enſuite imaginé un Levier recourbé BOC , appuyé ſur ce point O d'attouchement, ayant un de ſes bras
OC horiſontal , ou perpendiculaire en C à la direction AP

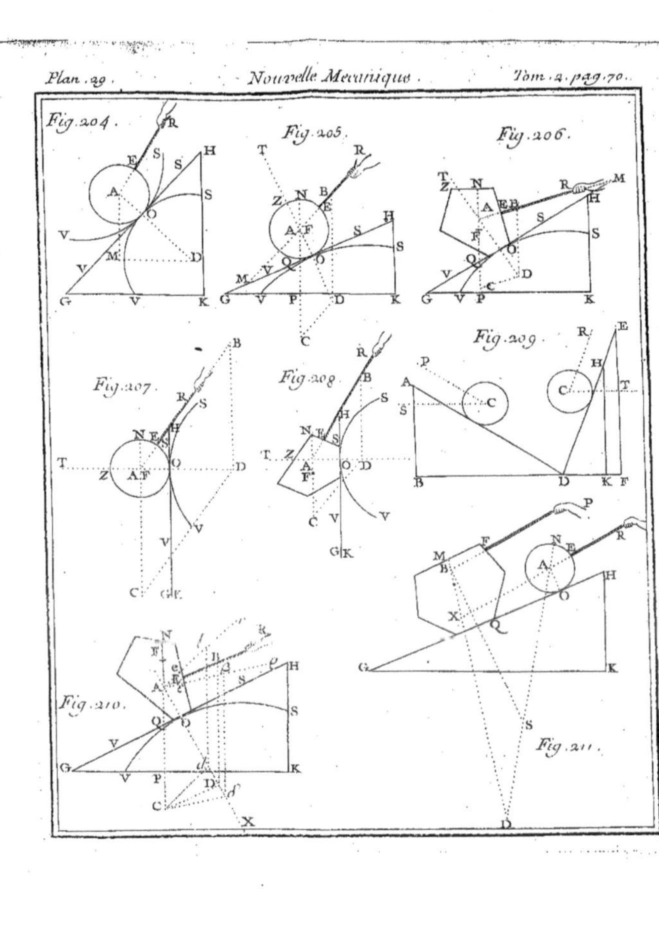
Fig. 204.
Fig. 205.
Fig. 206.
Fig. 207.
Fig. 208.
Fig. 209.
Fig. 210.
Fig. 211.

du poids EOQ , qu'on a supposée parallele à la hauteur
HK du plan HG : on a ensuite regardé ce poids EOQ
comme suspendu suivant cette direction AP à l'extrêmité
C de ce bras OC du Levier feint BOC; & la puissance R
supposée le soûtenir sur le plan HG , comme appliquée
perpendiculairement aussi à l'extrêmité B de l'autre bras
OB de ce Levier recourbé BOC , suivant une direction
AR , qu'on suppose d'ordinaire parallele à la longueur
HG du plan de ce nom , ainsi que dans les Fig. 2 1 2. 2 1 4.
& comme soûtenant ainsi le poids EOQ sur le point O
de ce plan HG par le moyen du Levier recourbé BOC ,
appuyé en ce point O sur ce même plan.

I I. Cela supposé, l'on a conclu, suivant le principe ordinaire des Leviers (*Th.* 2 1. *Corol.* 1 3 .) que la puissance
R & le poids EOQ , supposé ici en équilibre avec elle
sur l'appui O de ce Levier BOC recourbé en O , sont entr'eux en raison reciproque de ses bras OB , OC, perpendiculaires (*Hyp.*) aux directions AR , AP de cette
puissance R , & de ce poids EOQ ; c'est-à-dire , R. EOQ
: : OC. OB. Et consequemment, en supposant à l'ordinaire
AR parallele à GH (comme dans les Fig. 2 1 2. 2 1 4.)
R. EOQ : : HK. HG. à cause des triangles rectangles
BCO , GKH, que ce parallelisme rend semblables , en
faisant passer B en A.

I I I. Je conviens (*Th.* 2 6. *Corol.* 1 0. & *Corol.* 2 0. *art.* 1.
nomb. 1.) de la verité de ces deux consequences , dont la
seconde est d'ordinaire la seule, ou du moins la premiere
qu'on conclud de la supposition précedente (*art.* 1.) du
Levier BOC, au lieu de la generale qui la précede : ces
deux consequences sont , dis-je, ainsi vrayes ; mais elles
ne sont sûres par cette voye qu'en cas qu'on le soit que le
poids EOQ soûtenu (*Hyp.*) sans Levier par la puissance
R sur le plan HG , puisse l'être de même par cette puissance appliquée (comme on l'imagine) au bras OB , &
lui au bras OC d'un Levier BOC , appuyé librement en
O sur ce plan HG. Mais pour cela il reste deux choses à
démontrer.

1°. Lorſque le poids touche le plan en pluſieurs points, lequel de tous ces points doit être pris pour l'appui du Levier qu'on imagine ici, n'y en ayant qu'un qui le puiſſe être, c'eſt-à-dire, qui lui puiſſe faire donner le rapport cherché entre la puiſſance & le poids ſuppoſez ici en équilibre entr'eux ſur le plan incliné.

2°. Quelle eſt la direction de la charge de ce point ou du plan en ce point, faute de quoi il ſera toûjours à craindre que le Levier ainſi chargé de la puiſſance & du poids ſur ce plan incliné, ne tombe avec eux le long de ce même plan, ainſi qu'un poids qui n'y ſeroit pas ſuffiſamment ſoûtenu, la difficulté étant la même de part & d'autre.

FIG. 215.

Le P. Pardies ſemble avoir effectivement apprehendé ce dernier inconvenient dans ſa Statique, art. 57. pages 78. 79. Car après avoir dit: Imaginons que tout le poids de cette boule EOQ (*Fig. 215.*) eſt ramaſſé dans un bâton OB perpendiculaire au plan HG, qui a ſon centre de gravité en B comme l'y avoit la boule, & qui appuyé en O comme l'étoit auſſi la boule. *Il ajoûte:* Imaginons encore que ce bâton eſt non ſeulement appuyé ſur le bout O, mais qu'il y eſt comme ATTACHE', en ſorte neanmoins qu'il puiſſe y tourner comme ſur un pivot, pour ſe pancher vers G, & pour ſe hauſſer vers R. *Ce ſont les propres paroles du P. Pardies (aux lettres de la Figure près) qui eſt le ſeul, que je ſçache, qui ait ainſi apperçû le ſecond des deux inconveniens précedens de la démonſtration ordinaire des poids ſoûtenus ſur des plans inclinez, rapportée ci-deſſus dans l'art. 2. Quant au premier de ces deux inconveniens, cet Auteur n'en parle pas plus que les autres, qui s'en tiennent à cette démonſtration, n'employant ici, non plus qu'eux, que des poids qui ne touchent les plans que chacun dans un point.*

IV. La neceſſité de démontrer les deux choſes marquées comme requiſes dans les nomb. 1. 2. du précedent art. 3. pour rendre la démonſtration précedente (*art. 2.*) des poids ſoûtenus ſur des plans inclinez, auſſi complete & auſſi generale qu'on a crû juſqu'ici l'avoir donnée par

le

le moyen des Leviers, paroîtra si l'on considere,

1°. Que lorsque le poids EOQ est de figure à toucher Fig. 213. en plusieurs points F, O, F, &c. le plan HG sur lequel on le suppose en équilibre avec la puissance R, il n'y a effectivement qu'un de ces points, sur lequel le Levier qu'on y imagine, puisse donner le rapport cherché entre cette puissance & ce poids appliquez à ce Levier suivant les mêmes directions AR, AP, suivant lesquelles on les suppose ici en équilibre entr'eux sur le plan HG sans aucun Levier. En effet ce Levier appuyé, par exemple, en O, donneroit, comme ci-dessus (*art.* 2.) R. EOQ :: OC. OB. & appuyé en tout autre point F, duquel on meneroit FD, FL, perpendiculaires aux directions AR, AP, de la puissance R & du poids EOQ, comme le sont(*Hyp.*) OB, OC; ce Levier DFL appuyé en F, donneroit de même R. EOQ :: FL. FD. rapport tout different de l'autre donné par le Levier BOC appuyé en O. Cela étant, lequel prendre de ces differens points O, F, &c. pour l'appui du Levier qui doit donner le veritable rapport qu'on demande entre cette puissance R & ce poids EOQ suppo-sez en équilibre entr'eux sur le plan HG touchée en tous ces points par les poids de la Fig. 201? C'est ce qu'il au-roit fallu démontrer pour pouvoir donner (comme l'on a fait) comme generale la prétendue démonstration du pré-cedent art. 2. ainsi qu'on le vient de dire dans le nomb. 1. de l'art. 3.

2°. Que non seulement (*nomb.* 1.) le rapport que cet-te démonstration donne entre la puissance & le poids suppofez en équilibre entr'eux sur un plan incliné, n'y est pas generalement démontré pour toutes sortes de poids en toutes sortes de positions, mais encore que cette dé- Fig. 215. monstration n'est pas même complete pour le cas qu'on y 216 217. suppose d'un poids EOQ, qui ne touche qu'en un seul 218. point O le plan HG sur lequel on suppose que la puissan-ce R le soûtient.

Car cette démonstration étant fondée sur la supposi-tion qu'on y fait qu'un Levier BOC, auquel ce poids EOQ,

& cette puissance R seroient perpendiculairement appliquez suivant les mêmes directions AP, AR, sur ce plan
HG : cette démonstration, dis-je, étant toute fondée sur
cette supposition, elle ne peut subsister, à moins que ce
Levier BOC ou AEC, ainsi chargé de la puissance R & du
poids EOQ, ne demeure effectivement en repos avec eux
sur ce point O du plan HG, sans glisser ni trébucher comme feroit un poids qui y seroit mal soûtenu. Or les Corollaires 7. 8. du Lem. 3. & le Th. 21. part. 5. font voir
que ce Levier ainsi chargé ne peut ainsi demeurer en repos sur ce point O du plan HG, à moins que la direction
de sa charge résultante du concours d'action de la puissance R & du poids EOQ, qu'on lui suppose appliquez,
ne passe par ce même point O de la base de ce poids, &
perpendiculairement à ce plan HG. Donc les Auteurs
de cette prétendue démonstration n'ayant démontré ni
l'un ni l'autre, ont laissé cette démonstration imparfaite,
& sans rien prouver même pour le cas d'un poids qui ne
touche qu'en un point le plan incliné, sur lequel ils l'ont
supposé soûtenu ; ce qui est le second défaut de cette
démonstration, marqué dans le nomb. 2. de l'art. 3.

Fig. 215.
216. 217.
218. 219.

V. Pour y corriger ces deux défauts marquez dans les
nomb. 1. 2. de l'art. 3. & démontrez dans les nomb. 1. 2.
du précedent art. 4. & rendre generale & complette cette démonstration ordinaire, en quelque nombre de points
que le poids EOQ touche le plan HG, soit menée du
concours A des directions AP, AR, de ce poids, & de
la puissance R, qu'on suppose le soûtenir en équilibre
avec elle sur ce plan, la droite AO perpendiculaire en O
à ce même plan ; ce point O du plan HG sera le veritable & l'unique sur lequel un Levier tel qu'on imagine ici
BOC, demeureroit appuyé, & soûtiendroit en équilibre
entr'eux le poids EOQ & la puissance R, qui lui seroient
perpendiculairement appliquez aux extrêmitez C, B,
de ses bras OC, OB, suivant les mêmes directions AP,
AR, qu'elles ont dans l'équilibre qu'on leur suppose
sans Levier sur le plan HG. Car,

1°. Puifque (*Hyp.*) cette puiffance R & ce poids EOQ font en équilibre entr'eux fans Levier fur le plan HG, la direction de la force réfultante de leur concours d'action, doit être (*Lem. 3. Corol. 8.*) fuivant AO perpendiculaire (*Hyp.*) à ce plan, & confequemment paffer par le point ou le coude du Levier recourbé BOC, auquel on les imagine appliquez fuivant les mêmes directions AR, AP, qu'elles ont dans leur équilibre fans Levier fur ce plan HG. Donc (*Th. 21. part. 5.*) ce Levier BOC ainfi chargé de cette puiffance & de ce poids, demeureroit en repos avec eux fur ce point O, fi ce point de ce Levier peut demeurer fur celui O du plan HG. Or la charge ou l'impreffion de ce point O du Levier BOC, réfultante du concours d'action de cette puiffance & de ce poids, fe trouvant ainfi dirigée (*Th. 21. part. 2.*) fuivant AO perpendiculaire (*Hyp.*) en O à HG, ce point O de ce Levier doit demeurer (*Lem. 3. Corol. 8.*) fur celui O de ce plan. Donc auffi ce Levier BOC, auquel la puiffance R & le poids EOQ feroient appliquez comme ci-deffus, demeureroit en repos avec eux fur ce point O du plan HG, fans glifter ni trebucher. *Ce qu'il falloit 1°. démontrer.*

2°. De tous les points dans lefquels le plan HG eft touché par le poids EOQ, s'il le touche en plufieurs, comme dans la Fig. 216. Ce point O déterminé par la perpendiculaire AO fur ce plan, eft le feul de ce même plan, fur lequel un Levier appuyé pût demeurer en repos avec la puiffance R & le poids EOQ, qui lui feroient appliquez fuivant les mêmes directions AR, AP, que ci-deffus ; puifque fuivant leur équilibre fuppofé fans Levier fur le plan AM, la direction de la force réfultante de leur concours, doit être (*Lem. 3. Corol. 8.*) fuivant cette perpendiculaire AO au plan HG, & confequemment ne doit rencontrer ce plan qu'en fon feul point O. Donc en tout autre point F de ce même plan qu'on plaçât le Levier tel que DFL, auquel la puiffance R & le poids EOQ, fuffent appliquez en D, L, fuivant les mê-

mes directions AR , AP ; ce Levier (*Lem.* 3. *Corol.* 7.
nomb. 2.) tomberoit ou monteroit avec eux en trebu-
chant le long du plan HG, selon que ce point F se trouveroit au-deſſous ou au-deſſus de O sur ce plan : par consequent ce point O eſt le seul de ce même plan HG , sur
lequel un Levier chargé (comme ci-deſſus) de la puiſ-
sance R & du poids EOQ , pût demeurer en repos avec
eux. *Ce qu'il falloit* 2°. *démontrer.*

FIG. 215.
216,
　　　V I. Il eſt vrai que les Auteurs qui n'ont conſideré
que des poids spheriques soûtenus sur des plans inclinez,
comme dans les Fig. 2 12. 2 1 3. ont mis en ce point O de
chacun de ces plans l'appui du Levier BOC, qu'ils y ont
imaginé ; mais n'ayant pas eu à choiſir, à cause que chaque Sphere ou Globe EOQ ne touche chaque plan AH
qu'en cette extrêmité O de son rayon AO neceſſairement perpendiculaire à ce plan, l'on n'en peut rien conclure pour la neceſſité d'un tel appui du Levier pareillement imaginé dans un poids qui toucheroit le plan en

FIG. 219.
pluſieurs points ; comme dans la Fig. 2 1 9. c'eſt-à-dire,
qu'on n'en peut rien conclure pour le choix de celui de
ces points qu'on devroit prendre pour l'appui de ce Levier.

　　Quant à l'Auteur qui y a employé un poids angulaire ,
ne l'ayant appuyé que sur une de ses pointes , comme

FIG. 217.
218,
dans les Fig. 2 1 7. 2 1 8. il n'a pas eu plus à choiſir pour
l'appui O du Levier BOC, qu'il y a pareillement imaginé ; mais la suppoſition qu'il y a faite de AO perpendiculaire en ce point O au plan HG, sur lequel il a suppoſé
ce poids EOQ , fait voir qu'il a sçû qu'il étoit neceſſaire
que la droite AO menée du concours A des directions
AP , AR , de ce poids & de la puiſſance R à ce point O,
fût perpendiculaire au plan HG , sur lequel on les suppo-
ſe en équilibre : cependant cet Auteur ne l'ayant pas
démontré, non plus que les autres , sa démonſtration des
poids soûtenus sur des plans inclinez, n'eſt, non plus que
les leurs, ni generale, ni complete, ainſi qu'on le vient de
faire voir dans les art. 4. 5. dans le dernier deſquels on

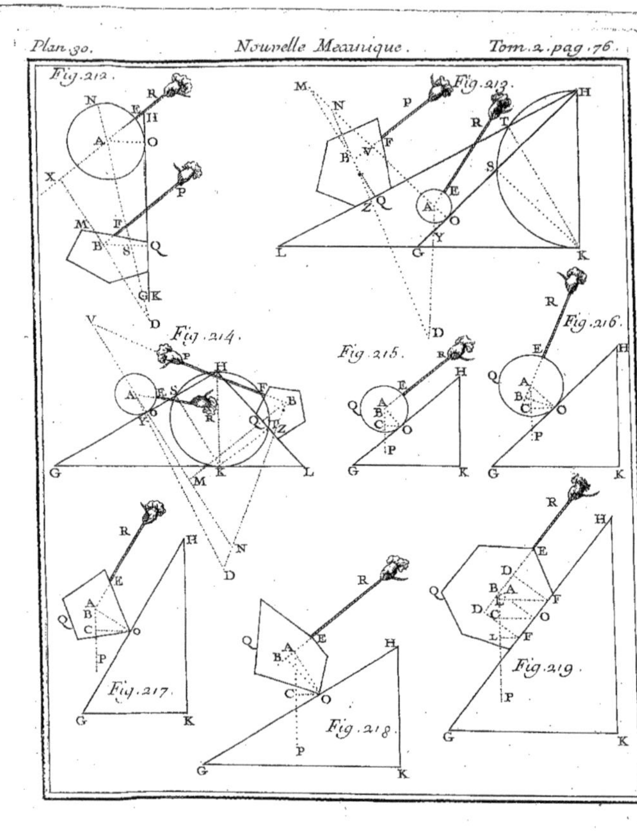
Fig. 212.
Fig. 213.
Fig. 214.
Fig. 215.
Fig. 216.
Fig. 217.
Fig. 218.
Fig. 219.

là voit rendue telle par le moyen des impressions ou forces composées, employées en tout ceci.

Au reste on ne remarque ici ces défauts de la démonstration
ordinaire des poids soûtenus sur des plans inclinez, faite par
le moyen des Leviers, que pour empêcher qu'on ne s'y méprenne
ne davantage. On les avoit omis en 1687. dans le Projet de
ceci, parce qu'on croyoit qu'il les découvriroit assez ; mais
l'usage qu'on a fait depuis de cette démonstration sans la corriger, faisant voir que tous ceux qui se mêlent de Mécanique,
ne les ont pas encore apperçûs, on croit leur faire plaisir de les
leur faire remarquer ici.

THEOREME XXVII.

Fig. 220.
221. 222.

Un poids quelconque EOF étant soûtenu sur une surface
aussi quelconque SV par telle puissance R qu'on voudra : quelles que soient les directions AG, AR, de ce poids & de cette
puissance, si du concours A de ces directions l'on mene AD
perpendiculaire en O à cette surface SV, & que sur cette ligne
AD de longueur quelconque (comme diagonale) on fasse un
parallélogramme BACD, qui ait ses côtez AB, AC, sur les
mêmes directions AR, AC, de la puissance R & du poids
EOF ; si de plus de l'extrémité D de la diagonale AD on mene DM perpendiculaire en M à la direction AC du poids
EOF ; je dis que la resistance verticale suivant MA de la
surface SV au poids EOF de direction AC directement contraire à celle de cette resistance, sera à l'effort vertical de la
puissance R directement pour ou contre ce poids : : AM. AC.

DEMONSTRATION.

Supposant ici, comme dans la part. 1. du précedent
Th. 26. par la raison rapportée dans son Scholie, que
AO est la seule perpendiculaire qu'on puisse mener du
point A à la surface SV, cette part. 1. du Th. 26. fait
voir que cette perpendiculaire AO doit passer ici par la
base du poids EOF supposé en équilibre avec la puissance
R sur la surface SV ; & qu'ainsi c'est non seulement

(*Lem.* 3. *Cor.* 8. 9.) fur le point O de cette furface que fe fait ici cet équilibre ; mais encore la charge (*Déf.* 17.) ou la refiftance directe de ce point ou de cette furface SV fuivant AD ou DA, y eft à ce poids EOF & à cette puiffance R, comme la diagonale AD du parallelogramme BACD eft à chacun de fes côtez AC, AB, correfpondans fur leurs directions.

Or fi, après avoir mené BN perpendiculaire en N à AC prolongée de ce côté-là, l'on appelle D cette refiftance directe ou totale fuivant DA, de la furface SV ; M, ce qu'elle en fait (*Lem.* 3. *Corol.* 6.) de verticale de M vers A directement à contre-fens de la pefanteur du poids EOF ; N, l'effort vertical fuivant AN que la puiffance R fait de même (*Lem.* 3. *Corol.* 6.) directement pour ou contre cette pefanteur.

La part. 2. du Lem. 3. donnera ici M. D ∷ AM. AD. Et R. N ∷ AB. AN. Donc ayant déja (*Th.* 26. *part.* 1.) D. R ∷ AD. AB. l'on aura ici

$$\left.\begin{array}{l} \text{M. D} ∷ \text{AM. AD.} \\ \text{D. R} ∷ \text{AD. AB.} \\ \text{R. N} ∷ \text{AB. AN.} \end{array}\right\} \text{Donc auffi (en multipliant par ordre) M. N} ∷ \text{AM. AN.}$$

Mais les parallelogrammes BACD, BNMD, rendant CD = AB, & CD. AB ∷ MC. AN. rendent auffi MC = AN. Donc enfin M. N ∷ AM. MC. c'eft-à-dire, fuivant les noms précedens, que la refiftance verticale fuivant MA de la furface SV au poids EOF, doit être ici à l'effort vertical de la puiffance R fuivant AN directement pour ou contre ce poids ∷ AM. MC. *Ce qu'il falloit démontrer.*

AUTRE DEMONSTRATION.

Au lieu de la furface SV imaginons pour un moment une puiffance P, qui avec une corde FP, dirigée fuivant DA prolongée de ce côté-là, foutienne avec la puiffance R le poids EOF, prefentement foûtenu avec des cordes

feulement. On voit dans la feconde démonftration de la
part. 14 du précedent Th. 26. que la puiffance P ainfi
dirigée fuivant DA ou OA perpendiculaire en O à la
furface SV, doit comme cette furface, & d'une force
égale à la refiftance de cette même furface, tant fuivant
DP, que fuivant CA, foûtenir le poids EOF avec la
puiffance R.

Or fi du point B l'on mene parallelement à AP la droite BQ, qui rencontre CA prolongée en Q, duquel point
Q foit la droite QX parallele auffi à AR, & que du point
X ou QX rencontre AP, l'on mene XL perpendiculaire
en L à la diagonale AQ du parallelogramme ABQX;
le Th. 2. fait voir que l'effort vertical fuivant AL de la
puiffance P doit être ici au vertical de la puiffance R fuivant AN.:: AL. AN. Donc auffi en reftituant la furface
SV au lieu de la puiffance P, la refiftance verticale de
cette furface fuivant MA directement contre la pefanteur du poids EOF, doit être ici à l'effort vertical de la
puiffance R fuivant AN directement pour ou contre la
pefanteur de ce poids:: AL.AN.

Mais les parallelogrammes BAXQ, BDAQ, BACD,
donnant AX=BQ=AD, AB=CD, & les triangles
(conftr.) femblables ALX, AMD; & ANB, CMD, donnant AL. AM:: AX. AD. Et AN.MC:: AB. CD. l'on
aura ici AL=AM, & AN=MC. Donc enfin la refiftance verticale de la furface SV fuivant MA directement
contre la pefanteur du poids EOF, eft ici à l'effort vertical de la puiffance R fuivant AN directement pour ou
contre la pefanteur de ce poids:: AM. MC. *Ce qu'il falloit encore démontrer.*

COROLLAIRE I.

Si l'on prolonge RA, DM, jufqu'à leur rencontre en
Z, le parallelifme fuppofé entre RA, DC, rendant les
triangles CMD, AMZ, femblables entr'eux, l'on aura
AM.MC:: ZM. MD. Donc auffi la refiftance verticale
de la furface SV fuivant MA directement contre la pe-

santeur du poids EOF, sera ici à l'effort vertical de la puissance R suivant AN pour ou contre cette pesanteur :: ZM. MD. c'est-à-dire (en prenant AM pour rayon) comme la tangente de l'angle MAZ ou RAN, est à la tangente de l'angle MAD.

Corollaire II.

Fig. 221.

Les parties du poids EOF ou de sa pesanteur, soûtenues dans la Fig. 221. par la puissance R, & par la surface SV, étant égales (*Lem.* 3. *Corol.* 2. *nomb.* 3.) aux resistances N, M, directement contraires & en équilibre avec ces parties de pesanteur, que la puissance R & la surface SV font à ces mêmes parties de pesanteur suivant leur direction.

1°. Il suit encore du présent Th. 27. que la partie de la pesanteur du poids EOF, soûtenue par la surface SV, est à ce que la puissance R en soûtient :: AM. MC.

2°. Il suit de même du Corol. 1. que ces mêmes parties de la pesanteur du poids EOF, font aussi entr'elles comme les tangentes ZM, MD, des angles RAN, MAD, en prenant AM pour le rayon.

Corollaire III.

Fig. 221.

Puisque (*Cor.* 1.) la partie de EOF, soûtenue par la surface SV est toûjours à ce que la puissance R en soûtient dans la Fig. 218. comme ZM est à MD; ces deux parties de pesanteur du poids EOF ne peuvent être entr'elles comme AM est à MD, que dans le cas de ZM=AM, c'est-à-dire (l'angle M du triangle AMZ étant supposé droit) seulement lorsque l'angle ZAM, ou son égal RAN, est de 45 degrez. Donc le cas ordinaire de AC parallele à HK, lequel rendant les triangles DMA, HKG, semblables entr'eux, rend AM. MD :: GK. KH. la partie de la pesanteur du poids EOF, soûtenue par la surface SV, ne peut être à ce que la puissance R en soûtient :: GK. KH. que lorsque l'angle RAN est de 45. degrez. Or en ajoûtant à la précedente hypothese de AC parallele

à

à HK, celle de AR aussi parallele à GH, qui rend l'angle RAO ou RAD droit; l'angle RAN ne peut être de 45 degrez que lorsque l'angle DAM ou son égal HGK est de même valeur. Donc dans la supposition ordinaire de AC parallele à HK, & de AR parallele à HG, la partie de la pesanteur du poids EOF, soûtenue par la surface SV, ne peut être à ce que la puissance R en soûtient :: GK. KH. que lorsque l'angle HGK d'inclinaison du plan HG sur l'horisontal GK, est de 45 degrez : auquel cas ces deux parties de pesanteur du poids EOF seroient égales entr'elles, puisqu'on auroit alors GK=KH.

COROLLAIRE IV.

Ce seroit donc une méprise que de dire en general dans la supposition ordinaire de AC parallele à HK, & de AR parallele à GH (comme a fait un Auteur de ce tems-ci, en appellant GK l'inclinaison du plan GH) que *lorsqu'on tire une Sphere le long d'un plan* (il veut dire, lorsqu'on la soûtient sur un plan) *par une ligne parallele à ce plan, ce qui porte de cette Sphere sur le plan, est à ce qu'il ne porte pas, comme l'inclinaison du plan est à sa hauteur.* C'est-à-dire (ainsi que cet Auteur s'explique dans la démonstration de cette prop. 26. de sa Mécanique) *ce que porte le plan HG, est à ce qu'il ne porte pas de cette Sphere, comme GK est à KH.* Ce seroit-là, dis-je, une méprise; puisque(*Cor.* 3.) cette proposition n'est vraye que dans le cas où l'angle HKG du plan HG sur l'horisontal GH, seroit de 45 degrez, & fausse dans tous les autres.

COROLLAIRE V.

Pour rendre cette proposition generalement vraye dans toute l'étendue que l'Auteur lui donne, au lieu de dire que lorsqu'un poids est soutenu sur un plan incliné par une puissance d'une direction parallele à ce plan, la partie de ce poids ou de sa pesanteur, soûtenue par ce plan, est à ce que la puissance en soûtient, *comme GK est à HK,*

il devoit dire, *comme le quarré de GK est au quarré de HK.*
Car dans son hypothese non seulement de AC parallele
à HK, mais encore de AR parallele à GH, & consequemment aussi (à cause du parallelogramme ABDC) de DC
parallele à GH, l'angle droit GOD rendant pareillement
l'angle ADC droit, de même que le sont (*Hyp.*) les angles
en M; l'on aura ici $\overline{AM}.\overline{MC} :: \overline{AM}.\overline{MD}$. (la presente hypothese rendant les triangles ADC, GHK, semblables entr'eux) $:: \overline{GK}.\overline{HK}$. Or le present Th. 2 7. fait voir en general que la partie du poids EOF ou de sa pesanteur, soûtenue par la surface quelconque SV, est à ce que la puissance R en soûtient :: AM. MC. Donc aussi la premiere
de ces deux parties du poids EOF ou de sa pesanteur, est
ici à la seconde :: $\overline{GK}.\overline{HK}$. & non pas :: GK. HK. ainsi
que l'Auteur en question l'avance dans la prop. 2 6. qu'on
vient de rapporter de sa Mécanique dans le précedent Corol. 4.

*Cet Auteur est le même que nous avons déja trouvé en notre chemin dans le nomb. 3. du Corol. 5 6. du précedent Th.
2 6. la prop. 2 7. de sa Mécanique, qu'il opposoit au sentiment
ordinaire établi dans ce nomb. 3. n'étant qu'une suite de sa
prop. 2 6. qu'on voit (Corol. 4.) être fausse, doit l'être aussi,
& sans force contre ce nomb. 3. du Corol. 5 6. de notre Th.
2 6. La méprise de cet Auteur vient des Lemmes équivoques
ou mal démontrez, qui l'ont jetté dans l'erreur dans presque
tout ce qu'il a dit des poids soûtenus. Il l'auroit vû sans peine
avant sa mort, s'il eût bien voulu examiner tout cela par la
voye des mouvemens composez, qu'il adopta, lorsque le Projet
de ceci parut, long-tems après sa Mécanique imprimée, sans
voir que cette voye lui étoit contraire, & qu'elle conduit
(comme l'on vient de voir) à des sentimens tout contraires à
ceux que nous venons de rapporter de lui.*

COROLLAIRE VI.

Dans le cas de la Fig. 2 2 1. dans lequel l'effort ou la ré-

fiftance verticale fuivant AN de la puiffance R , & la réfiftance verticale fuivant MA de la furface SV , font
l'une & l'autre directement contraires à la pefanteur fuivant AM du poids EOF ; cette pefanteur en ce cas d'équilibre doit être (*Ax.* 4.) égale à la fomme de ces deux réfiftances verticales employées à la foûtenir fuivant une direction commune directement contraire à la fienne : de
forte que fi l'on appelle A la pefanteur du poids EOF ;
N , l'effort vertical fuivant AN de la puiffance R ; & M ,
la réfiftance verticale de la furface SV fuivant MA ; l'on
aura ici $A = M + N$ (le prefent Th. 26. donnant AM.

$$MC :: M . N . = \frac{M \times MC.}{AM}) = M + \frac{M \times MC}{AM} = \frac{M \times AC}{AM} \; ; \&\ con-$$

$$fequemment\ auffi\ M = A - N = A - \frac{M \times MC}{AM} = \frac{A \times AM.}{AC}$$

Donc en ce cas de la puiffance R contraire à la pefanteur du poids EOF, la furface SV ne foûtiendra de cette
pefanteur (A) que l'excès dont cette même pefanteur
en furpafferoit une autre à qui la réfiftance verticale (M)
de cette furface feroit :: AM. MC. ou (ce qui revient au
même) la furface SV ne foûtiendra ici de la pefanteur
du poids EOF, qu'une partie à qui cette pefanteur (A) feroit :: AC. AM.

COROLLAIRE VII.

Les réfiftances verticales M., N., de la furface SV &
de la puiffance R , à la pefanteur (A) du poids EOF dans
ce cas de la Fig. 221. étant (*Hyp.*) l'une & l'autre directement oppofées à cette pefanteur , & toutes deux enfemble en équilibre avec elle ; l'ax. 4. fait voir non feulement que leur fomme $M + N$ doit être égale à cette pefanteur entiere A , mais encore que chacune de ces deux
réfiftances verticales M , N , doit égaler ce qu'elle foûtient de cette pefanteur. Donc la fomme des deux parties
de cette pefanteur A , foûtenues chacune par chacune

des réſiſtances verticales M , N, dans ce cas de la Fig.
221. y doit être égale à cette peſanteur entiere (A) du
poids EOF.

COROLLAIRE VIII.

Fig. 220.

Telles ſont (*Corol.* 6. 7.) les parties de la peſanteur du
poids EOF, que la ſurface SV & la puiſſance R ſoûtiennent chacune pour leur part dans le cas de la Fig. 221.
où la puiſſance R tire obliquement de bas en haut.

Quant à celui de la Fig. 220. où cette puiſſance R tire
obliquement de haut en bas, non ſeulement cette puiſſance ne porte rien de la peſanteur du poids EOF ; mais au
contraire ſe joint contre la réſiſtance verticale de la ſurface SV ; cette réſiſtance verticale ſuivant MA , ayant
ainſi à ſoûtenir à la fois les deux efforts verticaux du poids
EOF & de la puiſſance R , réunis contr'elle ſuivant une
direction AM , directement contraire à la ſienne, doit
ſeule (*Ax.* 4.) être égale à la ſomme de ces deux efforts
entiers : de ſorte que ſuivant les noms du précedent Co-
rol. 7. l'on aura ici M=A—|—N (le preſent Th. 27. don-

nant AM. MC : : M. N$=\frac{M \times M C}{AM}$)$=$A$—|—\frac{M \times M C}{AM}$. Donc

en ce cas de la puiſſance R agiſſante en faveur du poids
EOF , la ſurface SV ſoûtiendra ſeule la peſanteur entiere (A) de ce poids augmentée , d'une force à qui la
réſiſtance verticale (M) de cette ſurface ſeroit : : AM.
MC.

COROLLAIRE IX.

Fig. 221.

Dans le cas de la Fig. 221. dans lequel la puiſſance R
n'agit ni pour ni contre la peſanteur du poids EOF, ayant
(*Hyp.*) ſa direction AR perpendiculaire à celle AC de
ce poids ; la réſiſtance verticale ſuivant MA de la ſurface SV , directement contraire à celle AM de ce même
poids, n'ayant ici que la peſanteur de ce poids à ſoûtenir , doit (*Ax.* 4.) être préciſément égale à cette peſan-

teur : de forte que fuivant les noms précedens des Corol.
7. 8. l'on doit avoir ici précifément M=A.

Cela fuit auffi des égalitez A=M+N, M=A+N,
trouvées dans ces deux Corol. 7. 8. pour les cas de la
puiffance R agiffante contre ou en faveur du poids EOF,
parce qu'elle a fon effort vertical N=o dans ce cas-ci,
où elle n'agit ni pour ni contre ce poids.

Donc la furface SV foûtiendra encore ici feule la pefanteur entiere de ce poids EOF, mais rien davantage, en
vertu de fon effort vertical fuivant MA.

COROLLAIRE X.

Les noms demeurant encore les mêmes que dans la démonftr. 1. du prefent Th. 27. & que dans fon Corol. 6.
fçavoir, D= à la charge fuivant AO ou AD de la furface SV, M= à la réfiftance verticale de M vers A de
cette furface ou de fon point O, N= à l'effort vertical de
A vers N de la puiffance R, & A= à la pefanteur entiere du poids EOF, foûtenu (*Hyp.*) en O par cette puiffance
R fur cette furface SV ; ce prefent Th. 27. donnant M. N
:: AM. MC. donnera auffi M. M+N :: AM. AM+MC
:: AM. AC. La Fig. 221. ayant AM+MC=AC, la Fig.
220. ayant AM—MC=AC. & la Fig. 222. ayant AM
+MC=AM=AC. Donc on aura auffi (en raifon ordon-
née) N. M+N :: MC. AC. Or (*Ax. 4.*) M+N=A dans
la Fig. 221. M—N=A dans la Fig. 220. & M+N=A
dans la Fig. 222. Donc en general M. A :: AM. AC. Et
N. A :: MC. AC. Or *Lem. 3. part. 2.*) D. M :: AD. AM.
& R. N :: AB. AN. Donc (en raifon ordonnée) D. A
:: AD. AC. Et R. A :: AB. AC. ou A. R :: AC. AB. Et
par confequent auffi (en raifon ordonnée) D. R :: AD.
AB. c'eft-à-dire, qu'en ce cas d'équilibre de la puiffance
R & du poids EOF foûtenu par elle fur la furface SV,
cette puiffance R, & la pefanteur (A) de ce poids EOF,
feront toûjours entr'elles comme les côtez AB, AC, du
parallelogramme BACD dont ces côtez feroient fur les
directions quelconques de cette puiffance & de ce poids.

L iij

& dont la diagonale AD seroit perpendiculaire à cette surface SV ; & qu'en ce même cas d'équilibre la charge (D) résultante du concours d'action de cette puissance R & de la pesanteur (A) de ce poids EOF, sera aussi toûjours à chacune de ces deux forces, comme cette diagonale AD du parallelogramme BACD à chacun de ses côtez AB, AC, correspondans sur leurs directions, ainsi qu'on l'a déja vû dans la part. 1. du Th. 25.

COROLLAIRE XI.

Fig. 221.
Dans le cas de la Fig. 221. dans lequel (*Corol.* 6. 7.) la puissance R & la surface SV portent chacune une partie de la pesanteur du poids EOF ; puisque la partie qui en est soûtenue par cette puissance R sur cette surface, y est (*Corol.* 2. *nomb.* 1.) à l'autre partie soûtenue par cette même surface :: MC. AM. & que la premiere MC de ces deux lignes augmente, & que l'autre AM diminue à mesure que l'angle RAN devient plus petit depuis sa position perpendiculaire de AR sur AD, jusqu'à rendre MC=AC, & AM=0, lorsque AR se trouvera sur AN : la partie du poids EOF soûtenue ici par la puissance R, doit toûjours aussi augmenter, & l'autre partie soûtenue par la surface SV toûjours diminuer, à mesure que cet angle RAN devient plus aigu ; la premiere jusqu'à devenir égale au poids entier, & la seconde jusqu'à devenir nulle ou zero, lorsque AR se trouve sur AN par l'extinction de l'angle RAN ; ce qui revient en ceci au nomb. 1. du Corol, 15. du Th. 26.

COROLLAIRE XII.

Fig. 220.
Dans le cas de la Fig. 220. dans lequel (*Corol.* 8.) la puissance R ne porte rien du poids EOF, & où la résistance verticale de la surface SV soûtient seule la pesanteur entiere de ce poids augmentée même de l'effort vertical que la puissance R fait ici de haut en bas ; puisque

ce cas donne toûjours (*Corol.* 8.) $M = A + N = A +$

$$\frac{M \times MC}{AM} = \frac{A \times AM}{AM - MC} = \frac{A \times AM}{AC},$$ suivant les noms employez

dans le Corol. 8. & que AM augmente à mesure que l'angle RAD de droit devient plus aigu, jusqu'à devenir infinie, lorsque AR se trouve sur AD, sans aucun changement de la part de $\frac{A}{AC}$: la résistance verticale M de la surface SV doit ici augmenter à l'infini à mesure que cet angle RAD diminue ainsi, jusqu'à devenir effectivement infini, lorsque AR arrivera sur AD ; & ceci parce que la puissance R (*Th.* 26. *Corol.* 19. *nomb.* 2.) alors infinie, aura pour lors AN pareillement infinie, laquelle AN, suivant le present Th. 27. exprime l'effort vertical de la surface SV.

SCHOLIE.

N'ayant eu dessein dans ce Théoreme-ci que de chercher ce qu'une puissance, & la surface sur laquelle elle soûtient un poids, portent chacune de la pesanteur de ce poids, nous n'y avons fait attention que de ce que la force de cette puissance, & la résistance de cette surface, en ont de verticales, sans rien dire de ce qu'elles en ont (*Déf.* 17.) d'horisontales, lesquelles ne font ni pour ni contre la pesanteur de ce poids, mais seulement l'empêchent d'aller horisontalement d'aucun côté, ainsi qu'on l'a vû dans l'article 2. du Schol. du Th. 2. touchant les poids soûtenus avec des cordes seulement.

En effet, si, en appellant encore D la résistance de la surface SV de O vers A suivant DA, l'on appelle presentement M la résistance de D vers M suivant l'horisontale DM ; & N, l'effort ou la résistance de la puissance R de N vers B suivant l'horisontale NB : le poids EOF se trouvera poussé tout à la fois suivant ces deux impressions horisontales M, N, directement opposées l'une à l'autre.

Or la part. 2. du Lem. fait voir que M. D :: MD. AD.
Et R. N :: A B. NB. De sorte qu'ayant déja (*part. 1. du*
Th. 26. & Corol. 20. de celui-ci) D. R :: AD. AB.

$$\text{L'on aura ici} \begin{cases} \text{M. D :: MD. AD.} \\ \text{D. R :: AD. AB.} \\ \text{R. N :: AB. NB.} \end{cases}$$

Donc (en multipliant par ordre) l'on aura pareillement
ici M. N :: MD. NB. Par conſequent la conſtruction y
donnant MD=NB , l'on aura auſſi les réſiſtances horiſontales M, N , égales entr'elles , leſquelles étant directement oppoſées l'une à l'autre , empêchent conſequemment (*Ax. 3.*) le poids EOF de ſe mouvoir horiſontalement d'aucun côté. *Ce qu'il falloit ici faire voir.*

Le Scholie du Th. 2. fait voir encore la même choſe en
ſubſtituant, comme dans la démonſtr. 2. du preſent Th.
27. la puiſſance P au lieu de la ſurface SV. Car toutes
choſes demeurant ici les mêmes que dans cette démonſtr.
2. ce Scholie du Th. 2. faiſant voir que les efforts ou les
réſiſtances des puiſſances P, R , ſuivant les horiſontales
LX, NB, empêchent le poids EOF de ſe mouvoir horiſontalement d'aucun de leurs côtez ; la réſiſtance de la
ſurface SV ſuivant l'horiſontale MD en même ſens que
l'horiſontale de la puiſſance P, & égale à elle , doit auſſi
(en ſa place) avec l'horiſontale, ſuivant NB de la puiſſance R, empêcher le poids EOF de ſe mouvoir horiſontalement d'aucun côté. *Ce qu'il falloit encore faire ainſi*
voir.

Tel eſt l'uſage de ces réſiſtances horiſontales de la ſurface SV & de la puiſſance R, l'une contre l'autre ſuivant
DM, NB, pour empêcher le poids EOF de ſe mouvoir
horiſontalement d'aucun côté , pendant que leurs réſiſtances verticales ſuivant MA, AN, l'empêchent de ſe
mouvoir verticalement de la maniere qu'on le vient de
voir dans le preſent Th. 27. & dans ſes Corollaires.

Au reſte la démonſtration 2. de ce Théoreme-ci fait voir tant
d'affinité

d'affinité ou de resemblance entre lui & le Th. 2. que tout ce qu'on a dit là des poids soûtenus avec des cordes seulement, s'appliquera sans peine aux poids soûtenus sur des surfaces, & reciproquement. Nous ne nous arrêterons donc pas ici davantage.

THEOREME XXVIII.

Toutes choses demeurant les mêmes que dans les part. 1, 2. du Th. 27. c'est-à-dire, la puissance R & le poids EOF de directions quelconques étant encore ici en équilibre entr'eux sur la surface aussi quelconque SV, &c. je dis que la charge qui en résulte à cette surface suivant sa perpendiculaire AD par la base du poids EOF, est toûjours à ce qu'il en résulte perpendiculairement aussi à chacune des surfaces horisontale GK, & verticale KH, qui soûtiennent celle-là, comme l'hypotenuse HG du triangle rectangle HKG est à chacun de ses deux autres côtez GK, KH.

FIG. 220.
221. 222.

DEMONSTRATION.

Sur la diagonale AD du parallelogramme BACD, prolongée du côté de D, ayant pris depuis O de ce côté-là une partie quelconque, Oβ terminée ici (si l'on veut) au plan horisontal GK, soit un parallelogramme rectangle TOYβ, dont cette partie Oβ soit la diagonale, & dont les côtez OT, OY, soient paralleles à la hauteur HK, & à la base KG du plan HG touchant la surface SV au point O, auquel la diagonale AD du parallelogramme BACD rencontre (*Th. 26. part. 1.*) perpendiculairement cette surface par la base du poids EOF, soûtenu (*Hyp.*) sur elle par la puissance R.

Cela posé, l'effort résultant (*Th. 26. part. 1.*) du concours d'action de cette puissance R, & du poids EOF sur le point O de cette surface SV, suivant AD ou Oβ, étant le même (*Lem. 3. Corol. 6.*) que s'il résultoit du concours de deux forces dirigées suivant OT, OY, lesquelles fussent à cet effort commun suivant Oβ, comme ces côtez OT, OY, sont à cette diagonale Oβ du parallelogramme

TOYβ ; cet effort commun fuivant Oβ fur la furface
SV, doit être à ce qu'il lui en réfulte en fon point O fuivant OT perpendiculaire (*Hyp.*) à GK, & fuivant OY
perpendiculaire auffi (*Hyp.*) à KH, c'eft-à-dire, à ce qu'il
en réfulte perpendiculairement fur ou contre ces deux
autres furfaces GK, KH, comme la diagonale Oβ de ce
parallelogramme rectangle TOYβ, eft à fes mêmes côtez OT, OY. Or à caufe de AD ou Oβ perpendiculaire
(*Th.* 26. *part.* 1. 2.) à la furface SV ou à fon plan touchant HG en O, & de OT, OY, paralleles aux deux autres côtez HK, KG, du triangle rectangle HKG, le triangle βTO lui fera femblable, & confequemment aura fes
côtez Oβ, OT, OY, en même raifon que HG, GK,
HK. Donc auffi l'effort commun de la puiffance R & du
poids EOF fuivant AD fur la furface SV, doit être à ce
qu'ils en font enfemble fur les furfaces KG, HK, fuivant
OT, OY, c'eft-à-dire (*Déf.* 27.) que la charge de la furface SV doit être aux charges de ces deux-ci, comme
l'hypothenufe HG du triangle rectangle HKG eft à fes
deux autres côtez GK, KH, quelles que foient les directions AR, AC, de la puiffance R & du poids EOF, du
concours defquels en équilibre (*Hyp.*) fur la furface SV,
ces trois charges ou preffions réfultent à cette furface SV
& aux deux autres GK, KH, fuivant leurs perpendiculaires Oβ, OT, OY : de forte qu'en appellant O la charge ou la preffion de la furface inclinée quelconque SV ;
T, celle de la furface horifontale GK ; & Y, celle de la
furface verticale KH ; l'on aura toûjours ces trois charges
ou preffions perpendiculaires O, T, Y, en raifon des trois
côtez HG, GK, KH, du triangle rectangle HKG. *Ce qu'il*
falloit démontrer.

C O R O L L A I R E I.

Donc, 1°. l'on aura O. T :: HG. GK. c'eft-à-dire, que
la force commune (O), avec laquelle la puiffance R & le
poids EOF preffent enfemble la furface SV fuivant la
perpendiculaire Oβ ou AD, eft toûjours à celle (T) dont

ils preſſent enſemble perpendiculairement auſſi ſuivant OT la ſurface horiſontale GK, ou l'horiſon qui la ſoûtient, comme l'hypotenuſe HG du triangle rectangle HKG eſt à ſa baſe horiſontale GK.

2°. L'on aura pareillement O. Y :: HG. KH. c'eſt-à-dire, que la même preſſion (O) de la ſurface SV ſuivant ſa perpendiculaire AD ou Oβ, eſt auſſi toûjours à la preſſion ou pulſion (Y) de la ſurface verticale HK ſuivant ſa perpendiculaire OY, ou à ce qui la ſoûtient contre cet effort horiſontal, comme la même hypotenuſe HG du triangle rectangle HKG eſt à ſa hauteur HK.

3°. L'on aura enfin T. Y :: GK. KH. c'eſt-à-dire, que la preſſion ou la pulſion (T) de la ſurface horiſontale GK ou de l'horiſon qui la ſoûtient, ſuivant ſa perpendiculaire OT, eſt toûjours à la preſſion ou pulſion (Y) de la ſurface verticale HK ſuivant ſa perpendiculaire OY, ou de ce qui la ſoûtient contre cet effort horiſontal, comme la baſe horiſontale GK du même triangle rectangle HKG eſt à ſa hauteur verticale HK.

COROLLAIRE II.

De-là & des part. 1. 2. du Th. 26. qui font voir que la puiſſance R & le poids EOF en équilibre (*Hyp.*) entr'eux ſur la ſurface SV, ſont toûjours à la charge ou à la preſſion (O) réſultante de leur concours d'action ſur cette ſurface ſuivant ſa perpendiculaire AD ou Oβ, comme les côtez AB, AC, pris ſur leurs directions, ſont chacun à la diagonale AD du parallelogramme BACD ; l'on aura, les noms précedens demeurant toûjours les mêmes, & quelles que ſoient les directions de la puiſſance R & du poids EOF,

1°. L'on aura (dis-je) R. O :: AB. AD. Et (*Corol.* 1. *nomb.* 2.) O. T :: HG. GK. Donc (en multipliant par ordre) R. T :: AB×HG. AD×GK. c'eſt-à-dire, que la puiſſance R eſt toûjours à la force (T), dont elle & le poids EOF preſſent enſemble perpendiculairement la ſurface horiſontale GK ou l'horiſon qui la ſoûtient, en rai-

ſon compoſée de celle du côté AB du parallélogramme
BACD à ſa diagonale AD, & de celle de l'hypotenuſe HG du triangle rectangle HKG à ſa baſe horiſontale GK.

2°. L'on aura auſſi EOF. O :: AC. AD. Et encore
(*Corol.* 1. *nomb.* 1.) O. T :: HG. GK. Donc (en multipliant par ordre) EOF. T :: AC×HG. AD×GK. c'eſt-à-
dire, que le poids EOF eſt toûjours à la force (T), dont
lui & la puiſſance R preſſent enſemble perpendiculairement la ſurface horiſonta'e GK ou l'horiſon qui la ſoûtient, en raiſon compoſée de celle du côté AC du parallelogramme BACD à ſa diagonale AD, & de celle de l'hypotenuſe HG du triangle rectangle HKG à ſa baſe horiſontale GK.

3°. L'on aura pareillement R. O :: AB. AD. Et (*Corol.* 1. *nomb.* 2.) O. Y :: HG. HK. Donc (en multipliant
par ordre) R. Y :: AB×HG. AD×HK. c'eſt-à-dire, que
la puiſſance R eſt toûjours à la force (Y), dont elle & le
poids EOF preſſent ou pouſſent enſemble perpendiculairement ſa ſurface verticale HK ou ce qui la ſoûtient, en
raiſon compoſée de celle du côté AB du parallelogramme BACD à ſa diagonale AD, & de celle de l'hypotenuſe HG du triangle rectangle HKG à ſa hauteur verticale HK.

4°. L'on aura enfin EOF. O :: AC. AD. Et (*Corol.* 1.
nomb. 2.) O. Y :: HG. HK. Donc (en multipliant par
ordre) EOF. Y :: AC×HG. AD×HK. c'eſt-à-dire, que le
poids EOF ou ſa peſanteur eſt toûjours à la force (Y),
dont lui & la puiſſance R preſſent enſemble perpendiculairement la ſurface verticale HG ou ce qui la ſoûtient,
en raiſon compoſée de celle du côté AC du parallelogramme BACD à ſa diagonale AD, & de celle de l'hypotenuſe HG du triangle rectangle HKG à ſa hauteur
verticale HK.

COROLLAIRE III.

Si preſentement on ſuppoſe à l'ordinaire que la dire-

ction AC du poids EOF foit parallele à la hauteur verticale HK du triangle rectangle HKG : cette hypothefe &
celle des angles K, M, des triangles HKG, DMA, fuppofez droits, rendant enfemble ces deux triangles femblâ-
bles entr'eux; le prefent Th. 18. qui donne en general
les charges O, T, Y, des trois furfaces SV, GK, KH,
en raifon des trois côtez HG, GK, KH, du triangle rectangle HGK, donnera ici ces trois charges (perpendiculaires à ces trois furfaces, chacune à chacune) entre-
elles en raifon des trois côtez AD, AM, MD, du triangle DMA ; c'eft-à-dire, que,

I. L'on aura ici O. T :: AD. AM. Or (*Th*. 26 *part*. 1.)
R. O :: AB. AD. Et EOF. O :: AC. AD. Donc en raifon
ordonnée ;

1°. L'on aura ici R. T :: AB. AM. c'eft-à-dire, que la
puiffance R fera ici à l'effort commun (T), dont elle &
le poids EOF preffent enfemble perpendiculairement la
furface horifontale GK, en raifon de AB à AM.

2°. L'on aura pareillement ici EOF. T :: AC. AM. c'eft-
à-dire, que le poids EOF fera ici à cet effort commun de
lui & de la puiffance R fur cette furface horifontale GK,
en raifon de AC à AM,

II. L'on aura de plus ici O. Y :: AD. MD. Or (*Th*.
26. *part*. 1.) R. O :: AB. AD. Et EOF. O :: AO. AD.
Donc auffi, en raifon ordonnée,

1°. L'on aura ici R. Y :: AB. MD. c'eft-à-dire, que la
puiffance R fera à l'effort commun (Y), dont elle & le
poids EOF preffent enfemble perpendiculairement la furface verticale HK, en raifon de AB à MD.

2°. L'on aura pareillement ici EOF. Y :: AC. MD.
c'eft-à-dire, que le poids EOF ou fa pefanteur, fera ici à
cet effort commun de lui & de la puiffance R fur cette
furface verticale AK, en raifon de AC à AD.

COROLLAIRE IV.

Donc (*Corol*. 3.) dans cette hypothefe de AC parallele
à HK, ces cinq chofes : la puiffance R, le poids EOF, ou

la pefanteur, & les charges O, T, Y, réfultantes du
concours d'action de cette puiffance & de ce poids fur les
trois furfaces SV., GK, KH : ces cinq chofes (dis-je)
font toûjours entr'elles en raifon des cinq lignes AB, AC,
AD, AM, MD.

COROLLAIRE V.

FIG. 222.

Donc auffi (*Corol.* 3.4.) en fuppofant de plus la dire-
ction AR de la puiffance R, parallele à GK, & confe-
quemment perpendiculaire à AC: cette hypothefe ajoû-
tée à la précedente de AC parallele à HK, faifant tomber
C en M, comme dans la Fig. 222. & rendant ainfi AC=
AM, MD=CD=AB ; les charges T, Y, des furfaces
GK, HK, fe trouveront ici égales à la pefanteur du poids
EOF, & à la puiffance R, chacune à chacune ; fçavoir,
T=EOF, & Y=R.

COROLLAIRE VI.

FIG. 221.

La direction AC du poids EOF demeurant toûjours pa-
raliele à HK, fi l'on fuppofe prefentement que la direction AR de la puiffance R foit parallele à HG, par
exemple, dans la Fig. 221. Cette double hypothefe jointe à celle de DM perpendiculaire fur AC, rendant les
trois triangles ADC, AMD, DMC, rectangles femblables entr'eux ; l'on aura ici CD. DM∷ AC. AD∷ AD.
AM. Donc le parallelogramme BACD ayant AB=CD,
l'on aura pareillement ici (*Cor.* 4.) R. Y∷ EOF. O∷ O. T.
c'eft-à-dire, que la puiffance R fera ici à la charge (Y)
du plan vertical HK en même raifon que la pefanteur du
poids EOF à la charge O de la furface SV, & que cette
charge (O) à celle T de la furface horifontale GK.

THEOREME XXIX.

FIG. 223.
224. 225.
226.

Soient deux furfaces fixes quelconques SV, XY (droites ou
courbes, il n'importe) entre lefquelles le poids qu'on y veut

mettre, ne puisse passer, ni s'appuyer sur ou contre quelqu'autre chose que ce soit.

I. Aucun poids $EOQF$ ne peut demeurer en repos entre ces
deux surfaces SV, XY, à moins qu'il ne soit de figure & de
position telles que la direction quelconque LC de sa pesanteur
ait quelque point A (dans ou hors l'étendue de ce poids, il n'importe) duquel on puisse mener a ces deux surfaces autant de
perpendiculaires, une sur chacune par les bases (Déf. 25.)
que ces surfaces touchent de ce poids.

II. Au contraire lorsque de quelque point A de la direction
quelconque LC de la pesanteur d'un poids aussi quelconque
$EOFQ$, l'on peut mener deux perpendiculaires AO, AQ,
aux surfaces SV, XY, par les bases de ce poids, une sur chacune; ce poids demeurera toûjours en repos entre ces deux surfaces, soûtenu par elles seules.

III. En ce cas de repos du poids $EOQF$ entre deux surfaces
SV, XY, soûtenu par elles seules, si sur une diagonale quelconque AC prise de A vers C sur la direction LC de la pesanteur de ce poids, l'on fait un parallelogramme $ABCD$, qui ait
ses côtez AD, AB, sur les perpendiculaires AO, AQ, à ces
surfaces SV, XY, par les bases de ce même poids; ce poids
$EOQF$ sera toûjours à chacune des charges ou des résistances
de ces surfaces SV, XY, comme la diagonale AC de ce parallelogramme $ABCD$ sera à chacun de ses côtez AD, AB, correspondans sur les perpendiculaires AO, AQ, à ces surfaces.

Fig. 223.
224. 225.

Fig. 223.
224. 225.
226.

DEMONSTRATION.

PART. I. Il est visible que de tous les points, par exemple, O de la base où le poids EOQF touche la surface SV,
l'on peut mener autant de perpendiculaires OP à cette
surface SV, lesquelles rencontrent en plusieurs autres
points A la direction LC de la pesanteur de ce poids: je
dis donc que si de tous ces points A il n'y en a aucun duquel on puisse mener une perpendiculaire à la surface XY
par l'autre base de ce poids, il ne pourra demeurer en repos sur ces deux surfaces.

Fig. 223.
224. 225.

Car quelque puissance P qu'on imagine appliquée à ce poids EOQF au bout de la corde FP, dirigée suivant celle qu'on voudra de ces perpendiculaires OR à la surface SV par la base qu'elle touche de ce poids, pour le soûtenir sur la surface XY à la place de cette autre surface SV, quelle que soit aussi la direction de la force résultante du concours d'action de cette puissance P, & de la pesanteur du poids EOQF : cette direction, qui doit toûjours (*Lem.* 2. 3.) passer par A, ne pourra jamais être perpendiculaire à la surface XY par la base qu'elle touche de ce poids, si l'on ne lui en peut mener aucune du point A. Donc en ce cas la puissance P, quelle qu'elle soit, dirigée suivant celle qu'on voudra des perpendiculaires OP à la surface SV par la base qu'elle touche de ce poids EOQF, ou même seulement dirigée à volonté par celui qu'on voudra des points A, où ces perpendiculaires OP rencontrent la direction LC de la pesanteur de ce poids : en ce cas (dis-je) la puissance P ne pourra jamais (*Th.* 25. *Cor.* 1.) soûtenir ce poids EOQF sur la surface XY. Donc aussi la surface SV, de qui la résistance est (*Lem.* 3. *Cor.* 8. 9.) suivant ces mêmes directions perpendiculaires OP, & qui par-là ne peut ici (*ax.* 2.) que suppléer la puissance P, ne pourra jamais soûtenir le poids EOQF sur la surface XY, si d'aucun des points A ou ces perpendiculaires OP rencontrent la direction LC de la pesanteur de ce poids, on ne peut mener aucune perpendiculaire à la surface XY par la base qu'elle touche de ce même poids.

On démontrera de même que cette surface XY ne pourra jamais soûtenir le poids EOQF sur la surface SV, si d'aucun des points A où la direction LC de la pesanteur de ce poids est rencontrée par les perpendiculaires QR à cette surface XY, menée des points ou elle touche ce même poids, l'on n'en peut mener aucune à la surface SV par l'autre base qu'elle touche de ce poids EOQF. Pour le voir on y employera une puissance quelconque R au bout d'une corde ER, appliquée à ce même poids suivant celle qu'on voudra de ces perpendiculaires QR à

XY.

XY, comme l'on en vient d'employer une quelconque P appliquée à ce même poids suivant une des perpendiculaires OP à la surface SV par la base qu'elle touche de ce même poids EOQF : un raisonnement semblable à celui qui vient de faire voir qu'aucune puissance P dirigée suivant celle qu'on voudra des perpendiculaires OP à la surface SV par la base qu'elle touche du poids EOQF, ne peut soûtenir ce poids sur la surface XY tant que du point A où cette direction OP rencontre celle LC de la pesanteur de ce poids, on ne pourra mener aucune perpendiculaire à cette surface XY par la base qu'elle touche de ce même poids, fera voir de même qu'aucune puissance R dirigée suivant celle qu'on voudra des perpendiculaires QR à cette surface XT par la base qu'elle touche de ce poids EOQF, ne pourra jamais le soûtenir sur la surface SV tant que du point A où cette direction QR rencontre celle LC de la pesanteur de ce poids, on ne pourra mener aucune perpendiculaire à cette surface SV par la base qu'elle touche de ce poids EOQF; & que par conséquent alors la surface XY, restituée à la place de la puissance R qui la suppléeroit, ne pourra soûtenir ce poids sur l'autre surface SV par la même raison qui vient de faire voir que cette autre surface SV restituée à la place de la puissance P qui la suppléoit, ne pourra jamais en pareilles circonstances soûtenir le même poids quelconque EOQF sur la surface XY.

Donc ce poids quelconque, ni par conséquent aucun poids ne peut demeurer en repos entre deux surfaces quelconques SV, XY, desquelles seules il soit soûtenu, tant qu'il ne sera ni de figure, ni de position telles qu'il ait quelque point A de la direction quelconque LC de sa pesanteur, duquel on puisse mener deux perpendiculaires à ces deux surfaces, une sur chacune, par les bases qu'elles touchent de ce poids quelconque EOQF. *Ce qu'il falloit* 1°. *démontrer.*

Part. II. Au contraire si de quelque point A de la direction quelconque LC de la pesanteur d'un poids aussi

Fig. 223. 224. 225. 226.

quelconque EOQF, l'on peut mener deux perpendiculaires AO, AQ, aux deux surfaces fixes quelconques
SV, XY, entre lesquelles il se trouve, par les bases qu'elles touchent de ce poids; il y demeurera toûjours en repos soûtenu par elles seules.

Car la pesanteur de ce poids EOQF, ou son effort (*Hyp.*)
suivant la diagonale AC du parallelogramme ABCD,
étant le même (*Lem.* 3. *Corol.* 6.) que s'il résultoit du
concours de deux autres efforts suivant les côtez AD,
AB, de ce parallelogramme, à chacun desquels efforts
celui-là, où la pesanteur du poids EOQF fût comme cette
diagonale AC à chacun de ces mêmes côtez AD, AB,
du même parallelogramme ABCD; c'est-à-dire, le même que si ce corps EOQF n'avoit aucune pesanteur, &
qu'il fût seulement poussé ou tiré suivant ces directions
AD, AB, par deux forces qui fussent à ce qu'il a effectivement de pesanteur, comme chacun de ces côtez
AD, AB, du parallelogramme ABCD, est à sa diagonale AC prise depuis A vers C sur la direction effective LC
de cette pesanteur. Or si chacun de ces deux côtez AD,
AB, du parallelogramme ABCD, est perpendiculaire à
chacune des surfaces SV, XY, en quelqu'un des points
O, Q, de chacune des bases qu'elles touchent de ce corps
EOQF; chacune de ces deux surfaces soûtiendra tout
entier (*Lem.* 3. *Corol.* 8. 9.) celui de ces deux efforts lateraux qui lui sera ainsi directement opposé. Donc ces
deux surfaces ensemble soûtiendront ainsi toute la pesanteur de ce poids EOQF. Par conséquent en ce cas de AD,
AB, menées de quelque point A que ce soit de la direction quelconque LC de la pesanteur de ce poids aussi
quelconque, perpendiculairement à ces deux surfaces
encore quelconques SV, XY, en des points O, Q, des
bases qu'elles touchent de ce même poids, une à chacune; ces deux surfaces fixes le soûtiendront toûjours seules
en repos entr'elles. *Ce qu'il falloit* 2°. *démontrer.*

Part. III. En ce cas d'équilibre ou de repos du poids
quelconque EOQF entre les surfaces fixes quelconques

SV, XY, fur lefquelles de quelque point A de la direction LC de fa pefanteur, tombent (*part. 1. 2.*) les perpendiculaires AD, AB, en des points O, Q, des bafes
que ces furfaces touchent de ce poids; ces mêmes furfaces SV, XY, foûtenant chacune (*Lem. 3. Corol. 8. 9.*)
tout ce qu'il fait d'effort (*Lem. 3. Corol. 6.*) fuivant chacune de ces perpendiculaires, fçavoir, SV en O tout ce
qu'il en fait fuivant AD, & XY en Q tout ce qu'il en
fait fuivant AB: la charge (*Déf. 26.*) ou la réfiftance de
chacune de ces deux furfaces doit être (*Ax. 4. & Lem. 3.
Corol. 2. nomb. 3.*) égale à celui qu'elle foûtient de ces
deux efforts. Or la pefanteur de ce poids EOQF dirigée
(*Hyp.*) fuivant AC, eft (*Lem. 3. Corol. 6.*) à chacun de
ces deux efforts fuivant AD, AB, comme la diagonale
AC du parallelogramme ABCD eft à chacun de ces côtez AD, AB, du même parallelogramme. Donc en ce
cas d'équilibre ou de repos du poids quelconque EOQF
entre les furfaces auffi quelconques SV, XY, ce poids
eft auffi toûjours à chacune des charges qui en réfulte à
chacune de ces deux furfaces, comme la diagonale AC
du parallelogramme ABCD eft à chacun de fes côtez
AD, AB, perpendiculaires (*Hyp.*) à ces mêmes furfaces
SV, XY, en O, Q, en paffant par quelque point A de
la direction LC de la pefanteur de ces poids, & par les
bafes que ces deux furfaces touchent de ce même poids
EOQF. *Ce qu'il falloit 3°. démontrer.*

Autrement. Pour démontrer encore d'une autre maniere cette part. 3. imaginons pour un moment ce poids
quelconque EOQF comme foûtenu avec des cordes feulement par deux puiffances P, R, appliquées à ce poids
en F, E, fuivant des directions DP, BR, menées de quelque point A de la direction LC de la pefanteur de ce
poids perpendiculairement aux furfaces SV, XY, en des
points O, Q, des bafes qu'elles touchent de ce même
poids EOQF, ainfi que les part. 1. 2. font voir qu'il eft
toûjours poffible de les mener en ce cas-ci de ce poids
fuppofé foûtenu entre ces deux furfaces par elles feules.

N ij

Cela (dis-je) imaginé, les puiſſances P , R , ſoûtenant
ainſi (*Hyp.*) les charges entieres des ſurfaces SV , XY ,
ſeront égales (*Ax.* 4. *& Lem.* 3. *Corol.* 2. *nomb.* 3.) à ces
mêmes charges, chacune à chacune ; ſçavoir , la puiſſance P égale à la charge de la ſurface SV , & la puiſſance R
égale à la charge de la ſurface XY. Or en ce cas d'équilibre imaginé entre le poids EOQF , & ces deux puiſſances P , R , la part. 1. du Th. 4. fait voir que la peſanteur
de ce poids ſeroit toûjours à chacune de ces puiſſances P ,
R , comme la diagonale AC du parallelogramme ABCD
eſt à chacun de ſes côtez AD , AB , correſpondans ſur
leurs directions. Donc auſſi dans l'équilibre ou le repos
effectif de ce même poids EOQF entre les ſurfaces SV ,
XY , qu'on ſuppoſe ſeules le ſoutenir ; la peſanteur de
ce poids doit toûjours être à chacune des charges qui en
réſulte à chacune de ces deux ſurfaces, comme la diagonale AC du parallelogramme ABCD eſt à chacun de
ſes côtez AD , AB , perpendiculaires (*Hyp.*) à ces ſurfaces SV , XY , par quelque point A de la direction LC
de la peſanteur de ce poids EOQF , & par les baſes que
ces ſurfaces touchent de ce poids. *Ce qu'il falloit encore* 3°.
démontrer.

C O R O L L A I R E I.

Fig. 226. Les part. 1. 2. font voir dans la Fig. 2 2 6. qu'un poids
ſpherique EOQF , en quelque ſituation qu'on le mette
entre deux ſurfaces quelconques SV , XY , fixement inclinées à volonté, entre leſquelles il ne puiſſe paſſer, y demeurera toûjours en repos ; mais qu'il n'en ſeroit pas ainſi
d'aucun autre poids de toute autre figure ; puiſque la
Sphere eſt le ſeul corps qui dans quelque ſituation qu'on
le mette entre deux ſurfaces, ait un point A dans la direction LC de ſa peſanteur, ſçavoir, ſon centre , duquel
on puiſſe toûjours mener deux perpendiculaires AO ,
AQ , à ces deux ſurfaces SV , XY , une ſur chacune,
par les points O , Q , où elles toucheroient cette Sphere.
C'eſt peut-être pour cela que l'on ne met encore d'ordi-

naire que des poids fpheriques entre des plans inclinez,
s'il eft vrai que l'on ait apperçû cette condition requife
par la part. 1. pour l'équilibre ou le repos d'un poids
entre deux furfaces.

COROLLAIRE II.

La part. 1. de ce Théoreme-ci, & le Corol. 8. du
Lem. 3. font voir qu'aucun poids BQDEFP de direction
LC perpendiculaire à un des plans HK, KN, par exemple, au plan KN, ne peut refter appuyé fur tous les deux,
quelque fituation qu'on lui donne. Car,

1°. La direction LC de la pefanteur de ce poids BQDEFP
perpendiculaire (*Hyp.*) à KN, paffe par la bafe BP que
ce plan KN touche de ce même poids, comme dans la
Fig. 227. le Corol. 8. du Lem. 3. fait voir que ce plan
feul KN le foûtiendra tout entier, fans que ce poids s'appuye en rien contre le plan HK, quoique la direction LC
de la pefanteur de ce poids ait quelque point A duquel on
puiffe mener auffi une perpendiculaire AO à ce plan HK.

2°. Si cette direction LC de la pefanteur de ce poids
BQDEFP ne paffe par aucune des bafes de ce poids, ainfi
que dans la Fig. 128. ce poids s'appuyera pour lors effectivement contre le plan HK; mais fa direction LC perpendiculaire (*Hyp.*) au plan KN, n'aura aucun point d'où
l'on en puiffe mener une à ce plan par la bafe qu'il touche de ce poids. Donc (*part.* 1.) il ne pourra demeurer
ainfi en repos entre ces deux plans, mais gliffera du côté
de N, jufqu'à ce qu'il touche le plan KN dans une bafe
par laquelle fa direction LC paffe; & alors il s'arrêtera
fur cette bafe porté par ce feul plan KN, fans s'appuyer
plus du tout fur l'autre plan HK, ainfi qu'on le vient de
voir dans le nomb. 1.

3°. Il fuit du précedent nomb. 2. que fi l'on prend BQ
pour le profil d'une échelle appuyée en B fur un plancher
KN, & en Q contre un mur HK, ayant LC pour direction
du poids total fait du fien & de celui de l'homme qui y
feroit monté; c'eft-à-dire (*Déf.* 14.) pour la direction du

Fig. 227.
228.

Fig. 217.

Fig. 228.

Fig. 229.

N iij.

centre de gravité G de ce poids total, ou du point G de toute son action : il suit, dis-je, du précedent nomb. 2. que le pied B de cette échelle BQ glissera toûjours vers N jusqu'à ce qu'elle soit arrivée toute entiere, & couchée le long du plancher KN, à moins qu'on n'en arrête ou fixe le pied B.

Pour le voir encore autrement, il est à considerer que le mur HK ne soûtient en Q cette échelle BQ, qu'en la repoussant vers D suivant QD perpendiculaire à ce mur, comme feroit une puissance en D par le moyen d'une corde QD attachée en Q à cette échelle BQ suivant cette direction perpendiculaire au mur HK, laquelle rencontre en L la direction LC de tout le poids fait de celui de cette échelle & de celui de l'homme dont elle est chargée. Or il est manifeste (*Ax.* 4. *& Lem.* 3. *part.* 4.) que du concours d'action de ce poids total, & de la puissance D, qui exprime la résistance du mur en Q, il en résulteroit à cette échelle BQ une impression suivant LB oblique au plancher KN. Donc (*Lem.* 3. *Corol.* 7.) cette échelle glisseroit alors vers N, & toûjours de même jusqu'à ce qu'elle fût arrivée toute entiere & couchée sur le plancher KN, à moins qu'elle ne fût arrêtée en B par un appui dont la charge seroit (*Th.* 21. *part.* 3. 4.) à la puissance D, ou (*Hyp.*) à la résistance en Q du mur HK, & au poids total fait de celui de l'échelle & de celui de l'homme qui la charge, comme la diagonale LB du parallelogramme BCLD seroit à ses côtez LD, LC.

Ce qu'on voit démontré dans ce nomb. 3. M. Wallis paroît l'avoir apprehendé dans le Schol. de la prop. 8. part. 3. de sa Mécanique, en arrétant fixement le pied d'une échelle appuyée contre un mur, en arrétant aussi de même le bout d'un Levier chargé d'un poids vers son milieu, & appuyé obliquement par ce bout sur un plan horisontal, & par l'autre contre un appui plus élevé : sans cela, dit-il, vectis extremum B (c'est le bout d'en bas) in horisontali rectâ labetur. On verra dans le Scholie suivant pourquoi l'experience fait cependant souvent voir le contraire de cela, & consequemment aussi le contraire des précedens nomb. 2. 3.

COROLLAIRE III.

Toutes chofes demeurant les mêmes que dans la part. 3. cette partie fait voir qu'en cas d'équilibre ou de repos du poids EOQF entre les furfaces SV, XY, ce poids eft à chacune de leurs charges réfultantes de la feule action de la pefanteur de ce poids en cet état fur elles, comme la diagonale AC du parallelogramme ABCD eft à chacun de fes côtez AD, AB, qui (*part. 2.*) font perpendiculaires à ces furfaces en O, Q, c'eft-à-dire (le parallelogramme ABCD rendant AB=CD) comme le côté AC du triangle ADC eft à chacun de fes deux autres côtez AD, CD, ou (*Lem. 8. Corol. 2.*) comme le finus de l'angle ADC eft à chacun des finus des angles ACD ou CAB, & DAC. Or (*Déf. 9. Corol. 2.*) le finus de l'angle ADC eft égal au finus de l'angle DAB. Donc en ce cas d'équilibre la pefanteur du poids EOQF eft à chacune des charges ou des réfiftances des furfaces SV, XY, comme le finus de l'angle DAB compris entre les perpendiculaires AD, AB, à ces furfaces en O, Q, eft à chacun des finus des angles DAC, BAC, que ces perpendiculaires reciproquement prifes font avec la direction LC de la pefanteur de ce poids EOQF.

La feconde démonftration de la part. 3. donne encore la même chofe par le moyen du Corol. 4. du Th. 1. parce que les charges ou les réfiftances des furfaces SV, XY, y font égales aux puiffances P, R, qui en la place de ces furfaces foûtiendront le poids EOQF feulement avec des cordes FP, ER, dirigées fuivant les perpendiculaires PO, RQ, à ces furfaces; & qu'en ce cas le Cor. 4. du Th. 1. fait voir que ce poids EOQF eft à chacune de ces puiffances comme le finus de l'angle PAR eft à chacun des finus des angles RAL, PAL, c'eft-à-dire (les angles oppofez au fommet étant égaux entr'eux) comme le finus de l'angle DAB eft à chacun des finus des angles BAC, DAC. Donc en ce cas d'équilibre ou de repos du poids EOQF entre les furfaces SV, XY, la pefanteur de ce poids eft

encore toûjours à chacune de leurs charges ou réſiſtances comme le ſinus de l'angle DAB eſt à chacun des ſinus
des angles BAC, DAC.

COROLLAIRE IV.

Toutes choſes demeurant les mêmes, ſi de quelque
point M du plan touchant MG de la ſurface XY en Q,
l'on imagine MT perpendiculaire en Z à la direction LC
de la peſanteur du poids EOQF, & qui rencontre en T
l'autre plan touchant HG de la ſurface SV en O; les
triangles AO*h*; TZ*h*, rectangles (*Hyp.*) en O, Z, ayant
l'angle Z*h*T commun, auront l'angle OA*h*=ZT*h* ; de
même les triangles AQ*m*, MZ*m*, ayant l'angle Z*m*M
commun, auront auſſi l'angle QA*m*=ZM*m* : de ſorte
que l'on aura ici les angles MTG=DAC, TMG=CAB
=ACD ; & ainſi les triangles TMG, ADC, ſeront ici
ſemblables entr'eux. Or on vient de voir dans le Corol.
3. que le poids EOQF ou ſa peſanteur eſt ici à chacune
des ſurfaces SV, XY, comme le côté AC du triangle
ADC eſt à chacun de ſes deux autres côtez AD, LC.
Donc ce poids EOQF eſt auſſi à chacune des charges
des ſurfaces SV, XY, comme le côté MT du triangle
TGM eſt à chacun de ſes deux autres côtez TG, MG,
qui touchent ces ſurfaces en O, Q, quelles que ſoient
ces mêmes ſurfaces, leurs inclinaiſons, & la direction LC
de la peſanteur du poids EOQF.

COROLLAIRE V.

Si preſentement on ſuppoſe à l'ordinaire que la direction LC de ce poids EOQF ſoit perpendiculaire à la ligne NK des baſes des ſurfaces SV, XY, ou de leurs plans
touchans GH, MG, en O, Q ; & conſequemment que
MT ſoit parallele à cette horiſontale NK : cette hypotheſe rendra les angles HGK=MTG, MGN=TMG. Or
le précedent Corol. 4. fait voir que le poids EOQF eſt ici
à chacune des charges des ſurfaces SV, XY, comme le
côté MT du triangle MGT eſt à chacun de ſes deux autres

tres côtez TG , MG , touchans en O , Q , de ces mêmes surfaces ; & conſequemment auſſi (*Lem.* 8. *Corol.* 2.) comme le ſinus de l'angle MGT ou MGH eſt à chacun des ſinus des angles TMG , MTG. Donc ce même poids EOQF ou ſa peſanteur eſt pareillement à chacune de ces charges des ſurfaces SV , XY , comme le ſinus de l'angle MGH compris entre leurs plans touchans HG , MG, en O , Q , eſt à chacun des ſinus des angles MGN, HGK, d'inclinaiſons de ces plans, réciproquement pris , quelles que ſoient ces inclinaiſons MGN , HGK , & quelqu'angle MGH que ces deux plans faſſent entr'eux.

COROLLAIRE VI.

Si outre ce que deſſus (*Corol.* 5.) on ſuppoſe que cet angle MGH ſoit droit, de même que le ſont (*Hyp.*) les angles en K , N, cette double hypotheſe rendant les triangles HGK , GNM, ſemblables chacun au triangle MGT, le *Corol.* 4, donnera encore pour ce cas-ci le poids EOQF à chacune des charges des ſurfaces SV , XY , comme l'hypotenuſe HG du triangle rectangle HKG eſt à ſa baſe GK & à ſa hauteur KH ; & auſſi comme l'hypotenuſe MG du triangle rectangle GNM eſt à ſa hauteur MN & à ſa baſe NG.

COROLLAIRE VII.

Quant à la comparaiſon entr'elles des charges ou (*Déf.* 27.) des réſiſtances en O , Q , des ſurfaces quelconques SV , XY , fixement inclinées à volonté, entre leſquelles un poids auſſi quelconque EOQF de telle direction LC qu'on voudra , eſt ſoûtenu en équilibre ou en repos ; il ſuit preſentement de la part. 3. & des Corol. 3. 4. 5. 6. qui en réſultent, la conſtruction & les hypotheſes demeurant les mêmes ici que là , il ſuit, dis-je,

1°. De la part. 3. en general, que la charge de la ſurface SV eſt toûjours à la charge de la ſurface XY, comme le côté AD du parallelogramme ABCD eſt à ſon autre côté AB, ou (à cauſe que ce parallelogramme rend DC=AB, &

AD=BC) comme le côté AD du triangle ADC est à son côté DC, ou bien auſſi comme le côté BC du triangle ABC eſt à ſon côté AB.

2°. Du Corol. 3. encore en general que la charge de la ſurface SV eſt toûjours auſſi à la charge de la ſurface XY, comme le ſinus de l'angle BAC eſt au ſinus de l'angle DAC, c'eſt-à-dire, en raiſon réciproque des ſinus des angles DAC, BAC, que les perpendiculaires AO, AQ, à ces ſurfaces SV, XY, font avec la direction AC de la peſanteur du poids EOQF, qu'elles ſoûtiennent entre-elles.

3°. Du Corol. 4. en ſuppoſant MT perpendiculaire à LC, & le reſte en general, il ſuit que la charge de la ſurface SV eſt toûjours à la charge de la ſurface XY, comme le côté TG du triangle MGT eſt à ſon côté MT, c'eſt-à-dire, en raiſon des côtez de ce triangle, qui touchent ces ſurfaces SV, XY, aux points O, Q, où tombent perpendiculairement ſur elles du point A de LC, & par les baſes qu'elles touchent du poids EOQF qu'elles ſoûtiennent, les perpendiculaires AO, BQ.

4°. Du Corol. 5. en ſuppoſant de plus la direction LC de la peſanteur de ce poids EOQF, perpendiculaire à la ligne NK des baſes des ſurfaces SV, XY; il ſuit que la charge de la premiere SV de ces deux ſurfaces eſt à la charge de la ſeconde XY, comme le ſinus de l'angle MGN eſt au ſinus de l'angle HGK, c'eſt-à-dire, en raiſon réciproque des ſinus des angles HGK, MGN, d'inclinaiſon des plans AG, MG, touchans de ces ſurfaces en O, Q.

5°. Du Cor. 6. en ſuppoſant de plus que l'angle HGM compris entre ces plans, eſt droit; il ſuit que la charge de la ſurface SV eſt à la charge de la ſurface XY, comme la baſe GK du plan HG eſt à ſa hauteur HK, & auſſi comme la hauteur MN du plan MG eſt à ſa baſe NG.

6°. Donc ſi de plus ces plans en angle droit HGM étoient également inclinez, c'eſt-à-dire, de 45 degrez chacun ſur leurs baſes horiſontales; la baſe de chacun de ces deux plans ſe trouvant alors égale à ſa hauteur,

les charges des furfaces SV , XY , feroient auffi pour
lors égales entr'elles.

C O R O L L A I R E VIII.

Il fuit encore en general de la part. 3. & des Corol. 3.
5. qui en réfultent , qu'en cas d'équilibre ou de repos
d'un poids quelconque EOQF de telle direction LC qu'on
voudra , foûtenu entre deux furfaces auffi quelconques
SV , XY , fixement inclinées à volonté , & par elles feules ; la fomme des charges de ces deux furfaces , réfultantes de la pefanteur de ce poids , eft toûjours plus grande
que cette pefanteur. Car la part. 3. fait voir que cette
fomme de charges des furfaces SV , XY , eft toûjours à
cette pefanteur du poids EOQF , dont elles réfultent , comme la fomme des côtez AD , AB , du parallelogramme
ABDC eft à fa diagonale AC , c'eft-à-dire (à caufe de
DC=AB) comme la fomme des côtez AD , DC , du
triangle ADC eft à fon troifiéme côté AC , ainfi qu'on l'a
vû dans le Corol. 3. Et en fuppofant MT perpendiculaire à la direction quelconque LC de la pefanteur du poids
EOQF , le Corol. 4. fait auffi voir que cette fomme de
charges des furfaces SV , XY , eft toûjours pareillement
à la pefanteur de ce poids , comme la fomme des côtez
GT , GM , du triangle MGT eft à fon troifiéme côté MT.
Or on fçait que la fomme de deux côtez quelconques d'un
triangle eft toûjours plus grande que fon troifiéme côté.
Donc auffi la fomme des charges de deux furfaces quelconques SV , XY , qui feules foûtiennent entr'elles un
poids quelconque EOQF de direction LC à volonté , eft
toûjours plus grande que la pefanteur de ce poids.

*Voilà en general pour toutes fortes de poids , de figures & de
directions quelconques , foûtenus entre deux furfaces quelconques fixement inclinées à volonté , & qui le foûtiennent feules.
Voici prefentement pour les feuls poids fpheriques.*

C O R O L L A I R E I X.

Toutes chofes demeurant les mêmes que dans le Cor. 5. Fig. 218.

fi des points O , Q , d'attouchement de la Sphere EFQO
par les furfaces quelconques SV , XY , ou par leurs
plans touchans HG , MG , en ces points O , Q , l'on mene
Ok , Qn , perpendiculaires en k , n , à l'horifóntale NK ; les
charges de ces furfaces SV , XY , feront entr'elles en raifon réciproque de ces perpendiculaires ou hauteurs Ok ,
Qn. Car les touchantes GO , GQ de cette Sphere EFQO
étant égales entr'elles, fi l'on en prend une pour le finus
total , l'on aura Ok pour le finus de l'angle HGK , & Qn
pour le finus de l'angle MGN. Or (*Corol.* 7. *nomb.* 4.)
la charge de la furface SV eft ici à la charge de la furface XY , comme le finus de l'angle MGN eft au finus
de l'angle HGK. Donc la premiere de ces deux charges
fera pareillement ici à la feconde comme Qn eft à Ok ;
c'eft-à-dire, en raifon réciproque des hauteurs des plans
OG , QG , s'ils n'avoient que ces longueurs égales.

C O R O L L A I R E X.

Fig. 230.

Ce qu'on voit de la Fig. 226. dans la Fig. 230. étant
le même que dans celle-là, foit de plus dans celle-ci la
droite OQ rencontrée en ϖ par la direction Ah de la pefanteur de la Sphere EFQO , fuppofée perpendiculaire
en φ à NK : il fuit du précedent Corol. 9. que la charge
de la furface SV eft pareillement ici à la charge de la
furface XY : : Qϖ : Oϖ : : $n\varphi$. $k\varphi$.

Pour le voir , foient imaginées des points d'attouche-
ment O , Q , les droites Oμ , Qλ , perpendiculaires en μ ,
λ , fur Ah. Cela fait, les triangles femblables aifez ici à
reconnoître, & les égalitez OG $=$ QG , AO $=$ AQ , réfultantes de la nature de la Sphere EFQO , y donneront
Qn . QG : : λm . Qm : : Qλ . AQ : : Qλ . AO. Et QG . Ok
: : OG . Ok : : Oh . $h\mu$: : AO . Oμ. Donc (en raifon ordonnée) Qn . Ok : : Qλ . Oμ : : Qϖ . Oϖ. Or on vient de voir
dans le Corol. 9. que la charge de la furface SV eft ici à
la charge de la furface XY : : Qn . Ok. Donc la premiere
de ces deux charges eft pareillement ici à la feconde
: : Qϖ . Oπ : : Qλ . Oμ : : $n\varphi$. $k\varphi$. *Ce qu'il falloit faire voir.*

COROLLAIRE XI.

Il suit encore du Corol. 9. que les charges des surfaces
SV , XY , sont ici entr'elles en raison renversée ou réciproque des puissances qu'il faudroit pour soûtenir chacune seule le poids spherique FEQO sur chacun de leurs
points O , Q , suivant une direction parallele à chacun
de leurs plans HG , MG , touchans en ces points. Car
si l'on appelle M la puissance qui soûtiendroit ainsi seule
ce poids EFQO sur le point Q de la surface XY ; & H ,
celle qui le soûtiendroit de même seule sur le point O de
de la surface SV ; & enfin A , la pesanteur de ce poids
spherique EFQO : le Théoreme 28. pour un seul plan
donnera M . A :: MN . MG :: Qn . QG (à cause de QG =
OG) :: Qn . OG. Et A . H :: HG . Hk :: OG . Ok. Donc (en
raison ordonnée) l'on aura ici M . H :: Qn . Ok. Par consequent (*Corol.* 9.) la puissance (M) , qui dirigée parallelement à MG , soûtiendroit seule le poids spherique EFQO
sur le point Q de la surface XY , seroit à la puissance (H)
qui dirigée suivant HG , soûtiendroit de même seule ce
poids sur le point O de la surface SV , comme la charge
de cette surface SV est à la charge de l'autre surface
XY , lorsque ces deux surfaces SV , XY , soûtiennent
ensemble ce poids spherique EFQO sur leurs points O ,
Q , quelqu'angle HGM que fassent entr'eux les plans
HG , MG , qui touchent (*Hyp.*) ces surfaces en ces points
O , Q .

COROLLAIRE XII.

Cela n'est pas seulement vrai des poids spheriques de
directions AC perpendiculaires à la droite NK ; mais encore de toutes sortes de poids de figures & de directions
AC quelconques , soûtenus entre des surfaces fixes quelconques par ces surfaces seules. Pour le voir , ce qu'il y
a des Fig. 223. 224. 225. 226. dans les Fig. 231. 232.
demeurant ici le même que là , soient de plus du point
C de celles-ci les droites Cλ , Cμ , perpendiculaires en

O iij

λ, μ, sur les côtez AB, AD, du parallelogramme ABCD,
prolongez, s'il en est besoin.

Cela étant, & les angles de ce parallelogramme opposez en B, D, étant égaux entr'eux ; les triangles rectangles CλB, CμD, seront semblables entr'eux ; & par consequent Cλ. Cμ :: CB. CD :: AD. AB. Or si l'on prend
encore (ainsi que dans le précedent Corol. 11.) A pour
la pesanteur du poids EOQF, & M, H, pour les puissances, dont chacune dirigée parallelement à chacun des
plans GM, GH, soûtiendroit seule sur lui le poids EOQF ;
la part. 1. du Th. 25. donnera M. A :: Cλ. AC. Et A. H
:: AC. Cμ. de sorte qu'en raison ordonnée, l'on aura ici
M. H :: Cλ. Cμ. Donc aussi M. H :: AD. AB. c'est-à-
dire, en general (*part.* 3.) que la puissance (M), qui dirigée parallelement à MG, soûtiendroit seule le poids EOQF
sur le point Q de la surface XY, seroit à la puissance
(H), qui dirigée parallelement à HG, soûtiendroit de
même seule le même poids sur le point O de la surface
SV, comme la charge de cette seconde surface SV est à
celle de la premiere XY, lorsque ces deux surfaces soûtiennent ensemble ce poids EOQF.

C O R O L L A I R E XIII.

Toutes choses demeurant les mêmes que dans le précedent Corol. 12. on a vû dans le Corol. 61. du Th. 26.
que la somme M—|—H des puissances M, H, qui dirigée
chacune à chacun des plans MG, HG, soûtiendroient
chacune seule le poids EOQF sur chacun de ces plans :
on a vû, dis-je, dans ce Corol. 61. du Th. 26. que cette
somme M—|—H de puissances ; peut être tantôt égale, tan-
tôt plus grande, & tantôt moindre que la pesanteur A
de ce poids EOQF. D'un autre côté le précedent Corol.
8. fait voir aussi que ce poids est toûjours moindre que
la somme O—|—Q des charges O, Q, qui en résultent sur
les surfaces SV, XY, lorsqu'elles seules le soûtiennent
ensemble comme ici. D'où l'on voit deja que cette som-

me O─┼Q des charges de ces surfaces SV , XY , peut
être plus grande que la somme M─┼H des puiſſances
M , H.

Je dis preſentement que cette ſomme O─┼Q de charges des ſurfaces SV , XY , ne peut jamais être moindre
que la ſomme M─┼H des puiſſances M , H ; mais qu'elle
lui eſt égale , lorſque l'angle MGH eſt droit , & toûjours
plus grande tant qu'il ne l'eſt pas.

Pour le voir , il n'y a qu'à conſiderer que puiſque (*Co-
rol.* 12.) M. H :: Cλ. Cμ. l'on aura (en compoſant)
M. M─┼H :: Cλ. Cλ─┼Cμ. Or (*Th.* 26. *part.* 1.) A. M
:: AC. Cλ. Donc (en raiſon ordonnée) A. M─┼H :: AC.
Cλ─┼Cμ. Or auſſi en compoſant (*part.* 3.) O─┼Q. A
:: AD─┼AB. AC. Donc (en raiſon ordonnée) O─┼Q.
M─┼H :: AD─┼AB. Cλ─┼Cμ. Or , à cauſe des angles
ABC, ADC, toûjours égaux chacun à l'angle MGH ,
les lignes Cλ , Cμ , perpendiculaires (*Hyp.*) aux côtez AB ,
AD , du parallelogramme ABCD , donnent CB ou AD═
Cλ , CD ou AB═Cμ , lorſque l'angle MGH eſt droit ; &
conſequemment alors AD─┼AB═Cλ─┼Cμ : au contraire
ces perpendiculaires Cλ , Cμ , aux côtez AB , AD, du pa-
rallelogramme ABCD donnent toûjours CB ou AD ⊃ Cλ ,
CD ou AB ⊃ Cμ , tant que cet angle MGH n'eſt pas droit;
& conſequemment alors AD─┼AB ⊃ Cλ─┼Cμ. Donc auſſi
O─┼Q═M─┼H , lorſque ce même angle MGH eſt
droit , & toûjours O─┼Q ⊃ M─┼H , tant qu'il ne l'eſt
pas. *Ce qu'il falloit ici faire voir.*

Voyez ici la prop. 30 *pag.* 78. *de Vitalis Jordanus.*

<h3 align="center">C O R O L L A I R E XIV.</h3>

Puiſque (*part.* 1. 2.) un poids ne peut demeurer en repos
entre deux ſurfaces , qui ſeules le ſoûtiennent enſemble ,
à moins que dans la direction de ſa peſanteur il n'y ait
quelque point , duquel on puiſſe mener deux perpendiculaires à ces deux ſurfaces , une à chacune , par les baſes
qu'elles touchent de ce poids ; & que ne pouvant s'échapper d'entre ces deux ſurfaces , elles ne laiſſent pourtant

pas de l'y retenir en repos, quelles qu'elles soient, & de quelque figure que ce poids soit aussi : il résulte de ces part. 1. 2. du présent Th. 29. qu'en ce cas-ci ce poids quelconque y prend toûjours une situation (si on ne la lui donne, dans laquelle la direction de sa pesanteur a toûjours quelque point, duquel on peut mener deux perpendiculaires à ces deux surfaces, une à chacune, par les bases que ces surfaces touchent alors de ce poids.

SCHOLIE.

Fig. 230.

On vient de voir dans le Corol. 10. Fig. 230. que dans l'hypothese de la direction A*h* du poids spherique EOQF, perpendiculaire à la base horisontale NK commune aux plans MG, HG, d'inclinaisons quelconques ; les forces ou puissances M, H, qu'il faudroit pour soûtenir chacune séparément ce poids sur chacun de ces plans, suivant des directions paralleles chacune à chacun d'eux, seroient toûjours entr'elles en raison réciproque des parties Qϖ, Oϖ, dans lesquelles la direction A*h* de ce poids diviseroit la soûtendante QO du cercle DKVL, par les points Q, O, où il toucheroit ces deux plans MG, HG, c'est-à-dire, toûjours M. H :: Oϖ. Qϖ.

Fig. 233. 234.

Voici presentement quelque chose de semblable pour deux poids FQ, EO, de pesanteurs & de figures quelconques, lesquels auroient leurs directions AT, ZX, perpendiculaires à la base horisontale MH commune à deux plans GM, GH, d'inclinaisons quelconques, sur chacun desquels chacun de ces poids FQ, EO, seroit soûtenu par chacune des deux puissances égales P, R, de directions FP, ER, paralleles chacune à chacune des longueurs GM, GH, de ces deux plans. Car si l'on imagine un plan vertical, qui passant par les directions ZX, AT, des poids FQ, EO, coupe ces plans GM, GH, avec leur base commune MH, en des sections qui forment le triangle MGH, dans lequel soit inscrit un cercle DKVL, qui en touche les côtez ou ces sections en K, L, D, & dont la soûtendante KL soit coupée en S par son diamétre DV

parallele

parallèle aux directions des poids ; l'on aura toûjours
FQ. EO : : LS. KS.

Pour le voir, soient des points K, L, par le centre C du
cercle DKVL, les rayons KC, LC, avec les perpendiculaires KB, LN, sur son diamétre DV. Cela fait, les points
d'attouchement D, K, L, rendant les angles M+DCK=
KCV+DCK, & H+DCL=LCV+DCL, rendent
aussi les angles M=KCV, H=LCV ; par conséquent
(en prenant ∫ pour la marque des sinus) le Corol. 2. du
Lem. 8. donnant GM. GH : : ∫H. ∫M. l'on aura ici GM.
GH : : ∫LCV. ∫KCV : : LN. KB : : LS. KS. Or ce cas des
puissances égales P, R, dirigées parallelement aux plans
GM, GH, & des poids FQ, EO, dirigez parallelement à
la verticale VD ; le nomb. 3. du Cor. 56. du Th. 26. fait
voir que FQ. EO : : GM. GH. Donc aussi en ce cas le poids
FQ est au poids EO : : LS. KS. *Ce qu'il falloit démontrer.*

Voilà dans ce Th. 29. pour les charges résultantes de la pe-
santeur d'un poids quelconque perpendiculairement sur deux
surfaces fixes qui le soûtiennent entr'elles. Voici presentement
pour les charges résultantes de celles-là perpendiculairement
aussi sur les plans des bases & des hauteurs de ces surfaces ou
de leurs plans touchans aux points de leurs charges.

THEOREME XXX.

Toutes choses demeurant les mêmes que dans la part. 3. du
précedent Th. 29. si des angles B, D, du parallelogramme
ABCD l'on mene Bβ, Dδ, perpendiculaires en β, δ, sur la
diagonale AC de ce parallelogramme dans les Fig. 223. 224.
225. 226. & que l'on prenne à l'ordinaire la direction AC
du poids EOQF parallele aux verticales HK, MN, c'est-à-
dire (Hyp.) perpendiculaire à l'horisontale NK ;

I. *Les charges particulieres des bases GK, GN, seront entre-*
elles : : Aδ. Cδ.

II. *Les charges particulieres des hauteurs ou des plans verti-*
caux HK, MN, seront égales entr'elles.

Tome II.   P

Demonstration.

Pour abreger le calcul, & le rendre plus intelligible, foient appellées A, la pefanteur du poids EOQF; O, Q, les charges qui en réfultent perpendiculairement fur les furfaces SV, XY; V, Y, les réfultantes de celles-ci perpendiculairement fur les bafes particulieres GK, GN; & S, X, celles qui en réfultent auffi perpendiculairement fur ou contre les hauteurs ou plans verticaux HK, MN : noms dont voici la lifte pour le foulagement de la mémoire.

La pefanteur du poids EOQF,   A.

	à la furface SV,	O.
	à fa bafe GK,	V.
Charges qui en réfultent	à fa hauteur HK,	S.
	à la furface XY,	Q.
	à fa bafe GN;	Y.
	à fa hauteur MN;	X.

Après cela, fi l'on confidere que les droites $D\delta$, $B\beta$, perpendiculaires (*Hyp.*) fur la diagonale AC du parallelogramme ABCD, rendant les triangles $A\beta B$, $C\delta D$, femblables entr'eux, rendent auffi $A\beta$. δC :: AB. CD :: $B\beta$. $D\delta$. on verra que $A\beta = C\delta$, & $B\delta = D\delta$; puifque ce parallelogramme ABCD rend AB = CD. Cela pofé,

Part. I. La prefente hypothefe de AC perpendiculaire à la bafe totale NK, donnera (*Th.* 28. *Corol.* 3. *nomb.* 1.) V. A :: $A\delta$. AC. Et A. Y :: AC. $A\beta$ :: AC. $C\delta$. Donc (en raifon ordonnée) V. Y :: $A\delta$. $C\delta$. *Ce qu'il falloit* 1°. *démontrer.*

Part. II. La même hypothefe de AC perpendiculaire fur NK, donnera auffi (*Th.* 28. *Corol.* 3. *nomb.* 2.) S. A :: $D\delta$. AC. Et A. X :: AC. $B\beta$ :: AC. $D\delta$. Donc (en raifon ordonnée) S. X :: AC. AC :: 1. 1. Et confequemment S = X. *Ce qu'il falloit* 2°. *démontrer.*

COROLLAIRE.

Puisque (*part.* 1.) V . Y : : Aδ. Cδ. l'on aura (en composant) V . V+Y : : Aδ. Aδ+Cδ : : Aδ. AC. Or (*Th.*
28. *Corol.* 3. *nomb.* 1.) A. V : : AC. Aδ. Donc (en raison
ordonnée) A. V+Y : : AC. AC : : 1. 1. Et conséquemment V+Y=A : c'est-à-dire , que la charge entiere
(V+Y) de la base totale NK , est toûjours égale à la
pesanteur (A) du poids EOQF soûtenu entre les deux surfaces SV , XY , fixement appuyées sur cette base commune , & contre les plans HK , MN , perpendiculaires
(*Hyp.*) de même que AC à cette base NK.

Voici encore la même chose, mais plus generalement ; sça-
voir, pour toutes les directions imaginables AC de la pesan-
teur du poids EOQF.

THEOREME XXXI.

En general , quelle que soit la direction AC du poids EOQF,
tout le reste demeurant le même que dans le précedent Th. 30.

FIG. 223. 224. 225. 226.

I. *Les charges particulieres des bases GK , GN , seront entre-*
elles : : AD×GK×MG. AB×GN×HG.

II. *Les charges particulieres des hauteurs ou des plans ver-*
ticaux HK , MN , seront entr'elles : : AD×HK×MG. AB×
MN×HG.

DEMONSTRATION.

PART. I. Les noms demeurant ici les mêmes que dans
la démonstration du précedent Th. 30. l'on aura (*Th.* 28.
Corol. 2. *nomb.* 2. 4.) Y. A : : AD×GK. AC×GH. Et A. Y
: : AC×MG. AB×NG. Donc (en multipliant par ordre)
V. Y : : AD×GK×MG. GH×AB×NG. *Ce qu'il falloit* 1°.
démontrer.

PART. II. L'on aura aussi (*Th.* 28. *Corol.* 2. *nomb.* 2. 4.)
S. A : : AD×HK. AC×HG. Et A. X : : AC×MG. AB×MN.
Donc (en multipliant par ordre) S. X : : AD×HK×MG.
AB×MN×HG. *Ce qu'il falloit* 2°. *démontrer.*

COROLLAIRE I.

Il suit de la part. 1. (en composant) que V. V+Y :: AD×GK×MG. AD×GK×MG+GH×AB×NG. Or (*Th.* 28. *Corol.* 2. *nomb.* 2.) A. V :: AC×GH. AD×GK. Donc (en multipliant par ordre) A. V+Y :: AC×GH×MG. AD×GK×MG+GH×AB×NG. c'est-à-dire, en general, quel que soit la direction AC du poids quelconque EOQF, sa pesanteur (A) est toûjours en cette raison à la charge entiere (V+Y), qui de sa pression sur les surfaces SV, XY, résulte au plan horisontal NK de leurs bases GK, GN, ou à ces deux bases ensemble.

COROLLAIRE II.

Or si l'on suppose (comme dans le précedent Th. 30.) que la direction AC du poids EOQF soit parallele aux verticales HK, MN; les triangles (*Hyp.*) rectangles HKG, DδA, BβC, se trouvant alors semblables entr'eux, de même que les triangles (*Hyp.*) rectangles MNG, BβA, DδC; l'on aura ici AD. Aδ :: HG. GK. Et AB. Aβ :: MG. NG. D'où résulte AD×GK=Aδ×HG, & AB×NG=Aβ×MG. Donc en substituant ces valeurs de AD×GK, AB×NG, dans la derniere analogie du précedent Cor. 1. l'on aura ici A. V+Y :: AC×GH×MG. Aδ×GH×MG+GH×Aβ×MG :: AC. Aδ+Aβ (les triangles semblables BβA, DδC, ausquels le parallelogramme ABCD donne AB=CD, ayant consequemment aussi Aβ=Cδ) :: AC. Aδ+Cδ :: AC. AC :: 1. 1. c'est-à-dire, qu'en ce cas de la direction AC du poids EOQF, perpendiculaire à NK, la charge entiere (V+Y) de ce plan NK des bases GK, GN, des surfaces SV, XY, est toûjours égale à la pesanteur (A) de ce poids EOQF que ces deux surfaces seules soûtiennent ensemble entr'elles, ainsi qu'on l'a déja vû dans le Corollaire du précedent Th. 30.

COROLLAIRE III.

Cette hypothese de AC perpendiculaire sur NK, aussi-bien que HK, MN, en rendant les triangles HKG, DδA, femblables entr'eux, auffi-bien que les triangles MNG, BβA, ne rend pas feulement AD×GK=Aδ×GH, & AB×NG=Aβ×MG, ainfi qu'on le vient de trouver dans le précedent Cor. 2. mais elle rend de plus AD. Dδ :: HG. HK. Et AB. Bβ :: MG. MN. D'où réfulte auffi AD×HK=Dδ×HG, & AB×MN=Bβ×MG. Donc en fubftituant ces quatre valeurs de AD×GK, AB×NG, AD×HK, AB×MN, dans les part. 1. 2.

1°. La part. 1. donnera ici V. Y :: AD×GK×MG. HG×AB×NG :: Aδ×HG×MG. Aβ×HG×MG :: Aδ. Aβ (à caufe de Aβ=Cδ) :: Aδ. Cδ. c'eft-à-dire, que les charges particulieres (V, Y,) des bafes GK, GN, aufquelles ces charges réfultent de celles (O, Q,) des furfaces SV, XY, qui foûtiennent entr'elles le poids EOQF, doivent être ici entr'elles comme les parties correfpondantes Aδ, Cδ, de la diagonale AC du parallelogramme ABCD, ainfi qu'on l'a déja vû dans la part. 1. du précedent Théoreme 3 0.

2°. La part. 2. donnera pareillement S. X :: AD×HK ×MG. AB×MN×HG :: Dδ×HG×MG. Bβ×HG×MG :: Dδ. Bβ (les triangles femblables BβA, DδC, aufquels le parallelogramme ABCD donne AB=CD, ayant confe- quemment auffi Dδ=Bβ) :: Dδ. Dδ :: 1. 1. c'eft-à-dire, qu'en ce cas les charges ou impreffions horifontales dire- ctement contraires aux plans verticaux HK, MN, ou à leurs réfiftances, feroient égales entr'elles, ainfi qu'on l'a déja vû dans la part. 2. du précedent Th. 3 0.

THEOREME XXXII.

Soient deux Roues, une grande quelconque CO, & une pe- tite auffi quelconque DO, chargées fur leurs Effieux A, B, de fardeaux, qui avec les pefanteurs particulieres de ces Roues, faffent des charges ou des poids totaux quelconques appellez K pour la grande Roue, & L pour la petite; avec lefquels poids K, L, dirigez à volonté fuivant AK, BL, ces deux Roues

Fig. 235 & fuivantes jufqu'à 242.

*foient fur le même point O d'une élevation MO de chemin
MON, qu'elles ayent à furmonter; fur lequel point O elles foient
retenues par l'inégalité du chemin, qui l'empêche de gliffer,
ainfi qu'on verra dans le Schol. art. 3. qu'il pourroit arriver,
& par les puiffances P, R, appliquées aux Effieux, ou aux
centres A, B, de ces Roues, fuivant des directions quelconques AP, BR, qui les empêchent de rouler dans le fond O M.*

*Cela étant, fi après avoir imaginé E O, O G, parallelles à
AK, BL, & qui rencontrent AP, BR, en E, G, l'on imagine
auffi OF, OH, qui faffent avec AK, BL, des angles OFA=
EAO, OHB=GBO: je dis que les puiffances P, R, ainfi en
équilibre avec les charges K, L, des Roues CO, DO, fur le
point O de l'éminence à furmonter du chemin MON, feront entr'elles comme les produits K×OF×OB, L×OH×OA; c'eft-à-
dire, P. R :: K×OF×OB. L×OH×OA.*

<h3 align="center">D E M O N S T R A T I O N.</h3>

Puifque (*Hyp.*) OE eft parallele à AK & OG parallele
à BL, l'on aura ici les angles OAF=EOA, OBH=GOB.
Donc ayant auffi (*Hyp.*) les angles OFA=EAO, OHB
=GBO, l'on aura ici les deux triangles AFO, OAE,
femblables entr'eux, & les deux autres BAO, OBG,
femblables auffi entr'eux. Par confequent OF. OA :: EA.
EO. Et OH. OB :: GB. GO. Donc le Corol. 7. du Th. 26.
donnant ici de plus P. K :: EA. EO. Et R. L :: GB. GO.
l'on y aura auffi P. K :: OF. OA. Et R. L :: OH. OB. Ce

qui donne $P = \dfrac{K \times OF}{OA}$, & $R = \dfrac{L \times OH}{OB}$. Donc P. R :: $\dfrac{K \times OF}{OA}$

$\dfrac{L \times OH}{OB}$ :: K×OF×OB. L×OH×OA. *Ce qu'il falloit démontrer.*

<h3 align="center">C O R O L L A I R E I.</h3>

Si prefentement on fuppofe à l'ordinaire les directions
AK, BL, des poids K, L, paralleles entr'elles, & de plus
les angles quelconques EAO, GBO, égaux entr'eux;

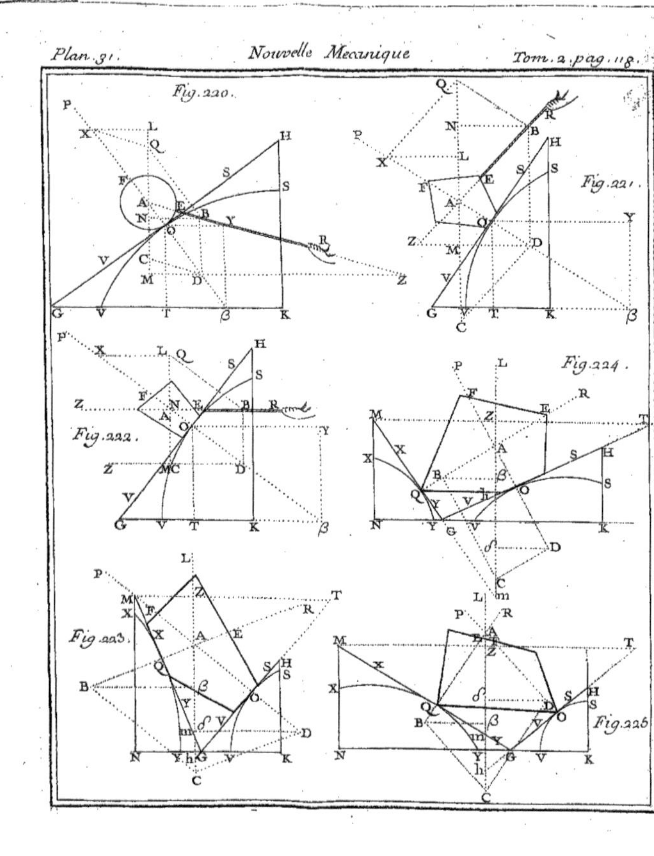
Fig. 220.
Fig. 221.
Fig. 222.
Fig. 223.
Fig. 224.
Fig. 225.

cette double hypothese faisant tomber OG en OT sur EO,
& OH en OS sur OF, comme dans les Fig. 237. 238.
239. l'on aura ici OF. OH :: OF. OS (à cause de AK supposée parallele à BL, qui prolongée rencontre AO en Q)
:: OA. OQ. Ce qui donnant OF×OQ=OH×OA, change ici l'analogie du Théoreme en P. R. :: K×OF×OB.
L×OF×OQ :: K×OB. L×OQ.

COROLLAIRE II.

Si de plus on suppose les deux directions AK, BL, des
poids K, L, confondues en une, comme dans la Fig. 239.
cette addition d'hypothese faite à la précédente du Corol.
1. rendant Q en A, & H, S en F, donne OQ=OA, &
OH ou OS=OF ; ce qui change encore l'analogie generale du Théoreme en P. R :: K×OB. L×AO. de sorte que
si les charges K, L, des Roues étoient en raison réciproque de leurs rayons OA, OB ; les puissances P, R, seroient ici égales entr'elles.

COROLLAIRE III.

Si outre les directions AK, BL, des poids KL, confondues en une, on veut presentement que les angles EAO,
GBO, soient complemens l'un de l'autre à deux droits, le
tout comme dans la Fig. 240. la premiere de ces deux
hypotheses rendant H, F, B, sur cette direction commune AK ou BL, & la seconde rendant les angles AFO,
BHO, complemens l'un de l'autre à deux droits, puisque le Théoreme suppose AEO=EAO, BHO=GBO ;
l'on aura ici les angles OFH, OHF, égaux entr'eux, &
consequemment OH=OF. Donc l'égalité generale du
Théoreme se réduira encore ici à P. R :: K×OB. L×AO.
comme dans le précedent Corol. 2. ce qui fait voir comme là, que si les charges K, L, des Roues étoient en raison réciproque de leurs rayons OA, OB, les puissances
P, R, seroient encore ici égales entr'elles.

COROLLAIRE IV.

Fig. 242.   Toutes chofes demeurant les mêmes que dans le Corol. 1. qui a donné P. R :: K×OB. L×OQ. fi l'on y fuppofe de plus que OB foit fur OA, comme dans la Fig. 242. le point B y tombant en Q, l'on auroit alors OB=OQ ; ce qui y réduiroit l'analogie de ce Corol. 1. à P. R :: K. L. c'eft-à-dire, qu'en ce cas les puiffances P, R, qui (*Hyp.*) foûtiennent les Roues CO, DO, fur le point O de la pente OM, feroient entr'elles en raifon des charges K, L, de ces deux Roues.

COROLLAIRE V.

Fig. 235. & fuivantes jufqu'à 242.   Si prefentement on fuppofe que ces charges K, L, des Roues CO, DO, c'eft-à-dire, les fommes faites des pefanteurs de ces Roues, & des fardeaux qu'elles portent : fi l'on fuppofe, dis-je, prefentement que ces charges ou fommes de pefanteurs foient égales entr'elles ;

1°. Cette hypothefe de K=L changeroit l'analogie generale du prefent Th. 32. en P. R :: OF×OB.DH×OA.

Fig. 237. 238. 242.   2°. Cette hypothefe de K=L, jointe à celle du Corol. 1. changeroit fon analogie en P. R :: OB. OQ.

Fig. 239. 241.   3°. Cette même hypothefe de K=L, jointe à celle de chacun des Corol. 2. 3. changeroit auffi chacune de leurs analogies en P. R :: OB. OA. c'eft-à-dire, qu'alors les puiffances P, R, feroient entr'elles en raifon réciproque des rayons des Roues qu'elles foûtiennent avec leurs fardeaux.

Fig. 242.   4°. Cette même hypothefe de K=L, jointe à celle du Corol. 4. y rendroit auffi P=R.

Voilà jufqu'ici pour le rapport des puiffances P, R, qui foûtiennent les Roues CO, DO, fur le point O de la pente OM : voici prefentement pour le rapport des charges K, L, de ces deux Roues.

COROLLAIRE VI.

Fig. 235.   La multiplication des termes entr'eux de l'analogie
generale

generale du prefent Th. 3 2. donnant en general P×L× OH×OA=R×K×OF×OB, l'on aura auffi en general K. L :: P×OH×OA. R×OF×OB. Donc, & fuivantes jufqu'à 242.

1°. L'hypothefe du Corol. 1. donnant OH×OA=OF× OQ, l'on y aura K. L :: P×OF×OQ. R×OF×OB :: P× OQ. R×OB. Fig. 237. 238. 242.

2°. L'hypothefe du Corol. 2. rendant OQ=OA, l'on y aura K. L :: P×OA. R×OB. c'eft-à-dire, les charges K, L, des Roues CO, DO, en raifon compofée de celle de leurs rayons OA, OB, & de celles des puiffances P, R, qui les foûtiennent fur le point O de la pente OM. Fig. 238.

3°. L'hypothefe du Corol. 3. rendant OH=OF, l'on y aura encore K. L :: P×OA. R×OB. comme dans le précedent nomb. 2. Fig. 240.

4°. L'hypothefe du Corol. 4. rendant OB=OQ, outre OA. OQ :: OF. OH. ce qui donne OA×OH=OQ×OF =OB×OF, change également la précedente analogie generale, & celle du nomb. 1. en K. L :: P. R. ainfi que dans ce Corol. 4. Fig. 242.

COROLLAIRE VII.

Si prefentement on fuppofe les puiffances P, R, égales entr'elles, c'eft-à-dire, P=R, Fig. 235. & fuivantes jufqu'à 242.

1°. L'analogie generale du précedent Corol. 6. fe changera pour ici en K. L :: OH×OA. OF×OB.

2°. Celle du nomb. 1. de ce Corol. 6. fe changera en K. L :: OQ. OB. Fig. 237. 238. 242.

3°. Celle des nomb. 2. 3. de ce Corol. 6. fe changera en K. L :: OA. OB. c'eft-à-dire, qu'alors les charges K, L, des Roues CO, DO, feront entr'elles comme les rayons de ces mêmes Roues. Fig. 239.

4°. Le nomb. 4. du même Corol. 6. donnera K=L. Fig. 242.

SCHOLIE.

I. Pour juger de l'avantage ou du defavantage des Roues CO, DO, de differentes grandeurs dans l'ufage, fuppofons aux puiffances P, R, qui les foûtiennent, des dire- Fig. 237. & fuivantes jufqu'à 242.

Tome II. Q

ctions AP, BR, qui faſſent des angles égaux PAO, RBO,
avec les rayons AO, BO, ſur le bout O deſquels ces deux
Roues ſont appuyées, ainſi que dans les Fig. 237. 238.
239. 242. ſuppoſons-y de plus ces Roues chargées ſur
leurs Eſſieux A, B, de fardeaux, qui avec les peſanteurs
de ces Roues leur faſſent des charges égales K, L, leſquelles ayent leurs directions AK, BL, paralleles entre-
elles. Cela étant,

Fig. 237.   1°. Lorſque ces deux Roues CO, DO, ſeront inégale-
238.   ment élevées ſur le même point O d'une pente OM ; en
forte que les directions paralleles AK, BL, de leurs charges ſoient differentes verticales, comme dans les Fig. 237.
238. Ce cas rendant (*Cor. 5. nomb. 1.*) P. R :: OB. OQ.
Et conſequemment P ≻ R dans la Fig. 237. qui a OB≻
OQ ; & au contraire P ≺ R dans la Fig. 238. qui a OB
≺ OQ : ce cas, dis-je, fait voir que lorſque la petite Roue
DO eſt plus avancée que la grande DO ſur le point O,
comme dans la Fig. 237. il faut une plus grande force (P)
pour ſoûtenir celle-ci, que (R) pour ſoûtenir l'autre ; &
qu'au contraire il la faut moindre lorſque la petite Roue
eſt moins avancée que la grande ſur le point O, comme
dans la Fig. 238.

Fig. 239.   2°. Lorſque les directions AK, BL, des charges K, L,
de ces deux Roues CO, DO, inégalement avancées ſur le
point O, ſe confondent en une même verticale, comme
dans la Fig. 239. Ce cas rendant (*Corol. 5. nomb. 3.*)
P. R :: OB. OA. c'eſt-à-dire, les puiſſances P, R, entr'elles
en raiſon réciproque des rayons OA, OB, des Roues CO,
DO, qu'elles ſoûtiennent, on voit qu'en ce cas il faut
toûjours moins de force pour ſoûtenir la même charge
avec la grande Roue CO qu'avec la petite DO.

Fig. 242.   3°. Enfin lorſque ces deux Roues ſont également avancées ſur le point O, en ſorte que leurs rayons AO, BO,
ſe confondent enſemble, comme dans la Fig. 242. Ce
cas rendant (*Cor. 5. nomb. 3.*) P=R, on voit qu'alors ces
puiſſances P, R, qui ſoûtiendroient ces deux Roues ſur le
point O, ſeroient égales entr'elles.

I I. Toutes chofes demeurant les mêmes que dans le précedent art. 1. cet art. 1. faifant voir que lorfque les Roues CO, DO, font inégalement avancées fur le point O, il peut également arriver (*art.* 1. *nomb.* 1.) qu'il faille tantôt plus & tantôt moins de force pour y foûtenir la grande Roue CO, que pour y foûtenir la petite DO, tant que les directions AK, BL, de leurs charges (*Hyp.*) égales K, L, font des verticales differentes, comme dans les Fig. 237. 238. qu'au contraire il en faut toûjours moins (*art.* 1. *nomb.* 1.) pour y foûtenir la grande Roue CO, que pour y foûtenir la petite DO, lorfque les directions de leurs charges (*Hyp.*) égales, fe confondent en une feule & même verticale, comme dans la Fig. 239. Et qu'enfin lorfque ces deux Roues font également avancées fur ce point O, comme dans la Fig. 242. les forces P, R, requifes pour les y foûtenir font (*art.* 1. *n.* 3.) toûjours égales entr'elles : vû (dis-je) tout cela, il paroît qu'il y a un plus grand nombre de cas où il faut moins de force pour foûtenir ici la grande Roue CO fur le point O de la pente OM, que pour y foûtenir la petite Roue DO, qu'il n'y en a où la grande exige pour cela moins ou autant de force que la petite. Donc la moindre augmentation de force qu'on faffe aux puiffances P, R, ici en équilibre (*Hyp.*) avec ces deux Roues de leurs charges totales (*Hyp.*) égales, fuffifant pour les faire rouler de O vers N, il y a plus de cas où il faudra moins de force à la puiffance P pour faire rouler ainfi la grande Roue CO, qu'à la puiffance R pour faire rouler de même la petite DO, qu'il n'y en a où il en faudroit à celle-là autant ou moins qu'à celle-ci. Par confequent il eft plus avantageux du côté des forces, de fe fervir de grandes Roues que de petites, à moins que l'in-commodité de s'en fervir ne contrebalançât ou ne furpaffât cet avantage, lequel eft encore augmenté dans les chemins fort inégaux, dont les petites buttes ou éminences font par rapport à une petite Roue, comme autant de plans ou furfaces inclinées, par deffus lefquelles cette Roue doit monter ; au lieu que la grande Roue les touche feu-

Q ij

Fig. 237. 238. 239. 242.

lement par leurs fommets, & qu'elle peut paffer facilement par deffus, faute de pouvoir entrer, comme la petite, dans une infinité de petits creux ou profondeurs qui en réfultent à ces chemins inégaux ou raboteux, qui le font ainfi plus pour la petite Roue que pour la grande.

Tel eft l'avantage des grandes Roues fur les petites dans les conditions de l'art. II. Pour dans d'autres conditions il pourroit arriver plufieurs varietez aux rapports des forces P, R, lefquelles varietez fe détermineront de même par le prefent Th. 3 2. joint au Th. 2 6. & à fes Corollaires.

Fig. 235.
& fuivantes
jufqu'à 242.

III. Au refte, il eft à remarquer, fuivant les Corol. 8. 9. du Lem. 3. & fuivant la part. 1. du Th. 2 6. que pour l'équilibre qu'on vient de fuppofer dans le prefent Th. 3 2. entre chacune des puiffances P, R, & chacune des Roues CO, DO, chargées en leurs Effieux ou centres A, B, de fardeaux ou poids K, L; les rayons AO, BO, fur lefquels ces deux Roues s'appuyent, devroient être perpendiculaires en O aux furfaces MON, fur lefquelles ces rayons, eux-mêmes, font appuyez, fi ces furfaces étoient mathématiquement polies. Mais l'âpreté & les inégalitez tant des circonferences de ces Roues, que du terrein fur lequel on les fuppofe, les y accrochent affez pour les y empêcher de glifter; comme il leur arriveroit (*Lem.* 3. *Cor.* 8. 9.) faute de cette perpendicularité, qui ne peut être à la fois pour ces deux rayons AO, BO, appuyez fur un même point O de la furface MON, tant qu'ils ne fe confondent pas en une même ligne droite, comme dans la Fig. 242. On fe peut paffer même de cet accrochement dans tous les autres cas des Fig. 2 3 5. 2 3 6. 2 3 7. 2 3 8. 2 3 9. 2 4 0. en fuppofant ces deux rayons AO, BO, perpendiculaires à une furface en deux points O (chacun en chacun) affez voifins pour pouvoir paffer fenfiblement pour le même, & pour ne pas s'éloigner fenfiblement non plus de la rigueur mathématique, fuivant laquelle le tout vient d'être confideré.

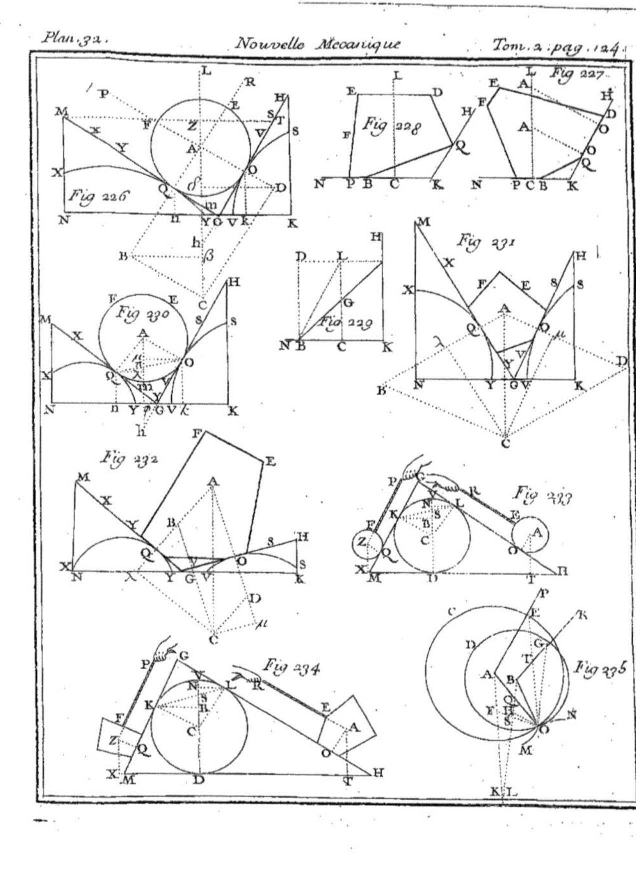
Fig 226
Fig 227
Fig 228
Fig 229
Fig 230
Fig 231
Fig 232
Fig 233
Fig 234
Fig 235

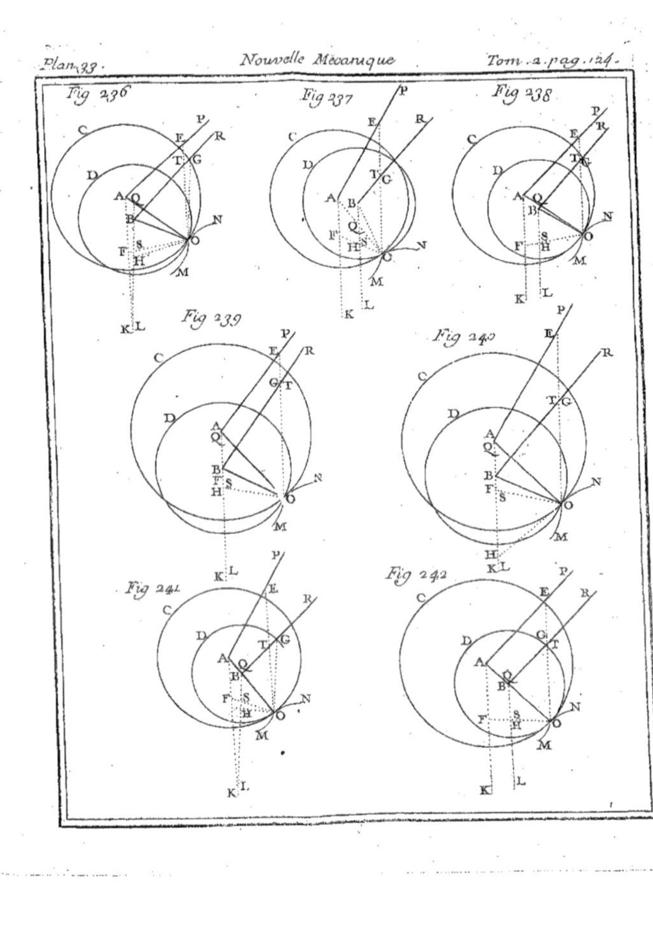

Plan 33.
Nouvelle Mécanique
Tom. 2. pag. 124.
Fig 236
Fig 237
Fig 238
Fig 239
Fig 240
Fig 241
Fig 242

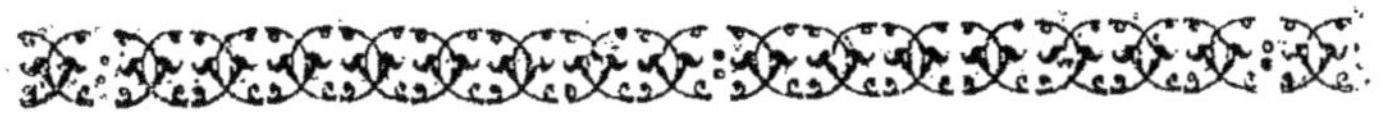

SECTION VII.

De la Vis.

DEFINITION XXVIII.

LA *Vis* est un cylindre droit, creusé exterieurement en spirale, qui forme en relief comme un cordon spiralement entortillé autour d'un autre cylindre droit restant de celui-là, moins gros que lui de deux fois la grosseur de ce cordon spiral par tout également incliné sur la longueur de ce moindre cylindre, appellé *le cylindre de la Vis*, autour duquel ce cordon est ainsi tellement entortillé, que les tours de ce cordon sont tous également distans entr'eux, comme si ce cordon (à son relief près) étoit l'hypotenuse d'un triangle rectangle rectiligne, qui de hauteur parallele & égale à celle du cylindre de la Vis, seroit roulé autour de ce cylindre, autour de la base duquel seroit roulée celle de ce triangle ; ou comme si ce cordon (encore à son relief près) étoit sur le cylindre de la Vis, la trace d'un point uniformement mû le long d'une ligne droite, mûe aussi d'un mouvement uniforme quelconque autour de la base de ce cylindre parallelement à son axe. La distance de chacun des tours à son voisin de la spirale ainsi tracée autour de ce cylindre, prise suivant la longueur de ce cylindre ou de la Vis, est ce qu'on appelle le *Pas* de cette Vis, laquelle a pour axe celui de ce cylindre.

Cette Vis entre dans un trou de pareille grosseur d'un autre corps, appellé *Ecroue*, creusé interieurement en demi-canal spiral propre à recevoir exactement le cordon de la Vis, lequel s'y engage en la tournant, ou en tournant son Ecroue d'un certain sens, & s'en dégage en tournant l'un ou l'autre de ces deux corps en sens contraire, un des deux demeurant immobile ou fixe pendant

que l'autre tourne de chacune de ces deux manieres. Celui de ces deux corps qui entre ainsi ou sort de l'autre,
est (dis-je) ce qu'on appelle la *Vis*, l'autre en est appellé
l'*Ecroue* ; chaque tour du cordon de la Vis s'appelle *Spire*
ou *Helice*.

Tout cela est si connu, que je n'ai pas crû le devoir expliquer
sur des figures, qui peut-etre l'auroient rendu moins clair par
la difficulté d'y marquer sensiblement le relief du cordon spiral
de la Vis, & le creux du canal spiral de son Ecroue.

REMARQUES.

I. On se sert de la Vis pour comprimer, pour écraser
ou briser, pour pousser ou repousser, pour attirer, en un
mot pour surmonter avec force des obstacles de quelqu'une de ces manieres. D'où l'on voit que tout l'usage
de la Vis est de tirer ou de pousser suivant la direction de
son axe, c'est-à-dire, de l'axe de son cylindre, tout ce qui
lui fait quelque résistance ; de sorte que si elle est fixe, la
force ou l'obstacle contre lequel on s'en sert, doit tirer
ou presser l'Ecroue de cette Vis vers le côté opposé à celui vers lequel cette Ecroue, en tournant, force cet obstacle d'avancer : au contraire, si c'est l'Ecroue qui soit
fixe, cette force ou cet obstacle doit tirer ou presser la Vis,
elle même vers le côté opposé à celui vers lequel cette
Vis, en tournant, le force d'avancer. C'est ce qui fait regarder d'ordinaire la charge de la Vis, ou de son Ecroue,
comme d'une direction parallele à son axe.

II. Suivant cela, dans l'usage de la Vis, lorsqu'elle est
fixe, l'on doit regarder tous les points de son Ecroue,
comme tirez ou pressez parallelement entr'eux vers le
côté vers lequel cette Ecroue est pressée ou tirée par la
force ou par le poids dont elle est chargée, & que l'on
appellera sa *charge*, differente de ce qu'on a ainsi appellé
(*Déf.* 16.) par rapport aux surfaces inclinées, dont cette charge-ci exprime le poids soûtenu sur elles.

III. On voit de-là que les lignes de direction de tous
ces points de l'Ecroue, sont toutes obliques au cordon de

cette Vis aux points où ceux-là le touchent & s'appuyent
sur lui. Par conſequent (*Lem.* 3. *Corol.* 7. 8.) ſi cette Vis
& ſon Ecroue étoient mathématiquement juſtes, chacun
des points de cette Ecroue tendroit à couler du côté que
ſa ligne de direction s'écarteroit de la perpendiculaire
menée de lui à la partie du cordon, qui lui ſert de plan
incliné : & parce que cet écartement ſe feroit du même
côté pour tous ces points de l'Ecroue, à cauſe du paralleliſme (*art.* 2.) de toutes leurs lignes de direction, & de la
pente uniforme (*Déf.* 28.) du cordon de cette Vis dans
toute ſa longueur ; il ſuit évidemment que tous ces points
de l'Ecroue devroient s'accorder dans un même mouvement, qui emportât de ce côté-là cette Ecroue ſuivant le
fil de ce cordon, c'eſt-à-dire, en tournoyant du côté de
cet écartement, ſi dans ſon frottement avec la Vis l'inégalité de leurs parties ne les accrochoit point enſemble.

I V. La même choſe ſe doit entendre de la Vis, ſi c'eſt
l'Ecroue qui ſoit fixe.

V. Ainſi à regarder l'un & l'autre dans une juſteſſe
mathématique, il faut néceſſairement quelque force pour
retenir celle des deux qui eſt mobile, contre l'impreſſion
de la force ou du poids qui la charge : la voici cette force
ſuppoſée à l'ordinaire d'une direction perpendiculaire à
un Levier droit, qui paſſe par l'axe de la Vis, & avec lequel Levier cette direction eſt dans un plan perpendiculaire à cet axe, auquel on ſuppoſe auſſi d'ordinaire que
la direction de la charge de la Vis ou de ſon Ecroue eſt
toûjours parallele.

THEOREME XXXIII.

Dans cette hypotheſe ordinaire du précedent art. 5. *je dis que*
lorſqu'une puiſſance ſoûtient quelque poids, ou l'action de quel-
qu'autre force, à l'aide d'une Vis, ſoit que cette Vis ſoit fixe,
ou que ce ſoit ſon Ecroue ; cette puiſſance eſt toûjours à ce poids
ou à cette force (quelle qu'elle ſoit) comme un pas de cette Vis
eſt à la circonference d'un cercle dont le rayon eſt égal à la di-
ſtance qui eſt entre cette puiſſance & l'axe de cette même Vis.

Demonstration.

I. Premierement, si la Vis VXYZ est fixe, concevons que le point A de son Ecroue PQ soit retenu sur la partie GH de son cordon par quelque puissance R, dont la direction AB soit dans le plan de cette Ecroue, & perpendiculaire à EP, qui y est aussi, & qui passant par le point A, passe aussi en E par l'axe MS de la Vis.

Il est clair que cette puissance R retenant par ce moyen toute l'Ecroue PQ, ce point A de cette Ecroue fait sur cette puissance la même impression que s'il soûtenoit lui seul toute l'action du poids ou de la force, quelle qu'elle soit, qui pousse ou qui tire cette Ecroue (*Remarq.* 1. 5.) vers ZY parallelement à l'axe MS de cette Vis. Ainsi le point A de cette Ecroue peut être regardé comme ayant lui seul suivant AC perpendiculaire au plan de cette Ecroue, & parallele à MS, toute l'impression que cette Ecroue reçoit de sa charge: de sorte que si l'on fait AD perpendiculaire à la partie GH du cordon de cette Vis, & que de quelque point D de cette ligne l'on acheve le parallelogramme BACD; l'on verra (*Th.* 26. *Corol.* 6.) que la puissance R sera à la charge de l'Ecroue PQ, c'est-à-dire (*Remarq. art.* 2.) au poids, à la force, ou à la résistance qu'elle soûtient, comme AB est à AC, ou à son égale BD; c'est-à-dire (à cause que le triangle HFG roulé sur la Vis VXYZ, est semblable au triangle ABD) comme HF à la demi-circonference FG de cette Vis, ou comme 2×HF ou HK est à cette circonference entiere. Or regardant la droite EAP comme un Levier dont l'appui est le point E de l'axe MS de cette Vis, & qui se trouve (*Hyp.*) dans le plan de son Ecroue; la puissance P (qu'on suppose aussi dans ce même plan, dirigée suivant lui perpendiculairement à EP, & parallelement à AB supposée aussi perpendiculaire à EP) soûtenant ainsi (*Hyp.*) le point A, ou la charge de l'Ecroue PQ au lieu de la puissance R, est à cette autre puissance R (*Th.* 21. *Cor.* 2. 9.) comme EA est à EP, ou comme la circonference entiere

de

de cette Vis qui a EA pour rayon, eſt à la circonference
entiere d'un cercle dont le rayon ſeroit EP. Donc (en
multipliant par ordre ces deux rangées de proportionnelles) l'on aura la puiſſance P à la charge de l'Ecroue
PQ, comme HK (qui eſt un des pas de la Vis) eſt à la
circonference d'un cercle dont le rayon ſeroit égal à la
diſtance EP de cette puiſſance P à l'axe MS de la Vis. *Ce
qu'il falloit* 1°. *démontrer.*

II. Secondement, ſi c'eſt l'Ecroue PQ qui ſoit fixe,
concevons que le point A appartient à la Vis VXYZ,
c'eſt-à-dire, à ſon cordon, & qu'il eſt retenu (comme ſur
un plan incliné) dans le canal ſpiral AO de cette Ecroue
PQ par quelque puiſſance R, dont la direction ſoit encore ſuivant AB ſuppoſée dans le plan de cette Ecroue, &
perpendiculaire à EP qu'on y ſuppoſe auſſi.

Il eſt encore évident que cette puiſſance R retenant
par ce moyen toute la Vis VXYZ, ce point A fait encore ſur elle la même impreſſion ſuivant AC parallele à
MS, que s'il ſoûtenoit ſeul toute l'action de ce qui (*Remarq.* 1. 5.) pouſſe ou tire cette Vis vers ZY. Donc par
la même raiſon que ci-deſſus (*art.* 1.) la puiſſance R ſera
encore ici à la charge de cette Vis, comme AB eſt à BD,
c'eſt-à-dire, comme HF à FG, ou comme HK à la circonference entiere de cette Vis ; & la puiſſance T, qui
au lieu de la puiſſance R retient cette même Vis, eſt auſſi
à cette puiſſance R (*Th.* 21. *Corol.* 2. 9.) comme EA à
ST, ou comme cette circonference entiere de la Vis eſt
à la circonference entiere d'un cercle qui auroit ST pour
rayon. Donc (en multipliant par ordre ces deux rangées
de proportionnelles) l'on aura encore la puiſſance T à la
charge de cette Vis, comme HK (qui eſt un des pas de
la même Vis) eſt à la circonference entiere d'un cercle ,
dont le rayon ſeroit égal à la diſtance ST de la puiſſance
T à l'axe MS de cette Vis. *Ce qu'il falloit* 2°. *démontrer.*

III. Donc (*art.* 1. 2.) lorſqu'une puiſſance ſoûtient un
poids, ou l'action de quelqu'autre force que ce ſoit, à
l'aide d'une Vis , ſoit que cette Vis ſoit fixe, ou que ce

foit fon Ecroue ; cette puiffance eft toûjours à ce poids,
ou à cette force, comme un des pas de cette Vis eft à la
circonference entiere d'un cercle qui auroit pour rayon
la diftance de cette puiffance à l'axe de cette même Vis.
Ce qui eft tout ce qu'il falloit ici démontrer.

COROLLAIRE I.

On voit de-là que pour peu que la raifon d'une puiffance à un poids, ou à quelqu'autre force, furpaffe celle
d'un des pas d'une Vis, à la circonference d'un cercle qui
auroit pour rayon la diftance de cette puiffance à l'axe
de cette Vis ; cette puiffance ainfi appliquée à cette Vis,
pourra par le moyen de cette machine furmonter la réfiftance de ce poids ou de cette force, & ce d'autant plus
aifément que cette raifon fera plus grande.

COROLLAIRE II.

D'où il fuit que plus les pas d'une Vis feront petits, ou
que les tours de fon cordon fpiral feront plus ferrez, &
que la diftance de fon axe à la puiffance qui eft appliquée,
fera plus grande, plus il fera facile à cette puiffance de
furmonter le poids ou la force qui agit contr'elle.

COROLLAIRE III.

Il fuit encore de ce Théoreme-ci qu'une même puiffance peut également mouvoir un même poids, ou furmonter une même force ou réfiftance, à l'aide d'une même
Vis, foit qu'on fuppofe cette puiffance appliquée à cette
Vis, ou à fon Ecroue ; pourvû qu'elle foit également di-
ftante de l'axe de cette Vis dans l'un & dans l'autre cas.

L'obftacle que le frottement de la Vis avec fon Ecroue fait
au mouvement de l'une des deux par rapport à l'autre, doit
être compté comme faifant partie de fa charge : c'eft ainfi
qu'on peut réduire cette machine, de même que toute autre, à
une juftefse mathématique.

AVERTISSEMENT.

Dans le précedent Th. 33. on vient de faire les trois suppositions qu'on fait d'ordinaire dans l'examen des proprietez de la Vis : sçavoir,

1°. Que la direction de la puissance appliquée à cette machine, est dans un plan perpendiculaire à son axe.

2°. Que cette direction de la puissance est aussi perpendiculaire à la droite menée ou imaginée dans ce plan, du point d'application de la puissance par l'axe de la Vis.

3°. Enfin que la direction de la charge de cette Vis ou de son Ecroue, c'est-à-dire, de ce qui y agit contre la puissance, ou de ce qui lui résiste, est parallele à cet axe.

Mais depuis le Projet de cette Mécanique-ci, que j'exposai au jugement des Connoisseurs en 1687. & dans lequel je démontrai, comme ci-dessus, le précedent Th. 33. fondé sur ces trois hypotheses ordinaires; ayant remarqué à la campagne pendant les Vendanges, que de plusieurs hommes appliquez aux Leviers, qui servent à faire tourner la Vis de chaque Pressoir, il n'y en avoit presque pas un dont la direction fût dans un plan perpendiculaire à l'axe de cette Vis, ni même perpendiculaire au Levier auquel il étoit appliqué, s'appuyant presque tous sur ces Leviers, & contre tout ce qu'ils pouvoient rencontrer, avec des efforts dirigez de toutes parts, suivant des lignes differemment inclinées à l'horison & à ces Leviers. Cette contrarieté aux deux premieres des trois suppositions précedentes, me fit repenser à la troisiéme; & voyant qu'elle peut varier de même en mille manieres differentes, comme lorsque la Vis est oblique à l'horison, & que sa charge, ou celle de son Ecroue, est un poids, &c. Je m'avisai enfin de rechercher le tout en general, c'est-à-dire, pour toutes les directions imaginables, tant de la charge de la Vis, ou de son Ecroue, que de la puissance qui lui est appliquée. Voici le tout plus generalement encore que je ne le donnai dans les Memoires de 1709. y ayant perdu de vûe que la direction de la puis-

sance étoit hors du plan de l'Ecroue, ou (plus generalement) hors d'un plan perpendiculaire à l'axe de la Vis,

THEOREME XXXIV.

Fig. 244.

*En general pour toutes les directions imaginables de la
charge quelconque de la Vis, ou de son Ecroue, & de la puissance qui lui est appliquée, & en équilibre avec cette charge
ou résistance : si l'on appelle cette puissance quelconque, R ;
& cette charge ou résistance aussi quelconque, P, l'on aura toû-
jours* $R. P :: 2 \times AC \times PE \times SM \times GM \times TM \mp O \times EF \times SM \times GM \times TM . O \times SM \times SM \times TD \times PN \mp 2 \times AC \times GS \times GM \times TM \times PN.$ *dont on va déterminer les lignes & les signes dans la
démonstration suivante.*

DEMONSTRATION.

I. Soit la Vis VXYZ avec son Ecroue QM & AB un
demi-tour de son cordon spiral, qui, lorsque cette Vis est
fixe, soûtient cette Ecroue ou sa charge ; laquelle charge
étant par tout la même, c'est-à-dire, de même effort &
de même direction quelconques, tant sur ce cordon AB,
que sur son point P, peut être considerée comme toute
entiere en P : c'est pour cela, & pour abreger nos expressions, que cette charge ou résistance entiere s'appellera
toûjours P dans la suite. Si c'est l'Ecroue QM qui soit fixe, P exprimera de même la charge de la Vis, soûtenue
sur le point P du canal spiral PO de cette Ecroue QM,
dans lequel loge ou coule le cordon AB de la Vis. Soit
aussi la puissance R appliquée comme l'on voudra à cette
Ecroue en M extrêmité d'une droite, qui prolongée suivant le plan QM de la même Ecroue, rencontre en D
l'axe βϖ de la Vis : si c'est cette Vis qui soit fixe, ou qui
soit appliquée en M à un tel Levier droit DPM, si c'est
l'Ecroue qui le soit ; & cela de part & d'autre, soit que la
direction RMG de cette puissance R soit ou ne soit pas
dans le plan QM de cette Ecroue ; ou (plus generalement)
dans un plan perpendiculaire à l'axe βϖ de la Vis, lequel

paffé par le Levier droit DPM, avec lequel il foit imaginé
ne faire qu'un tout qui fe meuve avec lui ; lequel plan
(que j'appellerai *Plan du Levier DM*) fera celui de l'E-
croue, lui-même, quand la Vis fera fixe ; & quand elle
fera mobile, l'Ecroue étant fixe, ce plan fera imaginé
comme d'une piéce avec cette Vis & fon Levier, pour
concevoir fur ce plan imaginaire par rapport à la Vis
ainfi mobile avec lui, lorfque l'Ecroue eft fixe, ce qu'on
va remarquer d'action ou de force de la puiffance R &
de la charge P fur l'Ecroue QM par rapport à elle, lorfque c'eft la Vis qui eft fixe : foit auffi que la direction
RMG de la puiffance R foit perpendiculaire, ou non, à la
droite DPM ; foit enfin que la direction PN de la charge
P de l'Ecroue ou de la Vis, foit ou ne foit pas parallele à
l'axe $\beta\pi$ de cette Vis.

II. Quelles que foient (dis-je) toutes ces directions,
tant de la charge P de la Vis ou de fon Ecroue, que de la
puiffance R appliquée à une des deux ; d'un point quelconque de la direction PN de cette charge P, pris du côté
de π, vers lequel cette charge tend, imaginons NF perpendiculaire en F à un plan perpendiculaire en P à la
droite DM, lequel plan fera ainfi perpendiculaire au plan
MDπ, & touchant de la Vis en quelque droite PE pa-
rallele à l'axe $\beta\pi$ de cette Vis, lequel axe $\beta\pi$ étant (*Hyp.*)
perpendiculaire à DM, rend cette parallele PE perpendi-
culaire auffi à cette même DM, & fection commune de
ces deux plans : de forte que fi du point F du plan touchant FPE on mene une perpendiculaire à fon orthogonal MDπ, cette perpendiculaire fera FE, qui rencontrera perpendiculairement en quelque point E cette fection
commune PE, foit par le point P la droite PL parallele à
FE, & confequemment perpendiculaire (comme elle) au
plan MDπ ; & confequemment auffi perpendiculaire en
P à la droite DM dans le plan QM de l'Ecroue, ou plus
generalement dans le plan de ce Levier DM, défini dans
l'art. 1.

III. Cela fait ou imaginé, le Corol. 7. du Lem. 3. fera

voir qu'en appellant F ce qu'il résulte d'effort ou d'impreſſion ſuivant PF de ce que la charge P de la Vis ou de ſon Ecroue en fait ſuivant ſa direction quelconque PN; E, ce qu'il en résulte ſuivant PE de cet effort F ſuivant PF; & enfin L, ce qu'il en résulte auſſi ſuivant EF du même effort F ſuivant PF; l'on aura P. F :: PN. PF. Et F. E :: PF. PE. Et F. L :: PF. EF. Deſquelles analogies (en raiſon ordonnée) la premiere avec la ſeconde donnera P. E :: PN. PE. Et la premiere avec la troiſiéme donnera P. L :: PN. EF. De ſorte que par le moyen de la

premiere de ces deux-ci l'on aura $E = \dfrac{P \times PE}{PN}$ pour ce que

la charge P de la Vis ou de ſon Ecroue fait d'impreſſion ou de réſiſtance de P vers E ſuivant PE parallele (*art.* 2.) à l'axe βϖ de cette Vis; & par le moyen de la ſeconde l'on

aura $L = \dfrac{P \times EF}{PN}$ pour ce que la même charge abſolue P

fait d'impreſſion de E vers F ſuivant EF perpendiculaire (*art.* 2.) au plan MDϖ, ou de P vers L ſuivant ſa parallele PL perpendiculaire auſſi (*art.* 2.) à ce plan & à ſa droite DM en P dans le plan QM de ce Levier DM.

IV. Si préſentement de quelque point G de la direction prolongée RM de la puiſſance R., on imagine GS perpendiculaire en S à ce plan QM du Levier DM, duquel point S ſoit ſur ce plan la droite SMH rencontrée en quelque point T par DT perpendiculaire à DM ſur ce même plan, ſur lequel ſoit auſſi MK perpendiculaire en M à la même DM; le Corol. 7. du Lem. 3. fera voir pareillement ici que l'effort abſolu de la puiſſance R ſuivant ſa direction GMR, eſt à ce qu'il en réſulte ſuivant SM prolongée vers H, comme GM à SM; & que ce qu'elle en fait ainſi ſuivant SM, eſt à ce qu'il en réſulte ſuivant TD ou ſuivant ſa parallele MK, comme TM eſt à TD. Donc (en appellant H, K, ces efforts dérivez ſuivant SH, MK,) l'on aura ici R. H :: GM. SM. Et H. K :: TM. TD. Ce qui (en multipliant par ordre) donne ici R. K :: GM×TM.

SM×TD. D'où réfulte $K = \dfrac{R \times SM \times TD}{GM \times TM}$ pour ce que la

puiffance R fait d'effort de M vers K fuivant MK perpendiculaire (*Hyp.*) comme DT, à la droite DM dans le
plan de l'Ecroue QM employé jufqu'ici pour le plan du
Levier DM, conformément à l'art. 1. Ce qui eft tout ce
qui refte de force agiffante de cette puiffance R pour
mouvoir l'Ecroue autour de la Vis fixe, ou la Vis dans
l'Ecroue fixe ; puifque l'effort que cette puiffance fait de
plus de G vers S fuivant GS perpendiculaire (*Hyp.*) au
plan QM de l'Ecroue ou du Levier DM, eft employé
(*Ax.* 3.) tout entier contre ce plan. Ce qui en augmente
ou diminue de la valeur de cet effort fuivant GS, la charge de l'Ecroue lorfque la Vis eft fixe, ou de la Vis lorfque c'eft l'Ecroue qui eft fixe : voici comment.

V. Cet effort de G vers S , réfultant de la puiffance R
fuivant une direction GS perpendiculaire (*art.* 4.) au
plan QM de l'Ecroue ou du Levier DM, & confequemment parallele à l'axe βϖ de la Vis, étant (dis-je) employé tout entier contre ce plan, le charge ou le foulage
de toute fa valeur, felon que le point G, ou la partie GM
de la direction de la puiffance R eft du côté de β au deffus de ce plan QM du Levier DM., ou au deffous de ce
même plan du côté de ϖ , vers lequel tend *(Hyp.)* la charge abfolue P de l'Ecroue ou de la Vis ; & confequem-

ment l'effort $E = \dfrac{P \times PE}{PN}$, qu'on vient de trouver (*art.* 3.)

réfulter de cette charge P à cette Ecroue, ou à cette Vis,
de P vers E fuivant PE parallele auffi (*art.* 2,) à l'axe βϖ
de cette même Vis, doit être augmenté ou diminué de la
valeur de cet effort réfultant de la puiffance R , de G
vers S fuivant GS, felon que le point G , ou la partie GM
de la direction de cette puiffance , fera au deffus ou au
deffous du plan QM du Levier DM. D'où l'on voit qu'en

appellant S cet effort ſuivant GS, la charge préciſe de l'Ecroue ou de la Vis, ſuivant PE parallele (*art.* 2.) à l'axe βϖ de cette Vis ſera ici E+S lorſque le point G y ſera du côté de β au deſſus du plan QM du Levier DM, & E—S lorſque ce point G ſera au deſſous de ce plan du côté de ϖ.

Or (*Lem.* 3. *Corol.* 7.) GM. GS :: R. $S = \frac{R \times GS}{GM}$. Donc

ayant déja (*art.* 3.) $E = \frac{P \times PE}{PN}$, la charge de l'Ecroue QM

ou de la Vis ſuivant PE, parallele (*art.* 2.) à l'axe βϖ de

cette Vis, ſera ici $E + S = \frac{P \times PE}{PN} + \frac{R \times GS}{GM}$, lorſque le point

G y ſera du côté de β, au deſſus du plan QM de l'Ecroue

ou du Levier DM, & $E - S = \frac{P \times PE}{PN} - \frac{R \times GS}{GM}$, lorſque ce

point G ſera du côté de ϖ au deſſous de ce plan; c'eſt-à-dire, en general, que la charge préciſe de l'Ecroue ou de la Vis, de P vers E ſuivant PE parallele (*art.* 2.) à l'axe βϖ

de la Vis, ſera ici $E + S = \frac{P \times PE}{PN} + \frac{R \times GS}{GM}$, dont le ſupe-

rieur du double ſigne (+) ſera pour le cas du point G au deſſus du plan QM de l'Ecroue ou du Levier DM , & l'inferieur pour le cas où ce point G ſera au deſſous de ce plan.

V I. Telle eſt (*art.* 5.) la charge préciſe de l'Ecroue QM, ou de la Vis VXYZ, de P vers E ſuivant PE parallele (*art.* 2.) à l'axe βϖ de cette Vis ; & c'eſt tout ce qui lui en réſulte, tant de la part de l'abſolue P ſuivant PN, que de la puiſſance R ſuivant GR , le ſurplus de cette charge abſolue P, étant tout employé (*art.* 3.) parallelement au plan QM du Levier DM, contre le plan touchant FPE, & contre ſon orthogonal MDϖ ; & la puiſſance R ne faiſant d'impreſſion qui charge ou ſoulage ce plan QM du Levier DM, que ſuivant ce qu'on lui en compte

compte ici fuivant GS perpendiculaire à ce plan. Quant
à la force employée à foûtenir cette charge précife (*art.* 5.)

$$F \pm S = \frac{P \times PE}{PN} \pm \frac{R \times GS}{GM}$$ de la Vis ou de fon Ecroue fuivant

PE parallele (*art.* 2.) à l'axe $\beta\pi$ de cette Vis, l'art. 4.

vient de faire voir que la force $K = \dfrac{R \times SM \times TD}{GM \times TM}$ de M vers

K fuivant MK perpendiculaire à la droite DM dans le
plan de l'Ecroue QM, ou du Levier DM, eft tout ce qu'il
en refte à la puiffance R pour foûtenir cette charge. On
a vû auffi dans l'art. 3. que de la charge abfolue P fui-

vant PN, il réfulte auffi une force $L = \dfrac{P \times EF}{PN}$ de E vers F

fuivant EF, ou de P vers L fuivant fa parallele PL perpendiculaire auffi (*art.* 2.) à la droite DM dans le plan QM
de l'Ecroue, ou du Levier DM ; laquelle force L eft confequemment pour ou contre la force K , felon que le
point F, ou que la direction PN de la charge abfolue P,
eft du côté de K, ou du côté oppofé par rapport au plan
MDπ. Ainfi ces deux forces K, L, ayant (*art.* 3. 4.) des
directions paralleles en M, P, l'employée à foûtenir la
charge fuivant PE, qu'on vient de trouver (*art.* 5.) à la

Vis, ou à fon Ecroue, fera ici $K \pm L = \dfrac{R \times SM \times TD}{GM \times TM} \pm \dfrac{P \times EF}{PN}$,

dont le fuperieur du double figne ($\pm$) fera pour, lorfque
le point F, ou la direction PN de la charge abfolue P, fera du côté de K par rapport au plan MDπ ; & l'inferieur
pour le cas où ces points F, K, feront de part & d'autre
de ce plan.

V I I. Donc (*art.* 5. 6.) toute la queftion fe réduit ici à

une charge $E + S = \dfrac{P \times PE}{PN} \pm \dfrac{R \times GS}{SM}$ de l'Ecroue QM ou de

la Vis VXYZ, dirigée de P vers E fuivant PE parallele

(*art.* 2.) à l'axe $\beta\pi$ de cette Vis, & en équilibre avec une

puissance $K \pm L = \dfrac{R \times SM \times TD}{GM \times TM} \pm \dfrac{P \times EF}{PN}$, dont les forces par-

tiales K, L, ont en M, P, des directions MK, PL, perpendiculaires à la droite DM dans le plan de l'Ecroue QM
ou de ce Levier DM : le tout en prenant ici les particuliers des signes generaux ($\pm$), comme dans les art. 5. 6.

　VIII. Or si l'on appelle M une force qui, dirigée de M
vers K suivant MK, ou en sens directement contraire,
c'est-à-dire, dans le sens que la force L le seroit de P
vers L suivant PL parallele à MK, auroit en M le même
Moment (*Déf.* 22.) sur le Levier DM, que cette force L
auroit en P sur le même Levier DM, & de même appui D :
le Corol. 9. du Th. 21. donnera $L \times DP = M \times DM$, & con-

sequemment $\dfrac{M \times DM}{DP} = L$ (*art.* 3.) $= \dfrac{P \times EF}{PN}$. Donc (*art.* 7.)

toute la question se réduit ici à une charge $= \dfrac{P \times PE}{PN} \pm \dfrac{R \times GS}{SM}$

de la Vis ou de son Ecroue, en équilibre avec une force

ou puissance $= \dfrac{R \times SM \times TD}{GM \times TM} \pm \dfrac{M \times DM}{DP}$, appliquée en M au

Levier DM suivant une direction MK perpendiculaire à
ce Levier dans le plan de l'Ecroue QM ou de ce Levier
DM. Par consequent ce cas étant celui du Th. 32. un
raisonnement semblable à celui de la démonstration de
ce Théoreme, donnera ici (en prenant O pour la circonference d'un cercle décrit du rayon DM) $2 \times AC. O ::$

$$\dfrac{R \times SM \times TD}{GM \times TM} \pm \dfrac{M \times DM}{DP} . \dfrac{P \times PE}{PN} \pm \dfrac{R \times GS}{SM} \quad (\text{venant de trouver}$$

$$\dfrac{M \times DM}{DP} \mp \dfrac{P \times EF}{PN} \Big) :: \dfrac{R \times SM \times TD}{GM \times TM} \pm \dfrac{P \times EF}{PN} . \dfrac{P \times PE}{PN} \pm \dfrac{R \times GS}{SM} .$$

D'où résulte $\dfrac{2 \times P \times AC \times PE}{PN} \pm \dfrac{2 \times R \times AC \times GS}{SM} \mp \dfrac{R \times O \times SM \times TD}{GM \times TM}$

$$\mp\frac{P\times O\times EF}{PN}\;,\;\text{ou}\;\frac{2\times P\times AC\times PE \mp P\times O\times EF}{PN}=$$

$$\frac{R\times O\times SM\times SM\times TD \mp 2\times R\times AC\times GS\times GM\times TM}{SM\times GM\times TM}\;,\;\text{ou bien aussi}$$

$$2\times P\times AC\times PE\times SM\times GM\times TM \mp P\times O\times EF\times SM\times GM\times TM = R\times O\times SM\times SM\times TD\times PN \mp 2\times R\times AC\times GS\times GM\times TM\times PN\;;$$

dans laquelle équation,

1°. L'art. 6. fait voir que le superieur du double signe ($\mp$) du premier terme est pour lorsque le point F ou la direction PN de la charge absolue P de la Vis ou de l'Ecroue, sera du côté de K par rapport au plan MDϖ ; & l'inférieur, pour lorsque ces deux points F, K, seront de part & d'autre de ce plan.

2°. L'art. 5. fait pareillement voir que le supérieur du double signe ($\mp$) du second terme de cette derniere équation, est pour lorsque le point G, ou la partie MG de la direction RM prolongée de la puissance R, est du côté de β au dessus du plan QM de l'Ecroue, ou du Levier DM ; & l'inférieur, pour lorsque ce point G ou cette partie MG de la direction RM prolongée de la puissance R, est au dessous de ce même plan du côté de ϖ.

Donc R.P::$2\times AC\times PE\times SM\times GM\times TM \mp O\times EF\times SM\times GM\times TM$. $O\times SM\times SM\times TD\times PN \mp 2\times AC\times GS\times GM\times TM\times PN$. dans laquelle analogie les signes particuliers des generaux ($\mp$) sont pour les cas marquez dans les précedens nomb. 1. 2. *Ce qu'il falloit démontrer.*

COROLLAIRE I.

Si la direction PN de la charge absolue P de la Vis VXYZ, ou de son Ecroue QM étoit en PF dans le plan touchant FPE de cette Vis en PE ; cette hypothese, qui feroit tomber N en F, rendroit seulement NF=O, & PN =PE ; ce qui n'apporteroit aucune autre varieté à la précedente analogie generale de ce Théoreme-ci , que d'y changer PN en PE.

S ij

Mais fi la direction PN de cette charge abfolue P , fe trouvoit en PE parallele (*dém. art. 2.*) à l'axe βπ ; la confu-fion qui fe trouveroit alors des points N , F , avec le point E , rendant NF=O=FE , & PN=PF=PE , changeroit pour lors la précedente analogie generale du Théoreme en R. P :: 2×AC×SM×GM×TM. O×SM×SM×TD ÷ 2×AC×GS×GM×TM.

COROLLAIRE II.

Si outre cette hypothefe de PN en PE , c'eft-à-dire , de la charge abfolue P de la Vis ou de fon Ecroue , dirigée fuivant PE parallele à l'axe βπ de cette Vis, on fuppofe la direction RMG de la puiffance R dans le plan QM de l'Ecroue ou du Levier DM ; cette nouvelle hypothefe , qui confond le point G avec le point S , & GMR avec SMH , rendant ainfi GS=O , & GM=SM , changera pour ici l'analogie du précedent Corol. 1. en R. P :: 2×AC ×TM. O×TD.

COROLLAIRE III.

Enfin fi aux deux hypothefes du précedent Corol. 2. on ajoûte celle de MR ou MH en MK perpendiculaire à DM dans le plan de ce Levier ou de l'Ecroue QM ; cette troi-fiéme hypothefe rendant MS ou MT (prolongement de RM confondue avec HM par la feconde des deux autres dans le Corol. 2.) perpendiculaire auffi à DM , rendroit l'angle TMD droit , de même que l'eft (*démonftr. art. 4.*) TDM ; & rendant ainfi MT , DT , paralleles infinies & égales entr'elles , changeroit l'analogie du précedent Co-rol. 2. en R. P :: 2×AC. O. pour ce cas-ci , qui eft celui du Th. 32. d'où l'on voit , comme dans ce Th. 32. que l'on aura ici la puiffance R à la charge abfolue P de la Vis ou de fon Ecroue, comme un pas (2×AC) de cette Vis à la cir-conference (O) d'un cercle décrit du rayon DM.

Ce dernier cas de la direction PN de la charge abfolue P de la Vis ou de fon Ecroue , parallele à l'axe βπ de cette Vis , &

de la direction MR de la puissance R perpendiculaire en M à
DM dans le plan QM de l'Ecroue ou de ce Levier DM, le-
quel est celui du Th. 33. & le plus simple de tous., est le seul
que je sçache avoir été proposé jusqu'ici sur la Vis; & la dé-
monstration qu'on en voit dans le précedent Corol. 3. fait voir
que ce Th. 33. n'est qu'un cas ou un Corollaire très-limité du
précedent Th. 34.

S C H O L I E.

I. Pour faciliter le calcul du précedent Th. 34. & de
ses Corollaires, il est à considerer,

1°. Que la direction GMR de la puissance R étant donnée de position par rapport au plan QM de l'Ecroüe ou
du Levier DM, sur lequel plan GS est (*démonstr. art. 4.*)
perpendiculaire en S; l'angle GMS de cette direction avec
ce plan, sera pareillement donné avec son complement
MGS à un droit, & avec la position de MS sur ce plan,
& consequemment aussi avec l'angle DMS ou DMT compris entr'elle & DM sur le même plan.

2°. Que la direction PN de la charge absolue P de la
Vis, ou de son Ecroue, étant aussi donnée par rapport à
l'axe βπ de cette Vis pareillement donné de position; &
consequemment au plan touchant FPE de cette Vis en
PE parallele (*démonstr. art. 2.*) à son axe βπ, sur lequel
plan NF est (*démonstr. art. 2.*) perpendiculaire en F; la
position de PF sur ce plan touchant FPE, sera aussi donnée avec celle de la section commune PE de ce plan avec
le plan MDπ; & consequemment les angles NPF, FPE,
le seront de même avec les complémens PNF, PFE, de
chacun d'eux à un droit, la construction supposée rendant (*démonstr. art. 2.*) FE perpendiculaire en E sur PE,
comme NF en F sur PF.

II. Cela posé, soient appellez *a*, le sinus total; *b*, le
sinus de l'angle MGS donné suivant le nomb. 1. de l'art.
1. *c*, le sinus de son complement GMS à un droit; *m*, le
sinus de l'angle DMS ou DMT pareillement donné suivant le même nomb. 1. de cet art. 1. *n*, le sinus de l'an-

S iij

gle PNF, auffi donné fuivant le nomb. 2. de ce même art.
1. p, le finus de l'angle PFE, pareillement donné dans le
même nomb. 2. de cet art. 1. & q, le finus de fon complement FPE. Voici ces noms en lifte pour les rendre plus
prefens.

Sinus total ou de l'angle droit,	a.
Sinus de l'angle MGS,	b.
Sinus de fon complement GMS,	c.
Sinus de l'angle DMS ou DMT,	m.
Sinus de l'angle PNF,	n.
Sinus de l'angle PFE,	p.
Sinus de fon complement FPE,	q.

III. Suivant ces noms de l'art. 2. le Corol. 2. du Lem.
8. donnera $a. b :: \text{GM. SM} = \frac{b}{a} \times \text{GM}$. Et $a. m :: \text{TM.}$
$\text{TD} = \frac{m}{a} \times \text{TM}$. Et $q. p :: \text{EF. PE} = \frac{p}{q} \times \text{EF}$. De plus $p. a :: \text{PE.}$
PF. Et $n. a :: \text{PF. PN}$. Ce qui (en multipliant par ordre)
donne $np. aa :: \text{PE. PN}$ (à caufe de $\text{PE} = \frac{p}{q} \times \text{EF}$) $:: \frac{p}{q} \times \text{EF}.$
$\text{PN} = \frac{aa}{nq} \times \text{EF}$. De plus encore $b. a :: \text{SM. GM}$. Et $a. c :: \text{GM.}$
GS. Ce qui (en raifon ordonnée) donne auffi $b. c :: \text{SM.}$
$\text{GS} = \frac{c}{b} \times \text{SM}$.

Par confequent on aura ici $\text{PE} = \frac{p}{q} \times \text{EF}$, $\text{SM} \times \text{TD} \times \text{PN}$
$= \frac{b}{a} \times \text{GM} \times \frac{m}{a} \times \text{TM} \times \frac{aa}{nq} \times \text{EF} = \frac{bm}{nq} \times \text{GM} \times \text{TM} \times \text{EF}$, & $\text{GS} \times$
$\text{PN} = \frac{c}{b} \times \text{SM} \times \frac{aa}{nq} \times \text{EF} = \frac{aac}{bnq} \times \text{SM} \times \text{EF}$.

Donc en fubftituant ces valeurs de PE, $\text{SM} \times \text{TD} \times \text{PN}$,
$\text{GS} \times \text{PN}$, en leur place dans l'analogie generale du precedent Th. 34. elle deviendra encore en general R. P $:: \frac{2p}{q} \times$
$\text{AC} \times \text{EF} \times \text{SM} \times \text{GM} \times \text{TM} \mp \text{O} \times \text{EF} \times \text{SM} \times \text{GM} \times \text{TM}. \frac{bm}{nq} \times \text{O} \times$
$\text{SM} \times \text{GM} \times \text{TM} \times \text{EF} \mp \frac{2aac}{bnq} \times \text{AC} \times \text{SM} \times \text{EF} \times \text{GM} \times \text{TM} :: \frac{2p}{q} \times$

$AC \mp O. \frac{bm}{nq} \times O \mp \frac{2aac}{bnq} \times AC :: 2bnp \times AC \mp bnq \times O. bbm \times O \mp 2aac \times AC.$ c'est-à-dire , R. P :: $2bnp \times AC \mp bnq \times O. bbm \times O \mp 2aac \times AC.$ toute exprimée en finus, qui multiplient le pas ($2 \times AC$) de la Vis, & la circonference (O) d'un cercle décrit du rayon DM : les fignes particuliers des generaux ($\mp$) fe prendront encore ici comme dans l'analogie generale du Théoreme transformée en celle-ci, dont les finus en rendent le calcul le plus facile qu'il puiffe être, fans rien diminuer de fa generalité.

I V. Quant aux analogies particulieres des Corollaires précedens de ce Th. 3 4. réfultantes de fa generale, les voici de même en finus, réfultantes de la derniere du précedent art. 3.

1°. Si, comme dans le Corol. 1. la direction PN de la charge abfolue P de la Vis ou de fon Ecroue, étoit en PE parallele (*démonftr. art.* 2.) à l'axe βπ de cette Vis, cette hypothefe, qui confond PN, PF, avec cette parallele PE, & leurs points N, F, avec le fien E rendant ainfi droits les angles PNF, PFE, à l'inftant de cette confufion, & leurs complemens infiniment petits ou nuls en P par rapport à eux, rendroit alors (fuivant les noms de l'art. 2.) leurs finus $n = a$, $p = a$, & $q = o$: ce qui réduiroit pour ici la derniere analogie generale du précedent art. 3. à R. P :: $2aab \times AC. bbm \times O \mp 2aac \times AC.$

2°. Si de plus on fuppofe que la direction GMR de la puiffance R foit dans le plan QM de l'Ecroue ou du Levier DM, comme dans le Corol. 2. Cette autre hypothefe, qui confond auffi cette direction GMR avec SMH dans ce plan, & fon point G avec celui S de celle-ci, rendant ainfi l'angle MGS droit à l'inftant cette confufion, & fon complement GMS infiniment petit ou nul par rapport à lui, rendroit alors (fuivant les noms de l'art. 2.) le finus $b = a$, & le finus $c = o$: ce qui réduiroit pour ici l'analogie précedente du nomb. 1. à R. P :: $2a^3 \times AC. aam \times O :: 2a \times AC. m \times O.$

3°. Enfin fi aux deux hypothefes du précedent nomb. 2.

dont la ſeconde confond la droite GMR avec SMH dans le plan QM de l'Ecroue ou du Levier DM, l'on ajoûte celle de MR ou de MH en MK perpendiculaire à DM dans ce plan, ainſi que dans le Corol. 3. ce qui eſt le cas du Th. 33. Cette troiſiéme hypotheſe rendant l'angle DMS droit, & conſequemment ſon ſinus $m = a$, réduiroit alors l'analogie du précedent nomb. 2. à cette autre, R. P :: 2×AC. O. qui eſt la même qu'on a déja trouvée pour ce cas-ci dans le Th. 33. & dans le précedent Corol. 3.

DEFINITION XXIX.

La Vis employée comme ci-deſſus (Th. 33. & Corol. 3. du Th. 34.) avec ſon Ecroue ſeulement, s'appelle *Vis ſimple*, ou ſimplement *Vis* ; & lorſqu'elle eſt appliquée à d'autres Machines, elle s'appelle *Vis compoſée*, laquelle prend le nom de *Vis ſans fin*, quand, ſans Ecroue, ſon cordon s'engraine dans une roue dentée, comme dans la Fig. 245. parce qu'alors en tournant ſur ſon axe fixe, elle fait tourner ſans fin cette roue par l'engrenement continuel des ſpires ou helices de ſon cordon entre les nouvelles dents que le tournoyement de la roue lui preſente, & fait entrer ces dents ſans ceſſe les unes après les autres entre ces mêmes ſpires à meſure que d'autres dents de cette roue en ſortent auſſi les unes après les autres.

THEOREME XXXV.

Soit la *Vis* DAGP mobile autour de ſon axe fixe DG par le moyen d'une *Manivelle* DFR, & dont les ſpires ou helices AP, BP, du cordon s'engrainent entre les dents P de la *Roue* PS d'un *Tour* mobile auſſi autour de ſon centre fixe C avec ſon rouleau HE, ſur lequel s'entortille la corde QHE, à laquelle pende un poids quelconque Q ; que la puiſſance R, appliquée en R au manche FR de la *Manivelle* DFR, ſoûtienne en équilibre ou en repos par le moyen de toûte la *Machine*.

Je dis que ſi l'on imagine le rayon CP de la *Roue* dentée

PS,

*PS, lequel rencontre son rouleau HE en E, & une perpendi-
culaire RK à l'axe GD prolongé en K, l'équilibre ici supposé
entre la puissance R & le poids Q sur une telle Machine, y
donnera toûjours cette puissance R à ce poids Q, comme le
produit d'un des pas AB de la Vis par le rayon EC du rouleau,
sera au produit du rayon CP de la Roue par la circonference
entiere du cercle décrit du rayon RK ; c'est-à-dire, qu'en appellant O cette circonference circulaire, l'on aura toûjours ici
R. Q :: AB×EC. CP×O.*

D E M O N S T R A T I O N.

Soit appellée P la résistance que le poids Q fait faire à
la Roue dentée au tournoyement de la Vis, par le moyen
duquel la puissance R tend à enlever ce poids Q ; l'on
aura (*Th. 33. & Corol. 2. du Th. 34. & Corol. 3. du Th.
34.*) cette puissance R à cette résistance P, comme le pas
AB de la Vis à la circonference Z du cercle, que la même puissance R tend ainsi à décrire du rayon KO autour
du centre K ; c'est-à-dire, R. P :: AB. O. De plus on aura
(*Th. 19. Corol. 1.*) P. Q :: CE. CP. Donc (en multipliant
par ordre) l'on aura R. Q :: AB×CE. CP×O. *Ce qu'il falloit démontrer.*

S C H O L I E.

I. On a vû dans les art. 2. des Schol. des Th. 17. 18.
comment un homme peut s'enlever soi-même à la hauteur d'une voûte par le moyen des Poulies à Mouffles ; on
a vû aussi dans l'art. 3. du Schol. du Th. 20. comment
cet homme le peut aussi seul par le moyen d'un Criq :
voici presentement comment il le peut faire encore par
le moyen de la Vis sans fin. Il n'a qu'à attacher la cage
de cette Machine fermement au bord ou au dedans du
panier dans lequel il se veut mettre, en sorte qu'il ait la
liberté de tourner la Manivelle, & par son moyen la Vis
& la Roue avec son rouleau ; attacher ensuite sur ce Rouleau la corde déja attachée au haut de la voûte ; se mettre

après cela dans le panier, & tourner la Manivelle de la
Machine, qui peut être très-légere avec beaucoup d'effet;
la corde s'entortillant ainsi autour du Rouleau, enlevera
cet homme vers la voûte. Car le present Th. 35. fait
voir que pour cela il faudra beaucoup moins de force à
cet homme que lui, le panier, la machine & la corde n'auront ensemble de pesanteur. Cela seroit encore plus com-
mode, si la corde attachée par un bout au panier, & par
l'autre à la machine, passoit par dessus une poulie attachée par sa chape à la voûte, d'où elle revint se rouler
par l'autre bout sur le rouleau de la machine.

Fig. 245.
246.

II. Tout cela seroit encore plus facile, si la machine étoit
composée de plusieurs Vis sans fin, engrenées dans autant
de roues à dents, qui eussent toutes des pignons, excepté
la derniere, sur le rouleau de laquelle la corde doit se
rouler; & dans lesquels pignons toutes ces Vis s'engre-
nassent aussi chacune dans chacun, excepté la premiere à
manivelle, qui ne doit s'engrener que dans la premiere des
roues à dents: le tout de la maniere qu'on le voit dans la
Fig. 243. & qu'on le va voir dans le suivant Th. 36. qui
fera voir aussi combien il seroit plus facile à cet homme
de s'enlever soi-même par le moyen de cette machine re-
presentée dans la Fig. 246. que par le moyen de l'autre re-
presentée dans la Fig. 245. Soit donc.

T H E O R E M E X X X V I.

Fig. 146.

*La puissance R soûtenant un poids quelconque Q par le
moyen de plusieurs Vis engrenées dans des roues dentées, & dans
leurs pignons, comme l'on voit dans la Fig. 246. & comme on
le va expliquer; l'on aura toûjours R. Q :: AB×EC×HK×
LN×ST×VX. Z×CP×EG×LK×MN×TX. La démonstra-
tion va déterminer les lignes dont ces produits sont faits.*

D E M O N S T R A T I O N.

I. Soient plusieurs Vis DAGP, βEγK, λMμT, de grosseurs à volonté, & de pas de telles grandeurs qu'on voudra, mobiles autour de leurs axes fixes GD, βγ, λμ, &

qui s'engrenent dans autant de roues dentées ɛPδ, νKπ, χTω, mobiles aussi sur leurs centres fixes C, L, X; ayant toutes des pignons, excepté la derniere, qui n'a qu'un rouleau YV; sur lequel se file la corde YQ, à laquelle pend le poids Q. Pour plus d'universalité soit d'inégales grosseurs chacune des Vis qui s'engrenent à la fois chacune dans le pignon d'une roue, & entre les dents de l'autre, telles que sont les Vis βEγK, λMμT, dont la premiere est plus grosse en sa partie βEφ, qui s'engrene dans le pignon de la roue ɛPδ, & plus menue en sa partie φKγ, qui engrene dans la roue νKπ; la seconde au contraire plus menue en sa partie λMψ, qui engrene dans le pignon de cette roue νKπ, & plus grosse en sa partie ψTμ, qui engrene dans la roue χTω; & ainsi de tant d'autres Vis, & de roues dentées à pignons, qu'on voudra suposer entre cette derniere Vis χTω à rouleau YV, & la premiere Vis GAD à manivelle DFR, par le moyen de laquelle & de tous ces engrenemens la puissance R soûtient le poids Q en équilibre avec elle.

I I. Cette Machine étant ainsi conçüe, imaginons des centres C, L, X, par les dents P, E, K, M, T, les rayons CP, CE, LK, LM, XT, qui rencontrent les cylindres des Vis en P, E, K, M, T, desquels points (excepté du premier P) soient aussi imaginées EG, KH, MN, TS, perpendiculaires en G, H, N, S, aux axes βγ, λμ, des Vis ausquelles ces points E, K, M, T, appartiennent.

Soient aussi appellées P, E, K, M, T, les forces ou les résistances aux points marquez de ces lettres; & Z, la circonference du cercle décrit du rayon RO perpendiculaire en O à l'axe GD prolongé de la premiere Vis DAGP, à la manivelle de laquelle la puissance R est appliquée en R, & dont AB est un des pas.

III. Cela posé, le Th. 33. le Corol. 2. du Th. 34. & le Corol. 3. du Th. 35. donneront

$$R. P :: AB. Z.$$

Le Cor. 1. du Th. 19. donnera aussi
$$\begin{cases} P. E :: CE. CR. \\ E. K :: HK. EG. \\ K. M :: LM. LK. \\ M. T :: ST. MN. \\ T. Q :: XV. XT. \end{cases}$$

Donc (en multipliant par ordre) R. Q :: AB×CE× HK×LM×ST×XV. Z×CR×EG×LK×MN×TX. *Ce qu'il falloit démontrer.*

COROLLAIRE

Donc si les Vis βEγK, λMμT, étoient par tout chacune de même grosseur ; ayant alors EG=KT, MN=ST; l'on auroit aussi pour lors R. Q :: AB×CE×LM×XV. Z×CR×LK×TX. c'est-à-dire, qu'alors la puissance R seroit au poids Q, comme le produit des rayons de tous les pignons & du rouléau, multipliez entr'eux, & par un des pas AB de la premiere Vis DAGP, est au produit des rayons de toutes les roues, multipliez entr'eux, & par la circonference Z du cercle qui auroit pour rayon la distance RO de la puissance R à l'axe GDO de cette même Vis DAGP.

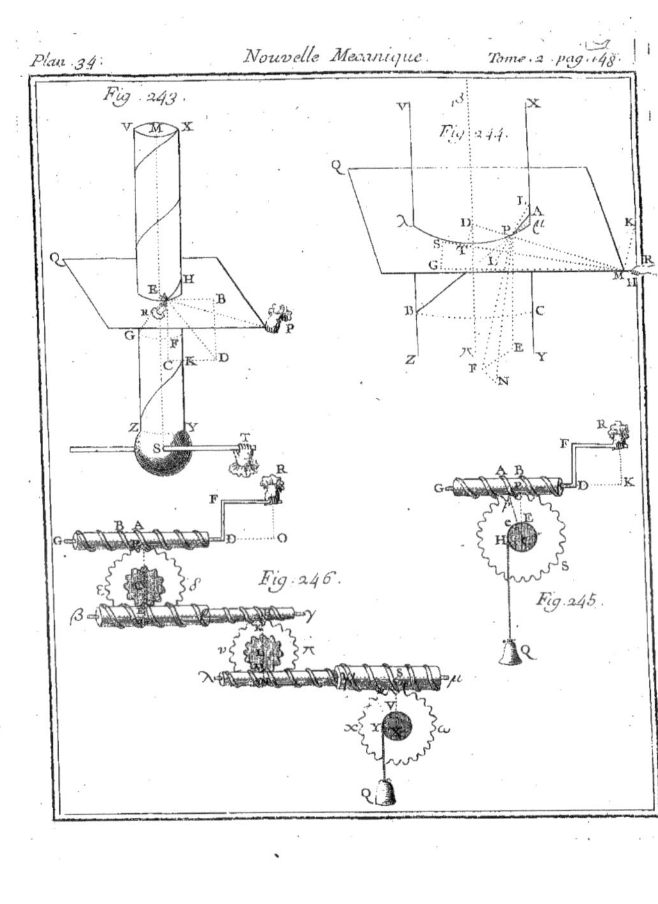
Fig. 243.
Fig. 244.
Fig. 245.
Fig. 246.

SECTION VIII.

Du Coin.

LE Coin étant beaucoup moins propre à mouvoir qu'à fendre des corps durs, & le Principe que j'exposai en 1687. au jugement des Connoisseurs dans le *Projet* de cette Mécanique-ci me paroissant applicable sans peine à cette Machine de la maniere que je l'appliquois aux autres, pour en donner un essai, & dans une aussi grande universalité que celle à laquelle je les élevai ; je négligeai de parler de celle-ci dans ce Projet. Cependant comme il s'agit de l'executer , & de rendre cette Mécanique ou Statique complete, le rang que l'on donne d'ordinaire au Coin parmi les Machines élementaires, propres à faciliter les mouvemens, peut-être à cause de ceux de séparation qu'il facilite entre les parties des corps à fendre , m'engage à traiter pareillement ici de cette Machine.

DEFINITION XXX.

J'appelle en general *Coin* un corps dur de figure quelconque, propre à entrer par force dans un autre corps dur , & à le fendre ainsi en deux. On fait d'ordinaire le Coin en Prisme triangulaire, tel que ABEFCD (Fig. 247.) Fig. 247. dont les bases paralleles opposées AEB, DFC, sont deux triangles isosceles égaux & semblables ; desquels un, par exemple , AEB, mû parallelement à lui-même suivant AD perpendiculaire à son plan, décriroit ou traceroit ce Coin. Le parallelogramme ABCD en est appellé la *Tête* ou la *Base* ; la droite EF en est appellée le *Tranchant* , lequel y est parallele à cette base ou tête ; & les deux parallelogrammes opposez BEFC , AEFD , dont ce tranchant est la section commune , s'appellent les *Faces* ou les *Côtez* du Coin.

T iij

D'ordinaire on n'exprime ce Coin qu'en profil par son triangle générateur AEB, dont la pointe E en exprime le *tranchant*; sa base AB exprime celle du Coin ou sa tête; les côtez AE, BE, de triangle expriment ceux de ce Coin ou ses *faces*; & la hauteur de ce triangle, c'est-à-dire, la distance de sa pointe E à sa base AB, est elle-même la *hauteur* de ce Coin. C'est pour cela qu'il s'appellera ici isoscelle comme ce triangle, pour le distinguer des autres Coins de figures quelconques, dont nous allons parler, & que nous ne représenterons ainsi qu'en profil, pour moins d'embarras de lignes dans les Figures.

DEFINITION XXXI.

On appellera ici *Résistance absolue* d'un corps à rompre, à casser, ou à fendre en quelqu'endroit que ce soit, ce que les fibres de ce corps en feroient à se casser ou à se détacher toutes à la fois en cet endroit : mais parce qu'on peut douter qu'il y ait aucun corps dont les fibres cassent ou se détachent ainsi toutes à la fois à l'endroit où il se romproit, de quelque maniere qu'on le rompît, même en le tirant suivant sa longueur; nous appellerons en general *Résistance de Tenacité*, ou *Résistance totale* des fibres d'un corps, ce que celles qui s'opposent à sa rupture, en font toutes ensemble à la force qui tend à le rompre, ou à le fendre, soit que vaincues par cette force, elles cassent ou se détachent toutes à la fois, ou seulement les unes après les autres, en prêtant successivement jusqu'à certaines longueurs avant que de se casser ou de se détacher, en quelque proportion de longueurs qu'elles prêtent jusqu'à ce terme d'alongement. Enfin nous appellerons *Résistances des côtez de la fente* d'un corps à fendre par le moyen d'un Coin, ce que ces côtez de la fente, retenus ensemble par la résistance des fibres qui s'opposent à leur séparation, en font aux efforts des côtez du Coin contr'eux pour les écarter malgré ces fibres, & les forcer ainsi de permettre à ce Coin d'entrer plus avant dans le corps à fendre.

REMARQUE.

Je ne fçais point d'Auteur qui ait recherché la force du Coin fur d'autre que fur l'ifofcelle ; je n'en fçais non plus aucun qui avant M. Defcartes l'ait confidéré indépendamment de toute autre Machine : de tous ceux qui ont parlé des proprietez du Coin avant cet Auteur, je n'en fçais point qui n'ayent rapporté la force de cette Machine à celle du Levier, ou à la réfiftance du plan incliné, en prenant la force du Coin pour celle d'un coup dont il feroit frappé perpendiculairement à fa bafe, ou (ce qui revient au même) pour celle dont il tend à s'enfoncer dans le corps à fendre.

I. Les premiers ont regardé les côtez du Coin comme des Leviers, dont les uns ont mis les appuis à la pointe de ce Coin, & les autres à l'entrée de la fente qu'il fait dans le corps à divifer : mais ne fçachant à quelles diftances de chacun de ces appuis fuppofez, ils devoient confiderer la force employée pour enfoncer le Coin & la réfiftance du corps à fendre, ils n'en ont pû conclure aucun rapport entre cette réfiftance & cette force.

II. Quant à ceux qui ont regardé les côtez du Coin comme des plans inclinez, ils ne nous ont donné guéres plus de lumiere : la plûpart fe contentent auffi d'expliquer la queftion fans la décider ; & les autres, en la décidant, fe partagent en deux fentimens. Il y en a parmi eux qui difent qu'à l'inftant d'équilibre entre la force dont on frappe le Coin perpendiculairement à fa tête, & la réfiftance du corps à fendre, cette force du Coin eft toûjours à cette réfiftance, comme la demi-bafe de ce Coin eft à fa hauteur ; d'autres prétendent que c'eft comme fa demi-bafe à un de fes côtez.

III. Enfin ceux qui ont confideré le Coin indépendamment de toute autre Machine, fe trouvent encore de deux fentimens differens : les uns croyent qu'à l'inftant d'équilibre entre la force du Coin & la réfiftance du corps à fendre, cette force eft toûjours à cette réfiftance comme la bafe du Coin eft à fa hauteur ; & d'autres foûtiennent que c'eft comme la plus grande largeur de la fente à fa profondeur. Ce qui eft encore tout different ; puifque ceuxci ne veulent pas que la pointe, ou le tranchant du Coin aille jufqu'au fond de la fente, ni par confequent que la bafe du Coin foit à fa hauteur comme la largeur de la fente eft à fa profondeur.

IV. Outre ces Auteurs, il y en a encore qui confiderant d'abord le Coin indépendamment de toute autre Machine, & le faifant enfuite dépendre du Levier, difent que fuivant chacune de ces deux manieres, la force du Coin eft à la réfiftance du corps à fendre comme la bafe de ce Coin eft à la fomme de fes côtez ; ce qui s'accorde avec le fecond des fentimens du précedent art. 2.

V. La diverfité de tous ces fentimens fait déja voir qu'il y a là du paralogifme, de quelque côté qu'il foit, & en quelque fens (*Déf.* 30.) que le mot de *Réfiftance* y foit employé : on en jugera par les Th. 39. 40. qui tant pour les réfiftances rélatives (*Déf.* 1. 2 2. 3. 1.) que pour les abfolues, comprendront en general tous les cas poffibles de cette queftion, c'eft-à-dire, toutes les configurations poffibles des Coins avec toutes les directions imaginables de la force qui les frappe ou les pouffe, foit que ces côtez enfoncent, ou non, jufqu'au fond de la fente du corps à divifer. On va commencer par le rapport de cette force abfolue (*Déf.* 3 1.) aux réfiftances rélatives (*Déf.* 2 2.) des parties du corps à fendre, que le Coin tend à écarter l'une de l'autre ; parce que de la connoiffance de ce rapport dépend celle de cette force abfolue (*Déf.* 1. 2 2. 3 1.) aux réfiftances rélatives des parties du corps à fendre, que le Coin tend à écarter l'une de l'autre ; parce que de la connoiffance de ce rapport dépend celle du rapport de cette force abfolue du Coin à la réfiftance abfolue du corps à fendre, & auffi pour voir en quel fens les fentimens précedens font vrais ou faux.

Ne craignant rien tant que d'offenfer qui que ce foit, je n'ai nommé jufqu'ici aucun des Auteurs que j'ai fait voir s'être mépris.

mépris, excepté *M. Borelli*, & le *P. Vannius*, que j'ai été
forcé de dire dans la réflexion italique qui précede le *Corol.* I.
du *Th.* I. être de ce nombre, ne pouvant faire sentir leurs mé-
prises dans ce qu'ils ont dit de contraire à ce que j'ai établi ci-
dessus, sans citer leurs paroles pour les suivre pied à pied, &
consequemment sans citer leurs *Livres*, qui les auroient également
décelez. Sans cela j'aurois tû leurs noms, comme j'ai tû
ceux des *Auteurs* que j'ai refutez jusqu'ici dans cet Ouvrage
sur leurs simples propositions : c'est pour cette derniere raison que
je ne nomme point ici non plus ceux dont je viens de rapporter
les sentimens sur le *Coin*, lesquels je vas faire voir être les uns
faux, & les autres trop limitez.

THEOREME XXXVII.

De quelque maniere qu'un *Coin* quelconque *AEB* soit poussé   FIG. 248.
dans la fente *HRK* d'un corps δελμ à fendre ; ce qu'il employe   249. 250.
de force pour diviser ainsi ce corps, est toûjours dirigé suivant   251.
une ligne droite qui passe par l'angle ou la pointe *R* de la fente, & par un point *D*, d'où l'on peut toûjours mener deux
perpendiculaires aux côtez *HR*, *KR*, de cette fente *HRK*, en
des points *H*, *K*, où le *Coin AEB* rencontre ces côtez de la
fente, en quelque rapport que cette direction *DR* divise l'angle
HRK de la fente.

DEMONSTRATION.

Il est visible qu'un Coin AEB, quel qu'il soit, & de
quelque force ou maniere qu'il soit poussé, ne tend à fendre un corps δελμ qu'en vertu (*Déf.* 22.) des *Momens*
égaux en sens contraires qu'il cause aux côtez HR, KR,
de la fente HRK, dans laquelle on le suppose, par les
efforts perpendiculaires (*Lem.* 3. *Corol.* 8. 9.) qu'il fait
contr'eux pour les écarter l'un de l'autre ; puisque si ces
Momens étoient inégaux, leur difference ne tendroit qu'à
mouvoir ce corps entier δελμ dans le sens du plus fort de
ces deux *Momens*, & nullement à le diviser ou fendre.
Donc tout ce que le Coin AEB employe de force (que

j'appelle G) à fendre ce corps, doit être suivant une direction DG, telle que cette force G se puisse décompo-
ser en deux autres (que j'appelle M, N, suivant DM,
DN, perpendiculaires aux côtez HR, KR, de la fente
HRK en des points H, K, où ce Coin les rencontre ; &
qu'il en résulte des *Momens* égaux à ces côtez HR, KR,
de la fente ; c'est-à-dire (*Déf.* 22.) en sorte qu'il en résulte M×HR=N×KR ; & conséquemment M. N : : KR.
HR. Or la force G suivant DG est (*Lem.* 3. *Corol.* 6.)
à chacune des deux M, N, dans lesquelles elle se décompose, comme cette diagonale DG du parallelogramme
DMGN, est à chacun de ses côtez correspondans DM,
DN ; ce qui donne aussi M. N : : DM. DN. Donc on aura
toûjours ici DM. DN : : KR. HR. Ce qui donnant DM×
HR=DN×KR, fait voir (*Lem.* 12.) que la direction DG
de la force G employée par le Coin AEB à fendre le
corps δελμ, doit passer par l'angle R de la fente HRK,
& par quelque point D d'où l'on puisse mener deux perpendiculaires DM, DN, aux deux côtez HR, KR, de
la fente HRK en des points H, K, où ces côtez soient
rencontrez par le Coin AEB, en quelque rapport que
cette direction DR de la force G toute employée à fendre
le corps δελμ, divise l'angle HRK de la fente dans laquelle le Coin AEB tend à s'enfoncer de cette force G. *Ce*
qu'il falloit démontrer.

SCHOLIE.

Si l'on imagine un cercle qui passe par les trois points
H, R, K, il suit de-là que son diamétre mené du point R,
en rencontrera la circonference en un autre point D,
d'où l'on pourra toûjours mener deux perpendiculaires
DM, DN, aux côtez HR, KR, de la fente HRK, par
les deux points H, K, où l'on suppose que ces deux côtez
sont rencontrez par le Coin AEB.

THEOREME XXXVIII.

Soit un coup de marteau φOF *d'une direction quelconque* FP, *donné en* F *sur la base* AB *de tel coin* AEB *qu'on voudra, en équilibre avec la résistance que les côtez* HR, HK, *de la fente* HRK *du corps à fendre* δελυ, *dans laquelle ce coup tend à enfoncer ce Coin, font à s'écarter davantage, ou avec ce que ces côtez* HR, KR, *font d'effort pour se rapprocher l'un de l'autre, s'ils ont du ressort. Soit en* F *une perpendiculaire* FΠ *à la base* AB *du Coin, laquelle* FΠ *soit rencontrée en* C *par le diamétre* RD *prolongé du cercle imaginé par trois points* H, R, K, *desquelles le second* R *soit la pointe ou le fond de la fente* HRK; & *les deux autres* H, K, *deux quelconques de ceux où le Coin* AEB *rencontre les deux côtez* HR, KR, *de cette fente, ausquels côtez les droites* DH, DK, *seront ainsi perpendiculaires. Enfin sur ces perpendiculaires* DH, DK, *prolongées soient les côtez* DM, DN, *d'un parallelogramme* MN, *dont la diagonale* DG *de grandeur arbitraire, soit sur* DR *prolongée à volonté.*

Cela fait, je dis qu'en cas d'équilibre entre la force absolue du coup de marteau φOF *suivant* FP, & *les résistances en* H, K, *des côtez* HR, KR, *de la fente* HRK *du corps* δελυ *à fendre; cette force absolue du coup de marteau* φOF, *suivant* FP, *sera toûjours à la somme de ces résistances en* H, K, *des côtez* HR, KR, *de la fente* HRK *de ce corps, comme le produit du quarré du sinus total par la diagonale* DG *du parallelogramme* DMGN, *sera au produit des sinus des complemens des angles* PFΠ, ΠCZ, *multipliez entr'eux,* & *par la somme* DM—+DN *des côtez* DM, DN, *de ce parallelogramme* DMGN.

I. Il est visible (*Lem.* 3. *Corol.* 6.) que de la force absolue du coup de marteau φOF suivant FP en F sur la base AB du Coin AEB, il en résultera une autre à ce Coin suivant FΠ perpendiculaire à cette base AB; & que de

V ij

celles-ci il en résultera aussi une à ce même Coin AEB
suivant CR, ou (*Th.* 38.) DG, de laquelle il en résultera
pareillement deux autres suivant DM, DN, directement
contraires aux résistances en H, K, des côtez HR, KR,
de la fente HKR du corps à fendre, la somme desquelles résistances sera la totale que ces côtez de cette fente
HRK font au Coin en ces points H, K. Pour plus de brie-
veté & de netteté ou clarté, voici les noms de toutes ces
forces, & des sinus précedens, après avoir fait des points
quelconques P, Π, pris à volonté sur FP, FΠ, les perpendiculaires PQ en Q sur FΠ, & ΠβΠ en β sur CR prolongée à volonté.

	Absolue du coup de marteau φOF suivant FP,	F.
	Résultante de F suivant FΠ ou CΠ,	C.
Forces	Résultante de C suivant CR ou DG,	G.
	Résultante de G suivant DM,	M.
	Résultante aussi de G suivant DN,	N.

	En H,	H.
Résistances	En K,	K.
	Totale en H, K,	R=H+K.

	Total;	Q.
	De l'angle FPQ ou BFP d'incidence du coup	
Sinus	de marteau sur AB,	P.
	De l'angle CΠβ,	Π.

II. Cela posé, on verra (*Lem.* 3. *Corol.* 6.) que la force absolue (F) du coup de marteau en F suivant FP sur la
base AB du Coin AEB, est à ce que ce coup fait d'impression suivant FΠ sur cette base, & consequemment à ce
qu'il en résulte de force (C) à ce Coin suivant FΠ ou CΠ,
comme FP est à FQ; & consequemment aussi (*Lem.* 8.
Corol. 2.) comme le sinus total (Q) de l'angle droit FQP
est au sinus (P) de l'angle FPQ ou BFP d'incidence du
coup de marteau φOF sur la base AB du Coin AEB;
c'est-à-dire, que suivant les noms précedens (*art.* 1.) on
aura ici F.C::Q.P.

III. On verra de même (*Lem. 3. Cor. 6.*) que la force (C) suivant FΠ ou CΠ, réfultante de la force (F) du coup de marteau φOF, donné fuivant FP fur la bafe AB du Coin AEB, eft à ce qu'elle en caufe (G) à ce Coin fuivant CR ou DG, comme CΠ eft à Cβ ; & conféquemment (*Lem. 8. Corol. 2.*) comme le finus total (Q) de l'angle droit CβΠ eft au finus (Π) de l'angle CΠβ ; c'eft-à-dire, que l'on aura ici C. G :: Q. Π. Donc ayant déja (*art. 2.*) F. C :: Q. P. l'on aura ici (en multipliant par ordre) F. G :: Q². P×Π.

IV. Prefentement regardant (*art. 11*) la force (G) fuivant CR ou DG, comme compofée de deux autres fuivant DM, DN, avec lefquelles le Coin AB tend à écarter l'un de l'autre les deux côtez HR, KR, de la fente HRK, dans laquelle le coup de marteau tend à enfoncer ce Coin ; ces deux perpendiculaires (*Hyp.*) DM, DN, en H, K, à ces deux côtez HR, KR, de la fente HRK, font voir (*Lem. 3. Cor. 6.*)que ce que le Coin AEB a de force (G) fuivant DG, eft à chacune de celles (M, N) qu'il exerce contre chacun de ces deux côtez HR, KR, comme la diagonale DG eft à chacun des côtez correfpondans DM, DN, du parallelogramme DMGN ; c'eft-à-dire, G. M :: DG. DM. Et G. N :: DG. DN. Ce qui donne G. M+N :: DG. DM+DN. Donc ayant (*art. 3.*) F. G :: Q². P×Π. l'on aura ici (en multipliant entr'elles ces deux dernieres analogies par ordre) F. M+N :: Q²×DG. P×Π× DM+DN.

V. Or les efforts (M, N,) du Coin fuivant DM, DN, perpendiculaires (*Hyp.*) en H, K, aux faces ou côtez HR, KR, de la fente HRK, étant ainfi directement oppofez à ceux que font en ces points H, K, ces deux côtez de la fente, ou aux réfiftances qu'ils lui font (en ces points) à s'écarter davantage l'un de l'autre, & en équilibre (*Hyp.*) avec ces réfiftances en H, K, font égaux (*Ax. 4.*) à ces mêmes réfiftances (H, K,) chacun à chacune ; c'eft-à-dire (*art. 1.*) M=H ; & N=K ; d'où réfulte M+N= H+K (*art. 1.*) =R, réfiftance totale que les côtez HR,

KR, de la fente HRK font en H, K, aux efforts perpendiculaires (M, N,) que le Coin AEB, frappé en F suivant FP, fait contr'eux en H, K. Donc (*art.* 4.) F. R.
:: Q²×DG. P×Π×$\overline{DM-\!\!\!+DN}$. *Ce qu'il falloit démontrer.*

COROLLAIRE I.

Or la démonstration du Th. 38. donne HR. KR :: DN.
DM. d'où résulte HR. $\overline{HR-\!\!\!+KR}$ :: DN. $\overline{DM-\!\!\!+DN}$. de
sorte qu'ayant DG. DN :: DG. DN. l'on aura ici (en mul-
tipliant par ordre) DG×HR. DN×$\overline{HR-\!\!\!+KR}$ :: DG.
$\overline{DM-\!\!\!+DN}$. Donc (en multipliant les antecedens de cette analogie par Q², & les consequens par P×Π) l'on aura
pareillement Q²×DG×HR. P×Π×DN×$\overline{HR-\!\!\!+KR}$ :: Q²×
DG. P×Π×$\overline{DM-\!\!\!+DN}$ (*démonstr. art.* 5.) :: F. R. c'est-à-
dire, F. R :: Q²×DG×HR. P×Π×DN×$\overline{HR-\!\!\!+KR}$.

COROLLAIRE II.

Si l'on mene HL perpendiculaire en △ sur DR, & qui
prolongée rencontre en L le côté RK de la fente HRK, prolongé aussi, s'il est nécessaire ; les triangles DKR, L△R,
rectangles (*Hyp.*) en K, △, ayant l'angle DRL commun,
auront les angles KDR, △LR, égaux entr'eux. Par la
même raison les angles HDR, △HR, des triangles DHR,
H△R, rectangles (*Hyp.*) en H, △, seront égaux entre-
eux. Par conséquent ayant ainsi les angles △LR ou HLR
=NDG, LHR=MDG=NDG, les triangles DNG,
LRH, seront semblables entr'eux, & donneront HL. LR
:: DG. DN. Donc en substituant les deux premiers termes de cette analogie à la place des deux derniers dans la
derniere du précedent Corol. 1. l'on aura ici F. R :: Q²×
HL×HR. P×Π×LR×$\overline{HR-\!\!\!+KR}$.

COROLLAIRE III.

Si presentement on suppose que la direction DR de la

force G employée par le Coin AEB pour fendre le corps
$\delta\epsilon\lambda\mu$, partage également en deux l'angle ARK de la fente : alors les angles (*Hyp.*) droits DKR , DHR , & en $\triangle$,
rendant $KR = HR = LR$, & $H\triangle = \triangle L$, la derniere analogie du précedent Corol. 2. se changera ici en F. R : : $Q^2 \times$ Fig. 248.
$HL. P \times \Pi \times \overline{HR - KR} : : 2 Q^2 \times H\triangle. 2 \times P \times \Pi \times HR : : Q^2 \times$
$H\triangle. P \times \Pi \times HR.$ pour tous les cas du present Th. 38. ce
qui , dans ceux de la Figure 248. où les côtez du Coin
touchent par tout ceux de la fente , donnera aussi F. R
: : $Q^2 \times H\triangle. P \times \Pi \times HE.$

<h2 align="center">C O R O L L A I R E   I V.</h2>

En quelque rapport que l'angle HRK de la fente soit
divisé par la direction DR de la force G avec laquelle le
Coin AEB tend à diviser le corps $\delta\epsilon\lambda\mu$, supposons que la
direction FP du coup de marteau φOF sur la base AB de
ce Coin , soit suivant FΠ perpendiculaire à cette base.
Cette hypothese, qui confond FP avec FΠ, rendant ainsi
l'angle FPQ droit, comme l'est (*Hyp.*) FQP , & consequemment aussi leurs sinus P , Q , égaux entr'eux.

1°. Les deux dernieres analogies des Cor. 1. 2. se chan-
geront ici en F. R : : $Q \times DG \times HR. \Pi \times DN \times \overline{HR - KR}.$ Et
en F. R : : $Q \times HL \times HR. \Pi \times LR \times \overline{HR - KR}.$ en quelque
rapport que l'angle HRK de la fente soit divisé par la di-
rection CR ou DR de la force G employée par le Coin
AEB pour fendre le corps $\delta\epsilon\lambda\mu$, de quelque maniere que
les côtez de ce Coin rencontrent ceux de la fente.

2°. Les deux dernieres analogies du Corol. 3. dans lequel on suppose que DR divise en deux également l'angle HRK de la fente, se changeront de même ici pour
cette hypothese du Corol. 3. en F. R : : $Q \times H\triangle. \Pi \times HR.$
de quelque maniere encore que les côtez du Coin ren-
contrent ceux de la fente; & en F. R : : $Q \times H\triangle. \Pi \times HE.$
lorsque les côtez du Coin AEB touchent par tout ceux
de la fente HRK.

COROLLAIRE V.

Fig. 249.
251.

Outre la direction FP du coup de marteau φOF confondue avec la perpendiculaire FΠ à la base AB du Coin AEB soit cette perpendiculaire FΠ aussi confondue avec la direction CR de la force (G) employée par ce Coin pour fendre le corps δελμ; laquelle direction CR ainsi perpendiculaire en F à cette base AB, divise en deux également l'angle HRK de la fente de ce corps δελμ: le tout comme dans les Fig. 249. 251. où le Coin AEB est isoscele, & sa base AB parallele à HL, qui est ici HK, divisée perpendiculairement en deux parties égales en F, comme celle-ci en Δ, par RD prolongée jusques-là. Ce cas, qui est en tout celui qu'on suppose d'ordinaire, rendant non seulement P=Q comme dans le précedent Corollaire 2. mais encore, pour la même raison, Π=Q, changera pour ici (Fig. 249. 251.) les analogies du nomb. 2. du Corol. 4. en F.R:: HΔ. HR. d'où résulte F.R:: AF. AE:: AB. 2×AE. pour le cas de la Fig. 249.

Cela fait voir que dans ce cas-ci (qui est celui de l'hypothese ordinaire) d'un Coin isoscele AEB enfoncé dans une fente isoscele HRK d'un corps δελμ à fendre, & frappé ou poussé perpendiculairement à sa base AB en son milieu F suivant une direction FR qui divise en deux également l'angle HRK de la fente du corps à fendre, comme dans les Fig. 246. 248. la force absolue F, dont ce Coin AEB est ainsi frappé ou poussé, est toûjours à la résistance R, que les côtez HR, KR, de la fente lui font ensemble aux points H, K, marquez ci-dessus, comme la demi-largeur HΔ de cette fente HRK est à un de ses côtez H, ou comme sa largeur entiere HK est à la somme HR +KR de ses côtez, soit que ce Coin ne rencontre cette fente qu'en ces points H, K, comme dans la Fig. 251. ou qu'il la touche par tout jusqu'au fond, comme dans la Fig. 249.

D'où l'on voit que lorsque ce Coin isoscele AEB touche par tout jusqu'au fond cette fente isoscele HRK, comme
dans

dans la Fig. 249. la force abfolue F, dont on le fuppofe
ici frappé ou pouffé perpendiculairement à fa bafe AB.
en fon milieu F, eft toûjours à la réfiftance R, que lui
font enfemble les côtez HR, KR, de cette fente HRK,
comme la demi-bafe AF de ce Coin AEB eft à un de fes
côtez AE conformément au fecond fentiment de l'art. 2.
de la Remarque qui eft entre la Déf. 30. & le Th. 38.
ou comme la bafe entiere AB de ce Coin eft à la fomme
AE—+BE de fes deux côtez, conformément auffi au fentiment de l'art. 4. de la même Remarque, lequel revient
à celui-là.

SCHOLIE.

I. C'eft ainfi que le précedent Corol. 5. juftifie le fecond fentiment de l'art. 2. & celui de l'art. 4. de la Remarque précedente, lefquels reviennent au même, auquel revient auffi celui (bien entendu) d'un illuftre Auteur, dont voici les paroles : *Vires quibus Cuneus urget partes duas ligni fiffi, funt ad vim mallei in Cuneum, ut pro-
greffus Cunei fecundùm determinationem vis à malleo in ipfum
impreffa, ad velocitatem quâ partes ligni cedunt Cuneo fecundùm lineas faciebus Cunei perpendiculares.*

I I. Quant au premier fentiment de l'art. 2. & aux deux
de l'art. 3. de la Remarque précedente ; fçavoir, *qu'à
l'inftant d'équilibre entre la force dont on frappe le Coin, & la
réfiftance du corps à fendre, cette force eft toûjours à cette réfiftance comme la demi-bafe du Coin à fa hauteur*, felon le
premier de ces trois fentimens ; *comme la bafe entiere du
Coin à fa hauteur*, felon le fecond ; *& comme l'ouverture de
la fente à fa profondeur*, fuivant le troifiéme, qui ne fuppofe pas, comme les deux autres, que le Coin touche par
tout jufqu'au fond les deux côtez de la fente, & feulement qu'il les rencontre à l'entrée de l'ouverture de cette
fente. L'Auteur du premier de ces trois fentimens n'en
rapporte aucune raifon ; ainfi l'on ne fçauroit dire ce qui
l'a fait s'y méprendre. Les Auteurs des deux autres tirent
la leur de cette maxime, *qu'il y a toûjours équilibre dans*

les Machines, lorsque les vîtesses prises suivant les directions des forces y sont en raison reciproque de ces forces. Cette maxime bien entendue est vraye ; mais ces Auteurs se sont mépris dans la détermination de ces directions des vîtesses des côtez de la fente du corps à fendre : ils les ont prises paralleles à la base du Coin, au lieu qu'elles y sont perpendiculaires à ces côtez de la fente dans laquelle on le pousse, comme son action l'est sur ces mêmes côtez ; ce qui rend aussi ces vîtesses perpendiculaires aux côtez du Coin, lorsqu'il touche par tout jusqu'au fond ceux de la fente, ou du moins lorsqu'il les touche aux endroits où tombent ces perpendiculaires, lorsque les côtez de la fente sont courbes.

FIG. 250.
251.

III. Au reste, dans les Fig. 250. 251. je n'ai considéré les côtez HR, KR, de la fente HRK rencontrez seulement en deux points H, K, par le Coin AEB, que pour justifier, si je l'eusse pû, le second sentiment de l'art. 3. de la Remarque précedente, dépendant de cette supposition. Mais si l'on veut que dans ces Fig. 250. 251. H, K, soient des parties communes au Coin AEB & à la fente HRK, comme la compressibilité des corps le doit faire penser ; alors DM, DN, perpendiculaires à ces parties H, K, de la fente, se touvant aussi perpendiculaires aux côtez du Coin dans ces deux cas comme dans tous les autres, si l'on prolonge dans tous $H\Delta$ jusqu'à la rencontre en θ du côté EB du Coin, aussi prolongé, s'il est nécessaire ; les angles (*Hyp.*) droits DHE, DKB, & Δ., qui rendent les angles $H\theta E = GDN$ & $\theta HE = GDM = DGN$, rendant ainsi les triangles $HE\theta$, GND, semblables entr'eux, on aura ici en general pour tous les cas $H\theta.\ HE + \theta E :: DG.\ GN + DN :: DG.\ DM + DN$. Donc,

FIG. 248.
249. 250.
251.

1°. L'analogie generale du present Th. 38. démonstr.

art. 5. donnera ici $F.\ R. :: Q^2 \times H\theta.\ P \times \Pi \times HE + \theta E.$ pour tous les cas. Ce qui,

2°. Dans le cas du Cor. 3. où DR divise en deux également l'angle HRK de la fente du corps δικμ, se change

en F. R :: Q^2×HΘ. 2×P×Π×HE :: Q^2×HΔ. P×Π×HE.
Ce qui,

3°. Dans le cas du nomb. 2. du Corol. 4. où l'on suppose de plus la direction FP du marteau confondue avec FΠ
perpendiculaire à la base AB du Coin, se change en F. R
:: Q×HΔ. Π×HE. Ce qui,

4°. Dans le cas du Corol. 5. qui, outre tout cela, sup- Fig. 249.
pose dans les Fig. 249. 251. FΠ aussi confondue avec 251.
CR, c'est-à-dire, toutes les lignes FP, FΠ, CR, confondues en une FR au milieu F de la base AB du Coin isof-
cele AEB, se change en F. R :: HΔ. HR. pour ces deux
Fig. 249. 251. ainsi qu'on l'a déja vû pour la seule Fig.
246. dans le Corol. 5. cette derniere hypothese rendant
comme là Q=Π.

IV. Quoique dans les Fig. 250. 251. je n'aye consideré Fig. 250.
le Coin AEB comme rencontré seulement en deux points 251.
H, K, & non en des parties communes, par les côtez de la
fente HRK du corps *εληκ* à fendre, que pour justifier, si
je l'eusse pû, le second des sentimens de l'art. 3. de la Remarque précedente ; ce n'est pas qu'on ne puisse considerer avec l'Auteur de ce sentiment, le Coin comme ainsi
rencontré par les côtez de la fente à son entrée ou ailleurs,
en prenant le tout mathématiquement, & comme si le
corps à fendre étoit incompressible au point H, K, & in-
capable de ceder ailleurs qu'en R. Car quoique le ressort
qu'on lui peut supposer en ce point R, tendant à en rapprocher l'un de l'autre les côtez HR, KR, de la fente
HRK suivant des perpendiculaires en H, K, à ces côtez
de la fente, & obliques à ceux AE, BE, du Coin AEB,
tendît à rejetter ce Coin, & à le faire ressortir de cette
fente, comme un noyau est forcé de sortir d'entre les
doigts entre lesquels il est pressé ; il est visible que l'effort
du coup de marteau φOF sur la base ou la tête AB de ce
Coin AEB, le pourroit retenir dans cette fente HRK
malgré ce ressort ; & que l'équilibre de ce coup de marteau avec la résistance des côtez de cette fente de tel
corps qu'on voudra, pourroit se faire sur ces points ma-

thématiques H, K, de même que s'ils étoient des parties communes aux côtez de ce Coin AEB, & à ceux de la fente HRK que ceux-là toucheroient en ces points. Ce qui fait voir que cette fuppofition de l'Auteur du fecond fentiment de l'art. 3. de la Remarque précédente, eft mathématiquement poffible ; & qu'ici le Coin fans parties communes avec les côtez de la fente du corps à fendre, ne laifferoit pas à l'inftant qu'il feroit frappé, de faire des efforts contr'eux, capables de produire l'équilibre fuppofé, s'il étoit affez fortement frappé pour cela ; puifqu'il les empêcheroit ainfi de fe rapprocher l'un de l'autre, & en foûtiendroit tellement toute la réfiftance, ou toute la tendance à fe rapprocher en vertu de leur reffort, que pouffé ou frappé plus fortement que cet équilibre ne requiert, il les forceroit de s'écarter l'un de l'autre, & la fente de s'augmenter pendant l'inftant que ce Coin feroit ainfi pouffé ou frappé. Il eft vrai que la compreffibilité phyfique des corps permettroit à ce Coin d'enfoncer ces points H, K, & de s'y faire ainfi deux parties communes à fes côtez, & à ceux de la fente qui en feroient touchez en ces points ; mais cela n'empêche pas la poffibilité mathématique dont il eft ici queftion.

Ajoûtez à cela que deux parties en H, K, ou ailleurs, communes aux côtez du Coin AEB, & à ceux de la fente HRK, mathématiquement polies, comme on les fuppofe d'ordinaire, & mêmes telles qu'on voudra, fuffent-elles de toute la longueur des côtez de la fente, ne rendroient pas l'équilibre entre la force du Coin & la réfiftance des côtez du corps à fendre plus poffible que ne le rendroient les deux points mathématiques communs H, K, des Fig. 250. 251. dont il eft ici queftion ; puifque le reffort ou l'effort des côtez HR, KR, de la fente HRK pour fe rapprocher l'un de l'autre, tendroit autant à en faire fortir le Coin qui les toucheroit en ces parties communes, que s'il ne les rencontroit qu'aux feuls points mathématiques H, K : de forte que fi dans la pratique le Coin refte dans la fente après le coup reçû du marteau, ou de maffe, ce n'eſt pas l'effet d'un ſimple contact en des parties communes ; mais de l'âpreté ou de l'inégalité des côtez du Coin & de la fente, dont ceux-là s'accrochent avec ceux-ci par l'engrenement entr'elles de leurs parties inégalement avancées, leſquelles enfoncées par force les unes entre les autres, y demeurent embaraſſées.

V. C'eſt pour cela qu'en fait de conſideration mathématique, où les côtez du Coin & de la fente du corps à fendre, ſont regardez comme mathématiquement polis, il ne peut y avoir d'équilibre entre la force du Coin & la réſiſtance des côtez élaſtiques du corps à fendre, qu'à l'inſtant que le Coin eſt frappé ou pouſſé d'une force la plus grande qui puiſſe être ſoûtenue par toute la réſiſtance de ce corps à être diviſé par ce Coin, ſoit que ce Coin en rencontre les côtez de la fente ſeulement en des points H, K, ou en des parties communes quelconques : auſſi eſt-ce-là l'état dans lequel nous l'avons ſuppoſé juſqu'ici.

V I. La conſideration du Coin AEB ſoûtenu en équilibre entre les côtez HR, KR, de la fente HRK, comme entre deux plans inclinez, fait aſſez voir (*Lem. 3. Corol. 8. 9. & Th. 26. part. 1.*) que pour cet équilibre il faut que les efforts du Coin contre ces deux côtez HR, KR, de la fente du corps à fendre, leurs ſoient perpendiculaires en deux points H, K, communs à eux, & à ceux AE, BE, de ce Coin, ſoit qu'ils le ſoient auſſi, ou non, à ces côtez du Coin ; & qu'ainſi l'on a eu raiſon ci-deſſus de prendre DM, DN, perpendiculaires en H, K, aux côtez HR, KR, de la fente HRK pour les directions des forces exercées par le Coin contre ces côtez de la fente en vertu de ſa force G ſuivant DG, ſans ſe mettre en peine ſi ces directions DM, DN, ſont auſſi perpendiculaires comme dans les Fig. 248. 249. ou non, comme dans les Fig. 250. 251. aux côtez AE, BE, de ce Coin AEB.

Un Levier chargé d'un poids entre ſes deux extrêmitez ſoûtenues ſur deux plans inclinez, fait encore voir que pour l'équilibre d'un Coin avec la réſiſtance des côtez de la fente d'un corps à fendre, entre leſquels ce Coin eſt

Fig. 248.
249. 250.
251.

X iij

foûtenu comme entre deux plans inclinez ; il eſt ſeûle-
ment requis que les directions des efforts de ce Coin contre ces côtez de la fente dans laquelle il tend à s'enfoncer,
leur ſoient perpendiculaires en des points communs à eux
& aux côtez du Coin, & qu'il eſt tout-à-fait indifferent
que ces directions ſoient auſſi perpendiculaires à ces côtez
du Coin. C'eſt pour cela que la difficulté de trouver la ſituation requiſe à ce Levier ainſi chargé pour demeurer
en équilibre entre deux plans inclinez donnez de poſition, ne conſiſte pas à trouver ce que le poids dont ce
Levier eſt chargé, lui fait d'impreſſions perpendiculaires
à ſes extrêmitez ; cela étant facile ; mais ſeulement à trouver deux points de ces deux plans (un de chacun) ſur
leſquels ce poids doit faire des efforts perpendiculaires à
ces plans, leſquels deux points ſoient diſtans entr'eux de
la longueur du Levier chargé de ce poids, pour être ſoûtenu ſur eux en équilibre entre ces deux plans.

Fig. 248.
249.

VII. Quant aux forces ſuivant QP, βΠ, dont la premiere ſuivant QP parallele à la baſe AB du Coin AEB,
réſulte immédiatement du coup oblique du marteau φOF
ſuivant FP ſur cette baſe AB dans les Fig. 248. 249. &
dont la ſeconde ſuivant βΠ réſulte de même de l'autre
ſuivant FΠ, réſultante immédiatement auſſi de la premiere ſuivant FP ; on n'en a fait ci-deſſus aucun uſage,
parce qu'elles ne tendent aucunement à fendre le corps
ᶴελμ, mais ſeulement à le faire avancer, & même à le ren-
verſer du côté où elles tendent toutes deux, ſi elles tendent
vers le même, comme dans la Fig. 248. ou bien du côté
vers lequel tend la plus forte des deux, ſi elles tendent
vers des côtez differens comme dans la Fig. 250. à
moins qu'il ne ſoit bien retenu en ελ par ſa peſanteur ou
autrement.

THEOREME XXXIX.

Fig. 248.
249. 250.
251.

Toutes choſes demeurant les mêmes que dans le précédent
Th. 38. dans lequel la force abſolue du coup de maſſe ou de
marteau φOF ſuivant FP ſur la baſe AB du Coin AEB, a

été appellée *F*, d'où résultoit l'employée *G* suivant *C R* ou *D G*
par ce Coin pour fendre le corps δεελμ en vertu des deux autres forces *M*, *N*, dans lesquelles celle-ci (*G*) se décomposoit
suivant *D M*, *D N*, perpendiculaires en *H*, *K*, aux côtez *H R*,
K R, de la fente *H R K*, & qui étoient ainsi toutes employées
contre ces deux côtez de la fente pour les écarter l'un de l'autre:
cela, dis-je, supposé tel qu'on l'a trouvé dans la démonstration du précedent Th. 38. soit *Z* le centre du premier mouvement que les deux parties δ*R Z*ε, μ*R Z*λ, du corps à fendre,
auroient en cedant au Coin *A E B* ; & de ce point *Z* soient menées *Z S*, *Z Y*, perpendiculaires en *S*, *Y*, sur *D M*, *D N*, prolongées. Ensuite par le centre (quel qu'il soit) de tenacité ou
de résistance des fibres qui s'opposent à ce premier mouvement
autour de *Z*, soit imaginé un plan *V X* perpendiculaire en *T* à
D R prolongée, dans laquelle on va faire voir que cet appui *Z*
doit toûjours être.

Tout cela posé, si outre les noms assignez dans la démonstration du précedent Th. 38: l'on appelle *T* la tenacité ou la
résistance actuelle que les fibres en équilibre avec l'effort du
Coin contr'elles, font alors à se casser ou à se détacher toutes
à la fois, comme dans le Systéme de Galilé sur la Résistance des
corps à être rompus, ou successivement suivant tel autre systéme qu'on voudra ; l'on aura toûjours en general *F*. *T* : : ⍰²*X* :
D G × *T Z*. 2 × *P* × Π × *D M* × *S Z*.

D E M O N S T R A T I O N.

I. Quelque systême qu'on adopte sur la maniere dont
les fibres qui tiennent les parties δ*R Z*ε, μ*R Z*λ, du corps
δ ελ μ à fendre, attachées ensemble depuis *R* vers ελ, ce-
deroient ou casseroient, si leur résistance étoit surmontée
par les efforts *M*, *N*, du Coin *A E B* contr'elles ; il est visible qu'il y a un certain point *T* entre *R* & ελ, dans lequel
si tout ce que ces fibres font de résistance à ce Coin, étoit
ramassé, cette résistance totale de toutes ces fibres ensemble, seroit la même contre lui, que lorsqu'elles sont répandues entre *R* & ελ : de sorte que ce point *T* (que j'appelle *centre de Tenacité* ou *de Résistance* de toutes ces fibres

en équilibre avec l'effort du Coin) peut être regardé comme le seul ou les deux parties δRZϵ, μRZλ, du corps à fendre, sont attachées ensemble, & de même que si elles y étoient preffées ou tirées l'une contre l'autre suivant TV, TX, en ligne droite parallele à HL, par deux forces V, X, directement oppofées fuivant cette ligne VX, égales entr'elles, & égales enfemble à tout ce que les fibres répandues depuis R vers λ, font de réfiftance en équilibre avec l'effort que le Coin AEB fait pour les rompre, & les obliger ainfi à le laiffer entrer plus avant dans le corps à fendre; laquelle réfiftance totale étant appellée T, l'on aura ici T=V—+X.

II. De plus fi l'on confidere, comme dans la démonftration du Th. 36. que de quelque maniere ou force que le Coin AEB foit pouffé, il ne tend à fendre le corps $\delta$$\epsilon$$\lambda$$\mu$ qu'en vertu de *Momens* égaux qu'il doit imprimer pour cela aux parties δRZϵ, μRZλ, de ce corps qu'il tend à écarter l'une de l'autre; puifque la différence des *Momens* inégaux ne tendroit qu'à mouvoir ce corps entier $\delta$$\epsilon$$\lambda$$\mu$ dans le fens du plus fort de ces mêmes *Momens*, & non à le divifer ou le fendre: on verra que, quel que foit le point ou appui Z fur lequel fixe ces deux parties δRZϵ, μRZλ, du corps à fendre commenceroient à fe mouvoir en cas que les efforts M, N, du Coin AEB contr'elles, l'emportaffent fur la réfiftance des fibres qui les tiennent attachées enfemble, ce point Z doit, pour l'équilibre ici fuppofé, être tel (*Théor.* 21. *Corol.* 6.) qu'il rende M×SZ= N×YZ; & confequemment YZ. SZ :: M. N (*démonftr.* *du Th.* 37.) :: KR. HR. c'eft-à-dire, YZ. SZ :: KR. HR. Or il eft évident que cela ne fçauroit être, à moins que ce point ou appui Z ne foit quelque part dans la droite DR continuée, laquelle (à caufe des perpendiculaires fuppofées HR, SZ, fur DM prolongée; & KR, YZ, fur DN auffi prolongée) rend YZ. KR :: DZ. DR :: SZ. HR. & confequemment YZ. SZ :: KR. HR. Donc l'appui Z des *Momens* caufez aux parties δRZϵ, μRZλ, du corps à fendre, par les efforts M, N, que le Coin AEB fait fui-

vant

rant DM , DN , pour les féparer l'une de l'autre , doit être quelque part dans la droite DR continuée du côté de la bafe $\varepsilon\lambda$ du corps $\delta\varepsilon\lambda\mu$ à fendre par delà le centre T de tenacité ou de réfiftance de tout ce qu'il y a de fibres qui s'y oppofent à l'inftant de leur équilibre avec ce que ce Coin exerce de forces pour divifer ce corps $\delta\varepsilon\lambda\mu$ malgré ces fibres , en quelque point T , entre R & $\varepsilon\lambda$, que foit alors le centre de leur réfiftance totale , & quel que foit dans cet efpace la trace de la féparation qui s'y feroit entre les parties δRZε , μRZλ du corps $\delta\varepsilon\lambda\mu$ à fendre, fi l'effort du Coin AEB l'emportoit fur cette réfiftance totale T des fibres qui retiennent ces deux parties attachées enfemble.

I.I I. Cela étant, & VX , qu'on fuppofe paffer par le centre de cette réfiftance , étant (*Hyp.*) perpendiculaire à RZ, comme SZ, YZ, le font (*Hyp.*) à DM, DN , prolongées ; l'équilibre ici fuppofé entre les efforts M , N, (fuivant DM , DN ,) du Coin AEB , & cette réfiftance totale T équivalente (*art.* 1.) à deux forces égales V, X, avec chacune defquelles chacun de ces efforts M , N, feroit en équilibre fur l'appui Z, donnera (*Th.* 2 1. *Corol.* 6.) M$\times$ZS$=$V$\times$TZ$=$X$\times$TZ$=$N$\times$YZ , & confequemment 2$\times$M$\times$SZ$=$V$+$X$\times$TZ (*art.* 1.)$=$T$\times$TZ; d'où réfulte M.T:: TZ. 2$\times$SZ. Or l'art. 4. de la démonftration du Th. 3 8. donne G. M : : DG. DM. Donc (en multipliant par ordre) G. T : : DG$\times$TZ. 2$\times$DM$\times$SZ. Or l'art. 3. de la démonftration du Th. 3 8. donne de plus F. G : : Q^2. P$\times\Pi$. Donc enfin (en multipliant encore par ordre) F. T : : Q$^2\times$DG$\times$TZ. 2$\times$P$\times\Pi\times$DM$\times$SZ. *Ce qu'il falloit démontrer.*

C O R O L L A I R E I.

Or fuivant le Corol. 2. du Th. 3 9. les triangles LRH, DNG , ou GMD étant femblables entr'eux , l'on aura DG. DM : : HL. HR. Donc en fubftituant les deux derniers termes de cette analogie au lieu des deux premiers dans la derniere de l'art. 3. de la précedente démonftra-

tion , l'on aura auſſi en general F. T :: Q'× HL×TZ.
2×P×Π×HR×SZ.

COROLLAIRE II.

Si preſentement on ſuppoſe , comme dans le Corol. 3.
du Th. 3 8. que la direction DRZ de la force G employée par le Coin AEB pour fendre le corps δελμ, diviſe
également en deux l'angle HRK de la fente que ce Coin
tend à y augmenter par les efforts M , N , ſuivant DM ,
DN , que cette force G (réſultante de l'abſolue F du marteau ou de la maſſe φOF) exerce perpendiculairement en
H , K , contre les côtez HR , KR , de cette fente HRK ;
l'on aura ici comme là HΔ＝ΔL , & conſequemment
HL＝2×HΔ. Ce qui pour ce cas-ci changera la derniere
analogie du précedent Corol. 1. en F. T :: Q'×HΔ×TZ.
P×Π×HR×SZ.

COROLLAIRE III.

En quelque rapport que l'angle HRK de la fente ſoit
diviſé par la direction DR de la force G , avec laquelle
le Coin AEB tend à fendre le corps δελμ , ſupoſons (comme dans le Corol. 4. du Th. 3.9. que la direction FP du
coup de marteau ou de maſſe φOF ſur la baſe AB de ce
Coin , ſoit ſuivant FΠ perpendiculaire à cette baſe. Cette
hypotheſe , qui confond FP avec cette perpendiculaire
FΠ , rendant ainſi P＝Q , comme dans le Corollaire 4. du
Th. 3 8.

1°. L'analogie du preſent Th. 3.9. ſe changera ici en
F. T :: Q×DG×TZ. 2×Π×DN×SZ. en quelque rapport
que l'angle HRK de la fente du corps à fendre , ſoit diviſé par la direction DR de la force G dont le Coin AEB
tend à fendre ce corps δελμ.

2°. La derniere analogie de ſon Corol. 1. ſe changera
ici en F. T :: Q×HL×TZ. 2×Π×HR×SZ. quel que ſoit
encore le rapport des parties de l'angle HRK diviſé
par DR.

3ᵉ. L'analogie du Corol. 2. se changera pareillement ici en F. T :: Q×H△×TZ.Π×HR×SZ pour le cas de ce Corol. 2. où l'on suppose que DR divise en deux parties égales l'angle HRK de la fente que le Coin AEB tend à augmenter.

C ᴏ ʀ ᴏ ʟ ʟ ᴀ ɪ ʀ ᴇ   I V.

Outre la direction FP du coup de marteau confondue avec la perpendiculaire FΠ à la base AB du Coin AEB, comme dans le précedent Corol. 3. soit cette perpendiculaire FΠ aussi confondue avec la direction CR ou DR de la force G employée par ce Coin pour fendre le corps δελμ, comme dans le Corol. 5. du Th. 38. laquelle CR ainsi perpendiculaire en F à cette base AB, divise ici comme là en deux parties égales l'angle HRK de la fente de ce corps δελμ : le tout comme dans les Fig. 249. 250. dans lesquelles le Coin AEB est isoscele, & sa base AB parallele à HL, qui est ici HK, divisée perpendiculairement en deux parties égales en F, comme celle-ci l'est en △ par RD prolongée jusques-là. Ce cas, qui en tout est celui qu'on suppose d'ordinaire, rendant non seulement P═Q, comme dans le précedent Corol. 3. mais encore pour la même raison Π═Q, ainsi que dans le Corol. 5. du Th. 38. changera pour ici (Fig. 249. 250.) l'analogie du nomb. 3. du précedent Corol. 3. en F. T :: H△×TZ. HR×SZ. D'où résulte F. T :: AF×TZ. AE×SZ :: AB×TZ. 2×AE×SZ :: AB×TZ. SZ×$\overline{AE+BE}$. pour le cas de la Fig. 250.

Sᴄʜᴏʟɪᴇ.

La recherche qu'on vient de faire du rapport de la force du Coin F, qui frappe ou pousse le Coin AEB, à la résistance des fibres, qui en équilibre avec lui, tiennent malgré lui attachées ensemble les parties δRZε, μRZλ, du corps à fendre, ayant introduit les bras TZ, SZ, du Levier recourbé SZT dans les analogies du present Th. 39. & de ses Corollaires; il n'est pas surprenant qu'aucu-

Y ij

ne de ces analogies ne reſſemble à une de celle des ſentimens rapportez dans la Remarque qui précede le Th. 37.
aucun des Auteurs de ces ſentimens n'ayant cherché ce
rapport, mais ſeulement celui de la force du Coin aux
Momens dont les côtez HR, KR, de la fente HKR du
corps d'eau à fendre, réſiſtent à la force du Coin AEB.
Ce qui fait qu'aucun de ces ſentimens ne peut être juſti-
fié dans le ſens du preſent Th. 39. & que n'étant tous
que dans l'hypotheſe & dans le ſens du Corol. 5. du Th.
38. il n'y a que ce Corollaire qui les puiſſe juſtifier ; lequel pourtant n'en juſtifie que deux qui reviennent au
même, ainſi qu'on l'a vû dans l'art. 1. du Scholie de ce
Théoreme-là. D'où il faut neceſſairement conclure que
les Auteurs des autres ſentimens s'y ſont mépris ; ce qui
ſoit ſeulement dit pour que le Lecteur ne s'y méprenne
pas après eux, & non pour les offenſer, ne craignant rien
tant que de faire de la peine à qui que ce ſoit. C'eſt pour
cela (ainſi que j'en ai déja averti) que je ne nomme point
ces Auteurs, ni même ceux des ſentimens juſtifiez dans
l'art. 1. du Scholie du Th. 38. leſquels pourroient auſſi
trouver mauvais que je faſſe ici remarquer qu'ils n'ont
touché qu'au cas le plus ſimple de cē Théoreme, rapporté dans ſon Corol. 5. la verité pouvant ainſi être miſe à
couvert ſans offenſer perſonne.

REMARQUE.

Au reſte il eſt à remarquer que tout ce qu'on voit démontré dans les trois derniers Th. 37. 38. 39. pour le
Coin priſmatique triangulaire quelconque, exprimé en
profil par le triangle rectiligne auſſi quelconque AEB,
qui en feroit le generateur à la maniere expliquée dans la
Déf. 30. & pour une fente rectiligne HRK, dans laquelle
on a ſuppoſé ce Coin, ſe démontrera de même par toutes
autres figures de Coin & de fente qu'on voudra. Pour le
voir, il n'y a qu'à imaginer le profil de ce nouveau Coin
inſcrit dans un triangle rectiligne, dont les côtez le touchent aux points H, K, ou ce Coin de figure quelconque

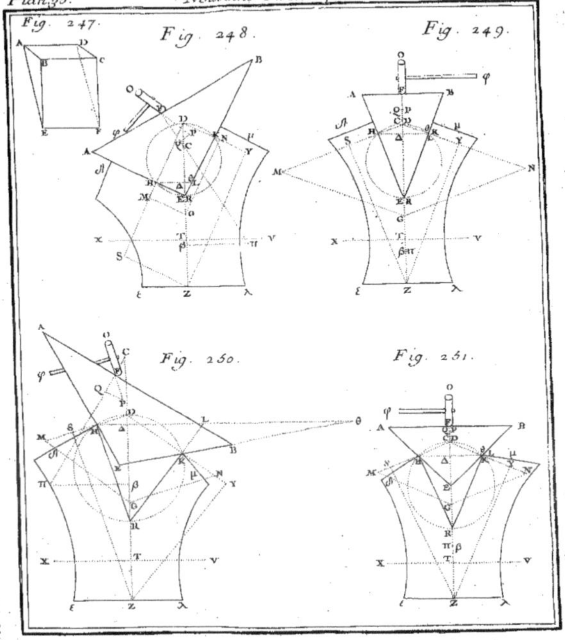

Fig. 247.
Fig. 248.
Fig. 249.
Fig. 250.
Fig. 251.

rencontrera les côtez quelconques de la fente, & au
point F, où il fera rencontré par le marteau, ou par la
maſſe ϕOF qui le frappera ; prendre enſuite ce triangle,
tel que feroit AEB, ſi ce nouveau Coin lui étoit ainſi
inſcrit, pour le véritable Coin ; & les parties HE, KE,
des côtez de ce Coin triangulaire pour ceux de la fente,
ſi elle eſt curviligne ; auquel cas la pointe E de ce Coin
ſera toûjours (*Th.* 36.) dans la direction DR de la force
G, dont il tendra à fendre le corps δελμ. Cela conçû ou
imaginé, tout le reſte demeurant le même que dans les
Fig. 248. 249. 250. 251. les démonſtrations des Th. 37.
38. 39. & leurs Corollaires pour le Coin triangulaire AEB
dans une fente rectiligne HRK, pour laquelle on prendra
HEK, s'appliqueront de même à tout autre Coin de figure auſſi quelconque, & à ce Coin rectiligne AEB dans une
fente curviligne ou de côtez courbes. Les figures de ces
nouveaux cas ſont ſi aiſées à imaginer, que ç'auroit été
multiplier inutilement le nombre de celles-ci, que de les
y ajoûter.

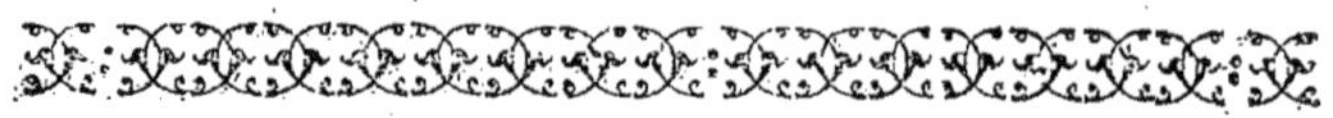

SECTION IX.

Corollaire general de la Théorie précedente.

Dans une Lettre écrite de Bâle le 26. Janvier 1717. M. (Jean) Bernoulli, après y avoir défini ce qu'il entendoit par le mot d'*Energie*, de la maniere qu'on le va voir dans la définition suivante , m'annonça qu'*en tout équilibre de forces quelconques , en quelque maniere qu'elles soient appliquées les unes sur les autres , ou médiatement ou immédiatement ; la somme des Energies affirmatives sera égale à la somme des Energies negatives , prises affirmativement.*

Cette proposition me parut si generale & si belle, que , voyant que je la pouvois aisément déduire de la Théorie précedente , je lui demandai la permission qu'il m'accorda , de l'ajoûter ici avec la démonstration que cette Théorie m'en fournissoit , & qu'il ne m'envoyoit pas. La voici séparée pour toutes les Machines précedentes ; la Théorie , qui en étoit achevée lorsque ce sçavant Mathématicien m'annonça cette proposition , ne m'ayant pas permis de la démontrer sur chacune de ces Machines en sa place , sans changer un très-grand nombre de citations répandues dans cette Théorie , & toutes celles des Figures qui auroient suivi la premiere des nouvelles qu'il y auroit fallu ajoûter dès la Section 2. ce qui m'auroit fort embarrassé , & exposé à de fausses citations, n'étant pas possible de n'omettre aucun de ces changemens. Pour l'intelligence de cette proposition de M. Bernoulli, & de la démonstration que la Théorie précedente en va fournir. Voici comment il s'expliquoit sur ce qu'il entendoit par le mot d'*Energie* , dans la Lettre où il m'annonçoit cette belle proposition.

DÉFINITION XXXII.

Concevez (difoit-il) plufieurs forces differentes qui «
agiffent fuivant differentes tendances ou directions pour «
tenir en équilibre un point, une ligne, une furface, ou «
un corps ; concevez auffi que l'on imprime à tout le fy- «
ftême de ces forces un petit mouvement, foit parallele «
à foi-même fuivant une direction quelconque, foit au- «
tour d'un point fixe quelconque : il vous fera aifé de «
comprendre que par ce mouvement chacune de ces for- «
ces avancera ou reculera dans fa direction, à moins que «
quelqu'une ou plufieurs des forces n'ayent leurs ten- «
dances perpendiculaires à la direction du petit mouve- «
ment ; auquel cas cette force, ou ces forces n'avance- «
roient ni ne reculeroient de rien : car ces avancemens «
ou reculemens, qui font ce que j'appelle *viteffes vir-* «
tuelles, ne font autre chofe que ce dont chaque ligne de «
tendance augmente ou diminue par le petit mouvement; «
& ces augmentations ou diminutions fe trouvent, fi «
l'on tire une perpendiculaire à l'extrêmité de la ligne «
de tendance de quelque force, laquelle perpendiculaire «
retranchera de la même ligne de tendance, mife dans la «
fituation voifine par le petit mouvement, une petite «
partie qui fera la mefure de la *viteffe virtuelle* de cette «
force. «

Soit, par exemple, P un point quelconque dans le « Fig. 152.
fyftême des forces qui fe foutiennent en équilibre ; F, une «
de ces forces, qui pouffe ou qui tire le point P fuivant la «
direction FP ou PF ; P*p*, une petite ligne droite que dé- «
crit le point P par un petit mouvement, par lequel la «
tendance FP prend la fituation *fp*, qui fera ou exacte- «
ment parallele à FP, fi le petit mouvement du fyftême «
fe fait en tous fes points parallelement à une droite don- «
née de pofition ; ou elle fera, étant prolongée, avec FP «
un angle infiniment petit, fi le petit mouvement du fy- «
ftême fe fait autour d'un point fixe. Tirez donc PC per- «
pendiculaire fur *fp*, & vous aurez C*p* pour la *viteffe vir-* «

» *tuelle* de la force F, en sorte que F×C*p* fait ce que j'appel-
» le *Energie*. Remarquez que C*p* est ou *affirmatif* ou *néga-*
» *tif* par rapport aux autres : il est *affirmatif*, si le point P
» est poussé par la force F, & que l'angle FP*p* soit obtus ;
» il est *négatif*, si l'angle FP*p* est aigu : mais au contraire si
» le point P est tiré, C*p* sera *négatif*, lorsque l'angle FP*p* est
» obtus ; & *affirmatif*, lorsqu'il est aigu. Tout cela étant
» bien entendu, je forme (dit M. Bernoulli) cette

PROPOSITION GENERALE.

THEOREME XL.

» *En tout équilibre de forces quelconques, en quelque maniere*
» *qu'elles soient appliquées, & suivant quelques directions*
» *qu'elles agissent les unes sur les autres, ou médiatement, ou*
» *immédiatement, la somme des Energies affirmatives sera*
» *égale à la somme des Energies négatives prises affirmative-*
» *ment.*

DEMONSTRATION.

Telle est la proposition de M. Bernoulli, rapportée au
commencement de cette Section ; & voici comment la
Théorie précedente en fournit la démonstration.

PARTIE I.

Pour l'équilibre d'un poids soûtenu avec des cordes seule-
ment, par tant de puissances qu'on voudra, de directions quel-
conques ; & pour l'équilibre d'un corps choqué par plusieurs au-
tres à la fois.

Fig. 258.
254.

I. Toutes choses demeurant ici les mêmes que dans la
Fig. 71. du Th. 6. Corol. 20. c'est-à-dire, le poids K étant
soûtenu en équilibre par tant de puissances P, Q, R, S,
T, &c. qu'on voudra, appliquées (comme lui) à autant
de branches de corde, sur lesquelles branches ou cordons
soient AB, AC, AE, AF, AM, &c. proportionnelles à
ces puissances P, Q, R, S, T, &c. des extrêmitez desquelles proportionnelles tombent autant de perpendiculaires

llaires B*b*, C*c*, E*e*, F*f*, M*m*, &c. fur la direction AK du
poids K prolongée de part & d'autre : cela, dis-je, étant
ainfi dans les Fig. 253.254. comme dans la Fig. 71. Th.
6. Corol. 20. foit prife de A vers K fur la direction AK du
poids K, une partie quelconque A*a* dans la Fig. 253, où
les puiffances P, Q, R, S, T, &c. tirent droit, fans s'appuyer fur rien, & infiniment petite dans la Fig. 254. où
les cordons de ces puiffances font appuyez fur des poulies
β, λ, ϵ, φ, μ, &c. Du point *a*, fur les directions AB, AC,
AE, AF, AM, &c. de ces puiffances P, Q, R, S, T, &c.
foient autant de perpendiculaires *ap*, *aq*, *ar*, *af*, *at*, &c.
qui rencontrent ces directions en *p*, *q*, *r*, *f*, *t*, &c.

Cela fait, il eft vifible que les triangles (*conftr.*) rectangles A*pa*, A*b*B ; A*qa*, A*c*C ; A*ra*, A*e*E ; A*fa*, A*f*F ; A*ta*,
A*m*M, &c. ayant deux à deux (diftinguez comme on les
voit ici par la marque ;) leurs angles égaux A, font femblables entr'eux pris ainfi deux à deux. Par conféquent,
en appellant *b*, *c*, *e*, *f*, *m*, &c. les forces fuivant la direction AK ou A*e* du poids K, pour ou contre ce poids, réfultantes (*Lem. 3. Corol. 6.*) des forces abfolues des puiffances P, Q, R, S, T, &c. fuivant leurs directions AB,
AC, AE, AF, AM, &c. l'on aura fuivant la part. 1. du
Lem. 3. employée comme dans la démonftr. 2. du Th. 6.

$$Aa.\ Ap :: AB.\ Ab :: P.\ b = \frac{P \times Ap}{Aa}.$$

$$Aa.\ Aq :: AC.\ Ac :: Q.\ c = \frac{Q \times Aq}{Aa}.$$

$$Aa.\ Ar :: AE.\ Ae :: R.\ e = \frac{R \times Ar}{Aa}.$$

$$Aa.\ Af :: AE.\ Af :: S.\ f = \frac{S \times Af}{Aa}.$$

$$Aa.\ At :: AM.\ Am :: T.\ m = \frac{T \times At}{Aa}.$$

&c.

Donc $\dfrac{Q\times Aq + R\times Ar + S\times Af - P\times Ap - T\times At \pm \&c.}{Aa}$

$= c + e + f - b - m \pm \&c.$ (*Th.* 6. *démonstr.* 2.) $= K$; ce qui en ce cas d'équilibre donne $Q\times Aq + R\times Ar + S\times AS - P\times Ap - T\times At \pm \&c = K\times Aa$, ou $K\times Aa + P\times Ap + T\times At \pm \&c = Q\times Aq + R\times Ar + S\times Af \pm \&c.$

Fig. 253.

1°. Soit préfentement tout le fyftême de la Fig. 253. mû de maniere que fon point A parcourant la partie quelconque Aa de la direction AK du poids K, tous les cordons ou directions AB, AC, AE, AF, AM, &c. des puiffances P, Q, R, S, T, &c. demeurent toûjours paralleles chacune à foi-même ; & que lorfque le point A fera en a, & le poids K defcendu de la valeur de Aa fuivant fa premiere direction AK, ces autres directions ou cordons AB, AC, AE, AF, AM, &c. foient encore perpendiculaires en a aux mêmes lignes fixes ap, aq, ar, af, at, &c. aufquelles elles l'étoient en p, q, r, f, t, &c. avant ce mouvement du point A, ou de tout le fyftême de la prefente Figure 253. Un tel mouvement faifant ainfi reculer ou avancer les puiffances P, Q, R, S, T, &c. fuivant ces directions, chacune fuivant la fienne, des valeurs Ap, Aq, Ar, Af, At, &c. pendant que le poids K defcend de la valeur de Aa fuivant la fienne : la Déf. 31. fait voir qu'en prenant ici Aa pour la vîteffe virtuelle de ce poids K, l'on y aura Ap, Aq, Ar, Af, At, &c. pour les vîteffes virtuelles de ces puiffances P, Q, R, S, T, &c. & que K×Aa, P×Ap, Q×Aq, R×Ar, S×Af, T×At, &c. feront les Energies de ce même poids & de ces mêmes puiffances.

Fig. 254.

2°. Soit auffi mû tout le fyftême de la Fig. 254. mais de maniere que fon point A parcourant la partie infiniment petite Aa de la direction AK du poids K, les cordons AB, AC, AE, AF, AM, &c. des puiffances P, Q, R, S, T, &c. qui y font appuyez fur les poulies fixes β, λ, ε, φ, μ, &c. paffent de AβP, AλQ, AεR, AφS, AμT, &c. en aβP, aλQ, aεR, aφS, aμT, &c. lefquelles fecon-

des situations de ces cordons font avec les premieres, chacune avec sa correspondante, des angles Aβa, Aλa, Aɛa,
Aµa, &c. infiniment petits, à cause de leur base commune Aa supposée infiniment petite par rapport à ses distances finies des sommets β, λ, ɛ, φ, µ, &c. de ces angles.
Ce qui confondant les perpendiculaires infiniment petites ap, aq, ar, aſ, at, &c. supposées du point a sur les côtez Aβ, Aλ, Aɛ, Aφ, Aµ, &c. de ces angles avec les arcs
infiniment petits, qui décrits de leurs sommets β, λ, ɛ,
φ, µ, &c. comme centres, par ce point a, seroient compris entre leurs côtez, chacun entre les deux de chacun
de ces angles, donne les differences infiniment petites
Ap, Aq, Ar, Aſ, At, &c. pour les quantitez dont les puissances P, Q, R, S, T, &c. reculeroient ou avanceroient
ici suivant leurs directions, chacune suivant la sienne,
pendant que le poids K y descendroit suivant la sienne
AK de la valeur de la partie infiniment petite Aa de cette
direction. D'où l'on voit, suivant la Déf. 31. qu'en prenant ici cette ligne infiniment petite Aa pour la vîtesse
virtuelle de ce poids K, l'on y aura les infiniment petites
Ap, Aq, Ar, Aſ, At, &c. pour les vîtesses virtuelles de
ces puissances P, Q, R, S, T, &c. & que K×Aa, P×Ap,
Q×Aq, R×Ar, S×Aſ, T×At, &c. y seront les Energies
de ce même poids & de ces mêmes puissances.

L'on aura donc ici en general (*nomb.* 1. 2.) dans l'un
& dans l'autre systême des Fig. 253. 254. les produits
K×Aa, P×Ap, Q×Aq, R×Ar, S×Aſ, T×At, &c. pour les
Energies du poids K & des puissances P, Q, R, S, T, &c.
supposées en équilibre avec lui avant la rupture qu'on y
a supposée faite par une force étrangere; desquels produits les lignes Aa, Ap, Aq, Ar, Aſ, At, &c. qui expriment
les vîtesses virtuelles de ce poids & de ces puissances,
sont (*nomb.* 1.) quelconques (finies ou infiniment petites
à volonté) dans la Fig. 253. & infiniment petites (*nomb.* 2.)
dans la Fig. 254. Et desquelles Energies la Déf. 31. fait
voir que les affirmatives sont K×Aa, P×Ap, T×At, &c.
& les négatives sont Q×Aq, R×Ar, S×Aſ, &c. dans le

mouvement suppofé de l'un & de l'autre fyftême des Fig.
253. 254. Or avant les nomb. 1. 2. l'on a trouvé pour
l'un & pour l'autre de ces fyftêmes K×A*a*—+P×A*p*—+T.
×A*t*—+&c=Q×A*q*—+R×A*r*—+S×A*f*—+&c. Donc en
general dans l'un & dans l'autre fyftême du poids quelconque K, foûtenu en équilibre par tant de puiffances
quelconques P, Q, R, S, T, &c. qu'on voudra, avec
des cordes feulement, ou appuyées fur des poulies fixes;
la fomme des Energies pofitives de ce poids & de ces puiffances, eft toûjours égale à la fomme de leurs Energies
négatives prifes affirmativement. *Ce qu'il falloit* 1°. *dé-*
montrer.

Ce qu'on voit des Energies réfultantes de l'équilibre rompu
dans le précedent art. 1. *par un mouvement de A vers a fui-*
vant la direction AK du poids K, & en confequence de tout
le fyftême de chacune des Fig. 253. 254. *fe trouvera de mê-*
me des Energies réfultantes de cet équilibre rompu par le mou-
vement de ce point A, fuivant toute autre direction, & de tout
le fyftême mû en confequence comme dans cet art. 1. *Voici com-*
ment.

II. Le poids K étant encore ici foûtenu en équilibre
par tel nombre qu'on voudra de puiffances P, Q, R, S,
T, &c. avec des cordes feulement dirigées à volonté: le
tout comme dans le précedent art. 1. foit prefentement
cet équilibre rompu dans chacune des Figures 255. 256.
par le mouvement de A vers *a* fuivant une direction quelconque *em*, & de tout le fyftême mû en confequence
comme dans l'art. 1. fçavoir, de maniere que pendant
que ce point A parcourra une partie A*a* quelconque dans
la Fig. 255. & infiniment petite dans la Fig. 256. de cette direction *em*, les directions ou cordons AN, AB, AC,
AE, AF, AM, &c. du poids K, & des puiffances P, Q,
R, S, T, &c. emportées avec le fyftême, demeurent toujours paralleles chacun à foi-même, c'eft-à-dire, à fa premiere fituation dans la Fig. 256. comme dans la Fig. 253.
nomb. 1. de l'art. 1. où paffent toûjours par-deffus les mêmes poulies fixes δ, β, λ, ε, φ, μ, &c. dans la Fig. 256.

chacune par-deſſus la ſienne, comme dans la Fig. 254.
nomb. 2. du même art. 1. de maniere, dis-je, que ſi du
point *a* on imagine ſur ces cordons ou directions AN, AB,
AC, AE, AF, AM, &c. autant de perpendiculaires *ak*,
ap, *aq*, *ar*, *aſ*, *at*, &c. qui les rencontrent prolongées en
k, *p*, *q*, *r*, *ſ*, *t*, &c. ces directions ou cordons ſoient encore perpendiculaires en *a* à chacune d'elles, lorſque le
point A ſera en *a* dans la Fig. 255. comme dans le nomb.
1. de l'art. 1. Fig. 253. où ſe trouvent en *a𝛿*, *a𝛽*, *a𝜆*, *a𝜀*,
a𝜑, *a𝜇*, &c. appuyez encore ſur les poulies fixes 𝛿, 𝛽, 𝜆,
𝜀, 𝜑, 𝜇, &c. de la Fig. 256. comme dans le nomb. 2. de
l'art. 1. Fig. 254.

Cela poſé, ſi ſuivant la Déf. 32. on prend ici A*a* pour
la vîteſſe virtuelle du point A, l'on y aura A*k*, A*p*, A*q*,
A*r*, A*ſ*, A*t*, &c. pour les vîteſſes virtuelles du poids K,
& des puiſſances P, Q, R, S, T, &c. dans chacune des
Fig. 255. 256. comme dans les Fig. 253. 254. nomb. 1.
2. de l'art. 1. Ce qui, ſuivant la même Déf. 32. donnera
ici comme là K×A*k*, P×A*p*, Q×A*q*, R×A*r*, S×A*ſ*, T×A*t*,
&c. pour les Energies de ce poids & de ces puiſſances.

Preſentement ſi après avoir pris AN, AB, AC, AE,
AF, AM, &c. proportionnelles au poids K, & aux puiſſances P, Q, R, S, T, &c ſur leurs directions, on mene
des extrêmitez N, B, C, E, F, M, &c. de ces proportionnelles autant de perpendiculaires N*n*, B*b*, C*c*, E*e*, F*f*,
M*m*, &c. en *n*, *b*, *c*, *e*, *f*, *m*, &c. ſur la direction *em* du
mouvement ſuppoſé du point A, comme *ak*, *ap*, *aq*, *ar*,
aſ, *at*, &c. le ſont (*Hyp.*) en *k*, *p*, *q*, *r*, *ſ*, *t*, &c. ſur ces
directions prolongées ; les triangles rectangles A*ka*, A*n*N ;
A*pa*, A*b*B ; A*qa*, A*c*C ; A*ra*, A*e*E ; A*ſa*, A*f*F ; A*ta*,
A*m*M, &c. ſeront ici ſemblables deux à deux, comme
dans l'art. 1. & pour la même raiſon que dans cet art. 1.
de ſorte que ſi l'on prend ici *n*, *b*, *c*, *e*, *f*, *m*, &c. pour les
efforts ſuivant A*m* ou A*c*, réſultans des abſolus du poids
K, & des puiſſances P, Q, R, S, T, &c. ſuivant leurs directions, l'on aura ici comme dans l'art. 1.

$$A a . A k :: AN. An :: K. n = \frac{K \times A k}{A a}.$$

$$A a . A p :: AB. A b :: P. b = \frac{P \times A p}{A a}.$$

$$A a . A q :: AC. A c :: Q. c = \frac{Q \times A q}{A a}.$$

$$A a . A r :: AE. A e :: R. e = \frac{R \times A r}{A a}.$$

$$A a . A f :: AF. A f :: S. f = \frac{S \times A f}{A a}.$$

$$A a . A t :: AM. A m :: T. m = \frac{T \times A t}{A a}.$$

$$\&c.$$

Or les efforts n, b, m, &c. de A vers m suivant Am, étant ici directement contraires aux efforts c, e, f, &c. de A vers e suivant Ae en ligne droite (*Hyp.*) avec Am ; & en équilibre avec ceux-ci : l'ax. 4. donnera ici $n + b + m + $ &c.$= c + e + f + $&c. comme dans la démonstr. 2. du Th. 6. Donc on aura ici $K \times A k + P \times A p + T \times A t + $ &c. $= Q \times A q + R \times A r + S \times A f + $&c. Mais on vient de voir que les produits dont cette égalité est faite, sont autant d'Energies du poids K, & des puissances P, Q, R, S, T, &c. supposées en équilibre avec lui. Donc suivant la Déf. 32. le premier membre de la même égalité étant tout d'Energies affirmatives, & le second tout d'Energies négatives, ce cas d'équilibre donnera ici, comme dans l'art. 1. la somme des Energies affirmatives, égale à la somme des Energies négatives prises affirmativement, quelque mouvement qu'on donne au système. *Ce qu'il falloit encore 1°. démontrer.*

III. 1°. Si l'on veut presentement que la direction Aa du point A soit celle du poids K, comme dans l'art. 1. cette hypothese, qui fait tomber a en k, rendant Ak=Aa, changera l'équation du précedent art. 2. en celle de cet art. 1. dans le cas duquel on sera pour lors.

2°. Et si l'on veut que cette direction A*a* du point A soit celle d'une quelconque des puissances P, Q, R, S, T, &c. par exemple, celle de la puissance P; cette hypothese rendant de même A*p*=A*a*, changera l'équation generale du précedent art. 2. en K×A*k*+P×A*a*+T×A*t*+ &c. =Q×A*q*+R×A*r*+S×A*f*+&c. donc P×A*a* sera pour lors l'Energie affirmative de la puissance P; & ainsi des autres puissances P, Q, R, S, T, &c.

3°. Si l'on veut presentement que la direction A*a* du point A soit perpendiculaire à la direction d'une de ces puissances, ou du poids K, par exemple, à la direction de la puissance P; cette hypothese, qui fait tomber *ap* sur A*a* rendant A*p*=*o*, réduiroit l'équation generale du précedent art. 2. à K×A*k*+T×A*t*+ &c.=Q×A*q*+R×A*r* +S×A*f*+&c. Ce seroit la même chose, si la corde ABP de la puissance P, étoit attachée à quelque clou ou crochet fixe en B, lequel suppléât par sa résistance cette puissance P; mais alors la ligne A*a* devenant un arc de cercle décrit de ce centre B par A, devroit être infiniment petite, & consequemment aussi toutes les autres A*k*, A*q*, A*r*, A*f*, A*t*, &c. pour conserver la ressemblance des triangles qui, dans le précedent art. 2. ont donné l'égalité generale d'où résulte celle-ci.

4°. Enfin si dans les art. 1. 2. & dans les précedens nomb. 1. 2. 3. de celui-ci, on veut moins de puissances en équilibre avec le poids K, ou entr'elles, qu'on n'y en a supposé; il n'y aura qu'à y faire =*o* toutes celles qu'on en voudra rejetter, & alors toutes les équations de ces art. 1. 2. & des nomb. 1. 2. 3. de celui-ci se réduiront à celles de ce cas-ci pour chacune des hypotheses de ces art. 1. 2. & de ces nomb. 1. 2. 3. de celui-ci.

Voilà (art. 1. 2.) pour les Energies d'un poids, & de tant de puissances qu'on voudra, qui le soûtiennent en équilibre avec des cordes seulement attachées ensemble toutes par un seul & même nœud. Voici dans les articles suivans pour les Energies de ce poids quelconque soûtenu encore par tel nombre

de puiſſances qu'on voudra, avec une corde à pluſieurs bran-
ches iſſues préſentement de pluſieurs nœuds à volonté.

Fig. 257.

I V. Soit le poids quelconque K ſoûtenu encore en équilibre avec des cordes ſeulement par tel nombre qu'on
voudra de puiſſances C, E, F, G, H, L, N, Q, R, S,
&c. appliquées à autant de cordons de directions quelconques, iſſus préſentement de tant de nœuds A, B, M, P,
&c. qu'on voudra : le tout comme dans la Fig. 257.

1°. Sur le cordon AK du poids K ſoit priſe depuis A
vers K, une partie Aa de longueur arbitraire; & du point
a ſoient menées ſur les cordons AC, AB, AM, AP, pro-
longés de ce côté-là, autant de perpendiculaires ac, $a\beta$,
$a\mu$, $a\pi$, qui les rencontrent en c, β, μ, π.

2°. Après avoir pris ſur le cordon AB, depuis B vers A,
la partie Bb=Aβ, du point b ſoient menées ſur les cordons
EB, DB, prolongez de ce côté-là, les perpendiculaires be,
$b\delta$, qui les rencontrent en e, δ.

3°. Après avoir pris ſur le cordon BD depuis D vers B,
la partie Dd=Bδ, du point d ſoient menées ſur les cordons DF, GD, HD, prolongez de ce côté-là, les perpendiculaires df, dg, dh, qui les rencontrent en f, g, h.

4°. Après avoir pris ſur le cordon AM depuis M vers A,
la partie Mm=Aμ, du point m ſoient menées ſur les cordons LM, NM, prolongez de ce côté-là, les perpendiculaires ml, mn, qui les rencontrent en l, n.

5°. Après avoir pris ſur le cordon AP depuis P vers A,
la partie Pp=Aϖ, du point p ſoient menées ſur les cordons PS, QP, RP, prolongez de ce côté-là, les perpendiculaires $pſ$, pq, pr, qui les rencontrent en $ſ$, q, r.

6°. Après tout cela ſoient appellées B, D, M, P, les
forces avec leſquelles les cordons AB, BD, AM, AP,
ſont tirez ſuivant leurs longueurs par le concours des
puiſſances appliquées aux extrêmitez de chacun d'eux.

V. Toutcela poſé, l'art. 1. donnera,

1°. $K\times Aa + C\times Ac + P\times A\varpi = B\times A\beta + M\times A\mu$, ou
$K\times Aa + C\times Ac = B\times A\beta + M\times A\mu - P\times A\varpi$.

2°. B×B*b*=E×B*e*+D×B*♪*, ou (à caufe que les nomb. 2. 3. de l'art. 4. donnent B*b*=A*β*, B*♪*=D*d*) B×A*β*=E× B*e*+D×D*d*.

3°. D×D*d*+F×D*f*=G×D*g*+H×D*h*, ou D×D*d*=G× D*g*+H×D*h*—F×D*f*. De forte qu'en fubftituant cette valeur de D×D*d* dans la derniere équation du précedent nomb. 2. l'on aura B×A*β*=E×B*e*+G×D*g*+H×D*h* —F×D*f*.

4°. M×M*m*=L×M*l*+N×M*n*, ou (à caufe que le nomb. 4. de l'art. 4. donne M*m*=A*μ*) M×A*μ*=L×M*l*+N×M*n*.

5°. P×P*p*+S×PS=Q×P*q*+R×P*r*, ou (à caufe que le nomb. 5. de l'art. 4 donne P*p*=A*ϖ*) P×A*ϖ*=Q×P*q*+R ×P*r*—S×P*f*.

Donc en fubftituant dans la feconde équation du précedent nomb. 1. les valeurs de B×A*β*, M×A*μ*, P×A*ϖ*, trouvées dans les nomb. 3. 4. 5. qui le fuivent; l'on aura enfin K×A*a*+C×A*c*=E×B*e*+G×D*g*+H×D*h*—F×D*f* +L×M*l*+N×M*n*—Q×P*q*—R×P*r*+S×P*f*, ou K×A*a* +C×A*c*+F×D*f*+Q×P*q*+R×P*r*=E×B*e*+G×D*g*+ H×D*h*+L×M*l*+N×M*n*+S×P*f*.

V I. Soit prefentement tout le fyftême mû d'un mouvement parallele à A K dans tous fes points, lequel mouvement faffe décrire au point A une partie quelconque A*a* de la direction A K du poids K. Il eft vifible (*art.* 4. & *Déf.* 3 2.) qu'en prenant A*a* pour la vîteffe virtuelle de ce poids K.

1°. L'on aura A*c* pour la vîteffe virtuelle de la puiffance C, & A*β*, ou (*art.* 4. *nomb.* 2.) fon égale B*b* pour la vîteffe virtuelle de la force B, réfultante du concours d'action des puiffances E, F, G, H; & qu'ainfi la puiffance E aura B*e* pour fa vîteffe virtuelle; & la force D réfultante du concours des forces F, G, H, aura B*♪*, ou (*art.* 4. *nomb.* 3.) fon égale D*d* pour fa vîteffe virtuelle; en conféquence de laquelle D*f*, D*g*, D*h*, feront auffi les vîteffes virtuelles de ces puiffances F, G, H.

2°. L'on aura de même A*μ*, ou (*art.* 4. *nomb.* 4.) fon égale M*m* pour la vîteffe virtuelle de la force M réfultan-

té du concours d'action des puissances L, N; & en conséquence Ml, Mn, pour les vîtesses virtuelles de ces puissances L, N.

3°. L'on aura encore de même Aϖ, ou (*art. 4. nomb. 5.*)
son égale Pp, pour la vîtesse virtuelle de la force P, résultante du concours d'action des puissances Q, R, S; & en
conséquence Pq, Pr, Pf, pour les vîtesses virtuelles de ces
puissances Q, R, S. Et toûjours de même en quelque
nombre qu'elles soient, & les nœuds aussi de leurs cordons.

VII. Puisque suivant les nomb. 1. 2. 3. du précedent
art. 6. en prenant ici Aa pour la vîtesse virtuelle du poids
K, l'on y aura Ac, Be, Df, Dg, Dh, Ml, Mn, Pq, Pr, Pf,
pour les vîtesses virtuelles (contemporaines de Aa) des
puissances C, E, F, G, H, L, N, Q, R, S; les produits
K×Aa, C×Ac, E×Be, F×Df, G×Dg, H×Dh, L×Ml,
N×Mn, Q×Pq, R×Pr, S×Pf, exprimeront (*Déf. 3 2.*)
les Energies de ce poids K, & de ces puissances C, E, F,
G, H, L, N, Q, R, S, supposées en équilibre avec lui.
Donc l'art. 4. venant de donner K×Ak ─┼─ C×Ac ─┼─ F×Df
─┼─ Q×Pq ─┼─ R×Pr ═ E×Be ─┼─ G×Dg ─┼─ H×Dh ─┼─ L×Ml ─┼─
N×Mn ─┼─ S×Pf; de laquelle égalité (suivant la Déf. 3 2.)
le premier membre étant tout d'Energies affirmatives, &
le second membre tout d'Energies negatives prises affirmativement, la somme des Energies affirmatives sera encore ici égale à la somme des Energies negatives prises
affirmativement. *Ce qu'il falloit encore 1°. démontrer.*

*Il est à remarquer que cette égalité de sommes d'Energies
du poids K & des puissances P, Q, R, S, T, &c. trouvée
dans les précedens art. 1. & 7. Fig. 2 5 3. 2 5 5. dans le cas
d'équilibre entre ce poids & ces puissances avec des cordes seulement, se trouvera de même entre les forces de plusieurs corps
qui en choquent tous à la fois un autre, qui sans force ni action
aucune de sa part, demeure en repos, nonobstant tous ces chocs
simultanez. Voici comment.*

Fig. 253.
255.　VIII. Pour appliquer ce qui précede au choc des
corps, imaginons-en presentement un à la place du point

ou nœud A des cordes précedentes, lequel sans pesanteur
ni action aucune de soi-même, soit choqué à la fois par
autant d'autres corps qu'il y a ci-dessus de puissances K, P,
Q, R, S, T, &c. (en y prenant le poids K pour une de
ces puissances, laquelle soit d'une force égale à la pesanteur de ce poids, & de même direction que lui) suivant
leurs directions, directement à contre-sens de ceux suivant lesquels ces puissances tirent ce point ou nœud A,
& avec des forces égales à celles de ces puissances, en
sorte que chacun de ces corps choquans pousse le choqué en A avec une force égale à celle dont il est tiré directement à contre-sens par la puissance dont ce corps
choquant est suivant la direction.

Il est manifeste (*Ax.* 2.) que puisque (*Hyp.*) tous ces
corps choquans poussent le choqué en A avec des forces
égales & directement contraires à celles dont le nœud A
est tiré par les puissances K, P, Q, R, S, T, &c. qu'on
suppose suppléées par ces corps choquans, chacune par
celui, qui de force égale à celle de cette puissance, suit la
direction de cette même puissance à contre-sens: tous ces
chocs ensemble retiendroient le corps choqué en repos &
en équilibre en A, comme ce nœud A y est retenu (*Hyp.*)
par le concours de toutes ces puissances; & que quelque
mouvement droit qu'on donnât alors à ce corps choqué,
tel que celui qu'on a donné (*art.* 1. 6.) au nœud A dont
ce corps choqué tient ici (*Hyp.*) la place, les vîtesses virtuelles & les Energies de ces corps choquans seroient égales à celles de ces puissances K, P, Q, R, S, T, &c. c'est-
à-dire, égales chacune pour chacun de ces corps choquans à celle de la puissance correspondante, qu'il éga-
leroit (*Hyp.*) en force absolue, & de laquelle il suivroit
la direction à contre-sens. Donc ayant trouvé ci-dessus
(*art.* 1. 7.) qu'en cas d'équilibre entre toutes ces puissances, la somme de leurs Energies affirmatives seroit toûjours égale à la somme de leurs Energies negatives affirmativement prises, l'on aura pareillement ici (en cas d'é-
quilibre entre les corps choquans qu'on y suppose agir

tous à la fois fur le corps choqué en A, comme les puiffances dont ils fuivent les directions à contre-fens, agiffent fur ce nœud A, c'eſt-à-dire, en cas de repos de ce
corps choqué, nonobſtant tous les chocs qu'il recevroit
à la fois de tous ces corps choquans) la ſomme des Energies affirmatives des corps choquans, égale à la ſomme
de leurs Energies negatives priſes affirmativement. *Ce
qu'il falloit, 1°. démontrer.*

IX. Si le corps choqué en A, qu'on vient de fuppoſer
(*art.* 8.) ſans aucune force ni action de fa part, en avoit
quelqu'une avec laquelle les corps choquans le trouvaſ-
ſent déja en mouvement à l'inſtant qu'ils le choquent tous
à la fois, & avec laquelle tous ces corps choquans fiſſent
alors équilibre ; il n'y auroit qu'à regarder cette force
propre ou ce mouvement du corps choqué, comme l'effet
d'un nouveau corps (que j'appelle *choquant imaginaire*)
qui l'auroit choqué avant tous ceux-là, & qui à l'inſtant
de tous leurs chocs ſimultanez feroit comme s'il com-
mençoit avec eux à pouſſer le corps choqué, lequel étant
en ce cas comme s'il n'avoit plus ni force ni action de
ſoi-même, & qu'il reçût tous ces chocs à la fois, tant des
corps choquans effectifs, que de l'imaginaire, aura encore ici, comme dans le précedent art. 7. la ſomme des
Energies affirmatives de tous ces corps choquans en équilibre entr'eux, égale à la ſomme de leurs Energies négatives priſes affirmativement. Donc la force & la direction
du corps choquant imaginaire étant (*Hyp.*) les mêmes que
celles qu'avoit le corps choqué à l'inſtant qu'il l'a été par
tous les autres à la fois, avec leſquels il eſt (*Hyp.*) demeuré en équilibre ; & conſequemment l'Energie de ce
corps choqué étant ainſi la même que celle du choquant
imaginaire: l'on aura pareillement ici la ſomme des Energies affirmatives des corps choquans effectifs & du choqué, égale à la ſomme de leurs Energies négatives priſes
affirmativement. *Ce qu'il falloit encore 2°. démontrer.*

Cela (art. 8. 9.) *démontré dans l'art. 8. dépendamment
des puiſſances* K, P, Q, R, S, T, *&c. pourroit auſſi l'être*

indépendamment d'elles, en raisonnant sur les forces & directions des corps choquans en équilibre entr'eux, comme l'on a fait dans les art. 1. 2. 3. 4. 5. 6. 7. *Fig.* 253. sur les forces & directions de ces puissances en équilibre entr'elles; & en rompant cet équilibre des corps choquans par un mouvement du corps choqué, & de tout le système, semblable à celui qu'on a donné (art. 1. 6.) au nœud A, & tout le système de ces puissances dont il a rompu l'équilibre. Mais cette autre démonstration indépendante des poids soûtenus avec des cordes seulement, seroit d'autant plus inutile, qu'elle reviendroit à celle du précédent art. 8. outre qu'elle exigeroit des Figures, qui ne feroient ainsi que multiplier inutilement le nombre de celles-ci : ceux qui voudront une telle démonstration, la pourront faire à l'imitation des précedentes; & les Figures en seront aisées à imaginer sur les *Fig.* 253. 255.

Il est à observer dans les *Fig.* 255. 256. que si la direction Aa du mouvement donné dans les art. 2. 6. au nœud A, & à tout le système, excepté aux centre fixe des poulies de la *Fig.* 256. étoit perpendiculaire à quelqu'une des directions des puissances P, Q, R, S, T, & du poids K supposé en équilibre avec toutes ces puissances; la vitesse virtuelle (Déf. 30.) & consequemment l'Energie de cette puissance (le poids K étant pris pour une) s'y trouveroit anéantie; & des Energies restantes aux autres puissances, plusieurs y deviendroient affirmatives ou negatives, de negatives ou d'affirmatives qu'elles sont ici. Par exemple, si Aa étoit perpendiculaire sur la direction AN du poids K, il est manifeste, non seulement que ce poids auroit alors sa vitesse virtuelle Ak = 0, & consequemment aussi son Energie K × Ak = 0, mais encore que l'angle alors droit aAK rendroit Ap, Ar, As, negatives; & consequemment changeroit (Déf. 32.) de negatives en affirmatives les Energies des puissances R, S, & d'affirmative en negative celle de la puissance P, sans rien faire de pareil aux Energies des puissances Q, T. Ce qu'on voit ici de Aa perpendiculaire sur la direction AN du poids K, on le verra pareillement de la même Aa perpendiculaire sur la direction de quelqu'une des puissances P, Q, R, S, T, &c. supposées en équilibre avec ce poids K.

PARTIE II.

Pour l'équilibre d'un poids soûtenu avec des Poulies.

Fig. 252.

I. Soit la puissance M en équilibre avec le poids P sur la Poulie HK fixe en son centre C. Il est manifeste que quelque mouvement qu'on donne à cette Poulie autour de ce centre fixe C, la puissance M & le poids P, appliquez aux extrêmitez d'une corde MHKP, que le frottement empêche de glisser sur cette Poulie HK, parcourront des chemins égaux, en conservant toûjours leurs mêmes directions HM, KP; & qu'ainsi (*Déf.* 32.) ils auront toûjours des vîtesses virtuelles égales : de sorte que leur équilibre supposé les rendant toûjours (*Th.* 14. *Cor.* 1.) égaux entr'eux, ils auront aussi toûjours (*Déf.* 32.) des Energies égales, dont l'affirmative est du côté vers lequel on aura fait tourner la Poulie, & la negative de l'autre. *C'est cette égalité d'Energies qu'il falloit ici* 1°. *démontrer.*

II. Pour voir encore ici autrement une telle égalité d'Energies, soit tout le système mû d'un mouvement qui fasse parcourir à tous ses points des lignes paralleles & égales à la droite quelconque A*a* perpendiculaire à AC, menée du centre C de la Poulie par le point A de concours des directions prolongées MH, PK, de la puissance M & du poids P supposez en équilibre entr'eux : soit, dis-je, ce mouvement tel que lorsque A sera en *a*, ces directions AM, AP, soient sur leurs parallèles *aμ*, *aϖ*. Cela posé, soient *am*, *ap*, perpendiculaires en *m*, *p*, sur ces directions prolongées; l'on aura, suivant la Déf. 32. A*m*, A*p*, pour les vîtesses virtuelles de la puissance M & du poids P; & M×A*m*, P×A*p*, pour leurs Energies, dont la seconde sera ici affirmative, & la premiere negative. Or la droite AC divisant également en deux l'angle HAK, les droits (*Hyp.*) CA*a*, & en *m*, *p*, rendent A*p*=A*m*, de même que le Corol. 1. du Th. 14. rend P=M; ce qui donne P×A*p*=M×A*m*. Donc l'Energie affirmative du

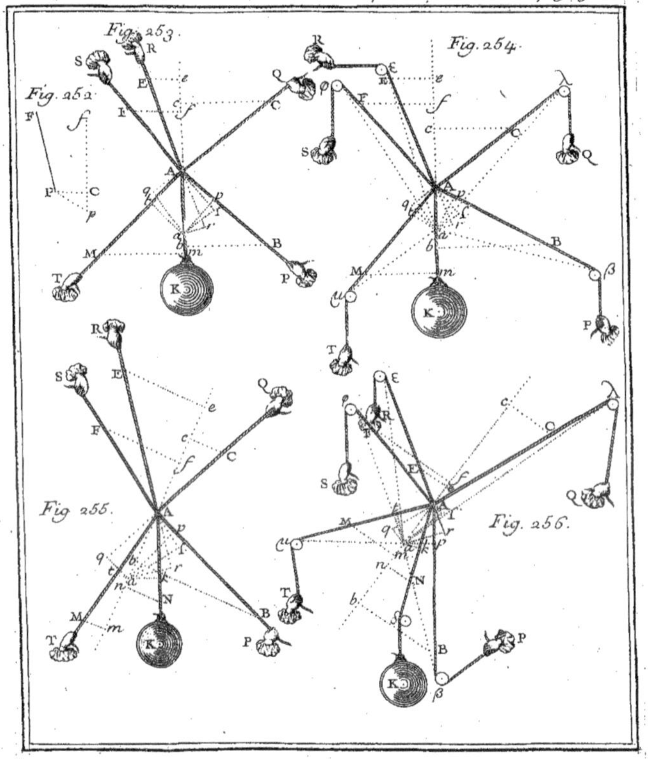

Plan. 36.
Nouvelle Mecanique
Tom. 2. pag. 190.
Fig. 252.
Fig. 253.
Fig. 254.
Fig. 255.
Fig. 256.

poids P eſt ici égale à l'Energie negative de la puiſſance
R ſuppoſée en équilibre avec lui. *Ce qu'il falloit encore 1°.
démontrer.*

*Voilà pour les Poulies de centres fixes : voici preſentement
pour celles dont les centres ſont mobiles.*

III. Si le poids P eſt ſuſpendu au centre C mobile d'une
Poulie HK, que deux puiſſances M, N, ſoûtiennent avec
une corde MHKN, ſur laquelle cette Poulie ſoit appuyée
avec le poids qui la charge ; de laquelle corde les parties
HM, HN, prolongées, rencontrent enſemble (*part.* 1.
du Th. 14.) en quelque point A la direction CP auſſi prolongée du poids P ; ſur laquelle direction CP prolongée
vers B, ſoit de longueur quelconque la diagonale AB du
parallelogramme AEBF, dont les côtez AE, AF, ſoient
ſur les directions HM, KN, des puiſſances M, N, &
dont la ſeconde diagonale EF rencontre la premiere AB
en D. Soit priſe auſſi A*a* de longueur quelconque ſur la
direction BP du poids P ; & de ſon point *a* ſoient *a*μ, *av*,
paralleles aux directions HM, KN, des puiſſances M, N;
duquel point *a* ſoient auſſi *am*, *an*, perpendiculaires en
m, *n*, à ces directions prolongées.

Cela fait ou imaginé, le Corol. 5. du Lem. 3. fera voir,
comme dans la démonſtr. 1. de la part. 2. du Th. 14.
que les lignes AB, AE, AF, ſont proportionnelles au
poids P, & aux puiſſances M, N, (*Théor.* 14. *Corol.* 1.)
égales entr'elles, leurs proportionnelles AE, AF, ſeront
auſſi égales entr'elles ; & conſequemment la diagonale EF
du parallelogramme AEBF ſera perpendiculaire en D à
ſon autre diagonale AB, de même que *am*, *an*, le ſont
(*Hyp.*) aux directions AE, AF, prolongées des puiſſances
M, N. Donc les triangles rectangles A*ma*, ADE ; A*na*,
ADF, ſont ici ſemblables entr'eux d'eux à deux, & même
tous quatre ſemblables entr'eux, chacun à chacun. Par
conſequent en appellant D chacun des efforts de A vers
D, que font (*Lem.* 3. *Corol.* 6.) les puiſſances M, N, directement contre le poids P ; leſquels efforts de A vers
D, ou vers B, ſont égaux entr'eux, à cauſe que (*Th.* 14.

Corol. 1.) ces deux puiſſances M, N, le ſont entr'elles, de même que leurs proportionnelles AE, AF: l'on aura ici (comme dans l'art. 1. de la part. 1.) Aa. Am :: AE. AD

:: M. D$=\dfrac{M \times A m}{A a}$. Et A$a$. A$n$ :: AF. AD :: N. D$=\dfrac{N \times A n}{A a}$

Ce qui (à cauſe de l'égalité qu'on vient de voir entre ces efforts D) donne $2 \times$ D$=\dfrac{M \times A m + N \times A n}{A a}$. Or on vient

de voir que D. M :: AD. AE. Et M. P :: AE. AD. Ce qui (en raiſon ordonnée) donne D. P :: AD. AB. Et conſequemment $2\times$D. P :: $2\times$AD. AB. Donc, puiſque AB$=2\times$AD , l'on aura pareillement ici P$=2\times$D$=$

$\dfrac{M \times A m + N \times A n}{A a}$; d'où reſulte P$\times$A$a=M\times$A$m + N\times$A$n$.

Soit preſentement une force étrangere qui rompe l'équilibre ſuppoſé entre les puiſſances M, N, & le poids P, en faiſant parcourir au point A de concours de leurs directions, la droite quelconque Aa, de maniere que ces directions ſoient toûjours paralleles chacune à ſoi-même, & que lorſque ce point A ſera en a, celles AM, AN, des puiſſances M, N, ſoient ſur leurs paralleles $a\mu$, $a\nu$ chacune ſur la ſienne. Il eſt manifeſte , ſuivant la Déf. 32. qu'en ce cas de rupture d'équilibre par un tel mouvement de tout le ſyſtême, les lignes Aa, Am, An, exprimeroient les vîteſſes virtuelles du poids P, & des puiſſances M, N, dont l'équilibre ſuppoſé entr'eux ſeroit ainſi rompu ; & que les produits P$\times$Aa, M$\times$Am, N$\times$An, en exprimeroient auſſi les Energies. Donc venant de trouver ici P$\times$A$a=$M$\times$A$m + N\times$An, l'on y aura l'Energie affirmative du poids P, égale à la ſomme des Energies negatives (affirmativement priſes) des puiſſances M, N, ſuppoſées en équilibre avec ce poids. *Ce qu'il falloit* 2°. *démontrer.*

Fig. 261.
262.

IV. Si l'on veut que le point A de concours des directions

&ctions AM, AN, AP, des puissances M, N, & du poids P
en équilibre avec elles, comme dans le précedent art. 3.
soit presentement mû de A vers *a* suivant une droite arbitraire A*a* de direction quelconque, qui ne soit (si l'on
veut) aucune de celles des puissances, ni du poids dont
ce point A suivoit la direction CP dans cet art. 3. soit le
parallelogramme AEBF le même encore ici que là, & de
ses angles E, B, F, soient autant de perpendiculaires E*e*,
B*b*, F*f*, sur la droite A*a* prolongée jusqu'à leurs rencontres en *e*, *b*, *f*. Du point *a* sur les directions prolongées
MA, NA, AP, des puissances M, N, & du poids P, soient
aussi autant de perpendiculaires a*m*, a*n*, a*p*, qui les rencontrent en *m*, *n*, *p*. Enfin de ce même point *a* soient a*μ*,
a*ν*, a*ϖ*, paralleles à ces directions AM, AN, AP, chacune à chacune.

Cela fait, il est manifeste que l'on aura encore ici les
triangles rectangles A*ma*, A*e*E; A*na*, A*f*F; A*pa*, A*b*B,
semblables entr'eux deux à deux distinguez, comme on
les voit ici: ce qui joint à la part. 1. du Lem. 3. comme
dans la démonstr. 2. du Th. 6. (en appellant *c*, *f*, *b*, les
efforts suivant A*e*, A*f*, *b*A, résultans des absolus des puissances M, N, & du poids P, suivant leurs directions AM,
AN, AP,) donnera

$$\mathrm{A}a \,.\, \mathrm{A}m :: \mathrm{A E} \,.\, \mathrm{A}c :: \mathrm{M} \,.\, c = \frac{\mathrm{M} \times \mathrm{A}m}{\mathrm{A}a}.$$

$$\mathrm{A}a \,.\, \mathrm{A}n :: \mathrm{A F} \,.\, \mathrm{A}f :: \mathrm{N} \,.\, f = \frac{\mathrm{N} \times \mathrm{A}n}{\mathrm{A}a}.$$

$$\mathrm{A}a \,.\, \mathrm{A}p :: \mathrm{A B} \,.\, \mathrm{A}b :: \mathrm{P} \,.\, b = \frac{\mathrm{P} \times \mathrm{A}p}{\mathrm{A}a}.$$

$$\text{Donc } b \,.\, c + f :: \frac{\mathrm{P} \times \mathrm{A}p}{\mathrm{A}a} \,.\, \frac{\mathrm{M} \times \mathrm{A}m + \mathrm{N} \times \mathrm{A}n}{\mathrm{A}a} :: \mathrm{P} \times \mathrm{A}p \,.\, \mathrm{M} \times \mathrm{A}m$$
$$+ \mathrm{N} \times \mathrm{A}n.$$

Tome II.   B b

Or la part. 1. du Lem. 3. & la démonſtr. de la part. 2.
du Th. 14.

Donnent enſemble $\begin{cases} e.\ M :: A e.\ AE. \\ M.\ N :: AE.\ AF. \\ N.\ f :: AF.\ A f. \end{cases}$

Donc (en multipliant par ordre) l'on aura ici $e.\ f :: A e.$
$A f.$ Et (en compoſant) $e + f.\ f :: A e + A f.\ A f.$

L'on aura donc ici $\begin{cases} e + f.\ f :: A e + A f.\ A f. \\ f.\ N :: A f. \qquad AF. \\ N.\ P :: AF. \qquad AB. \\ P.\ b :: AB. \qquad A b. \end{cases}$

Par conſequent (en multipliant encore par ordre) l'on
y aura $e + f.\ b :: A e + A f.\ A b.$ Or (*Lem.* 10.) $A b = A e + A f.$
Donc auſſi $b = e + f.$ Mais on vient de trouver $b.\ e + f.$
$:: P \times A p.\ M \times A m + N \times A n.$ Donc enfin $P \times A p = M \times A m$
$+ N \times A n.$

Concevons preſentement (comme dans le precedent
art. 2.) que l'équilibre ici ſuppoſé entre les puiſſances M,
N, & le poids P, ſoit rompu par une force qui faſſe parcourir au point A de concours de leurs directions, la
droite A *a* de longueur & de direction quelconques, de
maniere que ces trois autres directions-là ſoient toûjours
paralleles chacune à ſoi-même, & que lorſque le point A
de leur concours ſera en *a*, ces trois directions AM, AN,
AP, des puiſſances M, N, & du poids P, ſoient ſur leurs
paralleles $a\mu$, $a\nu$, $a\varpi$; chacune confondue avec la ſienne.

Un tel mouvement de tout le ſyſtême ainſi conçû rompre l'équilibre ici ſuppoſé entre les puiſſances M, N, &
le poids P, fera voir, ſuivant la Déf. 32. qu'alors les lignes A *m*, A *n*, A *p*, exprimeroient leurs vîteſſes virtuelles;
& que les produits $M \times A m$, $N \times A n$, $P \times A p$, en exprimeront les Energies. Donc venant de trouver $P \times A p = M \times A m$

━┼N×A*n*, l'on aura encore ici (comme dans le précedent art. 3.) l'Energie affirmative du poids P, égale à la fomme des Energies negatives (prifes affirmativement) des puiffances M, N, fuppofées en équilibre avec ce poids. *Ce qu'il falloit encore 2°. démontrer.*

V. 1°. Si l'on veut prefentement que la direction A*a* du mouvement donné (*art.* 4.) au point A de concours des directions des puiffances M, N, & du poids P, foit celle AP de ce poids P, comme dans l'art. 3. Cette hypothefe, qui fait tomber *a* en *p*, rendant A*p*=A*a*, changera l'équation P×A*p*=M×A*m*━┼N×A*n* du précedent art. 4. en P×A*a*=M×A*m*━┼N×A*n*, qui eft celle de l'art. 3. dans lequel le mouvement du point A fe fait comme ici, fuivant la direction AP du poids P, parallelement à laquelle on fuppofe ici comme là, que tous les autres points du fyftême fe meuvent pendant le paffage de A en *a* fuivant A*a*.

2°. Si l'on veut que cette direction A*a* du point A, foit celle d'une des puiffances M, N, par exemple, celle MA. de la puiffance M; cette hypothefe rendant A*m*=A*a*., changera pour ici l'équation du précedent art. 4. en P×A*p* =M×A*a*━┼N×A*n*. Et fi A*a* étoit fuivant NA, l'on auroit de même P×A*p*=M×A*m*━┼N×A*a*.

3°. Si l'on veut prefentement que cette direction A*a* du point A, foit perpendiculaire à la direction d'une des puiffances M, N, ou du poids P, par exemple, à la direction AM de la puiffance M, comme dans la Fig. 263. Cette hypothefe, qui dans les Fig. 261. 262. fait tomber *am* fur A*a*, rendant ainfi A*m*=o., réduiroit pour ici l'équation du précedent art. 4. à P×A*p*=N×A*n*. Ce feroit la même chofe, fi le cordon MH de la puiffance M, étoit attaché à quelque clou ou crochet fixe en M, lequel par fa réfiftance fuppléât la puiffance M, comme dans la Fig. 263. Mais alors la ligne A*a* devenant un arc de cercle, qui auroit M pour centre, devroit être infiniment petite ; & confequemment auffi A*n*, A*p*, pour conferver la reffemblance des triangles, qui dans le précedent art. 4.

ont donné l'équation dont celle-ci resulte , par laquelle on voit que l'Energie $M \times Am$ de la puiſſance M , ſeroit ici nulle.

V I. Ce nomb. 3. du precedent art: 5. peut encore ſe démontrer immediatement , en ſuppoſant un arc infiniment petit A*a* , décrit du centre M , de l'extrêmité *a* duquel tombent deux perpendiculaires *an* , *ap* , ſur les directions prolongées NA , AP , de la puiſſance N , & du poids P en équilibre avec elle à l'aide du clou ou crochet fixe M , auquel la corde NKHM , qui ſoûtient la Poulie KH chargée du poids P en ſon centre mobile C , eſt attachée par ſon extrêmité M. Car ſi de quelque point du cordon MH , par exemple , de ſon point M on mene MB , MD , perpendiculaires en B , D , ſur les directions prolongées PA , AN , du poids P , & de la puiſſance N , les angles (*conſtr.*) droits MA*a* , A*pa* , A*na* , qui rendent les autres A*ap*$=$MAB , A*an*$=$MAD , rendant ainſi les triangles rectangles A*pa* , MBA ; A*na* , MDA , ſemblables entr'eux deux à deux , diſtinguez comme on les voit ici ; l'on y aura A*a*. A*p*

$$:: AM. MB = \frac{AM \times Ap}{Aa}. \text{ Et } Aa. An :: AM. MD = \frac{AM \times An}{Aa}$$

Et par conſequent $MB. MD :: \dfrac{AM \times Ap}{Aa}. \dfrac{AM \times An}{Aa} :: Ap. An.$

Or en prenant A*m* pour le ſinus total , l'on aura (*Déf. 9. Corol. 1.*) MB , MD , pour les ſinus des angles MAB , MAD , dont le ſecond eſt ici double du premier ; & conſequemment dont les ſinus MB , MD , ſont entr'eux (*Th. 14. part. 2.*) comme la puiſſance N , & le poids P ſuppoſé en équilibre avec elle. Donc on aura ici $N. P :: Ap. An.$ Et conſequemment $P \times Ap = N \times An.$ Or ſi l'on imagine cet équilibre rompu par une force qui faſſe parcourir A*a* au point A , en faiſant paſſer MA ſur M*a* , infiniment proche d'elle , & AP , AN , ſur *aϖ* , *av* , ſoit qu'elles leur ſoient paralleles chacune à chacune , ou qu'elles faſſent des angles infiniment petits chacune avec ſa corréſpondante , ſuivant la Déf. 32. que A*p* , A*n* , exprimeront les vîteſſes

virtuelles du poids P , & de la puiſſance N ; & que P×A*p*,
N×A*n* en exprimeront les Energies , deſquelles la premiere ſera ici affirmative , & la ſeconde negative. Donc
l'Energie affirmative du poids P ſera ici égale à l'Energie
negative de la puiſſance N ſuppoſée en équilibre avec
lui, à l'aide du clou ou crochet fixe M , & la réſiſtance
de ce clou ou crochet ſans aucune Energie : le tout comme dans le nomb. 3. du précedent art. 5. *Ce qu'il falloit*
encore démontrer.

Si ſans aucune Poulie HK , le poids P étoit ſoûtenu ſeulement avec des cordes AP , AM , AN , attachées enſemble par un nœud commun A , deſquelles cordes la ſeconde AM fût attachée par ſon extrêmité M au crochet fixe
de ce nom, & la troiſiéme AN retenue par une puiſſance
N , qui ſoûtient ainſi ce poids P appliqué à la premiere
AP : ce poids P étant encore ici (*Th.* 1. *Corol.* 3.) à cette
puiſſance N , comme le ſinus MD de l'angle total MAN ,
au ſinus MB de l'angle partial MAB , quelque rapport
qu'il y eût preſentement entre ces deux angles ; un raiſonnement ſemblable au précedent, fera voir que l'Energie affirmative P×A*p* du poids P , eſt encore ici égale à
l'Energie negative N×A*n* de la puiſſance N en équilibre
avec lui, de la maniere qu'on le ſuppoſe ici.

Ceci peut entrer dans la précedente part. 1. comme peut
entrer dans celle-ci ce qu'on a fait voir dans les art. 1. 2.
de celle-là touchant l'équilibre d'un poids ſoûtenu par plu-
ſieurs puiſſances avec des cordes appuyées ſur des Poulies de
centres fixes dans les Fig. 254. 256.

PARTIE III.

Pour l'équilibre d'un Poids ſoûtenu par une puiſſance
ſur le Tour.

I. Soit la puiſſance R en équilibre avec le poids P ſur Fig. 257.
le Tour DBN. Du centre A de cette Machine vûe de profil, ſoient deux rayons AM, AN, qui interceptent des arcs
quelconques ſemblables BN, *bn*, des circonferences de la

roue DBN , & de son rouleau Mbn. Il est visible que si autour du centre fixe A de cette Machine, on lui cause quelque mouvement qui fasse passer B en N, & consequemment b en n ; le cordon NR que la puissance R tient ferme sans le laisser couler, s'alongera de la valeur de BN sans changer de direction , la puissance R reculant de cette valeur suivant cette même direction NR , pendant que le cordon MP du poids P s'accourcira de la valeur de bn, sans changer non plus de direction, en faisant monter ce poids P de cette valeur suivant cette même direction MP : de sorte que (*Déf.* 3.2.) BN , *bn* , exprimeront ici les vîtesses virtuelles de cette puissance R , & de ce poids P, dont les Energies seront ainsi exprimées (*Déf.* 3 2.) par les produits R×BN , P×*bn*; desquelles Energies (*Déf.* 3 2.) la premiere sera affirmative , & l'autre negative. Or l'équilibre ici supposé entre ce poids P & cette puissance R , y donne (*Th.* 19. *Cor.* 1.) R. P:: A*b*. AB : : *bn*. BN. D'où résulte R×BN=P×*bn*. Donc en ce cas d'équilibre l'Energie affirmative de la puissance R sera égale à l'Energie negative (prise affirmativement) du poids P. *Ce qu'il falloit* 1°. *démontrer.*

FIG. 265. 266. 267. 268.

11. Cette égalité d'Energies peut encore se démontrer en rompant l'équilibre ici supposé entre le poids P & la puissance R , par un mouvement de tout le systême, qui fasse décrire à tous ses points des lignes droites égales, & toutes perpendiculaires à la droite AE menées du centre A de la Machine par le point E de concours des directions prolongées MP, NR, du poids P & de la puissance R ; de sorte que pendant que ce centre A de la Machine parcourra A*a*, le point de concours E de ces directions parcourre E*e* parallele & égale à A*a* , & perpendiculaire (comme elle) sur AE ; & que lorsque les points A ; E, seront en *a* , *e* , les directions ME, NE, AE, du poids P , & de la puissance R , & (*Th.* 30. *part.* 2.) de la charge du centre A de la Machine , ainsi mûes parallelement chacune à soi-même , soient sur leurs paralleles *me* , *ne* , *ae*.

Cela conçû , si du point *e* on mene *ep* , *er* , perpendiculaires en p, r, fur les directions prolongées ME, NE, du poids P, & de la puiſſance R, l'on aura (*Déf.* 32.) Ep, Er, pour les expreſſions des vîteſſes virtuelles de ce poids P & de cette puiſſance R ; ce qui donnera (*Déf.* 32.) P×Ep, R×Er, pour leurs Energies, dont la premiere fera ici (*Déf.* 32.) affirmative, & la feconde negative dans les Fig. 265. 268. la premiere au contraire fera negative, & la feconde affirmative dans les Fig. 266. 267.

De plus, fi l'on mene les rayons AM, AN, du rouleau & de la roue de la Machine par les points M, N, où ils font touchez par les directions ME, NE, du poids P & de la puiſſance R ; les angles (*conſtr.*) droits AEe, $e p$E, $e r$E, rendant les autres angles E$e p$=AEM, E$e r$=AEN, les triangles (*conſtr.*) rectangles E$p e$, AME ; E$r e$, ANE, feront ici femblables entr'eux deux à deux, comme on les y voit diſtinguez : ce qui donnera Ee. Ep :: AE. AM=

$$\frac{AE \times Ep}{Ee}. \; Et \; Ee. \; Er :: AE. \; AN = \frac{AE \times Er}{Ee}. \; Donc \; on \; aura \; ici$$

$$AM. \; AN :: \frac{AE \times Ep}{Ee}. \; \frac{AE \times Er}{Ee} :: Ep. \; Er. \; Or \; dans \; l'équilibre$$

qu'on y fuppofe entre le poids P & la puiſſance R, le Corol. 1. du Th. 14. donne R. P :: AM. AN. Donc on y aura auſſi pour lors R. P :: Ep. Er. Et par conſequent P×Ep= R×Er ; c'eſt-à-dire (fuivant ce qu'on vient de voir des Energies) que l'Energie P×Ep du poids P, affirmative dans les Fig. 265. 266. & negative dans les Fig. 266. 267. fera ici égale à l'Energie R×Er de la puiſſance R fuppofée en équilibre avec ce poids P, laquelle feconde Energie R×Er fera au contraire negative dans les Fig. 265. 268. & affirmative dans les Fig. 266. 267. de forte que dans le cas prefent d'équilibre entre ces deux forces P, R, l'Energie affirmative de l'une fera toûjours égale à l'Energie negative (affirmativement prife) de l'autre. *Ce qu'il falloit encore 1.°. démontrer.*

III. Si avec les Energies du poids P, de la puiſſance R, fuppofez en équilibre entr'eux fur le Tour DN, on veut

FIG. 269. 270. 275. 272.

y comprendre aussi l'Energie de la résistance du centre
fixe A de ce Tour directement (*Ax.* 4.) opposée & égale
à la charge qui lui résulte (*Th.* 14. *part.* 2. 3.) de A vers
F suivant EF du concours de ce poids P & de cette puissance R, soit encore ici tout le systême mû parallelement
à la droite A*a* de longueur arbitraire, mais presentement
de direction quelconque, & de maniere encore que pendant que le centre A de la Machine parcourra cette
droite A*a*, le point E de concours des directions PE, RE,
AE, du poids P, de la puissance R, & de la résistance
(que j'appelle B) du centre A de la Machine, parcourre
E*e* égale & parallele à A*a* ; & que lorsque A sera en *a*,
& E en *e*, ces directions PE, RE, AE, du poids P, de la
puissance R, & de la résistance B de la Machine, ainsi
mûes parallelement à elles-mêmes, soient sur leurs paralleles *me*, *ne*, *ae*. Alors si du point *e* l'on mene *ep*, *er*, *eb*,
perpendiculaires en *p*, *r*, *b*, sur ces directions prolongées
du poids P, de la puissance R, & de la résistance B de la
Machine, l'on aura (*Déf.* 32.) E*p*, E*r*, E*b*, pour les vi-
tesses virtuelles de ce poids P, de cette puissance R, & de
cette résistance B ; & P×E*p*, R×E*r*, B×E*b*, pour leurs
Energies, desquelles la derniere B×E*b* sera affirmative, &
les deux autres negatives dans les Fig. 269. 270. Pour
dans les Fig. 271. 272. les Energies R×E*r*, B×E*b*, y sont
toutes deux affirmatives, & P×E*p* est la seule qui y soit
negative.

Ces Energies étant ainsi reconnues, soit le parallelogramme EGFH d'une diagonale quelconque EF, prise
depuis E vers F sur la direction EA ou AE prolongée de
la résistance B de la Machine, & des côtez EG, EH, pris
sur les directions prolongées ME, NE, du poids P & de la
puissance R. Si des angles G, H, F, de ce parallelogramme, on mene G*g*, H*h*, E*f*, perpendiculaires en *g*, *h*, *f*,
sur *e*E prolongée, comme le sont (*Hyp.*) *ep*, *er*, *eb*, en
p, *r*, *b*, sur ces directions ME, NE, AE, prolongées du
poids P, de la puissance R, & de la résistance B de la Machine ; il est visible que les triangles ainsi rectangles E*pe*,
EG*g*,

EgG ; Ere, EhH ; Ebe, EfF , seront semblables entr'eux deux à deux distinguez comme on les voit ici, ayant ainsi deux à deux leurs angles opposez au sommet E , égaux entr'eux.

Donc
$$E e . E p : : EG . E g = \frac{EG \times Ep}{Ee}.$$
$$E e . E r : : EH . E b = \frac{EH \times Er}{Ee}.$$
$$E e . E b : : EF . E f = \frac{EF \times Eb}{Ee}.$$

Or (*Lem.* 10.) Ef=E$g$$\pm$E$b$, en y prenant le superieur du double signe $\pm$ pour le cas des Fig. 269. 270. & l'inferieur pour le cas des Fig. 271. 272. Donc aussi EF×Eb =EG×E$p$$\pm$EH×E$r$, en y prenant de même le double signe $\pm$. Or (*Th.* 19. *part.* 3.) B. P :: EF. EG$=\frac{EF \times P}{B}$. Et

B. R :: EF. EH$=\frac{EF \times R}{B}$. Donc la substitution de ces valeurs de EG, EH, dans l'équation qui les précede , la

changeant en EF×E$b=\frac{EF \times P \times Ep \pm EF \times R \times Er}{B}$, l'on aura

ici B×Eb=P×E$p$$\pm$R×E$r$: sçavoir , B×E$b$=P×E$p$$+$R×E$r$ dans le cas des Fig. 269. 270. Et B×Eb=P×E$p$$-$R×E$r$, ou B×E$b$$+$R×E$r$=P×E$p$ dans le cas des Fig. 271. 272. D'où l'on voit (suivant les Energies trouvées ci-dessus) que dans le cas des Fig. 269. 270. l'Energie affirmative de la résistance B du centre A de la Machine en question, est égale à la somme des Energies negatives (affirmativement prises) du poids P & de la puissance R supposée en équilibre avec lui sur cette Machine ; & que dans le cas des Fig. 271. 272. la somme des Energies affirmatives de la résistance B du centre A de la Machine, & de la puissance R , est égale à l'Energie negative (affirmativement prise) du poids P. *Ce qu'il falloit* 2°. *démontrer.*

centre de gravité G de ce poids total, ou du point G de
toute son action : il suit, dis-je, du précedent nomb. 2.
que le pied B de cette échelle BQ glissera toûjours vers N
jusqu'à ce qu'elle soit arrivée toute entiere, & couchée
le long du plancher KN, à moins qu'on n'en arrête ou
fixe le pied B.

Pour le voir encore autrement, il est à considerer que
le mur HK ne soûtient en Q cette échelle BQ, qu'en la
repoussant vers D suivant QD perpendiculaire à ce mur,
comme feroit une puissance en D par le moyen d'une corde QD attachée en Q à cette échelle BQ suivant cette
direction perpendiculaire au mur HK, laquelle rencontre
en L la direction LC de tout le poids fait de celui de cette
échelle & de celui de l'homme dont elle est chargée. Or il
est manifeste (*Ax.* 4. & *Lem.* 3. *part.* 4.) que du concours
d'action de ce poids total, & de la puissance D, qui exprime la résistance du mur en Q, il en résulteroit à cette
échelle BQ une impression suivant LB oblique au plancher KN. Donc (*Lem.* 3. *Corol.* 7.) cette échelle glisseroit alors vers N, & toûjours de même jusqu'à ce qu'elle
fût arrivée toute entiere & couchée sur le plancher KN,
à moins qu'elle ne fût arrêtée en B par un appui dont la
charge seroit (*Th.* 21. *part.* 3. 4.) à la puissance D, ou
(*Hyp.*) à la résistance en Q du mur HK, & au poids total fait de celui de l'échelle & de celui de l'homme qui
la charge, comme la diagonale LB du parallelogramme
BCLD seroit à ses côtez LD, LC.

*Ce qu'on voit démontré dans ce nomb. 3. M. Wallis paroît
l'avoir apprehendé dans le Schol. de la prop. 8. part. 3. de sa
Mécanique, en arrétant fixement le pied d'une échelle appuyée
contre un mur, en arrétant aussi de même le bout d'un Levier
chargé d'un poids vers son milieu, & appuyé obliquement par
ce bout sur un plan horisontal, & par l'autre contre un appui
plus élevé: sans cela, dit-il, vectis extremum B (c'est le bout
d'en bas) in horisontali rectâ labetur. On verra dans le
Scholie suivant pourquoi l'experience fait cependant souvent
voir le contraire de cela, & consequemment aussi le contraire
des précedens nomb. 2. 3.*

augmentant encore toutes comme dans le nomb. 1. les
égalitez qu'on vient de trouver dans le précedent art. 3.
pour toutes ces Fig. 269. 270. 271. 272. resteront encore ici les mêmes que là , & que dans le précedent nomb.
1. mais presentement avec des significations d'affirmatif
& de negatif de ces Energies, contraires à celles qu'elles
ont dans cet art. 3. & dans ce précedent nomb. 1.

V. Si presentement on suppose que la droite A*a* ou sa
parallele E*e* soit perpendiculaire sur EA dans les presentes
Fig. 269 270. 271. 272. comme dans l'art. 2. Fig. 265.
266. 267. 268. Ce cas rendant E*b*=o, & consequemment aussi B×E*b*=o , réduiroit par cela seul à o=P×E*p*
─┼─R×E*r* l'équation que le précedent art. 3. a donné pour
les Fig. 269. 270. & à R×E*r*=P×E*p* celle que ce même
art. 3. a aussi donnée pour les Fig. 271. 272. Donc conformément à l'art. 2. de qui c'est ici le cas,

1°. Ce cas de E*e* perpendiculaire sur EA , rendant de FIG. 269.
270.
plus E*r* negative , en la renversant de l'autre côté de E sur
RE prolongée vers H dans la Fig. 269. comme elle l'est
dans la Fig. 266. & rendant aussi E*p* negative , en la renversant de même de l'autre côté de E sur EP dans la Fig.
270. comme elle l'est dans la Fig. 265. changera l'équation o=P×E*p*─┼─R×E*r* qu'il vient de donner pour ces Fig.
269. 270. en P×E*p*=R×E*r*, qui dans la Fig. 267. ainsi
conformée à la Fig. 266. fera voir qu'alors l'Energie
affirmative de la puissance R sera égale à l'Energie negative du poids P , comme dans l'art. 2. Fig. 266. dont c'est
ici le cas ; & qui dans la Fig. 270. pareillement conformée à la Fig. 265. fera voir au contraire qu'alors l'Energie negative de la puissance R, sera égale à l'Energie affirmative du poids P , comme dans le même art. 2. Fig. 266.
dont c'est pareillement ici le cas.

2°. Le cas supposé de E*e* perpendiculaire sur EA , ren- FIG. 271.
272.
dant à la fois E*p* , E*r* , negatives dans la Fig. 272. en y
renversant E*p* de l'autre côté de E sur EP , & E*r* de l'autre côté de E sur RE prolongées , comme elles le sont dans
la Fig. 268. sans rien changer à la Fig. 271. que d'y ren-

C c ij

dre E*e* perpendiculaire fur AE, comme dans les trois autres précedentes Fig. 269. 270. 271. de ce prefent art.
5. laiffera l'équation R×E*r*=P×E*p*, telle qu'on l'y vient
de trouver pour les Fig. 271. 272. fans en changer que
la fignification d'affirmatif ou de negatif d'Energies pour
la Fig. 272. ainfi conformée à la Fig. 269. dans laquelle Fig. 272. ainfi conformée, cette équation fignifiera
que l'Energie negative de la puiffance R fera pour lors
égale à l'Energie affirmative du poids P, comme dans l'art.
2. Fig. 268. dont c'eft ici le cas ; fignifiant au contraire
dans la Fig. 271. que l'Energie affirmative de la puiffance R, fera pour lors égale à l'Energie negative du poids
P, comme dans cet art. 2. Fig. 266. dont c'eft pareillement ici le cas, qui anéantit feulement l'Energie de la réfiftance B du centre fixe A de la Machine dans cette Fig.
271. comme dans les trois autres Fig. 269. 270. 272.
du prefent art. 5. fans rien changer à l'affirmatif ni au
negatif des Energies de la puiffance R, & du poids P dans
cette Fig. 271.

*Un raifonnement pareil à celui du précedent art. 5. fera voir
que Ee perpendiculaire fur la direction EP du poids P, ou fur
celle ER de la puiffance R, y anéantiroit l'Energie de ce poids
ou de cette puiffance, & qu'elle y feroit ou ne feroit pas des
changemens d'affirmatif ou de negatif, ou tous les deux enfemble dans les deux autres Energies reftantes, comme l'on
voit dans cet art. 5. qu'il doit arriver aux Energies reftantes
de ce poids P & de cette puiffance R, lorfque Ee perpendiculaire fur la direction EA de la réfiftance B du centre fixe A de
la Machine, y anéantit l'Energie de cette réfiftance B. Tout
cela eft prefentement trop manifefte pour s'y arrêter davantage.*

Fig. 269.
270 271.
272.

    V I. Il eft à remarquer que fi les directions ER, EP,
de la puiffance R, & du poids P, fuppofez en équilibre
entr'eux fur le Tour en queftion, devenoient paralleles
entr'elles, & confequemment auffi (*Lem.* Corol. 1. 2.)
à la direction AE de la réfiftance B du centre fixe A de
cette Machine; & que la direction A*a* ou E*e* du mouvement

suppose (*art.* 3. 4. 5.) dans tout le syſtême, fût perpendiculaire à quelqu'une de celles-là ; les Energies de cette
puiſſance R , de ce poids P , & de cette réſiſtance B, y
ceſſeroient toutes à la fois dans l'art. 4. comme dans les
art. 3. & 5. dans leſquels E*e* perpendiculaire (*Hyp.*) à
AE, le ſeroit auſſi à ER , EP , ici paralleles à AE. Car cette
direction E*e* du mouvement de tout le ſyſtême, ſe trouvant ainſi perpendiculaire aux trois directions ER , EP,
AE, de la puiſſance R , du poids P, & de la réſiſtance B de
l'axe ou du centre A de la Machine , les lignes *er*, *ep* , *eb* ,
auſſi perpendiculaires (*Hyp.*) à ces trois directions ER ,
EP, AE , ſe confondroient toutes trois avec *e*E ; ce qui
anéantiſſant à la fois toutes les vîteſſes virtuelles (*Déf.* 3 2.)
E*r*, E*p* , E*b*, de la puiſſance R , du poids P , & de la réſiſtance B de l'axe ou du centre A de la Machine , anéantiroit auſſi à la fois toutes leurs Energies (*Déf.* 3 2.) R×E*r*,
P×E*p*, B×E*b*, ainſi qu'il le falloit faire voir.

C'eſt par cette raiſon que dans les art. 3. 5. dans leſquels E*e* eſt ſuppoſée perpendiculaire à la direction AE
de la réſiſtance B de l'axe ou du centre A de la Machine ,
cette réſiſtance B n'y a aucune Energie ; & que ſi les directions ER , EP , de la puiſſance R , & du poids P , y devenoient paralleles entr'elles , & conſequemment auſſi
(*Lem.* 6. *Corol.* 1. 2.) à celle AE de la réſiſtance B, les
Energies de cette puiſſance R , & de ce poids P, ceſſeroient
de même de s'y trouver.

Rien de tout cela ne doit paroître étrange ; puiſqu'en
ce cas de paralleliſme entr'elles des trois directions ER ,
EP, AE, auſquelles E*e* ou ſa parallele A*a* ſeroit (*Hyp.*)
perpendiculaire , quelque mouvement qu'on donnât à
tout le ſyſtême, ſuivant cette ligne E*e* ou A*a*, à laquelle
tous les points de ce ſyſtême décriviſſent des paralleles
comme dans les art. 3. 4. 5. deſquels il s'agit ici, la puiſſance R , ni le poids P , ni la réſiſtance B priſe pour une
puiſſance contraire en A ſuivant AE, n'auroient aucun
mouvement ſuivant leurs directions ; ni conſequemment

FIG. 265.
266. 267.
268.

FIG. 265.
& ſuivantes
juſqu'à 272.

(*Déf.* 32.) aucune vîtesse virtuelle, ni consequemment encore (*Déf.* 32.) aucune Energie.

PARTIE IV.

Pour l'équibre fur des Leviers quelconques entre des puiffances de directions aussi quelconques.

FIG. 273. 274. 275.

I. Soient les puiffances E, F, de forces & de directions quelconques, appliquées à volonté à un Levier de figure auffi quelconque, & en équilibre entr'elles fur tel appui B qu'on voudra de ce Levier; duquel point B foient menées BD, BP, perpendiculaires en D, P, fur les directions prolongées ED, EP, de ces deux puiffances E, F. Par ce point fixe B foit une ligne droite XO, pofée à volonté, laquelle rencontre ces directions en X, O; & qui peut ainfi paffer pour Levier droit, fur lequel appuyé en B, ces deux puiffances E, F, qui lui feroient appliquées en X, O, fuivant leurs directions fuppofées, feroient (*Th.* 21. *part.* 2. 5.) en équilibre entr'elles, comme on les fuppofe y être fur le Levier propofé quelconque fuppléé par celui-ci pour épargner les Figures, que la variété de celles de ce Levier propofé, multiplieroit inutilement.

Cela pofé, & le Levier droit XO qui fupplée celui-là, étant imaginé comme d'une piece avec lui, & d'angles invariables avec les directions propofées des puiffances E, F, afin que le tout enfemble puiffe être conçû mû comme d'une piece autour de l'appui fixe B, par quelque force étrangere que je fuppofe rompre prefentement l'équilibre fuppofé entre les puiffances E, F, & donner à tout le fyftême un mouvement infiniment petit ou inftantané autour de cet appui fixe B, lequel mouvement faffe paffer XO en $x\omega$, en faifant décrire des infiniment petits Xx, $O\omega$, aux points X, O, de ce Levier, & en faifant auffi paffer les directions XE, OF, en xe, ωf, infiniment voifines d'elles, avec lefquelles elles faffent quelque part des

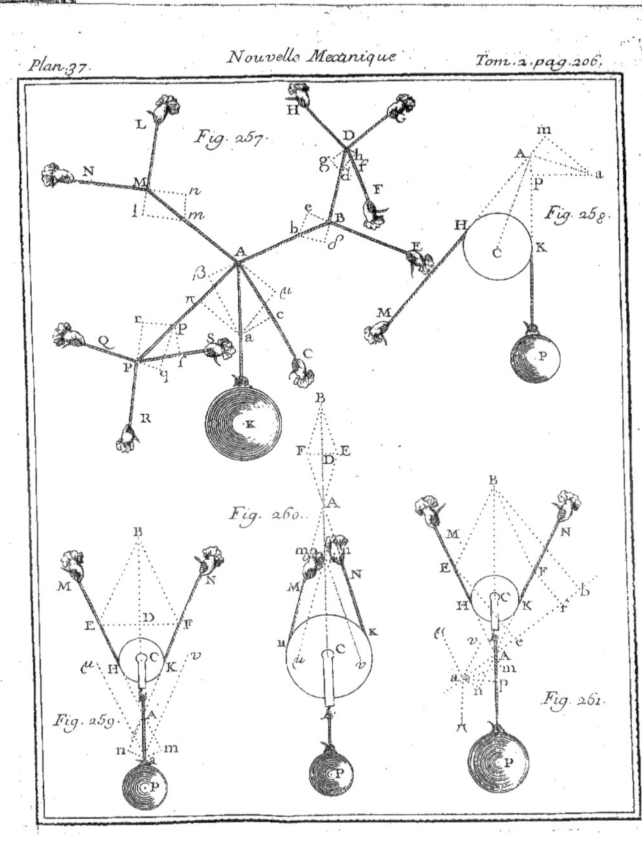

Plan. 37.
Nouvelle Mecanique
Tom. 2. pag. 206.
Fig. 257.
Fig. 258.
Fig. 260.
Fig. 259.
Fig. 261.

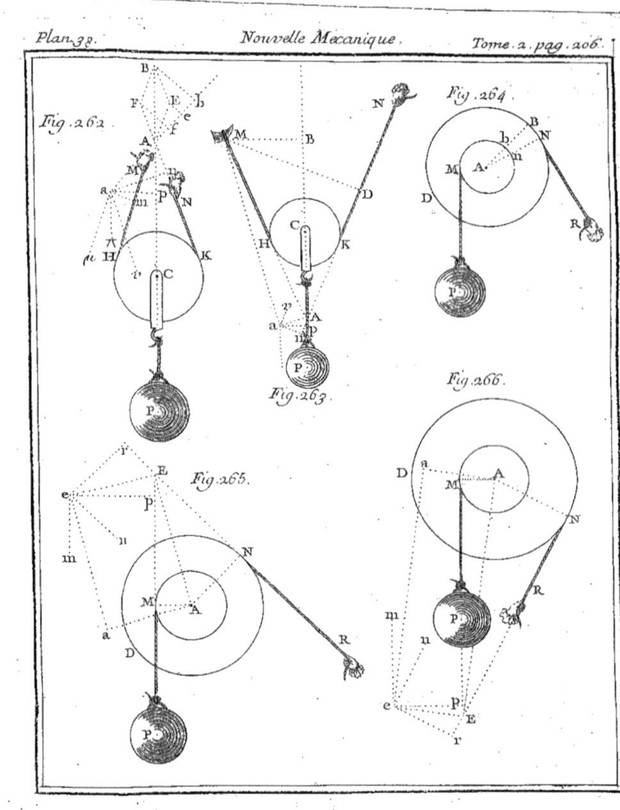
Fig. 262.
Fig. 263.
Fig. 264.
Fig. 265.
Fig. 266.

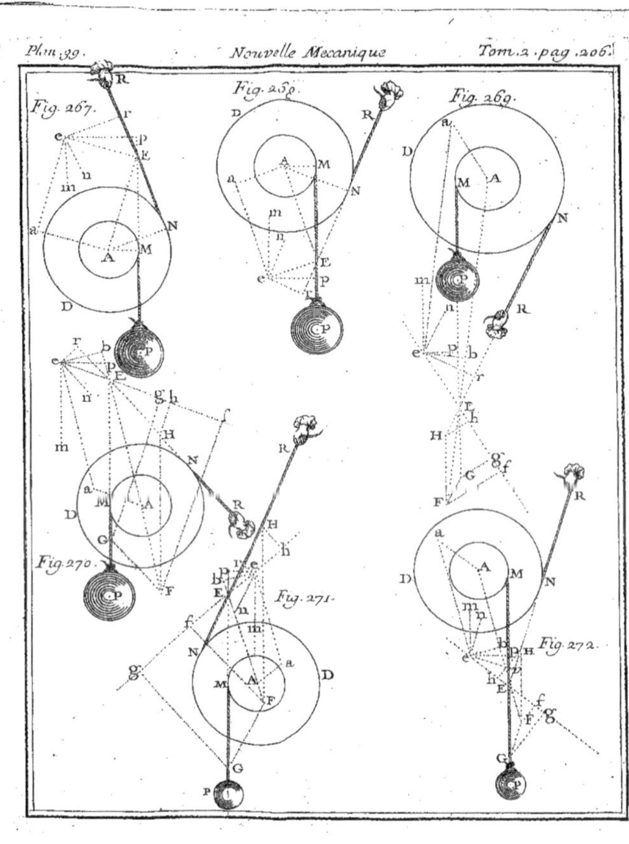
Fig. 267.
Fig. 268.
Fig. 269.
Fig. 270.
Fig. 271.
Fig. 272.

angles infiniment petits M, N, chacune avec sa correspondante, qui peut ainsi passer pour elle.

Un tel mouvement de tout le système autour du point
fixe B, étant supposé, si des points x, ω, on imagine $x\varepsilon$, $\omega\varphi$,
perpendiculaires en ε, φ, sur les directions proposées XE,
OF, des puissances E, F ; on verra qu'il doit faire avancer
la puissance E de la valeur de $X\varepsilon$ suivant sa direction, &
faire reculer l'autre puissance F de la valeur de $O\varphi$ suivant
la sienne, pendant l'instant que le Levier XO passeroit
de XO en $x\omega$; & qu'ainsi (*Déf.* 3 2.) les vîtesses virtuelles de ces deux puissances E, F, seroient ici exprimées par
$X\varepsilon$, $O\varphi$; & leurs Energies par $E \times X\varepsilon$, $F \times O\varphi$, dont la
premiere seroit affirmative, & la seconde negative.

Or les angles (*constr.*) droits BXx, BDX, donnent xXε
= XBD ; & les angles (*constr.*) droits BOω, BPO, don-
nent de même ωOφ = OBP. Donc les angles en ε, φ,
étant aussi (*constr.*) droits comme en D, P, les triangles
rectangles Xεx, BDX, O$\varphi\omega$, BPO, sont ici semblables
entr'eux deux à deux, comme on les voit ici distinguez.

Par consequent on aura ici Xx. Xε :: BX. BD $= \dfrac{BX \times X\varepsilon}{Xx}$

Et Oω. Oφ :: BO. BP $= \dfrac{BO \times O\varphi}{O\omega}$. Donc BD. BP :: $\dfrac{BX \times X\varepsilon}{Xx}$

$\dfrac{BO \times O\varphi}{O\omega}$ (à cause de $\dfrac{BX}{Xx} = \dfrac{BO}{O\omega}$) :: Xε. Oφ. Or l'équilibre ici

supposé donne (*Th*, 2 1. *Corol.* 2.) BD. BP :: F. E. Donc
on y aura aussi F. E :: Xε. Oφ. Et par consequent $E \times X\varepsilon =$
$F \times O\varphi$. Donc enfin venant de trouver $E \times X\varepsilon$ pour l'Energie affirmative de la puissance E, & $F \times O\varphi$ pour l'Energie
negative de la puissance F, la premiere de ces deux Energies sera ici égale à la seconde. *Ce qu'il falloit* 1°. *démon-*
trer.

II. Si l'on veut presentement que les directions XE,
OF, des puissances E, F, soient non seulement paralleles entr'elles, mais aussi perpendiculaires au Levier XO: alors

les parties infiniment petites $X\varepsilon$, $O\varphi$, de ces directions, fe confondant avec les arcs infiniment petits Xx, $O\omega$, perpendiculaires comme elles à ce Levier droit XO; l'on aura ici $E \times Xx = E \times X\varepsilon$, $F \times O\omega = F \times O\varphi$. Donc venant de trouver (*art.* 1.) que ces Energies generales $E \times X\varepsilon$, $F \times O\varphi$, des puiſſances E, F, ſuppoſées en équilibre entr'elles ſuivant des directions quelconques, ſont égales entr'elles; & que la premiere de ces deux Energies eſt affirmative, & la ſeconde negative : l'on aura pareillement ici $E \times Xx$, $F \times O\omega$, égales entr'elles, pour les Energies particulieres des puiſſances E, F, dans le cas preſent de leur équilibre entr'elles ſuivant des directions perpendiculaires au Levier droit XO; & la premiere de ces deux Energies particulieres encore affirmative, & la ſeconde negative.

Les moindres Géometres ſçavent que ce cas particulier du précedent art. 2. pourroit encore ſe démontrer indépendamment du general de l'art. 1. mais il ſuit ſi naturellement de ce general, que je n'ai pas crû le devoir démontrer autrement.

I I I. Il eſt à remarquer que de quelque maniere que les directions XE, OF, des puiſſances E, F, ſoient paralleles entr'elles, c'eſt-à-dire, vers quelque côté que ce ſoit; leurs perpendiculaires (*Hyp.*) BD, BP, ſe trouvant alors en ligne droite, & rendant ainſi les triangles rectangles BDX, BPO, toûjours ſemblables entr'eux : l'on aura auſſi toûjours alors BD. $BP :: BX$. $BO :: Xx$. $O\omega$. Donc venant de trouver en general (*art.* 1.) $X\varepsilon$. $O\varphi :: BD$. BP. Le cas preſent des directions XE, OF, paralleles quelconques donnera toûjours auſſi $X\varepsilon$. $O\varphi :: BD$. $BP :: BX$. $BO :: Xx$. $O\omega$. Ainſi,

1°. Les vîteſſes virtuelles des puiſſances E, F, qui dans l'art. 1. ſont exprimées en general par $X\varepsilon$, $O\varphi$, pour toutes les directions poſſibles de ces deux puiſſances, pourroient auſſi dans le preſent paralleliſme quelconque de ces directions, être exprimées par les arcs Xx, $O\omega$, comme dans l'art. 2. ou par les bras de ce Levier, BX, BO; ou enfin par ſes perpendiculaires BD, BP, aux directions

de

de ces puiſſances ; & les Energies de ces mêmes puiſſances E , F , qui dans le même art. 1. ſont exprimées en general par $E \times X_\epsilon$, $F \times O_\phi$, pourroient auſſi l'être ici par $E \times Xx$, $F \times O_\omega$, comme dans l'art. 2. ou par $E \times BX$, $F \times BO$; ou enfin par $E \times BD$, $F \times BP$, qui ſont (*Déf.* 22.) les *Momens* de ces deux puiſſances E , F , ſuppoſées en équilibre entr'elles ſur l'appui B du Levier auquel on les ſuppoſe appliquées.

2°. De même les vîteſſes virtuelles de ces puiſſances E , F , qui dans le cas de l'art. 5. y ſont exprimées par les arcs iafiniment petits Xx , O_ω , qui ſe confondent là avec les lignes infiniment petites X_ϵ , O_ϕ , pourroient l'être par les finies BX , BO , ou BD , BP ; & les Energies de ces mêmes puiſſances E , F , qui dans cet art. 5. ſont exprimées par $E \times Xx$, $F \times O_\omega$, pourroient auſſi l'être par $E \times BX$, $F \times BO$, ou par $E \times BD$, $F \times BP$.

Il ſuit de ces nomb. 1. 2. que ces expreſſions (*nomb.* 2.) tant des vîteſſes virtuelles , que des Energies des puiſſances E , F , ſuppoſées en équilibre entr'elles ſur l'appui B d'un Levier quelconque ſuivant des directions paralleles entr'elles , conviendroient également dans ce cas general de directions XE , OF , paralleles quelconques , & dans le particulier de l'art. 2. où ces paralleles ſont ſuppoſées perpendiculaires au Levier droit XO. Mais la Déf. 32. exigeant que les vîteſſes virtuelles des puiſſances E , F , ſoient exprimées par les chemins contemporains que ces puiſſances parcourroient ſuivant leurs directions dans le mouvement ſuppoſé du ſyſtême , & que les Energies de ces mêmes puiſſances ſoient exprimées par les produits faits de ces puiſſances multipliées par ces chemins contemporains , chacune par le ſien : les lignes & les produits pris dans les art. 1. 2. pour les vîteſſes virtuelles & pour les Energies des puiſſances E , F , en ſont les expreſſions naturelles telles que cette Déf. 32. les exige.

IV. Si avec les Energies des puiſſances E , F , ſuppoſées en équilibre entr'elles ſur l'appui B d'un Levier quel-conque ſupplée (comme dan l'art. 1.) par le droit XO

Fig. 276. 277. 278. 279.

ou XB de même appui B que lui ; auquel Levier droit
ces deux puiſſances E, F, ſoient appliquées ſuivant leurs
directions ſuppoſées quelconques concourantes en quelque point A que ce ſoit ; on veut auſſi comprendre l'Energie de la réſiſtance (que j'appelle B) de cet appui : ſoient
deux droites Bβ, Aa, paralleles & égales quelconques
menées des points B, A, vers le même côté auſſi quelconque, obliquement aux directions AE, AF, & à la droite
AB, laquelle étant (*Th.* 21. *part.* 1. 2.) la direction de
A vers B dans les Fig. 276. 279. & de B vers A dans les
Fig. 277. 278. de la charge de l'appui B, réſultante du
concours d'action des puiſſances E, F, ſur lui, eſt auſſi
en ſens directement contraire (*Ax.* 4.) la direction de
B vers A dans les Fig. 276. 279. & de A vers B dans les
Fig. 277. 278. de la réſiſtance B, avec laquelle cet appui fixe ſoûtient cette charge. Du point *a* ſoient *ae*, *af*,
ab, perpendiculaires en *e*, *f*, *b*, ſur ces trois lignes prolongées AE, AF, AB. Enſuite après avoir fait le parallelogramme ARGS d'une diagonale quelconque AG priſe
depuis A ſur AB ou BA prolongées, & de côtez AR,
AS, pris ſur AE, AF, pareillement prolongées ; des angles G, R, S, de ce parallelogramme ſoient les droites
G*g*, R*r*, S*s*, perpendiculaires en *g*, *r*, *s*, ſur A*a* prolongée de part & d'autre.

Cela fait ou imaginé, les triangles A*ea*, A*r*R ; A*fa*,
A*s*S ; A*ba*, A*g*G, rectangles (*conſtr.*) en *e*, *r*, *f*, *s*, *b*, *g*,
ayant leurs angles égaux en A deux à deux diſtinguez,
comme on les voit ici, ſont ſemblables entreux ainſi pris
deux à deux. Donc

$$A a . \, A e :: A R . \, A r = \frac{A R \times A e}{A a}.$$

$$A a . \, A f :: A S . \, A s = \frac{A S \times A f}{A a}.$$

$$A a . \, A b :: A G . \, A g = \frac{A G \times A b}{A a}.$$

Or (*Lem.* 10.) $Ag = As \mp Ar$, dans laquelle égalité le supérieur du double signe $\mp$ est pour le cas des Fig. 276. 277. & l'inférieur pour le cas des Fig. 278. 279. Donc aussi $AG \times Ab = AS \times Af \mp AR \times Ae$, de qui le double signe $\mp$ est de même signification que le précédent. Or la résistance B de l'appui de ce nom, étant (*Ax.* 4. *Th.* 21. *part.* 1. 2.) égale & directement opposée de G vers A suivant GA, à la charge de cet appui B, laquelle est au contraire (*Lem.* 3. *Corol.* 1. *nomb.* 1. *& Th.* 21. *part.* 1. 2.) dirigée de A vers G suivant AG ; l'équilibre supposé entre les puissances E, F, donne par tout ici (*Th.* 2. *part.* 3.

4.) $B. E :: AG. AR = \dfrac{AG \times E}{B}$. Et $B. F :: AG. AS = \dfrac{AG \times F}{B}$.

Donc en substituant ces valeurs de AR, AS, dans la derniere égalité precedente $AG \times Ab = AS \times Af \mp AR \times Ae$,

on aura pareillement ici $AG \times Ab = \dfrac{AG \times F \times Af \mp AG \times E \times Ae}{B}$

d'où resulte $B \times Ab = F \times Af \mp E \times Ae$: c'est-à-dire, $B \times Ab = F \times Af - E \times Ae$, ou $B \times Ab + E \times Ae = F \times Af$ pour le cas des Fig. 276. 277. & $B \times Ab = E \times Ae + F \times Af$ pour le cas des Fig. 278. 279.

Imaginons presentement que l'équilibre ici supposé entre les puissances E, F, sur l'appui B, soit rompu par un mouvement de tout le systême, qui le fasse aller de AB vers Aβ, en faisant décrire en ce sens à tous les points des lignes paralleles & égales à Aa ou à Bβ, de maniere que lorsque la droite AB sera sur sa parallele $a\beta$, les directions AE, AF, ainsi mûes parallelement chacune à soi-même, soient aussi sur leurs paralleles $a\epsilon$, $a\phi$, chacune sur la sienne avec la puissance dont elle est la direction. Il est manifeste (*Déf.* 32.) qu'un tel mouvement de tout le systême donnera Ae, Af, Ab, pour les vîtesses virtuelles des puissances E, F, & de la résistance B de l'appui de ce nom ; & E $\times$ Ae, F $\times$ Af, B $\times$ Ab, pour leurs Energies : desquelles Energies (*Déf.* 32.) la premiere & la troisié-

me font ici affirmatives, & la feconde negative dans la
Fig. 276. la premiere & la troifiéme font au contraire
negatives, & la feconde affirmative dans la Fig. 277. les
deux premieres font affirmatives, & la troifiéme negative dans la Fig. 278. Enfin les deux premieres font au
contraire negatives, & la troifiéme affirmative dans la
Fig. 279. Donc venant de trouver $B \times Ab + E \times Ae = F \times Af$
pour les Fig. 276. 277. & $B \times Ab = E \times Ae + F \times Af$ pour
les Fig. 278. 279. l'on aura ici dans les Fig. 276. 278.
la fomme de deux Energies affirmatives, égale à une
Energie negative affirmativement prife; & au contraire
dans les Fig. 277. 279. la fomme de deux Energies negatives (affirmativement prife) égale à une Energie affirmative. *Ce qu'il falloit 2°. démontrer.*

V. Si l'on fuppofe prefentement que A*a* foit perpendiculaire fur AB, comme l'eft (*Hyp.*) *ab*, & faffe confequemment des angles aigus avec AX, AO, dans les Fig.
278. 279. Cette hypothefe, qui fait paffer A*f* de l'autre
côté de A vers O dans ces deux Fig. 278. 279. & qui y
fait tomber *b* en A, de même que dans les deux autres
Fig. 276. 277. fans faire que ce feul changement dans
ces deux-ci, rendant ainfi A*b* = *o* dans toutes les quatre
Fig. 276. 277. 278. 279. & A*f* negative dans les deux
dernieres, changera également pour toutes les deux égalitez qu'on leur vient de trouver fur la fin du precedent
art. 4. en $E \times Ae = F \times Af$ fans Energie de la réfiftance B
de l'appui du Levier, que A*b* = *o* vient de rendre nulle.
Ce qui fait voir que l'Energie affirmative de la puiffance
E fera ici égale à l'Energie negative de la puiffance F dans
les Fig. 277. 279. & qu'au contraire l'Energie affirmative de F fera égale à l'Energie negative de la puiffance E
dans les Fig. 278. 276.

On fera fur ceci des reflexions pareilles à celles qu'on a faites
dans les art. 4. 5. 6. de la part. 3. touchant les Energies, tant
de la puiffance & du poids en équilibre entr'eux fur le Tour, que
de la réfiftance du centre ou de l'axe de la Machine à l'effort ré-
fultant fur lui du concours de ces deux forces; defquelles Ener-

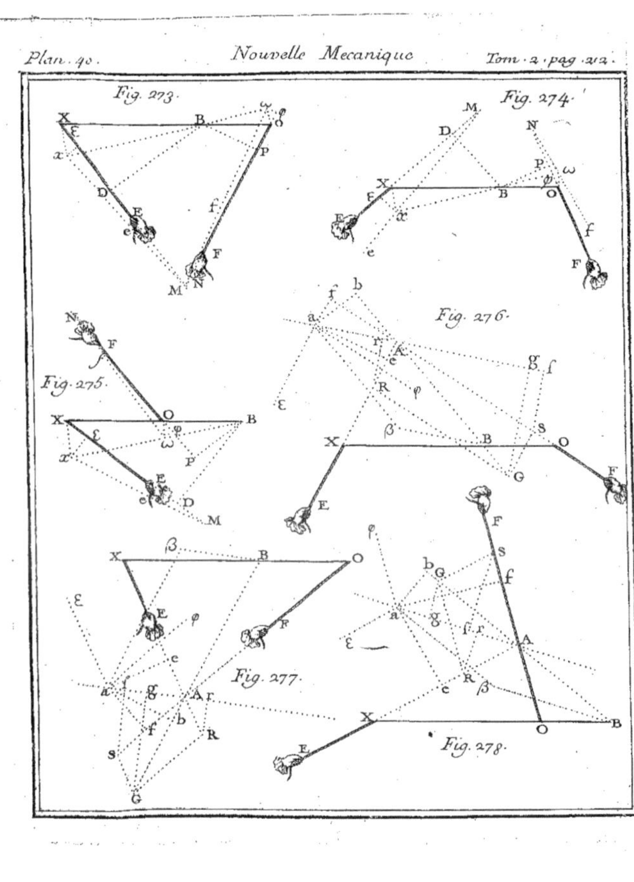

Plan. 40.
Nouvelle Mecanique
Tom. 2. pag. 212.
Fig. 273.
Fig. 274.
Fig. 275.
Fig. 276.
Fig. 277.
Fig. 278.

gies les égalitées démontrés là , se pourroient encore déduire de celles qu'on vient de démontrer dans l'équilibre des Leviers , ausquels l'équilibre sur le Tour se peut aisément rapporter.

PARTIE V.

Pour l'équilibre d'un poids soûtenu sur un plan incliné par une puissance de direction quelconque.

I. Soit un poids OEZ de figure , de pesanteur P , & de direction AP quelconques , soûtenu sur un plan incliné HG par une puissance R de direction aussi quelconque AR ; ce poids n'est ici de figure spherique que pour moins d'embarras de lignes , ce qu'on va dire de lui convenant également à des poids de figures quelconques. On a vû (*Th.* 26. *part.* 1.) que si du point A de concours des directions AP , AR , de ce poids OEZ & de la puissance R , qui (*Hyp.*) le soûtient , l'on mene AD perpendiculaire au plan HG , elle passera par quelque point O de la base de ce poids , lequel sera le point où le spherique touche ce plan ; & que si autour de la diagonale AD prise à volonté de A vers D sur cette perpendiculaire , on fait un parallelogramme ABDC de côtez AB , AC , qui soient sur les directions AR , AP , de la puissance R , & de la pesanteur P du poids OEZ , cette pesanteur P de ce poids sera à la puissance R , comme AC à AB.

Soit de plus la droite A*a* de longueur quelconque parallele à celle EG du plan incliné , sur laquelle A*a* prolongée de part & d'autre , tombent des angles B , C , du parallelogramme ABDC , deux perpendiculaires B*b* , C*c* , en *b* , *c*. Soient de plus du point *a* les droites *ap* , *ar* , perpendiculaires aussi en *p* , *r* , sur les directions prolongées AP , AR , du poids OEZ & de la puissance R.

Cela fait , les triangles A*pa* , A*c*C ; A*ra* , A*b*B , rectangles (*Hyp.*) en *p* , *c* , *r* , *b* , ayant deux à deux , comme on les voit ici distinguez , leurs angles égaux en A , seront semblables entr'eux ainsi pris deux à deux , & donneront ainſi Aa. Ap :: AC. A$c = \frac{AC \times Ap}{Aa}$. Et A$a$. A$r$ :: AB. A$b = \frac{AB \times Ar}{Aa}$. Donc le Lem. 10. donnant Ac = Ab , l'on aura ici AC$\times$Ap = AB$\times$Ar. Or l'équilibre qu'on y ſuppoſe entre la puiſſance R & la peſanteur P du poids OEZ , donne (*Th.* 26. *part.* 1.) R. P :: AB. AC $= \frac{AB \times P}{R}$. Donc en ſubſtituant cette valeur de AC dans la derniere égalité AC$\times$Ap = AB$\times$Ar , l'on aura ici $\frac{AB \times P \times Ap}{R}$ = AB$\times$Ar ; d'où réſulte P$\times$Ap = R$\times$Ar.

Soit preſentement le ſyſtême mû de A vers a , de maniere que tous ſes points décrivent des droites égales & paralleles à Aa ; & conſequemment que lorſque le point A de concours des directions de la puiſſance R & de la peſanteur P du poids OEZ , ſera en a , ces directions AR, AP, ſoient ſur leurs paralleles aρ, aπ , & la droite AD auſſi ſur ſa parallele ad , ayant ſon point O en ω ſur le plan HG. En ce cas la Déf. 32. donnera Ap , Ar , pour les vîteſſes virtuelles du poids P & de la puiſſance R , & P$\times$Ap, R$\times$Ar, pour leurs Energies, deſquelles Energies la premiere ſera ici affirmative, & la ſeconde negative. Donc venant de trouver P$\times$Ap = R$\times$Ar , l'on aura ici l'Energie affirmative de la peſanteur P du poids OEZ , égale à l'Energie negative (affirmativement priſe) de la puiſſance R , ſans que la réſiſtance du plan HG y en ait aucune. *Ce qu'il falloit* 1°. *démontrer.*

II. 1°. Si la direction AR de la puiſſance R étoit parallele, comme (*Hyp.*)bc, à la longueur GH du plan incliné; & la direction AP de la peſanteur P du poids OEZ, parallele auſſi à la hauteur HK de ce plan : cette hypotheſe faiſant tomber en a le point r de cette direction AR prolongée , & rendant ainſi non ſeulement les triangles (*Hyp.*) rectangles Apa, HKG, ſemblables entr'eux , mais encore A*r*=A*a* ; la vîtelle virtuelle de la puillance R feroit alors (*Déf.* 3 2.) à la vîtelle virtuelle du poids OEZ :: A*a*. A*p* :: HG. HK. Donc l'équilibre fuppofé donnant auffi pour lors (*Th.* 26. *Corol.* 20. *art.* 1. *nomb.* 1.) P. R :: HG. HK. Cette hypothefe rendroit P. R :: A*a*. A*p*. Et conféquemment P×A*p*=R×A*a*. D'où l'on voit que les Energies (*Déf.* 3 2.) P×A*p*, R×A*a*, du poids OEZ & de la puillance R , feroient encore ici égales entr'elles : la premiere affirmative , & la feconde negative , comme le font celles que ce poids & cette puillance ont dans le précedent art. 1.

2°. La direction AP de la pefanteur P du poids OEZ demeurant parallele à la hauteur HK du plan incliné HG , fi la direction AR de la puillance R étoit parallele à la bafe GK de ce plan : le triangle *ar*A fe trouvant alors femblable au triangle A*pa*, qui le feroit aufli au triangle HKG ; la vîtelle virtuelle (A*r*) de la puillance R feroit alors à la vîtelle virtuelle (A*p*) du poids OEZ :: *ap*. A*p*. :: GK. HK. c'eft-à-dire , qu'alors on auroit A*r*. A*p* :: GK. HK. Or l'équilibre ici fuppofé y donne (*Th.* 26. *Cor.* 20. *art.* 2. *nomb.* 1.) R. P :: HK. GK. Donc (en multipliant ces deux analogies par ordre) l'on auroit ici R×A*r*, P×A*p* :: HK×GK. GK×HK :: 1. 1. c'eft-à-dire , que ces deux Energies (*Déf.* 3 2.) R×A*r*, P×A*p*, de la puillance R & de la pefanteur P du poids OEZ , feroient encore ici égales entr'elles : la premiere negative , & la feconde affirmative , comme le font celles de cette puillance & de ce poids dans l'art. 1. & dans le précedent nomb. 1.

III. Si avec les Energies de la puillance R & du poids OEZ en équilibre entr'eux fur le plan incliné HG , fuivant des directions quelconques AR , AP , on veut comprendre aufli l'Energie de la réfiftance (que j'appelle D) de ce plan HG , égale & directement oppofée (*Ax.* 4.) à l'effort réfultant de A vers D (*Lem.* 3. *Corol.* 1. *nomb.* 1. *& Th.* 21. *part.* 1. 2.) du concours d'action de cette puillance & de ce poids contre ce plan fuivant AD perpendiculaire (comme dans l'art. 1. à ce même plan HG en quelque point O où il foit touché par la bafe de ce poids OEZ de figure quelconque ; foit le parallelogramme ABDC fait comme dans l'art. 1. des angles B, C, D, duquel tombent les droites Bb, Cc, Dδ, perpendiculaires en b, c, δ, à une droite bc menée à volonté par le point A de concours des directions AR, AP, DA, de la puiffance R, de la pefanteur P du poids OEZ, & de la réfiftance D du plan incliné HG, fur lequel cette puiffance & ce poids font fuppofez en équilibre entr'eux. Après cela d'un autre point a quelconque de la droite bA prolongée, foient menées Ar, Ap, Ad, perpendiculaires en r, p, d, fur les directions prolongées AR ; AP, DA, de la puiffance R, de la pefanteur P du poids OEZ, & de la réfiftance D du plan HG.

Cela fait ; les triangles Ara, AbB ; Apa, AcC ; Ada, AδD, rectangles (con/tr.) en r, b, p, c, d, a, ayant deux à deux, comme on les voit ici diftinguez, leurs angles égaux en A feront femblables entr'eux, ainfi pris deux à deux ; & en confequence donneront

$$\text{A}a.\ \text{A}r :: \text{AB}.\ \text{A}b = \frac{\text{AB} \times \text{A}r}{\text{A}a}.$$

$$\text{A}a.\ \text{A}p :: \text{AC}.\ \text{A}c = \frac{\text{AC} \times \text{A}p}{\text{A}a}.$$

$$\text{A}a.\ \text{A}d :: \text{AD}.\ \text{A}\delta = \frac{\text{AD} \times \text{A}d}{\text{A}a}.$$

Par confequent le Lemme 10. donnant Aδ = Ac + Ab, dont le fuperieur du double figne $\mp$ eft pour la Fig. 281. & l'inferieur pour la Fig. 282. l'on aura ici AD$\times$Ad = AC$\times$Ap $\mp$ AB$\times$Ar, dont le double figne $\mp$ fera de même fignification que le précedent. Or l'équilibre ici fuppofé

donne (Th. 26. Cor. 7.) D. P :: AD. AC $= \dfrac{\text{AD} \times \text{P}}{\text{D}}$. Et D. R

:: AD. AB $= \dfrac{\text{AD} \times \text{R}}{\text{D}}$. Donc en fubftituant ces valeurs de

AC,

AC, AB, dans l'égalité qui les précede, l'on aura ici AD

$$\times A d = \frac{AD \times P \times Ap + AD \times R \times Ar}{D}$$; d'où résulte $D \times Ad = P \times Ap$

$+ R \times Ar$: sçavoir, $D \times Ad = P \times Ap - R \times Ar$, ou $D \times Ad +$
$R \times Ar = P \times Ap$ dans le cas de la Fig. 281. & $D \times Ad =$
$P \times Ap + R \times Ar$ dans la Fig. 282.

Soit presentement le systême mû de A vers *a*, comme
dans l'art. 1. c'est-à-dire, de maniere que tous ses points
décrivent des droites égales & paralleles à A*a* de longueur
& de position quelconques ; & que lorsque le point A de
concours des directions AR, AP, DA, de la puissance
R, de la pesanteur P du poids OEZ, & de la résistance
D du plan HG, sera en *a*, ces directions mûes ainsi parallelement à elles-mêmes, soient sur leurs parallelles *ap*,
aϖ, *af* ; & ce plan HG (mû aussi parallelement à lui-
même) sur sa parallele *hg*, ayant son point O en celui *ω*
de rencontre de cette parallele *hg* avec sa perpendiculaire *af* ; auquel point *ω* celui O de ce plan arrive après
avoir parcouru la droite O*ω* parallele & égale à A*a*, dans
le tems que le point A a employé cette autre droite A*a*,
& que toutes les lignes AR, AP, DA, HG, ont aussi mis
à arriver sur leurs paralleles *ap*, *aϖ*, *af*, *hg*.

Ce mouvement supposé de tout le systême, la Déf. 32.
donnera A*r*, A*p*, A*d*, pour les vîtesses virtuelles de la
puissance R du poids OEZ de pesanteur P, & de la résí-
stance D du plan HG, & $R \times Ar$, $P \times Ap$, $D \times Ad$, pour
leurs Energies, dont la seconde sera affirmative, & les
deux autres negatives dans la Fig. 281. & dont la troisiéme sera affirmative, & les deux premieres negatives
dans la Figure 282. Par consequent venant de trouver
$D \times Ad + R \times Ar = P \times Ap$ pour le cas de la Figure 281. &
$D \times Ad = P \times Ap + R \times Ar$ pour le cas de la Fig. 282. l'on
aura ici pour l'un & pour l'autre cas une Energie affirmative égale à la somme de deux Energies negatives affirmativement prises. *Ce qu'il falloit 2°. démontrer.*

IV. Si l'on suppose presentement que *a*A soit perpen-

diculaire fur AD, comme l'eft (*Hyp.*) *ad* & faſſe conſequemment des angles aigus avec A*p*, A*r*, dans la Fig.
282. comme dans la Fig. 281. Cette hypotheſe, qui fait
paſſer A*p* de l'autre côté de A vers P dans la Fig. 282.
& qui y fait tomber *d* en A, de même que dans la Fig.
281. rendant ainſi A*d*=*o* dans toutes deux, & A*p* negative dans la Fig. 282. changera également en P×A*p*=
R×A*r* pour ces deux Fig. 281. 282. les égalitez qu'on
vient de trouver pour chacune d'elles ſur la fin du précedent art. 3. y faiſant ceſſer l'Energie D×A*d* de la réſiſtance D du plan GH par A*d*=*o*, qui réſulte de cette
hypotheſe dans l'une & dans l'autre de ces deux Figures.
D'où l'on voit que dans toutes deux cette hypotheſe de
A*a* perpendiculaire ſur AD, rendra l'Energie affirmative du poids OEZ égale à l'Energie negative (affirmativement priſe) de la puiſſance R : le tout comme dans l'art.
1. Fig. 280.

*On pourra faire encore ici ſur l'art. 3. d'autres reflexions
pareilles à celles qu'on a faites dans l'art. 4. de la part. 3. &
dans la reflexion italique qui enſuit l'art. 5. touchant les
Energies, tant de la puiſſance & du poids en équilibre entr'eux ſur le Tour, que de la réſiſtance du centre ou de
l'axe de cette Machine à l'effort réſultant ſur lui du concours
d'action de ces deux forces.*

PARTIE VI.

*Pour l'équilibre de la charge de la Vis ou de ſon Ecroue avec
la puiſſance qui lui eſt appliquée.*

Fig. 243.
Section 7.

I. Toutes choſes demeurant ici les mêmes que dans le
Th. 35. Fig. 243. ſoit l'équilibre ſuppoſé entre la puiſſance P & la charge de l'Ecroue PQ, la Vis VXYZ étant
fixe, ou entre la puiſſance T, & la charge de cette Vis,
ſi c'eſt l'Ecroue qui ſoit fixe : ſoit, dis-je, cet équilibre
rompu par quelque augmentation ou diminution de force de cette puiſſance P ou T, ou bien par quelque dimi-

nution ou augmentation de la charge de l'Ecroue ou de
la Vis. Il eſt manifeſte que pendant que cette augmentation ou diminution de force ou de charge fera faire un
tour entier à la puiſſance T ou P, & lui fera ainſi décrire
un cercle entier du rayon ST ou EP, autour de l'axe MS
de cette Vis ; la charge de cette même Vis VXYZ, ou
de ſon Ecroue PQ, avancera de la valeur d'un pas HK
de cette Vis ſuivant cette direction parallele à ſon axe
MS ; & qu'ainſi, ſuivant la Déf. 32. (en appellant O la
circonference entiere de ce cercle quelconque ; & A la
charge auſſi quelconque de la Vis ou de ſon Ecroue) cette circonference O, & ce pas HK de la Vis, exprimeront
les vîteſſes virtuelles de la puiſſance T ou P, & de la charge A de cette Vis ou de ſon Ecroue ; & les produits T×O
ou P×O, & A×HK, en exprimeront les Energies. Or dans
l'équilibre ici ſupoſé le Th. 33. donnant P. A :: HK.O. lorſque la Vis eſt fixe, & T. A :: HK.O. lorſque c'eſt l'Ecroue
qui eſt fixe, donne conſequemment pour le premier cas
P×O═A×HK, & T×O═A×HK pour le ſecond. Donc
en cet équilibre ſuppoſé, l'Energie de la puiſſance P ou
T, eſt toûjours égale à l'Energie de la charge A que cette puiſſance ſoûtient par le moyen de la Vis VXYZ, ou
de ſon Ecroue PQ. *Ce qu'il falloit 1°. démontrer.*

II Ce qu'on voit ici de la circonference O du cercle
décrit du rayon ST ou EP, & du pas HK de la Vis, ſe
dira de même de leurs parties proportionnelles quelcon-

ques $\frac{O}{n}$, $\frac{HK}{n}$; leſquelles parcourues par des mouvemens

contemporains, comme le ſont les totaux en vertu deſquels cette circonference O, & ce pas HK de la Vis, ſeroient parcourus dans l'art. 1. expriment comme eux
(*Déf.* 32.) les vîteſſes virtuelles de la puiſſance T ou P,
& de la charge A de la Vis VXYZ, ou de ſon Ecroue PQ:

& conſequemment (*Déf.* 32.) les produits $\frac{T×O}{n}$ ou $\frac{P×O}{n}$,

& $\frac{A×HK}{n}$, exprimeroient auſſi les Energies de cette puiſ-

fance T ou P , & de cette charge A ; lefquelles Energies
(pour ainfi dire) partiales feroient encore égales entre-
elles, comme le tout (*art. 1.*) les totales T×O ou P×O,
& A×HK.

III. Quant à la Vis fans fin de la Fig. 245. toutes chofes
demeurant ici les mêmes que dans le Th. 35. imaginons
que l'équilibre fuppofé entre la puiffance R & le poids Q,
y foit rompu par quelque augmentation de la force de la
puiffance R , ou par quelque diminution de la pefanteur
du poids Q. Il eft vifible qu'alors à chaque tour entier de
la manivelle DFR autour de fon axe GK, ou de la puiffance R autour du centre K, la dent P de la roue dentée P*p*S,
qui eft entre les fpires ou helices AP, BP, de la Vis , en
fortira, & la dent fuivante *p* y entrera , de maniere que
chacune de ces dents P , *p* , parcourra pour lors la valeur
de chacun des pas AB de cette Vis. Donc fi l'on imagine
du centre C un cercle qui paffe par les extrêmitez de toutes ces dents , ce tour entier de la manivelle DFR autour
de fon axe GK, ou de la puiffance R autour du centre K ,
fera mouvoir ce cercle imaginaire de la valeur d'un arc
*p*P=AB ; & confequemment auffi le poids Q de la valeur
d'un arc femblable *e*E : de forte qu'en appellant O la circonference entiere du cercle décrit autour du centre K
par la puiffance R dans un tour entier de la manivelle
DFR , l'on aura ici (*Déf.* 32.) cette circonference O , &
l'arc E*e*, pour les expreffions des vîteffes virtuelles de la
puiffance R , & du poids Q ; & R×O, Q×E*e*, pour les ex-
preffions de leurs Energies.

Cela pofé, puifque l'on vient de trouver P*p*=AB, l'on
aura AB. E*e* :: P*p*. E*e* :: CP. CE. Ce qui donne AB×CE=
CP×E*e*. Donc le Th. 35. donnant R. Q :: AB×CE. CP×O.
dans le cas d'équilibre qu'on fuppofe ici comme là entre
la puiffance R & le poids Q fur la Vis compofée dont il
s'agit ici, l'on y aura auffi R. Q :: CP×E*e*. CP×O :: E*e*. O.
D'où réfulte R×O=Q×E*e*. Donc venant de trouver R×O,
Q×E*e*, pour les expreffions des Energies de la puiffance
R, & du poids Q , leurs Energies feront ici égales entr'elles. *Ce qu'il falloit* 2°. *démontrer.*

Un raisonnement semblable à celui du précedent art. 2.
fera encore voir que ces Energies de la puissance R & du

poids Q, peuvent aussi être exprimées par $\frac{R\times O}{n}$, $\frac{Q\times EC}{n}$,

quelque soit le nombre *n*, qui les laisseroit encore égales
entr'elles.

La Déf. 32. fait assez voir que des Energies trouvées éga-
les deux à deux dans les précedens art. 1. 2. 3. il y en a toû-
jours une affirmative, & l'autre negative; que l'affirmati-
ve est toûjours celle de la force en faveur de laquelle s'est fait
le mouvement donné à la Machine, & la negative, toûjours
celle de l'autre force à qui ce mouvement s'est trouvé contraire :
j'appelle ici Forces, la charge de la Vis ou de son Ecroue dans
la Fig. 243. le poids Q dans la Fig. 245. & la puissance en
équilibre avec cette charge dans la Fig. 243. ou avec ce poids
dans la Fig. 245. c'est pour m'exprimer plus clairement, &
en moins de mots que je les appelle de ce nom commun.

P A R T I E   V I I.

Pour l'équilibre de l'effort du Coin avec la résistance des côtez
de la fente qu'il tend à faire ou à augmenter dans le corps
à fendre.

I. Soit comme dans le Th. 37. le Coin AEB poussé
d'une force F suivant une direction FG, qui doit toûjours (*Th.* 37.) passer par l'angle R de la fente HRK
du corps à fendre δελμ, dans laquelle cette force F tend
à enfoncer ce Coin, & le tient en équilibre avec les résistances des côtez HR, KR, de cette fente, touchez par
ceux de ce même Coin AEB en des points H, K, par lesquels on peut toûjours (*Th.* 37.) mener de quelque
point D de la direction FG du Coin, des perpendiculaires
DM, DN, à ces côtez HR, KR, de la fente HRK ; sur
lesquelles perpendiculaires soient les côtez du parallelogramme DMRN, dont la diagonale de longueur arbitraire DG soit sur la direction FG du Coin AEB. Des

angles M, N, de ce parallelogramme soient Mm, Nn, perpendiculaires en m, n, sur cette diagonale DG ; & d'un point r infiniment proche de R, de cette même diagonale prolongée, soient rh, rk, paralleles aux côtez RH, RK, de la fente HRK, avec Rh, Rk, perpendiculaires en h, k, sur ces paralleles rh, rk.

Suivant cette construction, l'on aura les triangles rectangles Rhr, DHR, DmM ; Rkr, DKR, DnN, semblables entr'eux trois à trois distinguez comme on les voit ici ; ce qui avec le nomb. 1. du Corol. 1. du Lem. 3. (en appellant F la force du Coin AEB suivant sa direction DG ou Fr ; M, N, les résistances des côtez HR, KR, de la fente HRK, suivant leurs directions HD, KD, ou MD, ND ; & m, n, les efforts qui en résultent suivant mD, nD, directement à contre-sens de la force F du Coin) donnera $Rr. Rh :: DM. Dm :: M. m = \frac{M \times Rh}{Rr}$. Et $Rr. Rk :: DN. Dn :: N. n = \frac{N \times Rk}{Rr}$. Donc $m + n = \frac{M \times Rh + N \times Rk}{Rr}$. Or (*Lem.* 3. *part.* 2.) $m. n :: Dm. Dn$. Ce qui (en composant) donne $m. m + n :: Dm. Dm + Dn$. De plus (*Lem.* 3. *Corol.* 6.) F. M :: DG. DM. Et M. m :: DM. Dm. Ce qui (en raison ordonnée) donne F. m :: DG. Dm. Donc ayant déja $m. m + n :: Dm. Dm + Dn$. l'on aura ici (en raison ordonnée) $F. m + n :: DG. Dm + Dn$. Par consequent venant de trouver $m + n = \frac{M \times Rh + N \times Rk}{Rr}$, on aura pareillement ici $F. \frac{M \times Rh + N \times Rk}{Rr} :: DG. Dm + Dn$. Or $Gn = Dm$ rend $DG = Dm + Dn$. Donc aussi $F = \frac{M \times Rh + N \times Rk}{Rr}$; & consequemment $F \times Rr = M \times Rh + N \times Rk$.

II. Imaginons presentement une nouvelle force suivant FR, laquelle rompe l'équilibre supposé entre la force F

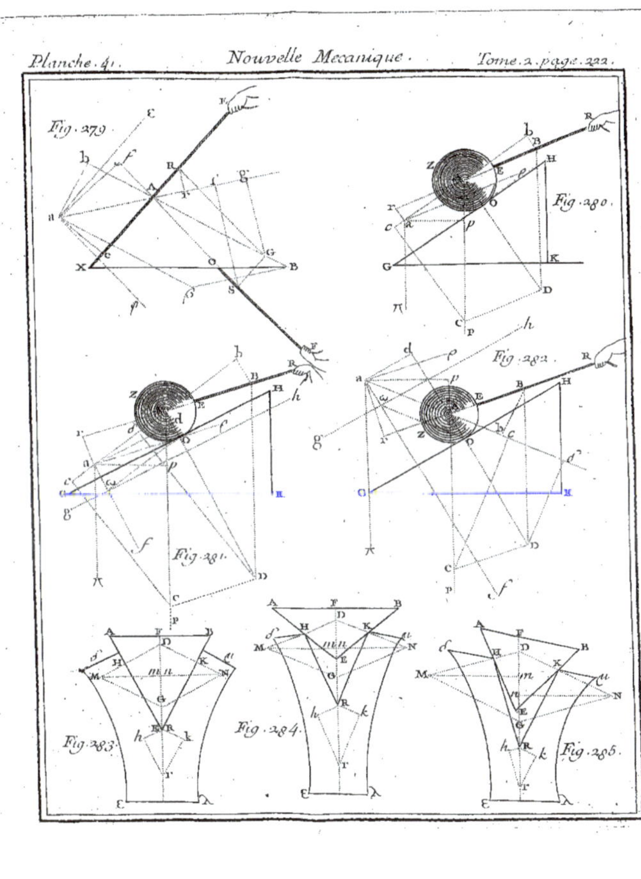

Planche. 41.
Nouvelle Mecanique.
Tome. 2. page. 222.
Fig. 279.
Fig. 280.
Fig. 281.
Fig. 282.
Fig. 283.
Fig. 284.
Fig. 285.

du Coin AEB suivant FR, & les résistances M, N, des côtez HR, KR, de la fente HRK suivant leurs perpendiculaires HD, KD, ou MD, ND; laquelle nouvelle force faisant enfoncer ce Coin en augmentant de la valeur infiniment petite Rr la profondeur de cette fente HRK du corps à fendre $\delta\epsilon\lambda\mu$, fasse ainsi avancer ce même Coin AEB de cette valeur Rr, pendant que les côtez HR, KR, de cette même fente HRK; seront ainsi forcez d'aller se coucher sur leurs paralleles hr, kr, en s'écartant de leurs premieres situations, c'est-à-dire, l'un de l'autre, des valeurs infiniment petites de leurs perpendiculaires Rh, Rk, paralleles à leurs directions DM, DN. Alors suivant la Déf. 3 2. ces lignes infiniment petites Rh, Rk, ainsi parcourues par les côtez HR, HK, de la fente HRK, pendant que le Coin AEB avanceroit de la valeur de Rr, suivant sa direction Fr: alors, dis-je, ces petites lignes Rh, Rk, exprimeroient les vîtesses virtuelles de ces côtez HR, KR, de la fente HRK, de même que Rr exprimeroit celle du Coin AEB; de sorte que suivant la même Déf. 3 2. les produits M×Rh, N×Rk, F×Rr, exprimeroient les Energies des résistances M, N, de ces côtez de la fente, & de la force F du Coin, dont l'Energie F×Rr sera ici affirmative, & les deux autres negatives. Or on vient de trouver (*art.* 1.) F×Rr=M×Rh+N×Rk. Donc on aura ici l'Energie affirmative de la force F du Coin AEB, égale à la somme des Energies negatives (affirmativement prises) des résistances M, N, des côtez HR, KR, de la fente HRK du corps à fendre $\delta\epsilon\lambda\mu$, supposées en équilibre avec cette force F du Coin AEB. *Ce qu'il falloit démontrer.*

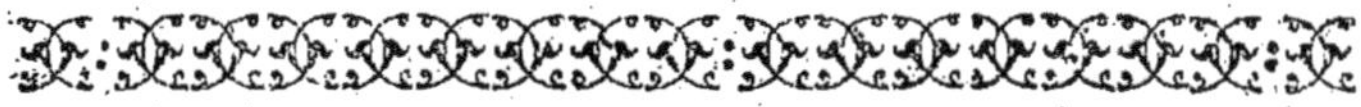

SECTION X.

De l'Equilibre des Liqueurs.

Uelques personnes habiles prévenues en faveur du principe de Statique de M. Descartes, qui est qu'*il faut autant de force pour faire monter un poids , par exemple, d'une livre à* 100 *pied de hauteur, que pour en faire monter un de* 100 *livres à un pied.:* ces personnes , dis-je , préve-nues en faveur de ce principe , sur tout par rapport à l'explication de l'équilibre des Liqueurs, parmi lesquel-les est un Auteur, dont on verra les objections Latines resolues dans la suite, m'ayant marqué toutes simplement qu'elles ne voyoient pas comment on pourroit, hors lui, qui a dit nettement qu'on ne peut pas rendre raison de cet équilibre par le principe dont je me servis en 1687. & dont je me sers encore ici pour démontrer l'équilibre des forces ou des poids appliquez à des Machines ; m'en-gagent à ajoûter ici cette Section pour les satisfaire sur ce sujet , & en même tems ce qu'il y en pourroit avoir d'autres , ausquels cette prévention commune à plusieurs, ou quelqu'autre cause ne laisseroit pas assez d'attention pour voir d'eux-mêmes que le principe qu'on suit ici, peut servir aussi aisément à rendre raison de l'équilibre des Liqueurs, qu'on l'a vû servir jusqu'ici à rendre celle de l'équilibre des forces ou des poids appliquez à des Ma-chines , & ici comme là par la generation de l'équilibre toûjours & par tout résultant de l'opposition directe en-tre deux forces égales , ou entre une force & une résistan-ce invincible , soit que chacune de ces forces soit simple, ou dérivée , ou composée de tant d'autres qu'on voudra. Cela s'est vû jusqu'ici par rapport à l'équilibre sur des Machines ; le voici aussi par rapport à l'équilibre des Li-queurs , dont les pesanteurs quelconques seront par tout

prises

priſes ici à l'ordinaire, comme tendantes de haut en bas
ſuivant des directions paralleles verticales.

Si je n'avois affaire qu'à des Carteſiens, tels que l'Auteur dont je viens de parler, & qui ſeul m'oblige de m'expliquer ſur le principe de Statique de M. Deſcartes, par
l'objection qu'il m'en fait; peut-être que pour en obtenir
un peu plus d'attention à ce que je vas dire, il ne ſeroit
pas hors de propos de leur demander la ſolution de quelques difficultez que voici par rapport à leur maniere
d'expliquer l'équilibre des Liqueurs: je leur propoſerois
le Ciphon MDEN de branches cylindriques verticales,
MD, NE, inégales en groſſeur, dans lequel il y auroit de
l'eau en équilibre juſqu'au niveau AH; & je leur deman-
drois la raiſon de cet équilibre.

I. Ils me répondroient à leur ordinaire, que s'il n'y
avoit pas ici d'équilibre, l'eau deſcendroit dans une des
branches du Ciphon, & monteroit dans l'autre; de maniere que ſi ſa ſurface, par exemple, AL deſcendoit de
quelque hauteur AB que ce ſoit dans ſa groſſe branche
MD, elle forceroit la ſurface HO de l'eau de la petite
branche NE d'y monter d'une hauteur HK, telle qu'on
auroit alors AL×AB=HO×HK.

Cela eſt vrai, puiſque les quantitez d'eau BALP, HKQO,
ſont égales entr'elles. Mais que s'enſuit-il de là? ſinon
qu'en ce cas de non équilibre les hauteurs AB, HK, qui
exprimeroient également ici les vîteſſes contemporaines
& les chemins contemporains des ſurfaces AL, KO, y ſeroient entr'elles en raiſon reciproque de ces mêmes ſurfaces?

II. En voilà aſſez pour ce que nous prétendons, di-
ront-ils ſans doute; puiſque, ſuivant le principe précedent de M. Deſcartes, il faut des forces égales pour faire
parcourir à des poids des chemins differens qui ſoient en
raiſon reciproque de ces mêmes poids; & que ſuivant le
nomb. I. en cas de non équilibre les ſurfaces ou lames
d'eau AL, HO, où leurs poids ſeroient ici en raiſon reciproque des chemins AB, HK, qu'elles y parcourroient.

FIG. 286.

Donc elles y auroient des forces égales ; & par conſéquent elles y demeureroient en équilibre entr'elles au niveau AH, auquel on les a ſuppoſées d'abord, au lieu de ſe mouvoir, comme ces Meſſieurs viennent auſſi de le ſuppoſer, pour en déduire ainſi cet équilibre.

Cette derniere conſequence, ſi elle étoit valable, ne feroit tout au plus que *ab abſurdo*, puiſque ce ne ſeroit y conclure l'équilibre que du non-équilibre. Mais il s'en faut bien qu'elle ſoit juſte ; puiſque pour l'équilibre entre deux forces ce n'eſt pas aſſez qu'elles ſoient égales entre-elles, il faut de plus qu'elles ſoient contraires l'une à l'autre juſqu'à ſe détruire ou s'empêcher mutuellement. Or c'eſt ce qui ne ſe trouve point ici ; puiſque ce n'eſt que du non-équilibre entre les ſurfaces ou lames d'eau AL, HO, qu'on leur y trouve des forces égales, qui bien loin d'être contraires entr'elles, y ſont parfaitement d'accord, & tellement que l'une y faiſant deſcendre AL, & l'autre faiſant monter HO, la ſeconde y obéït à la premiere malgré la réſiſtance qu'y fait le poids de l'eau qu'elle y fait monter dans la petite branche EN ; laquelle réſiſtance ainſi ſurmontée dans ce cas de non-équilibre par la force du poids de l'eau de la grande branche MD, feroit conſequemment ici moindre que cette force, dont l'excès ſur la force du poids de l'eau de la petite branche, s'y diſtriburoit en deux parties qui feroient les forces égales de deſcente & d'aſcenſion qu'on vient de trouver aux ſurfaces ou lames d'eau AL, HO, dans ce cas de non-équilibre, où les poids des colonnes d'eau compriſes dans les branches MD, NE, du Ciphon MDEN, auroient ainſi des forces inégales pour les y faire deſcendre de part & d'autre. Donc de ce qu'en ce cas de non-équilibre les forces de deſcente d'une des ſurfaces ou lames d'eau AL, HO, & d'aſcenſion de l'autre, ſont égales entr'elles ; il ne s'enſuit pas, ainſi qu'on l'en vient de conclure à la maniere (ce me ſemble) des Carteſiens, que les efforts contraires que les poids des deux colonnes d'eau ſuppoſées d'abord à niveau en AH dans les deux branches du Ci-

phon MDEN, font pour les y faire defcendre, foient égaux
entr'eux ; ni confequemment que ces colonnes ou cylindres d'eau doivent demeurer en équilibre à ce niveau.

I I I. Le défaut de juftefle de cette confequence n'eft
pas le feul qui me paroiffe dans le raifonnement de l'art.
2. fait (ce me femble) à la maniere des Cartefiens : il m'y
paroît encore un autre défaut, qui confifte en ce qu'on
n'y compte que les mouvemens des furfaces AL, HO,
quoiqu'il y en ait beaucoup davantage. Car pour que la
furface ou lame d'eau AL defcende de la hauteur quelconque AB dans la groffe branche MD du Ciphon
MDEN, il faut (en fuppofant horifontal le plan touchant
CF du canal de communication des deux branches MD,
EN, de ce Ciphon) que tout le cylindre d'eau ACGL
defcende auffi de cette hauteur AB ; puifque la furface
ou lame AL de ce cylindre d'eau contenue dans la branche MD, n'y fçauroit defcendre de cette hauteur AB en
BP, à moins que cette feconde lame-ci ne defcende d'autant en la place d'une troifiéme de cette diftance au-deffous d'elle ; pour cela il faut de même que cette troifiéme lame d'eau defcende auffi d'une pareille hauteur en la
place d'une quatriéme de même diftance au-deffous d'elle, & ainfi de fuite jufqu'à la derniere lame CG qui entrera pour lors dans le canal CFED de communication des
deux branches du Ciphon MDEN : d'où l'on voit que
pour que la furface ou lame d'eau AL defcende de la
hauteur AB, il faut que toutes les fuivantes jufqu'en
CG, & confequemment auffi que tout le cylindre d'eau
ACGL, compofé de toutes ces lames ou petits cylindres
égaux, defcende alors de cette hauteur AB. On démontrera de même que pour que la furface HO de l'autre
cylindre d'eau HFPO, forcée par cette defcente de ACGL
(fuppofé d'abord lui être à niveau) de monter en KQ
d'une hauteur HK, qui rende $KQ \times HK = AL \times AB$, monte en effet de cette hauteur, il faut que tout le cylindre
KFPQ monte auffi de cette hauteur HK, dans le tems que
l'autre ACGL defcend de la hauteur AB. Par confequent

en ce cas-ci de non-équilibre les vîtesses de ce cylindre d'eau ACGL , & d'ascension de l'autre KFPQ , seront ici entr'elles en raison de ces hauteurs AB, HK, qu'ils y parcourent en même tems en ces deux sens contraires. Ainsi les quantitez de mouvemens de ces deux cylindres d'eau ACGL＝AC×AL, & KFPQ＝KF×KQ , seront ici entr'elles : : AC×AL×AB. KF×KQ×HK (à cause de AL×AB＝KQ×HK) : : AC. KF.

Ce sont-là les quantitez de mouvement résultantes ici du non-équilibre qu'on y suppose , & non pas les seules des deux surfaces ou lames d'eau AL, HO, prises dans le raisonnement de l'art. 2. pour tout ce qui en résulte de ce non-équilibre. Donc outre le défaut de ce raisonnement, marqué dans cet art. 2. quand même il n'y auroit point ici d'autre mouvement que celui des surfaces AL, HO : y voici encore un autre défaut , qui vient de n'y avoir supposé que cette seule quantité de mouvement.

IV. Peut-être que ceux auxquels j'expose bonnement ici mes difficultez sur leur maniere d'expliquer l'équilibre des Liqueurs , diront que les quantitez de mouvement qu'ils prennent ici pour les résultantes du non-équilibre qu'ils y supposent entre les cylindres d'eau ACGL, HFPO, pour en conclure l'équilibre entr'eux , ne sont pas les seules des surfaces AL, HO , ainsi qu'on l'a crû dans l'art. 2. mais qu'elles sont celles des cylindres entiers ACGL, HFPO, telles qu'on les leur vient de trouver dans le précedent art. 3. en raison des hauteurs AC, FK, de ces deux cylindres d'eau ; lesquelles quantitez de mouvement sont égales entr'elles, non pas à la verité toûjours , mais du moins au premier instant de leurs naissances contemporaines ; puisque les hauteurs AB, HK, de descente de la colonne d'eau ACGL, & d'ascension de HFPO supposée d'abord à niveau de celle-là , parcourues par ces deux cylindres d'eau pendant ce même instant, se trouvant alors infiniment petites, & consequemment négligeables par rapport aux finies AC, FK ; n'empêchent point que celles-ci, ni consequemment (*art.* 3.) que les quantitez

de mouvement des cylindres d'eau ACGL , KFPQ , ne
puissent être prises pour égales entr'elles en ce cas de non-
équilibre. Cela étant , & l'infinie petitesse de la hauteur
HK permettant aussi de prendre pour égaux entr'eux les
cylindres KFPQ , HFPO , qui en montant la parcourent
ensemble de vîtesses égales ; & consequemment comme
ayant alors des quantitez égales de mouvement : les cylindres d'eau ACGL , HFPO , supposés d'abord à niveau
entr'eux , auroient pareillement ici des quantitez égales
entr'elles de mouvement au premier instant de leur non-
équilibre , lequel par consequent y rendroit ces deux cylindres d'eau ACGL , HFPO , ou leurs poids en raison
reciproque de leurs vîtesses exprimées par les hauteurs
AB de descente du premier , & HK d'ascension du second , qu'ils y parcoureroient ce premier instant. Donc
alors , diront ces Sectateurs de M. Descartes , suivant son
principe rapporté ci-dessus , ces deux cylindres d'eau auroient ici des forces égales ; & par consequent y demeureroient en équilibre entr'eux , & leurs surfaces AL , HO ,
au niveau AH auquel on les a supposées d'abord , au lieu
de se mouvoir ainsi que ces Messieurs le supposent aussi
d'abord pour prouver cet équilibre.

Cette derniere consequence est la même que la derniere du raisonnement de l'art. 2. avec cette seule difference , que la elle est déduite de l'égalité des seuls mouvemens que les surfaces AL , HO , des cylindres d'eau
ACGL , HFPO , auroient dans le cas de leur non-équilibre ; & qu'ici elle est déduite de l'égalité de ce que ces
deux cylindres en auroient alors , l'un au gré de sa pesanteur , & l'autre malgré la sienne : de sorte que des
deux défauts que les art. 2. 3. font voir dans la premiere
de ces deux consequences des raisonnemens Cartesiens
de l'art. 2. & de celui-ci , la seconde est exempte du premier venu (art. 3.) de n'avoir pas employé dans l'art. 2.
comme dans celui-ci , tout le mouvement de l'eau des
branches du Ciphon , resultant du non-équilibre supposé.
Mais cette seconde consequence , qui est la derniere du

raiſonnement Carteſien de cet article-ci, a le ſecond des
défauts de celle-là, étant auſſi peu juſte qu'elle, comme
on le verra par la même raiſon qui a fait voir le défaut
de juſteſſe de cette derniere conſequence de l'art. 2. dans
la réflexion faite ſur elle dans ce même art. 2.

    V. J'avouerai encore ici que ce même défaut de ju-
ſteſſe me paroît de même, & pour la même raiſon dans la
conſequence que les Carteſiens tirent du même principe
de leur Maître par rapport à l'équilibre entre deux forces
ou deux poids appliquez à des Machines : par exemple,
après avoir dit à l'ordinaire que ſi deux poids A, F, appliquez aux extrêmitez du Levier AF appuyé en ſon point
D placé entr'eux, ſont en raiſon reciproque des bras DA,
DF, de ce Levier, c'eſt-à-dire, que ſi A.F :: DF.DA.
ces deux poids A, F, demeureront en equilibre entre-
eux ſur l'appui D de ce Levier : après, dis-je, cet énoncé,
ces Meſſieurs, pour le prouver, diſent que ſi ces deux
poids A, F, ainſi conditionnez, ne demeuroient pas ici
en équilibre entr'eux ſur cet appui D, un d'eux, par
exemple, A l'emporteroit ſur l'autre ; & que pendant
que ce poids A feroit ainſi paſſer le Levier AF en
une autre ſituation quelconque CK, il parcourroit autour du centre D l'arc circulaire AC, en forçant l'autre
poids F à parcourir en ſens contraire l'arc ſemblable FK
autour du même centre D : de ſorte que l'on auroit alors
FK. AC :. DF. DA (Hyp.) :: A. F. ou A. F :: FK. AC. c'eſt-
à-dire, les poids A, F, entr'eux en raiſon reciproque des
chemins AC, FK, qu'ils parcourreroient alors. D'où ces
Sectateurs de M. Deſcartes concluent ſuivant ſon principe rapporté au commencement de cette Section-ci, que
ces poids auroient alors des forces égales ; & conſequemment qu'ils demeureroient ici en équilibre entr'eux ſur
l'appui D, au lieu de s'y mouvoir comme ces Auteurs le
ſuppoſent d'abord, pour en déduire ainſi cet équilibre.

    Cette derniere conſequence eſt encore ſemblable à la
derniere de l'art. 2. déduite de même à leur maniere ; &
conſequemment elle a auſſi le même défaut de juſteſſe

que celle-là , remarqué dans la réflexion faite sur cette autre-là dans cet art. 2. ou tout au plus celle ci ne prouveroit comme elle l'équilibre que *ab abfurdo* , ou que par l'impossibilité du mouvement qui s'y opposeroit. La raison de cet inconvenient rapportée dans ce même art. 2. pour cette consequence-là par rapport à l'équilibre des Liqueurs , fera voir ce même inconvenient dans la précedente , par rapport à l'équilibre sur le Levier ici supposé : l'application y en est aisée à faire ; ainsi je ne m'y arrèterai pas davantage.

V I. Cette même raison pourroit aussi servir à faire voir de même cet inconvenient dans la maniere précisément la même dont les mêmes Auteurs expliquent l'équilibre sur les autres Machines , sans compter qu'il y a bien des Problêmes de Statique , qui ne feroient pas aisez à résoudre de cette maniere , sur tout ceux où il s'agiroit de mettre tant de puissances qu'on voudroit en équilibre sur celle qu'on voudroit de ces Machines (parmi lesquelles la funiculaire soit aussi comprise) n'en ayant de donné que l'appui , ou que les rapports de ces puissances , ou seulement leurs directions ; ce que les seules solutions qu'on voit ici de pareils Problêmes , font cependant voir être faciles à résoudre par le principe des forces composées ou dérivées , qu'on suit par tout ici.

Au reste , n'ayant en vûe que de faire faire attention à la fecondité de ce principe dans la Statique , & non d'attaquer l'usage qu'on y fait de celui de M. Descartes ; je n'expose ici mes difficultez sur cet usage , que forcé par l'Auteur qui m'en a fait une objection , & pour rendre en même tems le Lecteur prévenu en faveur de ce principe Cartesien , plus disposé à écouter l'explication que je vais donner de l'équilibre des Liqueurs suivant l'autre principe , toute aussi naturelle que celle qu'il m'a fournie jusqu'ici de l'équilibre des Solides : c'est dans les propositions suivantes que va se trouver cette explication démontrée de l'équilibre des Liqueurs , que je n'ajoûte ici que parce qu'on m'a marqué la souhaiter, ne m'étant proposé jusques-là que de traiter (comme j'ai fait jusqu'ici) de l'équilibre des Solides, c'est-à-dire, des poids ou des puissances appliquées à des Machines; ce qui étoit tout le dessein du Projet qui parut de cet Ouvrage-ci en 1687. Ce qui s'y trouve démontré dans la prop. 3. comme ici dans la Section 6. des Poids soûtenus sur des Plans inclinez, réduisant toûjours l'équilibre de quantitez inégales d'une même Liqueur quelconque, ou de poids inégaux de Liqueurs differentes, contenues, par exemple, dans les branches du Ciphon, qui les auroit de grosseurs inégales, à l'équilibre de grosseurs égales & de poids égaux de ces Liquides, lesquelles s'y contrepesent, le surplus de ce qu'en contient la plus grosse des deux branches du Ciphon, étant toûjours soutenu (comme sur un plan incliné) sur ou contre le panchant du rétrécissement de cette grosse branche : c'est ce qu'on va démontrer, & en consequence que cette maniere d'expliquer l'équilibre des Liqueurs, est toute aussi naturelle que celle qu'on a vûe démontrée dans la prop. 3. du Projet de ceci publié en 1687. & qu'on voit encore ici démontrée de même dans la Section 6. de l'équilibre des Poids soûtenus sur des plans inclinez. Ce qu'auroient apperçû sans doute d'eux-mêmes, tant ceux qui m'ont marqué douter, que celui qui a nié que cet équilibre des Liqueurs pût aussi être démontré par le même principe de ce Projet & de tout ceci, si leur prévention pour la maniere Cartesienne d'expliquer cet équilibre des Liqueurs, leur eût permis assez d'attention pour cela : ils en jugeront mieux par ce qui suit, si les difficultez précedentes sur cette maniere Cartesienne, peuvent obtenir d'eux cette attention, pour laquelle obtenir j'ai fait ces difficultez, que j'aurois sûrement omises, si je n'y eusse point été forcé par l'Auteur dont je viens de parler, ne voulant de contestation avec personne.

DEFINITION

Dᴇғɪɴɪᴛɪᴏɴ XXXIII.

On dit qu'une Liqueur eſt *à niveau*, lorſqu'elle a toute ſa ſurface horiſontale ; & l'on appelle *ſurface* d'une Liqueur ce qu'elle en a de non-touchée par le vaſe qui la contient, laquelle s'appellera auſſi *ſurface libre*, & *non-em-péchée* par les côtez du vaſe.

Aхɪoᴍᴇ IX.

Un corps peſant deſcend tant qu'il le peut, ou que rien ne l'en empêche abſolument.

Cᴏʀᴏʟʟᴀɪʀᴇ I.

Donc une Liqueur (parfaitement coulante, telles que Fɪɢ. 288. ſeront celles dont on parlera dans la ſuite) abandonnée à 289. elle-même dans un vaſe quelconque ABEF, doit toûjours s'y mettre à niveau : car ſi cette ſurface libre étoit MDN plus haute du côté de M que du côté de N, les parties de cette ſurface plus hautes du côté de M en pourroient deſ-cendre vers les plus baſſes du côté de N, le long de cette ſurface oblique MDN, comme le long d'un plan incliné, ſi on la ſuppoſe droite ou plane, ou comme le long de pluſieurs plans inclinez contigus, ſi on la ſuppoſe faite de pluſieurs planes, dont le nombre ſeroit infini, ſi on la ſuppoſoit courbe ; & toûjours de même juſqu'à ce qu'elle eût toutes ſes parties d'égale hauteur dans un plan horiſontal GH, qui la rencontrât en un endroit D, qui rendît égaux les eſpaces MDH, NDG. Donc, ſuivant l'Axiome précedent, ſi la ſurface de la Liqueur contenue dans le vaſe ABEF, étoit hors de niveau en MDN par quelque cauſe que ce fût, abandonnée à elle-même, elle s'y mettroit en GH par la chûte de la portion MDH de cette Liqueur dans l'eſpace égal NDG plus bas que MDH ; & par la même raiſon cette Liqueur reſteroit à ce niveau GH, après toute agitation ceſſée, ſa ſurface n'ayant plus alors de profondeur où aucune de ſes parties puiſſe deſcendre. Donc une Liqueur abandonnée à elle-

même dans un vafe quelconque , doit toûjours enfin s'y
mettre à niveau , & y refter en équilibre tant que rien ne
l'y troublera.

Corollaire II.

En ce cas d'équilibre d'une Liqueur, ce n'eft pas affez
pour y refter à niveau , autrement l'eau, d'une furface
horifontale y pourroit refter à niveau fur de l'huile : il
faut de plus que les colònnes voifines verticales PCDQ ,
QDKR , RKLS , &c. de cette Liqueur , fe contre-balan-
cent de maniere qu'aucune par fon poids ne l'emporte fur
l'autre ; autrement l'élevation de cette feconde colonne
en rendroit les parties fuperieures plus élevées que les fu-
périeures de la premiere qui l'auroit fait monter, lefquél-
les fe feroient ainfi abaiffées : de forte qu'alors, fuivant
l'Axiome , ces plus hautes parties tomberoient en la place
ainfi abandonnée par les plus baffes ; ce qui remettant
(*Corol.* 1.) la Liqueur à niveau, & fes colonnes au même
état qu'auparavant, celle qui auroit élevé fa voifine, l'é-
leveroit encore,& en feroit encore tomber (*Ax.*9.) les parties fuperieures en la place abandonnée par les fiennes en
defcendant , & toûjours de même : d'où réfulteroit un
mouvement perpetuel de cette Liqueur fans aucun niveau permanent , où elle demeurât en équilibre. Donc
pour qu'elle y demeure à niveau, conformément au Corol. 1. ce n'eft pas affez que la furface en foit horifontale,
il faut de plus que fes colonnes verticales fe contre-balan-
cent, & fe foûtiennent mutuellement, non feulement en
s'appuyant contre les côtez du vafe, mais encore en faifant effort fur fon fond pour s'élever mutuellement comme feroient deux poids égaux aux extrêmitez d'une balance appuyée fur ce fond du vafe. C'eft ainfi que l'eau
verfée fur de l'huile dans un vafe l'y force de monter ,
l'eau plus pefante que l'huile l'emportant fur elle dans le
contre-balancement de leurs colonnes , quoiqu'égales :
l'emportant, dis-je, par fon plus grand poids, & non par
la force de fa chûte en la verfant ; autrement de l'huile

verſée ainſi ſur de l'eau , devroit de même la faire monter;
ce qui eſt contraire à l'expérience, au lieu que le cas de
l'huile élevée par l'eau verſée ſur elle , y eſt conforme.

COROLLAIRE III.

Donc dans un vaſe rétréci par en haut, ou de côtez
obliques à l'horiſon, qui de la Liqueur dont il eſt rempli,
en retiennent une partie au niveau du reſte ; ce reſte de
Liqueur plus élevée , eſt dans un effort continuel contre
ces côtez obliques du vaſe , ou de ſon rétréciſſement,
pour élever à ſon niveau ce que ces côtez obliques en
empêchent d'y monter : auſſi l'experience fait-elle voir
que ſi l'on fait un trou vertical à quelqu'un de ces côtez
obliques, au-deſſus duquel ſoit le niveau de la Liqueur ,
elle s'échappera auſſi-têt par ce trou en montant preſque
au niveau de la Liqueur qui y ſeroit entretenue, auquel
on démontre que ce jet vertical atteindroit , ſi la réſiſtance de l'air , & celle du frottement que la Liqueur ſouffre
en paſſant par ce trou , ne s'y oppoſoient pas.

SCHOLIE.

I. L'experience fait auſſi voir que telle eſt la nature generale des Liqueurs, que celle-ci , comme toute autre ,
s'échapperoit de même force par ce trou, quelqu'autre
direction qu'il eût. D'où l'on voit en general que les Liqueurs preſſées à volonté , font des efforts égaux en tous
ſens pour s'échapper des vaſes où elles ſe trouvent ainſi
comprimées : c'eſt pour cela que l'eau d'un vaſe s'en
échappe avec des vîteſſes égales de tous côtez par des
trous faits au-deſſus du niveau de cette Liqueur à diſtan-
ces égales de ce niveau.

Je ne ſçais perſonne qui ait donné la raiſon mécanique
de cette experience , faute de connoître aſſez la nature
des Liqueurs : faute de cela on ne voit que le fait , ſans
en voir la cauſe , ni comment des forces comprimantes ,
par exemple, verticales comme la peſanteur, produiſent

des preſſions horiſontales égales aux verticales qu'élles
cauſent au niveau de ces horiſontales. Cependant l'experience atteſte ce fait dans les Liqueurs comprimées dans
des vaſes par leurs peſanteurs. Il faut donc conclure que
ce fait ne vient pas de la preſſion ſeule de chacune de ces
Liqueurs, mais de ſon concours avec quelqu'autre cauſe
qui ne peut être (ce me ſemble) que la fluidité de cette
Liqueur : autrement ces preſſions ainſi égales en tous ſens,
ſe trouveroient dans des globules ſans fluidité, ainſi comprimées dans un vaſe qui en ſeroit rempli ; ce que l'experience & la Mecanique font voir n'être pas. Or comment
la fluidité des Liqueurs contribue-t'elle avec leur peſanteur, ſecourue, ou non, de quelqu'autre cauſe comprimante, à produire des preſſions ainſi égales en tous ſens ?
C'eſt ce qu'on n'a point encore démontré, & ce que
j'avoue ne pas voir non plus. On s'eſt contenté de dire
que cette fluidité des Liqueurs conſiſte dans une égale facilité des parties de chacune à ſe mouvoir en tous ſens,
abſtraction faite de leurs peſanteurs, ou de quelqu'autre
force comprimante, ſans dire la cauſe de cette égale facilité qu'une telle abſtraction laiſſeroit voir de même dans
des globules ſans fluidité, les laiſſant voir indifferens à
être en repos ou en mouvement, ſuivant des détermina-
tions quelconques.

II. Il eſt vrai que les Carteſiens aſſignent la matiere
ſubtile pour cauſe de la fluidité des Liqueurs, & conſequemment pour cauſe de cette égale facilité des parties
de chaque Liqueur à ſe mouvoir en tous ſens, en ce que
(diſent-ils) la matiere ſubtile traverſant chaque Liqueur
en tous ſens avec des forces égales, en agite auſſi les parties en tous ſens avec d'égales forces.

Je ne m'arrête point à demander la cauſe de ces mouvemens en tous ſens de la matiere ſubtile, dont la fluidité
qu'on lui ſuppoſe, ſeroit inutilement alleguée pour cauſe
de tous ces mouvemens differens ; puiſqu'il s'agit ici de la
cauſe elle-même de la fluidité qu'on fait conſiſter en une
égale facilité des parties de chaque Liqueur à ſe mouvoir

en tous sens ; ce qui permet à sa pesanteur de la mettre
toûjours à niveau en poussant de tous côtez (lorsqu'elle
n'y est pas) vers les plus basses ce que cette Liqueur a de
parties plus élevées, qui par leur égale facilité à se mouvoir, ou plûtôt à être mûes en tous sens, obéïssent sans
peine.

Je ne m'arrête point non plus à demander comment ces
parties de chaque Liqueur, poussées (comme veulent ces
Messieurs) chacune de tous côtez à la fois avec des forces
égales par la matiere subtile, qui ne leur donneroit ainsi
aucun mouvement, auroient plus de facilité chacune à se
mouvoir en tous sens, que si cette matiere subtile étoit
en repos entr'elles, ou qu'il n'y en eût point du tout entre
elles ; ni pourquoi ces particules de Liqueur auroient plus
de cette facilité que des globules sans liquidité, qui leur
seroient égaux en masses.

III. Je veux bien supposer avec ces Messieurs, que la
matiere subtile donne effectivement aux particules de
chaque Liqueur cette facilité à se mouvoir ou à être mûes
avec des forces égales en tous sens, abstraction faite de
leur pesanteur, & de toute autre force comprimante.
Mais je demande comment sans cette abstraction, c'est-à-
dire, lorsqu'on considere ces Liqueurs comme comprimées par leur pesanteur secourue, ou non, de quelqu'autre force étrangere, simple ou composée, à volonté : je
demande, dis-je, comment il n'en résultera pas alors aux
parties de chaque Liqueur, des pressions plus fortes suivant la direction commune de tout ce qu'il y a de forces
qui les pressent, qu'en tout autre sens ; & par quelle raison mécanique on peut concevoir que toutes ces pressions
seront égales en tous sens dans chaque couche de Liqueur
perpendiculaire à cette direction commune. C'est cependant ici un fait que l'experience atteste de chaque couche
horisontale d'eau comprimée par sa pesanteur dans un
vase ou reservoir, d'où cette eau s'échappe avec des vîtesses égales par des trous faits au-dessous de son niveau
à distances égales quelconques de ce niveau ; ou par des

trous faits au fond de ce vase, s'il l'a horisontal, & a ses côtez à niveau de ce fond, fait de pressions égales en tous sens, qui doit arriver de même dans toute une couche quelconque de Liqueur quelconque perpendiculaire à la direction commune à sa pesanteur, & à tant d'autres forces comprimantes qu'on lui voudra supposer, lesquelles en compriment également toute la surface, & en consequence toutes les parties, comme fait la pesanteur.

IV. Quelqu'ignorée que soit la cause totale de ce fait, l'experience qu'on en a par rapport à l'eau comprimée par sa seule pesanteur dans un vase ou reservoir, ou elle est tranquille & comme en repos, l'a fait prendre jusqu'ici pour un principe d'experience : c'est ainsi que nous le prendrons aussi dans la suite, ou en consequence nous supposerons à l'ordinaire que les pressions de l'eau comprimée par sa seule pesanteur, sont égales en tous sens à distances égales de son niveau ; & pour faire voir que ces pressions égales en tous sens ne sont pas l'effet de la seule pesanteur, voici celles qu'elle produiroit seule.

LEMME XIX.

Soit un cylindre ou prisme quelconque EAFDCVBT de base BVCT de figure quelconque, lequel soit coupé suivant sa longueur par un plan qui y fasse une section parallelogrammique ABCD. Soit ce même corps coupé en travers par deux autres plans HLGK, NSOZ, perpendiculaires à celui-là, avec lequel ils ayent des sections communes HG, NO, inclinées à volonté aux côtez paralleles AB, DC, de ce parallelogramme ABDC, en faisant les sections HLGK, NSOZ, avec le cylindre ou prisme quelconque EAFDCVBT.

Cela posé, je dis que les aires HLGK, NSOZ, de ces deux sections prismatiques transversales sont par tout entr' elles comme leurs sections communes HG, NO, avec le parallelogramme ABCD, c'est-à-dire, HLGK. NSOZ :: HG. NO.

D E M O N S T R A T I O N.

I. Soit aussi le cylindre ou prisme quelconque EAFDCVBT coupé par deux plans NRPQ, HLΠβ, paralleles à ceux des sections prismatiques proposées HLGK, NSOZ, chacun à chacun; & qui, en faisant avec ce corps les sections curvilignes NRPQ=HLGK, HLΠβ=NSOZ, paralleles & semblables chacune à son égale; & avec le parallelogramme ABCD. Les sections rectilignes NP=GH, HΠ=NO, paralleles aussi chacune à son égale, rendent égaux entr'eux les cylindres ou prismes partiaux KGLHNRPQN, LΠβHNSOZN.

II. Soit de plus NM perpendiculaire au côté AB du parallelogramme ABCD; & du point H de son côté opposé DC, les droites HX, HY, perpendiculaires en X, Y, sur les plans NSOZ, NRPQ, prolongez de ce côté là; & consequemment aussi perpendiculaires aux droites prolongées ON, PN: Ce qui rendant les triangles rectangles NMO, HXN, semblables entr'eux, & aussi NMP, HYN, donne HX. HN :: NM. NO. Et HN. HY :: NP. NM. Donc (en raison troublée) HX. HY :: NP. NO.

III. Or l'art. 1. vient de donner les cylindres ou prismes partiaux KGLHNRPQN=LΠβHNSOZN; & consequemment leurs valeurs NRPQ×HY=NSOZ×HX, d'où resultent les aires NRPQ. NSOZ :: HX. HY. Donc (art. 2.) NRPQ. NSOZ :: NP. NO. Mais l'art. 1. vient de donner aussi NRPQ=HLGK, & NP=HG. Donc enfin les aires HLGK. NSOZ :: HG. NO. *Ce qu'il falloit démontrer.*

C O R O L L A I R E.

Puisque l'article 1. donne les aires NRPQ=HLGK, HLΠβ=NSOZ, & les lignes droites NP=GH, HΠ=NO, on voit que l'on aura aussi les aires HLGK. HLΠβ :: HG. HP. Et NRPQ. NSOZ :: NP. NO. Et aussi NRPQ. HLΠβ :: NP. HΠ. de sorte qu'en general, de quelque maniere qu'un prisme quelconque soit coupé transversa-

lement par tant de plans qu'on voudra , tous perpendiculaires à un qui le coupe fuivant fa longueur en un parallelogramme quelconque ; les aires des fections tranf-
verfales prifmatiques caufez au prifme , coupé par ces
plans tranfverfaux , feront toutes entr'elles comme les
fections communes de ces plans avec celui de ce parallelogramme.

THEOREME XLI.

Fig. 191.   *Soient deux tuyaux ou vafes prifmatiques AB , AD , l'un
vertical AB , & l'autre AD arbitrairement incliné à l'horifon , defquels les ouvertures en A , & les fonds ou bafes BSCR,
KODM , foient horifontales & de figures quelconques , & les
hauteurs AC , AE , terminées à ces fonds prolongez. Soient
ces deux vafes cylindriques ou prifmatiques remplis jufqu'en A
de Liqueurs de pefanteurs fpecifiques quelconques , f , φ , dirigées parallelement à la verticale AE , & en quantitez dont
les maffes prifmatiques AB , AD , foient* m , µ ; *des poids defquelles réfultent fur les fonds BSCR , KODM , des vafes
AB , AD , des preffions* p , λ , *longitudinales , c'eft-à-dire , fuivant les longueurs AC , AK , de vafes ou tuyaux ; & de perpendiculaires* p , ϖ , *à ces mêmes fonds BSCR , KODM.*

Cela pofé , l'on aura toûjours & par-tout ici ,

I. $p\mu\varphi \times AE = \lambda mf \times AK$ (A) *pour les preffions longitudinales
de ces fonds.*

II. $p\mu\varphi \times \overline{AE}^2 = \varpi mf \times \overline{AK}^2$ (B) *pour les preffions perpendiculaires de ces mêmes fonds.*

DEMONSTRATION.

Fig. 193.   Avant toutes chofes , pour ne point fe broüiller aux
noms qui fe trouvent dans ces deux formules A , B , ni à
ce qui s'en trouvera d'autres dans ce que ces formules
en produiront d'autres ; voici la lifte de tous ces noms.

m, μ, maſſes des Liqueurs contenues dans les tuyaux FIG. 19.
    AB, AD.

f, φ, les peſanteurs ſpecifiques de ces Liqueurs.

e, ϵ, leurs denſitez.

b, β, les fonds horiſontaux BSCR, KODM, de ces vaſes
    priſmatiques.

b, ν, leurs ſections BSCR, KOQN, perpendiculaires à
    leurs longueurs AC, AK.

p, λ, preſſions longitudinales des Liqueurs ſur les fonds
    BSCR, KODM.

p, ϖ, leurs preſſions perpendiculaires.

PART. I. Cela poſé, puiſque (*Hyp.*) m, μ, ſont les
maſſes des Liqueurs dont les tuyaux AB, AD, ſont ſuppoſez remplis juſqu'en A ; & que f, φ, ſont les peſanteurs
ſpecifiques de ces Liqueurs : l'on aura mf, $\mu\varphi$, pour les
poids abſolus de ces priſmes de Liqueurs. Soit preſentement δ la peſanteur relative reſultante ſuivant AK de la
peſanteur ſpecifique abſolue φ de la Liqueur contenue
dans toute cette longueur AK du tuyau AD : l'on aura de
même $\mu\delta$ pour le poids relatif ſuivant AK de cette colonne priſmatique AD de Liqueur. Or il eſt viſible que les
preſſions longitudinales p, λ, que les poids mf, $\mu\delta$, dirigez par leurs peſanteurs f, δ, ſuivant AC, AK, font ſuivant ces directions ſur les fonds horiſontaux BSCR,
KODM, ſont en raiſon de ces poids. Donc $p . \lambda :: mf . \mu\delta$.
D'où reſulte $p\mu\delta = \lambda mf$. Mais la peſanteur δ ſuivant AK,
étant ici dérivée de l'abſolue φ ſuivant la verticale AE
rencontrée en E par l'horiſontale KE ; on aura ici AK. AE

$$:: \varphi . \delta = \varphi \times \frac{AE}{AK} . \text{ Donc } p\mu\varphi \times \frac{AE}{AK} = \lambda mf,$$ d'où reſulte la for-

mule $p\mu\varphi \times AE = \lambda mf \times AK$ (A) *qu'il falloit* 1°. *démontrer.*

Autrement. Soit du tuyau AD continué une partie AH
de baſe encore horiſontale GH, & remplie dans tou eſt
longueur AG d'une portion de la même Liqueur de ce
tuyau AD ſuppoſée de peſanteur ſpecifique φ ; de laq el-

Tome II.   H h

la portion ou colonne AH de Liqueur, la masse soit x; & consequemment dont le poids absolu soit $x\phi$, lequel soit capable de faire équilibre sur le plan incliné AG avec le poids absolu mf de la colonne AB de l'autre Liqueur dirigée suivant la verticale AC parallele aux directions de ces deux poids absolus $x\phi$, mf.

Cela posé, il est démontré dans la Section 6. que pour cet équilibre (soient les horisontales GF, KE, qui rencontrent en F, E, la verticale AC prolongée) il faudroit ici $x\phi . mf :: AG . AF :: AK . AE$. Et consequemment $x\phi \times AE = mf \times AK$. Or ce cas d'équilibre entre les poids absolus $x\phi$, mf, des prismes AH, AB, de Liqueurs sur les plans AG, AC, étant un cas où ces poids auroient des forces égales suivant ces plans, & où consequemment ils presseroient également les bases horisontales GH, BSCR, suivant ces longueurs AG, AC ; la pression longitudinale de la premiere GH de ces deux bases seroit ici égale à la longitudinale p de la seconde BSCR. Donc pour rendre ici égale à p la pression longitudinale de la base GH suivant AG ou AK, il y faudroit $x\phi \times AE = mf \times AK$. Or il est visible que les pressions longitudinales p, λ, des bases horisontales GH, KODM, causées suivant la même direction AR par les colonnes prismatiques AH, AD, de même Liqueur, sont entr'elles en raison des longueurs AG, AK, de ces prismes : c'est-à-dire, $p . \lambda :: AG . AK = \dfrac{\lambda}{p}$

$\times AG$. Donc $x\phi \times AE = \dfrac{\lambda mf}{p} \times AG$. Mais les masses x, μ, des

mêmes colonnes AH, AD, de même Liqueur, sont entr'elles comme leurs longueurs AG, AK ; c'est-à-dire,

$x . \mu :: AG . AK$. D'où resulte $x = \mu \times \dfrac{AG}{AK}$. Donc $\mu\phi \times$

$\dfrac{AE \times AG}{AK} = \dfrac{\lambda mf}{p} \times AG$; d'où resulte $p\mu\phi \times AE = \lambda mf \times AK$ (A).

Ce qu'il falloit encore démontrer.

Part. II. Si de l'extrêmité L de KL prise à volonté sur AK prolongée de ce côté-là, on mene LP perpendiculaire en P sur la verticale KP ; si de plus on prend ϖ pour la preſſion ou force dont la colonne de Liqueur A D preſſe le fond horiſontal KODM ſuivant cette verticale KP, c'eſt-à-dire, perpendiculairement à ce fonds ; en conſequence de la preſſion ou force λ dont ce fond KODM eſt preſſé par la même A D ſuivant ſa longueur AK : cette preſſion verticale ϖ ſuivant KP reſultant ainſi de celle λ ſuivant A K ou KL, on aura ici $\lambda . \varpi :: KL . KP :: AK . AE$.

Et conſequemment $\lambda = \varpi \times \dfrac{AK}{AE}$. Donc en ſubſtituant cette valeur de λ en ſa place dans l'équation $p\mu\varphi \times A E = \lambda mf \times$ AK (A) de la part. 1. l'on aura ici $p\mu\varphi \times A E = \varpi mf \times \dfrac{\overline{AK}^2}{AE}$,

ou $p\mu\phi \times \overline{A E}^2 = \varpi mf \times \overline{AK}^2$ (B). *Ce qu'il falloit 2°. démontrer.*

C O R O L L A I R E I.

Pour faire entrer preſentement dans cette formule B, & dans celle A de la part. 1. Les fonds horiſontaux BSCR, KODM, des vaſes priſmatiques A B, A D, leſquels fonds ſont les baſes horiſontales des colonnes de Liqueurs que ces vaſes contiennent juſqu'en A : ſoient ces baſes BSCR, KODM, appellées b, β ; les hauteurs de ces colonnes priſmatiques étant AC, AE, l'on aura $b \times AC$, $\beta \times AE$, pour leurs volumes ; & ſi l'on prend e, ι, pour les denſitez de ces Liqueurs, les priſmes AB, AD, qu'on en ſuppoſe dans les vaſes ou tuyaux de ces noms, auront leurs maſſes $m = be \times AC$, $\mu = \beta\iota \times AE$. Donc en ſubſtituant ces valeurs de m, μ, en leurs places dans les précedentes équations A, B, des part. 1. 2. elles les changeront en d'auſſi generales.

2°. $p\beta\iota\phi \times \overline{A E}^2 = \lambda bef \times AC \times AK$ (C) pour les preſſions lon-

H h ij

gitudinales p, λ, des fonds horifontaux BSCR, KODM, des vafes prifmatiques AB, AD.

2°. $p\beta\epsilon\phi \times \overline{AE}^3 = \varpi bef \times AC \times \overline{AK}^2$ (D) pour les preſſions perpendiculaires p, ϖ, des mêmes fonds.

COROLLAIRE II.

Si de plus on ſuppoſe le tuyau ou vaſe prifmatique AD coupé en KOQN perpendiculairement à ſa longueur AK, l'on aura KODM×AE = KOQN×AK, c'eſt-à-dire (ſuivant les noms β, ν, des baſes KODM, KOQN) $\beta \times AE = \nu \times AK$, d'où reſulte $AK = \dfrac{\beta \times AE}{\nu}$. Cela ſe trouve auſſi par le moyen du Corol. du Lemme . lequel donne les aires KODM (β). KOQN (ν) : : KD . KQ (à cauſe des triangles rectangles ſemblables KQD, AEK) : : AK . AE. D'ou réſulte auſſi $\beta \times AE = \nu \times AK$, & en conſequence encore $AK = \dfrac{\beta}{\nu} \times AE$. Donc en ſubſtituant cette valeur de AK en ſa place dans les équations C, D, du précedent Cor. 1. elles ſe changeront encore en d'auſſi generales.

1°. $p\nu\epsilon\phi \times AE = \lambda bef \times AC$ (E) pour les preſſions longitudinales p, λ, des fonds horifontaux BSCR. KODM.

2°. $p\nu\epsilon\phi \times \overline{AE}^2 = \varpi bef \times AC \times AK$ (F) pour les preſſions perpendiculaires ou verticales p, ϖ, des mêmes fonds.

COROLLAIRE III.

Fig. 294.   Suppoſons preſentement que les tuyaux ou vaſes prifmatiques AB, AD ſoient de hauteurs égales AC, AE, comme dans la Fig. 294. que les groſſeurs ou baſes perpendiculaires BSCR, KOQN, de figures quelconques en ſoient auſſi égales entr'elles, & qu'ils ſoient remplis d'une même Liqueur quelconque depuis l'horifontale CK juſqu'en A : la premiere de ces trois hypotheſes rendant $b = \nu$, ſuivant la liſte précedente des noms employez ici ; la ſeconde rendant AC=AE , & la troisiéme rendant $e=\epsilon$, $f=\phi$, suivant la même liste:

1°. L'équation E du nomb. 1. du précedent Corol. 2. se changera pour ce cas-ci en $p=\lambda$. Ce qui fait voir que les pressions longitudinales p, λ, des fonds horisontaux BSCR, KODM, causées à ces fonds par les poids des prismes AB, AD, de hauteurs égales, de grosseurs égales, & de même Liqueur quelconque, suivant les longueurs AC, AK, de ces prismes, seront toûjours ici égales entre-elles, quoique ces poids soient inégaux entr'eux, y étant en raison de ces longueurs AC, AK.

2°. L'équation F du nomb. 2. du même Corol. 2. se changera pareillement pour ce cas-ci en $p\times AE=\varpi\times AK$. Ce qui donnant $p.\varpi::AK.AE$. fait voir que les pressions verticales ou perpendiculaires p, ϖ, des fonds horisontaux BSCR, KODM, des tuyaux ou vases prismatiques AB, AD, seroient ici comme la longueur AK de l'incliné AD y seroit à sa hauteur AE: de sorte qu'ayant ici (*Hyp.*) AC=AE, ces pressions verticales p, ϖ, des fonds horisontaux BSCR, KODM, des vases prismatiques AB, AD, seroient ici en raison reciproque des longueurs AK, AC, de ces deux vases.

C O R O L L A I R E IV.

Toutes choses demeurant les mêmes que dans le précedent Corol. 3. excepté que les bases ou fonds horisontaux BSCR (b), KODM (β), des vases prismatiques AB, AD, soient ici égaux, quelles que soient les grosseurs de ces prismes. Outre AC=AE, $e=\epsilon$, $f=\phi$, comme dans le précedent Corollaire 3. l'on aura ici $b=\beta$; & en consequence,

1°. L'équation C du nomb. 1. du Corol. 1. se changera ici en $p\times AC=\lambda\times AK$, d'où resulte $p.\lambda::AK.AC$. Ce qui fait voir qu'en ce cas-ci les pressions longitudinales p, λ, des fonds horisontaux égaux BSCR, KODM, des vases prismatiques AB, AD, de hauteurs égales AC, AE, se-

H h iij

roient entr'elles en raison reciproque des longueurs AC, AK, de ces prismes.

2°. L'équation D du nomb. 2. du même Corol. 1. se changera de même ici en $p \times \overline{AC}^2 = \varpi \times \overline{AK}^2$, d'où resulte $p . \varpi :: \overline{AK}^2 . \overline{AC}^2$. Ce qui fait aussi voir qu'en ce cas-ci les pressions verticales ou perpendiculaires p, ϖ, des fonds horisontaux égaux BSCR, KODM, des vases prismatiques AB, AD, de hauteurs égales AC, AE, & toûjours remplis d'une même Liqueur quelconque, seroient pareillement ici en raison reciproque des quarrez des longueurs AC, AK, de ces deux prismes.

COROLLAIRE V.

Suivant les précedens nomb. 1. 2. du Corol. 4. dans lequel AK est toûjours plus grande que AC, si un vase prismatique vertical AB, & un prismatique AD arbitrairement incliné à l'horison ont des fonds horisontaux égaux, & qu'ils soient remplis jusqu'à des hauteurs égales d'une même Liqueur quelconque; la pression tant longitudinale que verticale du fond du vase vertical, sera toûjours plus grande que la pression tant longitudinale que verticale du fond égal du vase incliné.

SCHOLIE.

Jusqu'ici les fonds des vases prismatiques ont été supposez tous horisontaux: voici presentement pour de pareils vases de fonds arbitrairement inclinez à l'horison.

Fig. 295. I. Pour cela soit en general un vase cylindrique ou prismatique ACDF de position quelconque sur son fond AMFN de figure & de position aussi quelconque; lequel vase, d'ouverture horisontale CBDE, soit rempli de telle Liqueur qu'on voudra, jusqu'à telle hauteur ou niveau GH qu'on voudra aussi. Soit Q le centre de gravité de la quantité AGHF de ce que le vase contient de cette Liqueur; du point Q soit QS perpendiculaire en S au fond AMFN rencontré en R par QR parallele à la longueur

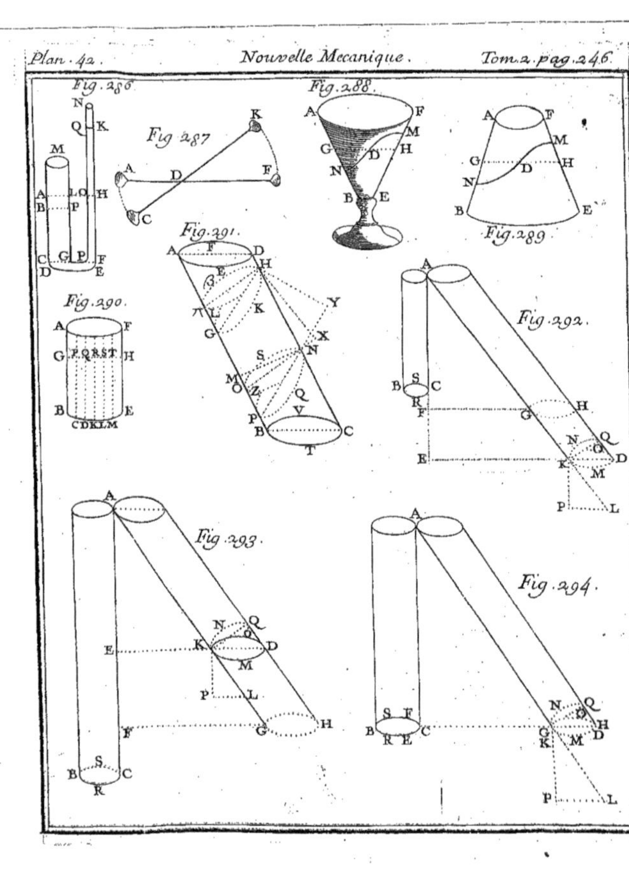
Fig. 286
N
Q K
M
A L O H
B P
C G P F
D E
Fig. 287
K
A D F
C
Fig. 288
A F
M
G D H
N
B E
Fig. 289
A F
M
G D H
N
B E
Fig. 290
A F
G E Q R S T H
B E
C D K L M
Fig. 291
A F D
E H
I
L K Y
G
X
S N
M
O Z
Q
P V
B C
T
Fig. 292
A
S C
B
K
F
G H
N Q
O D
K
M
E
P L
Fig. 293
A
N Q
O
E K D
M
P L
F G H
B S C
R
Fig. 294
A
S F
B R E C
N Q
O
G H
K M D
P L

ou à un des côtez du vase prismatique ACDF que le plan
ROS perpendiculaire au plan du fond AMFN, coupé en
un quadrilatere de même nom ACDF, de deux côtez op-
posez CA, DF, paralleles entr'eux, d'un troisiéme côté   Fig. 295.
CD qui est horisontal, & d'un quatriéme AF de position   & suivantes
quelconque. De l'angle D de ce quadrilatere ACDF soit   jusqu'à 301.
DF perpendiculaire en K sur le fond AMFN prolongé,
& conséquemment sur la droite AF aussi prolongée de ce
côté-là ; ce qui donnera le triangle rectangle DKF semblable au triangle OGR. Soient enfin les verticales OL,
DZ, rencontrées en L, Z, par des plans perpendiculares en R, F, aux paralleles OR, DF ; ce qui rendra aussi
les triangles rectangles ORL, DFZ, semblables entr'eux.

I I. Cela posé, puisque (*art.* 1.) les angles ORL, OSR,
sont droits, & que la droite OL est verticale, le poids
absolu de la quantité AGHF de Liqueur (dont O est
supposé être le centre de gravité, & AL la direction) est
à la force dont il presse suivant OR le fond AMFN :: OL.
OR. Et cette force suivant OR est à ce qu'il en resulte de
pression à ce fond AMFN suivant sa perpendiculaire OS
:: OR. OS. Donc (en raison ordonnée) le poids absolu de
tout ce que le vase prismatique ACDF contient de Liqueur jusqu'au niveau GH, est à ce qu'il en resulte de
pression perpendiculaire au fond AMFN :: OL. OS.

I I I. Or (*art.* 1.) les triangles ORL, DFZ, sont semblables entr'eux, & aussi entr'eux les triangles OSR, DKF ;
ce qui donne OL. OR :: DZ. DF. Et OR. OS :: DF. DK.
d'où resulte (en raison ordonnée) OL. OS :: DZ. DK.
Donc (*art.* 2.) le poids absolu de tout ce que le vase
prismatique ACDF contient de Liqueur jusqu'au niveau
quelconque GH, est à ce qu'il en resulte de pression perpendiculaire au fond AMFN :: DZ. DK.

I V. Or en prenant T pour le sinus total, & f pour la
caracteristique des autres sinus, ayant (*art.* 1.) les angles
DFZ, DKF, droits ; la Trigonometrie donnera par tout
ici DZ. DF :: T. fDZF. Et DF. DK :: T. fDFK. Donc

(en multipliant par ordre) DZ. DK : T×T. ∫DZF×∫DFK.
Donc (*art.* 3.) le poids total & abfolu de la quantité
AGHF de Liqueur contenue jufqu'au niveau GH dans
le vafe prifmatique ACDF, eft à la preffion ou force dont
ce poids total preffe perpendiculairement le fond AMFN
de ce vafe : : T×T. ∫DZF×∫DFK : : T×T. ∫DZF×∫DFA.

    V. Si le quadrilatere ACDF eft vertical, & qu'ainfi la
verticale DZ foit dans le plan de ce quadrilatere dont le
côté CD (*art.* 1.) horifontal foit prolongé vers X, l'on
aura l'angle ZDX droit en même plan que le droit DFZ;
ce qui donnera pour lors les angles ZDF+FDX=ZDX
=DFZ=ZDF+DZF, & confequemment FDX=FDZ,
ou ∫FDX=∫FDZ. Donc (*art.* 4.) le poids total & abfolu
de la quantité AGHF de Liqueur contenue jufqu'au niveau GH dans le vafe prifmatique ACDF, eft ici à la
preffion ou force dont ce poids total preffe perpendiculairement le fond AMFN de ce vafe (l'un & l'autre étant
d'inclinaifon quelconque à l'horifon) : : T×T. ∫FDX
×∫DFA. c'eft-à-dire, comme le quarré du finus total T
eft au produit du finus de l'angle FDX d'inclinaifon de
ce vafe prifmatique ACDF avec l'horifon DX, multiplié par le finus de l'angle DFA d'inclinaifon de ce vafe
fur fon fond AMFN.

    VI. Toutes chofes demeurant les mêmes que dans le
précedent art. 5. fi le vafe prifmatique ACDF eft également incliné entre fon fond AMFN & fon ouverture horifontale CEDB, c'eft-à-dire, fi les angles FDX, DFK,
qu'il fait avec eux font égaux entr'eux, foit que le fond
AMFN foit auffi horifontal, comme dans la Fig. 297.
ou non comme dans la Fig. 299. Ce cas rendant les angles FDX, DFK, égaux entr'eux, l'on aura ici ∫FDX×
∫DFA=∫DFK×∫DFK=∫FDA×∫DFA. Donc (*art.* 5.) le
poids abfolu de tout le prifme oblique AGHF de Liqueur
contenue dans ce vafe ACDF, eft à ce qu'il en refulte de
preffion perpendiculaire au fond horifontal AMFN de ce
vafe prifmatique incliné : : T×T. ∫DFK×∫DFK : : T×T.
∫DFA×∫DFA. c'eft-à-dire, comme le quarré du finus
total

total T eſt ici au quarré du ſinus de l'angle DFK d'inclinaiſon de ce vaſe à l'horiſon.

VII. Si ce vaſe priſmatique ACDF eſt droit ou perpendiculaire à ſon fond horiſontal AMFN, comme dans
la Fig. 298. Ce cas rendant droit ſon angle DFA d'inclinaiſon ſur ce fond horiſontal AMFN, on aura ici $\int$ DFA $=$ T.
Donc (*art. 6.*) le poids abſolu de tout le priſme droit
AGHF de Liqueur contenue dans ce vaſe ACDF, eſt à
ce qu'il en reſulte de preſſion perpendiculaire au fond
horiſontal AMFN de ce vaſe priſmatique droit: : T×T.
T×T. c'eſt-à-dire, que ce poids abſolu eſt ici égal à ce
qu'il cauſe de preſſion perpendiculaire au fond horiſontal AMFN de ce vaſe priſmatique droit ou perpendiculaire à l'horiſon.

VIII. Si le vaſe priſmatique ACDF eſt incliné de quelque maniere que ce ſoit à l'horiſon, & qu'il ait ſon fond
AMFN perpendiculaire à ſa longueur CA ou DF, comme dans la Fig. 299. ce cas rendant encore ici droit l'angle DFA, l'on y aura encore $\int$ DFA $=$ T. Donc (*art. 5.*)
le poids abſolu de toute la quantité AGHF de Liqueur
contenue dans ce vaſe priſmatique incliné ACDF, perpendiculaire à ſon fond AMFN, eſt ce que tout ce poids
cauſe de preſſion perpendiculaire à ce fond: : T×T.
T×$\int$FDX: : T. $\int$FDX (ſoit CV perpendiculaire en V ſur
FD.) : : $\int$DVC. $\int$VDC. : : DC. CV : : DC. AF (*Corol. du*
Lem. 19.) : : CEDB. AMFN : : GH. AMFN. c'eſt-à-dire,
comme la ſurface ſuperieure GH de la Liqueur eſt à l'inferieure ou au fond AMFN.

IX. Si le vaſe priſmatique ACDF eſt vertical, & qu'il
ait ſon fond AMFN arbitrairement incliné à l'horiſon,
comme dans la Fig. 300. ce cas rendant droit l'angle
FDX, l'on aura ici $\int$FDX $=$ T. Donc (*art. 5.*) le poids
total & abſolu de la quantité AGHF de Liqueur contenue dans ce vaſe juſqu'au niveau GH, eſt à la preſſion
ou force dont ce poids total preſſe perpendiculairement
le fond incliné AMFN de ce vaſe vertical ACDF: : T×T.
T×$\int$DFA : : T. $\int$DFA (à cauſe des paralleles CA, DA)

: : T. ſCAF (ſoit FP perpendiculaire en P ſur CA)
: : ſAPF. ſPAF : : AF. PF : : AF. CD (*Corol. du Lem.* 19.)
: : AMFN. CEDB : : AMFN. GH, c'eſt-à-dire, comme le
fond ou la ſurface inferieure AMFN de la Liqueur eſt à
ſa ſurface ſuperieure GH.

X. Toutes choſes demeurant les mêmes que dans le
précedent art. 9. ſi le fond AMFN du vaſe priſmatique
vertical ACDF eſt incliné de 60 degrez à l'horiſon, ou
(ce qui revient au même) ſi l'angle DFK ou CAF d'inclinaiſon de ce vaſe ſur ce fond, eſt de 30 degrez, l'on
aura ici AF=2×PF=2×CD ; & conſequemment (*Corol.*
du Lem. 19.) ce fond ou ſon aire AMFN=2×CEDB=
2×GH. Ainſi venant de trouver (*art.* 9.) que le poids
total & abſolu de la quantité AGHF de Liqueur contenue dans ce vaſe priſmatique vertical ACDF, eſt à ce
qu'il en reſulte de preſſion perpendiculaire ſur ſon fond
AMFN d'inclinaiſon quelconque avec lui : : AMFN. GH.
l'on aura ici ce poids abſolu à cette preſſion perpendiculaire : : 2×GH. GH : : 2. 1. c'eſt-à-dire, que ce poids abſolu ſera ici double de cette preſſion perpendiculaire du
fond AMFN.

XI. Toutes choſes étant auſſi les mêmes que dans l'art.
8. ſi le vaſe priſmatique ACDF du fond AMFN perpendiculaire à ſa longueur CA, DF, eſt incliné de 30 degrez à l'horiſon ; & qu'ainſi l'angle VDC ſoit de 30 degrez, l'on aura ici CD=2×CV=2×AF ; & conſequemment (*Corol. du Lem.* 19.) l'aire CEDB ou ſa parallele
GH=2×AMFN. Or ſuivant l'art. 8. de quelqu'angle
que le vaſe priſmatique ACDF de fond AMFN perpen-
pendiculaire à ſa longueur CA, DF, ſoit incliné à l'horiſon ; le poids abſolu de la quantité AGHF de Liqueur
contenue dans ce vaſe, eſt à ce qu'il en reſulte de preſſion perpendiculaire à ſon fond AMFN : : GH. AMFN.
Donc en ce cas-ci de ce vaſe priſmatique ACDF incliné
de 30 degrez ſur l'horiſon, le poids abſolu de tout ce
qu'il contient de Liqueur juſqu'au niveau quelconque
GH, eſt à ce qu'il en reſulte de preſſion perpendiculaire

FIG. 199.

au fond AMFN de ce vafe : : 2×AMFN. AMFN : : 2. 1.
c'eſt-à-dire , comme dans le précedent art. 10. que ce
poids abſolu ſera encore ici comme là double de cette
preſſion perpendiculaire du fonds AMFN.

REMARQUE.

Ce qu'on voit dans le précedent Th. 41. dans ſes Corollaires, & dans ſon Scholie, ſeroit ce qui arriveroit ſi
l'on ne conſideroit , comme l'on a fait juſqu'ici , que
l'action ſeule de la peſanteur, & les colonnes de Liqueurs
compriſes dans les tuyaux ou vaſes priſmatiques , que
comme des corps ſolides ſoûtenus ſur des plans inclinez
par les fonds de ces vaſes ou tuyaux, ſuivant les longueurs
deſquelles ces corps ne preſſent ou chargent ces fonds ou
baſes que de ce que leurs peſanteurs leur donnent de forces ſuivant ces longueurs de ces mêmes tuyaux. Mais ſi
l'on conſidere (Schol. de l'Ax. 9.) que la fluidité de ces
colonnes de Liqueurs donne aux particules de chacune
une égale facilité à être également preſſée en tous ſens,
de la force entiere de la peſanteur ou du poids, de ce qu'il
y en a d'autres qui les chargent ; on verra dans la ſuite
que ces colonnes cylindriques ou priſmatiques de Liqueurs ſoûtenues ſur les fonds de leurs tuyaux inclinez ,
ou non , y doivent toûjours preſſer ou charger chacune
chacun de ces fonds, comme feroit le poids entier de cette
colonne totalement ſoûtenu ſur ce fond : en voici la preuve dans le ſuivant Th. 42. & dans les autres, où l'on
conſiderera ainſi les Liqueurs comme peſantes & comme
fluides tout à la fois , & dans des vaſes de figures quelconques.

THEOREME XLII.

Soit un tuyau cylindrique ou priſmatique quelconque AKDX
arbitrairement incliné ſuivant le plan vertical AKI ſur ſon
fond horiſontal KBDC de figure quelconque , & rempli d'une
Liqueur quelconque juſqu'à telle hauteur ou niveau GH
qu'on voudra, dont on conſidere preſentement la fluidité. Je

Fig. 302.

dis que cette fluidité jointe à la pesanteur de ce que le tuyau
incliné AKDX contient de cette Liqueur, lui fera presser de
tout son poids absolu le fond horisontal KBDC de ce tuyau,
c'est-à-dire, d'une force verticale précisément égale à celle
dont ce fond seroit pressé par un prisme droit ou vertical KYZD
de la même Liqueur qui auroit ce fond pour base horisontale
& dont la hauteur seroit égale à celle KY du niveau GH de ce
que le tuyau incliné AKDX en contient au-dessus de ce fond
horisontal KBDC.

DEMONSTRATION.

Soit AKI l'angle quelconque d'inclinaison du tuyau
proposé AKDX sur ce fond horisontal KBDC ; & le parallelogramme de même nom AKDX, la section de ce
tuyau coupé par le plan vertical AKI prolongé, lequel
en rencontre la base ou le fond en la droite KD. Imaginons presentement la Liqueur contenue dans ce tuyau
incliné AKDX, comme divisée en un nombre presqu'infini de filets verticaux OM, RT, separément mobiles,
ainsi que la fluidité le permet ; desquels les premiers OM
soient empêchez en autant de points M par le côté inferieur AK de ce tuyau, de descendre suivant leurs directions ; & dont les autres RT soient aussi empêchez en
autant de points T par le côté superieur opposé XD de ce
tuyau, de monter jusqu'en S au niveau GH de la Liqueur
qu'il contient. De deux points opposez M, T, pris sur une
même horisontale MT, soient imaginées MN, TV, perpendiculaires à ces côtez opposez paralleles AK, XD, du
tuyau incliné AKDX ; lesquelles de longueurs arbitraires, soient les diagonales de deux parallelogrammes rectangles EF, PQ, de côtez verticaux ME, TQ, pris sur
les filets MO, TR, & d'horisontaux MF, TP, pris sur l'horisontale MT.

Cela posé, il est manifeste que les résistances que les côtez opposez AK, XD, du tuyau incliné AKDX font en
M, T, à la descente verticale de OM filet de Liqueur, & à
l'ascension verticale de l'autre filet RT que les plus longs
que lui tendent à faire monter en S jusqu'à leur niveau

GH prolongé vers Z : que ces résistances que ces côtez oppoſez AK, XD, font aux filets OM, RT, ſont ſuivant MN, TV, égales à des forces qui les ſuppléeroient en repouſſant ſeulement comme eux ſuivant ces directions les points M, T, de ces filets OM, RT, de Liqueur ; & qu'ainſi chacune de ces réſiſtances ſe décompoſe comme en deux forces purement paſſives, ſuivant MF, ME, & TP, TQ, dont chacune des horiſontales ſuivant MF, TP, ſoûtient par ſon invincibilité ce que la Liqueur peut avoir d'action directement contraire à cette réſiſtance horiſontale. Quant aux autres forces ſuivant les verticales ME, TQ, reſultantes de ces réſiſtances ſuivant MN, TV, des côtez oppoſez AK, DX, de ce tuyau incliné AKDX ;

1°. Il eſt pareillement viſible que la premiere ſuivant ME directement oppoſée au poids du filet OM, le ſoûtient en M dans le repos que lui exige le ſuppoſé de ce qu'il y a de Liqueur dans le tuyau incliné AKDX, ſans lui laiſſer aucune action ſur le fond KBDC de ce tuyau, lequel conſequemment n'en eſt aucunement chargé. La même choſe ſe démontrera de même de chacun de tous les autres filets verticaux OM de ce qu'il y a de Liqueur dans l'eſpace GKY ſur le côté inferieur AK du tuyau incliné AKDX, dont il exprime tout ce qu'il a de ſurface concave de ce côté là autour du cylindre droit KYZD. Donc cette quantité GKY de Liqueur compriſe entre ce cylindre droit & cette portion de ſurface inferieure du tuyau incliné AKDX, ſe trouvant ainſi ſoûtenue toute entiere ſur cette même portion oblique AK de ſurface ; rien de cette quantité GKY de Liqueur n'agit ou ne peſe ſur le fond KBCD de ce tuyau incliné AKDX.

2°. Mais en recompenſe ce qu'il y a de cette Liqueur dans l'eſpace HLD compris entre le plan HL perpendiculaire à la droite KD ; & ce que ce plan retranche du côté de HD de la ſurface ſuperieure de ce tuyau incliné AKDX, preſſe ce fond horiſontal KBDC d'une force égale à celle dont il ſeroit preſſé par la portion cylindrique HLDZ, que ce même plan HL retranche du cylin-

dre droit KYZD de la même Liqueur ; car la force fuivant TQ , refultante de la réfiftance que le côté fuperieur XD du tuyau incliné AKDX , fait fuivant fa perpendiculaire TV , à l'afcenfion du filet vertical RT de
Liqueur , fe trouvant directement oppofée à l'effort dont
le poids du furplus de longueur des plus longs tend à le
faire monter jufqu'au point S de leur niveau GH , & empêchant cet effet, eft égale à cet effort fuivant RT , auquel par la même raifon le poids d'une portion ST de la
même Liqueur feroit auffi égal. Donc la force de réfiftance avec laquelle le côté oblique XD du tuyau incliné AKDX , repouffe le filet vertical TR fuivant fa direction, eft égale au poids d'une portion ST de cette Liqueur. Par conféquent le poids de ce filet TR , ainfi repouffé fuivant TQ , fait le même effort en ce fens fur le
fond vertical KBDC du tuyau incliné AKDX , qu'y feroit ce même poids du filet TR augmenté du poids de
ST , c'eft-à-dire , le même effort qu'y feroit le poids d'un
filet vertical entier SR de la même Liqueur. La même
chofe fe démontrera de même de chacun de tous les autres filets verticaux TR de ce qu'il y a de Liqueur dans
l'efpace HLD , retenus ou empêchez de monter par le
côté fuperieur XD du tuyau incliné AKDX , dont il exprime tout ce qu'il y a de furface retranchée de ce côté-
là par le plan vertical HL perpendiculaire à la droite KD.
Donc cette portion HLD de Liqueur comprife entre ce
plan vertical HL & cette portion de furface qu'il retranche de celle du tuyau incliné AKDX , charge ou preffe
verticalement le fond horifontal KBDC d'une force égale
à celle dont ce fond feroit preffé en ce fens par le poids
de la portion cylindrique HLDZ , que le plan HL retranche du cylindre droit KYDZ de la même Liqueur.

   Donc ce fond horifontal KBDC étant outre cela preffé
verticalement par tout le poids de ce qu'il y a de cette Liqueur dans l'efpace AYHL commun à ce cylindre droit
KYZD , & au tuyau incliné AKDX , & ne l'étant aucunement (*nomb.* 1.) par ce qu'il y en a dans l'efpace GYK

compris de ce côté-là entre ce tuyau oblique & ce cylindre droit ; il fuit de ce nomb. 2. que ce fond horifontal
KBDC eft verticalement preffé par tout ce que le tuyau
incliné AKDZ contient de Liqueur jufqu'au niveau GH,
d'une force précifément égale à celle dont il feroit preffé
par un cylindre vertical de même Liqueur, implanté fur
ce fond horifontal KBDC, qui en fût la bafe, & de même hauteur que celle KY de ce niveau GH au-deffus de
ce fond ; & confequemment d'une force égale au poids du
cylindre oblique KGHD de ce qu'il y a de Liqueur contenue dans le tuyau incliné AKDY ; puifque le cylindre
vertical AYZD prefferoit ce fond horifontal KBDC de
tout fon poids, qui eft égal à celui de l'oblique KGHD
(*Hyp.*) de même Liqueur que ce vertical AYZD, ces
deux cylindres (*Hyp.*) de même bafe & de même hauteur, étant égaux entr'eux. *C'eft tout ce qu'il falloit ici démontrer.*

COROLLAIRE I.

Puifque fuivant cela les cylindres KGHD de Liqueurs
quelconques contenues dans des tuyaux AKDX d'incli-
naifons quelconques AKI fur leurs bafes ou fonds horifontaux quelconques ABDC, preffent chacun de tout fon
poids abfolu le fond du fien ; il fuit que les preffions ou
forces avec lefquelles ces cylindres de Liqueurs quelconques prefferont verticalement les fonds horifontaux
de leurs tuyaux inclinez à volonté fur ces fonds, feront
entr'elles comme les poids abfolus de ces cylindres de Liqueurs, c'eft-à-dire, de ce qu'en contiennent leurs
tuyaux.

COROLLAIRE II.

Donc lorfque ces tuyaux inclinez à volonté ont des bafes ou fonds horifontaux égaux quelconques, & font
remplis tous d'une même Liqueur quelconque jufqu'à
des hauteurs égales quelconques au-deffus de ces fonds ;
les cylindres de ce qu'ils contiendront tous de cette mê-

me Liqueur, se trouvant tous alors de poids égaux, les preſſions verticales qui en reſulteront aux fonds horiſontaux de leurs tuyaux, feront auſſi pour lors toutes égales entr'elles, & chacune égale à chacun de ces poids égaux.

S c h o l i e.

I. Le preſent Th. 42. peut être encore démontré autrement que ci-deſſus, en imaginant un tuyau vertical λGZD de fond horiſontal λD, & rempli d'une Liqueur quelconque juſqu'au niveau GZ. Dans ce tuyau vertical imaginons qu'il s'en forme un autre incliné KGHD de baſe ou fond KBDC (que j'appellerai ſimplement KD, pour l'uniformité des expreſſions) portion de l'horiſontale λD, lequel ſans aucun mouvement de la Liqueur du premier en intercepte une quantité qui le rempliſſe juſqu'au même niveau GH, & qui ne laiſſe de cette Liqueur audehors de lui que ce que les portions KGL, HDZ en expriment entre ces deux tuyaux λGZD, KGHD, deſquelles les portions de ſurface de l'incliné KGHD exprimées par ſes côtez obliques GK, HD, rompent la communication avec ce qu'il contient de cette Liqueur. Cela imaginé ou ſuppoſé,

1°. Il eſt viſible que le côté ſolide & ferme GK du tuyau incliné KGHD traverſant en M le filet vertical O*m* de la Liqueur contenue dans le tuyau vertical λGZD, en ſoûtient dans l'oblique KGHD la partie OM comme ſon autre partie M*m* la ſoûtenoit dans le vertical λGZD, ſans lui laiſſer ici non plus que là aucune action contre le fond KD; & ainſi de tous les autres filets QM de Liqueur, appuyez de même en autant de points M ſur la portion de ſurface du tuyau incliné KGMD exprimée par ſon côté inferieur GK. Par conſequent ce qu'il y a de cette Liqueur ainſi ſoûtenue ſur GK dans la portion GKY de l'eſpace cylindrique vertical λGYK, comme elle l'étoit avant la ſuppoſition du tuyau incliné KGHD, dans le vertical λGZD ſur ce qu'il y a de la même Liqueur dans le reſte KGλ de ce cylindre λGYK, ne preſſera non plus

ce

ce fond KD dans le tuyau incliné KGHD, que ce cylindre de Liqueur λGYK le preſſoit libre dans le tuyau vertical λGZD, dont il ne preſſoit le fond λD qu'en λK.

2°. Un pareil raiſonnement fera voir que le côté ſolide
& ferme HD du tuyau incliné KGHD, traverſant en T
le filet vertical SR de la Liqueur contenue dans le tuyau
vertical λGZD, en retient la partie TR en même ſujet-
tion & en même action ou preſſion contre le fond KD
dans le tuyau incliné KGHD, que celle que ſa partie
retranchée ST par le côté HD de ce tuyau incliné, lui
cauſoit contre le fond λD dans le tuyau vertical λGZD
avant l'intervention de ce côté HD de l'incliné ; puiſque
cette intervention ſurvenue ici par une formation ſubite
de ce tuyau incliné KGHD, comme s'il n'étoit fait que
d'une ſurface cylindrique de la Liqueur glacée là, &
fluide dans tout le reſte, s'eſt ici faite ſans aucun mouvement, & qu'il faudroit qu'il y en eût eu quelqu'un pour
que la preſſion que le filet SR libre avant cette intervention dans le tuyau vertical λGZD, cauſoit en R à ſon
fond λD, eût varié par cette intervention dans le tuyau
incliné KGHD, dont le fond KD, où ſe trouve ce point
R, n'eſt (Hyp.) qu'une portion de celui-là. Donc cette
partie TR du filet vertical SR de Liqueur, ainſi retenue
par le côté HD du tuyau incliné KGHD en même action
ou preſſion contre le fond KD, qui l'y retenoit libre dans
le tuyau vertical λGZD le poids de ſa partie retranchée
ST alors joint à celui de cette autre TR, preſſera ce fond
KD en R d'une force verticale égale à celle dont y étoit
preſſé le fond λD par le poids entier du filet total SR,
lorſque ce filet étoit libre dans le tuyau vertical λGZD ;
& ainſi de tous les autres filets verticaux TR de la même
Liqueur, retenus de même en preſſion contre le fond KD
par la portion de ſurface du tuyau incliné KGHD, exprimée par ſon côté ſuperieur HD. Par conſequent ce
qu'il y a de cette Liqueur dans la portion DHL de l'eſpace cylindrique vertical LHZD, qu'on voit ainſi être autant preſſée par HD contre le fond KD, qu'elle l'étoit

contre cette partie du fond KL avant la suppofition du
tuyau incliné KGHD dans le vertical ᴧGZD, par le refte
HDZ de ce cylindre LHZD de la même Liqueur, pref-
fera ce fond KD du tuyau incliné KGHD d'une force
égale à celle dont cette portion KD du fond horifontal ᴧD
du tuyau vertical ᴧGZD, étoit preffée par la portion cylindrique LHZD de ce que ce tuyau vertical contenoit
de cette Liqueur.

I I. Supprimons prefentement ce tuyau vertical ᴧGDZ,
en forte qu'il ne refte plus ici que l'incliné KGHD ou
AKDX rempli de la même Liqueur quelconque jufqu'au
niveau GH. Le nomb. 1. faifant voir que le fond horifontal KD de ce tuyau incliné n'eft aucunement preffé
par ce qu'il contient de cette Liqueur dans l'efpace GKY;
& le nomb. 2. faifant voir au contraire que ce fond KD eft
precifement autant preffé par ce qu'il y a de cette Liqueur
dans la partie LHD de ce tuyau AKDX, qu'il le feroit
par le poids entier d'un cylindre vertical LHZD de la
même Liqueur : fi à cette preffion verticale l'on ajoûte
celle que caufe fur ce fond KD le poids qu'il y a de cette Liqueur dans le refte LHYK du cylindre vertical
KYZD; on verra encore ici que ce qu'il y en a dans le
tuyau incliné AKDX jufqu'au niveau quelconque GH,
en preffe le fond horifontal KD d'une force verticale
precifement égale à celle dont il feroit preffé en ce fens
par le poids entier d'un cylindre vertical KYZD de la
même Liqueur, qui auroit ce fond KD pour bafe horifontale, & pour hauteur celle KY du niveau GH de
cette Liqueur dans ce tuyau incliné AKDX : de forte
que le cylindre oblique KGHD (*Hyp.*) de même Liqueur, de même bafe, de même hauteur, & confequemment de même poids que ce vertical KYZD preffe auffi
de tout fon poids le même fond horifontal KD du tuyau
incliné AKDX dans lequel il fe trouve. *Ce qu'il falloit encore démontrer.*

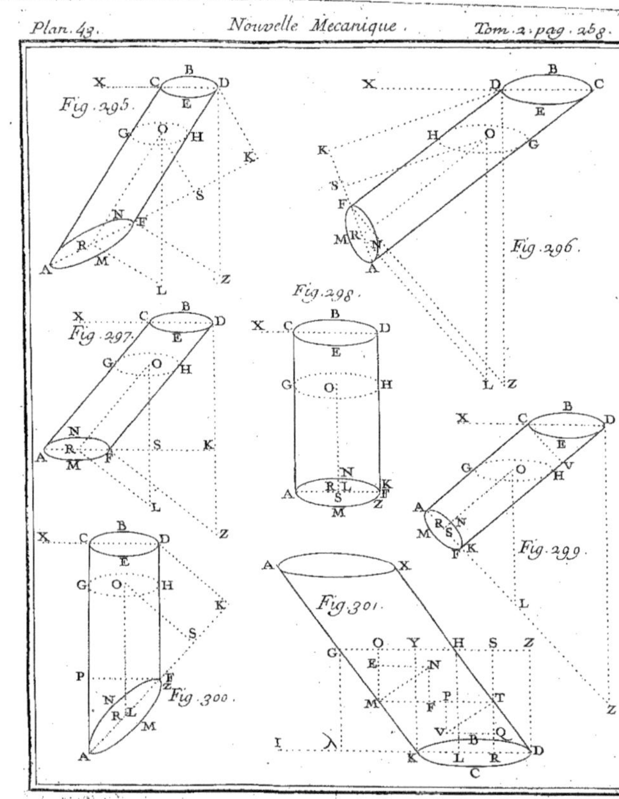
Fig. 295.
Fig. 296.
Fig. 297.
Fig. 298.
Fig. 299.
Fig. 300.
Fig. 301.

THEOREME XLIII.

Soit un vase ABCDEF plus large en haut où il soit ou-
vert, qu'en bas où il soit rétreci en BCDE, & terminé par
un fond horisontal moindre à volonté que son ouverture AF.
Soit ce vase rempli d'une Liqueur quelconque jusqu'au ni-
veau ou plan horisontal GH. Je dis que de toute la Liqueur
dont on suppose le vase rempli jusqu'à ce niveau GH, la co-
lonne verticale CYZD, qui aura le fond horisontal CD pour
base, sera la seule qui pese ou fasse effort sur ce fond, & qu'elle
le pressera de tout son poids.

DEMONSTRATION.

Imaginons encore ici la Liqueur du vase ABCDEF
comme divisée en plusieurs filets verticaux RK, YC, CD,
&c. à niveau en GH, dont ces égaux-ci YC, CD, aillent
jusqu'au fond CD du vase, avec ceux qui sont entr'eux,
& dont les autres RK, plus courts que ceux-là, rencontrent les côtez obliques BC, DE, &c. de ce vase. Au
point K, où chacun de ces filets RK rencontrent un de
ces côtez obliques, par exemple, BC, soit BL perpendiculaire à ce côté BC; laquelle de longueur quelconque soit
la diagonale d'un parallelogramme rectangle MN, dont
un côté KN soit sur le filet vertical RK, & l'autre KM
horisontal.

FIG. 302.

Cela conçû, il est visible (comme dans la démonstr.
du Th. 42.) que la resistance que le côté BC fait en K à
la descente de ce filet RK de Liqueur, en suivant KL, est
égale à une force qui la suppléeroit en repoussant comme
lui suivant KL le bout K de ce filet; & qu'ainsi cette resistance que le côté BC lui fait suivant KL, se décompose
comme en deux forces purement passives suivant KM,
KN, dont la premiere suivant KM soûtient par son invincibilité ce que la Liqueur peut avoir d'action directement
contraire suivant MK, resultante de ce que la fluidité permet (art. 3. du Schol. de l'Ax. 9.) aux filets collateraux d'en

FIG. 303.

Kk ij

avoir en tous fens ; & dont la feconde fuivant KN de bas
en haut, foûtient (comme dans le nomb. 2. du Th. 42.)
l'effort directement contraire de haut en bas, dont la pefanteur du filet vertical RK tend à le faire defcendre fuivant cette direction : de forte que cet effort de pefanteur,
qui eft tout ce que ce filet RK en a pour defcendre, étant
ainfi foûtenu, ce filet doit être ici retenu en K fur BC,
comme fur un plan incliné, ainfi qu'y demeureroit un
poids égal au fien, repouffé comme lui fuivant MK.

Cela fe démontrera de même de tous les autres filets
verticaux RK rencontrez en K par les côtez obliques du
vafe. Donc de toute la Liqueur contenue jufqu'au niveau GH dans ce vafe ABCDEF retreci par en bas, il
n'y a que le feul cylindre vertical YCDZ implanté fur le
fond horifontal CD, qui le preffe ; & comme il eft vertical fans être appuyé fur ou contre aucun des côtez du
vafe, c'eft de tout fon poids qu'il preffe ce fond CD. *Ce
qu'il falloit démontrer.*

Autre Demonstration.

A l'imitation du Scholie du Th. 42. imaginons pour
un moment que la colonne cylindrique verticale YCDZ
de Liqueur, qui a pour bafe le fond horifontal CD du
vafe ABCDEF plus étroit là qu'ailleurs, eft dans un tuyau
cylindrique de cette bafe horifontale CD, entouré de
tout ce qu'il y a de Liqueur autour de ce cylindre vertical YCDZ dans ce vafe qu'on en fuppofe rempli jufqu'au
niveau GH. Il eft manifefte que les côtez fermes & fo-
lides YC, ZD, de ce tuyau vertical YCDZ foûtiendront
entr'eux & les côtez du vafe ABCDEF tout ce qu'il aura de Liqueur autour de ce même tuyau vertical, &
qu'ils empêcheront cette Liqueur extérieure par rapport
à lui, d'entrer dans la colonne YCDZ de ce qu'il en contient, en refiftant fuivant leurs perpendiculaires, c'eft-à-
dire, horifontalement à tout ce que cette Liqueur extérieure pourroit faire d'effort pour cela, & pour preffer en

conséquence le fond horisontal CD du vase ABCDEF, lequel dans la presente hypothese est le fond du tuyau YCDZ supposé dans ce vase.

Or si l'on imagine toute la Liqueur dont ce vase & ce tuyau sont remplis jusqu'au niveau GH, comme divisées en plusieurs couches horisontales, telles que KT ; on verra, en concevant ce tuyau YCDZ n'y être plus, les particules M de la Liqueur de chacune de ces couches horisontales KT, appuyées contre les côtez du vase ABCDEF par la médiation de tout ce qu'il y en a dans cette couche jusqu'à ces côtez de ce vase, se faire mutuellement des resistances égales suivant le plan de cette couche ; & consequemment on verra ce que le cylindre YCDZ a de ces particules dans cette même couche, empêcher ce qu'elle en a au dehors de lui, d'entrer dans ce cylindre en les repoussant du centre à la circonference, comme faisoient les côtez solides du tuyau retranché : outre que quand il y en entreroit quelqu'une, ce ne seroit qu'à la place d'une autre qui en sortiroit ; ce qui revient au même.

La même chose, & pour la même raison, devant arriver depuis le fond CD jusqu'au niveau GH à toutes les autres couches horisontales de la Liqueur contenue dans le vase ABCDEF jusqu'à ce niveau GH ; on voit que la colonne cylindrique verticale YCDZ de cette Liqueur y retient appuyé sur ou contre les côtez de ce vase, ce qu'il contient de cette Liqueur autour de cette colonne verticale, comme l'y retenoient les côtez fermes & solides du tuyau retranché, dans lequel cette colonne a été supposée d'abord. Donc de tout ce qu'il y a de Liqueur jusqu'au niveau GH dans le vase ABCDEF, cette colonne verticale cylindrique YCDZ implantée sur le fond horisontal CD de ce vase plus étroit là qu'ailleurs non seulement est ici comme dans ce tuyau de même nom YCDZ, tout ce qui presse ce fond CD, mais encore le presse ici comme là de tout son poids absolu. *Ce qu'il falloit encore démontrer.*

Corollaire I.

Pour la verité de ce Th. 43. il n'eſt pas neceſſaire que le vaſe ABCDEF ſoit plus étroit en ſon fond horiſontal CD que par tout ailleurs, ni que les filets verticaux du cylindre vertical CYZD ſuppoſé de Liqueur la même quelconque, & de même hauteur que celle dont on ſuppoſe ce vaſe rempli juſqu'au niveau GH, ne rencontrent aucun des côtez de ce vaſe: il ſuffit que ce vaſe aille en s'élargiſſant depuis ſon fond horiſontal CD juſqu'à telle hauteur qu'on voudra, quelle que ſoit ſon ouverture ſuperieure AF. Car,

1°. Si quelques-uns, ou tous les filets verticaux de la Liqueur dont on ſuppoſe ce cylindre vertical CYZD, rencontrent quelque côté EF du vaſe comme les filets verticaux CG, RK, DL, font en G, K, L; on démontrera, comme dans le nomb. 2. de la démonſtr. du Th. 42. que chacun de ces filets verticaux, par exemple, RK, qui rencontre en K ce côté EF, qui l'empêche de monter juſqu'en S au niveau GH prolongé vers Z, eſt repouſſé vers R ſuivant KR par la reſiſtance de ce côté EF, d'une force, qui jointe au poids de ce filet KR, preſſe préciſément autant le fond CD du vaſe, que le preſſeroit un filet libre SR de la même Liqueur. La même choſe ſe démontrera de tous les autres filets verticaux KR de la Liqueur du vaſe ABCDEF, compris entre les extrêmes GC, LD, ſur le fond horiſontal CD de ce vaſe: ſçavoir, que ſon côté EF, que ſes extrèmes rencontrent auſſi en G, L, comme tous ces filets KR en K, les empêchant tous de s'élever juſqu'en YZ au niveau GH de la Liqueur que ce vaſe contient, les repouſſe tous verticalement vers ce fond horiſontal CD avec des forces qui jointes à leurs peſanteurs, les fait preſſer tous enſemble ce fond auſſi fortement que le preſſeroit un cylindre vertical CYZD de la même Liqueur, lequel auroit ce fond horiſontal CD pour baſe, & pour hauteur celle CY du niveau GH de ce que ce vaſe ABCDEF contient de cette Liqueur.

2°. Quant aux autres filets de la même Liqueur, qui autour de la partie CGLD de ce cylindre CYZD, rencontrent en GH, LE, le même côté EF qui les empêche aussi de s'élever jusqu'à ce niveau GH; ce côté EF du vase ABCDEF les repousse de même tous verticalement en bas contre les côtez BC, DE, qui les soûtiennent comme dans les démonstrations du présent Th. 43. sans leur laisser aucune action contre le fond horifontal CD, contre lequel, par la même raison la partie GM du côté BC n'en laisse de même à ce que le vase a de Liqueur de plus dans l'espace GHM terminé par la surface verticale HM.

Donc le fond horifontal CD, où ce vase ABCDEF est plus étroit que jusqu'à telle hauteur qu'on voudra au-dessus de ce fond, n'est ici pressé que par la colonne cylindrique verticale CGLD de la Liqueur contenue dans ce vase jusqu'au niveau GH; & que cette colonne verticale presse ce fond horifontal CD d'une force égale à celle dont il seroit pressé par un cylindre vertical CYZD de pareille Liqueur, lequel eût ce fond horifontal CM pour base, & pour hauteur celle CY du niveau GH de ce que le vase supposé ABCDEF contient de cette Liqueur: le tout conformement au présent Th. 43.

C O R O L L A I R E II.

Suivant ce Corol. 1. & le présent Th. 43. le fond horifontal CD d'un vase quelconque ABCDEF rétreci en ce fond, n'étant pressé par tout ce que ce vase contient de Liqueur jusqu'au niveau GH, que comme il le seroit par un cylindre vertical CYZD de cette Liqueur, lequel le presseroit de tout son poids absolu, & (*Th.* 42. *Corol.* 2.) de même force verticale que celle dont le presseroit un cylindre d'obliquité quelconque de même Liqueur à même hauteur dans un tuyau incliné CY à volonté, lequel auroit ce fond horifontal pour le sien; il suit de là que ce que le vase ABCDEF rétreci en ce fond horifontal CD, contient de Liqueur jusqu'au niveau GH,

ne preffe ce fond CD que de la force dont ce même fond
feroit preffé par un cylindre quelconque de la même Liqueur à même hauteur CY dans un tuyau vertical ou
incliné à volonté, lequel auroit ce fond horifontal CD
pour le fien. D'où l'on voit que les preffions verticales ou
perpendiculaires de ce fond horifontal CD par une même Liqueur quelconque à differentes hauteurs dans un
vafe quelconque rétreci en ce fond, font toûjours entre-
elles comme les produits de ces hauteurs multipliées chacune par ce fond ; & confequemment en raifon de ces
feules hauteurs.

THEOREME XLIV.

FIG. 305. 306. 307.

*Renverfons le vafe ABCDEF du précedent Th. 43. en
forte qu'il devienne plus large en bas, où il foit fermé par un
fond horifontal AF, qu'en haut, où il foit rétreci en BCDE,
& terminé par une ouverture CD moindre à volonté que la
bafe ou fond AF. Soit ce vafe rempli d'une Liqueur auffi quelconque jufqu'au niveau ou plan horifontal GH qui paffe par
fon rétreciffement. Je dis prefentement que la force dont ce fond
AF fera preffé par le poids de la Liqueur dont on le fuppofe
chargé jufqu'en GH, fera égale à celle dont il feroit preffé
par le poids de tout ce qu'un vafe cylindrique vertical AYZF
de même bafe ou fond horifontal AF pourroit contenir de cette
Liqueur jufqu'à ce niveau GH ou YZ.*

DEMONSTRATION.

Soit la Liqueur du vafe ABCDEF conçûe comme divi-
fée en plufieurs filets verticaux KR, PQ, dont ceux-ci
PQ atteignent jufqu'au niveau GH de cette Liqueur, &
dont les autres KR foient empêchez d'y arriver par les
côtez obliques BC, DE, &c. du vafe. Au point K où chaque
filet KR rencontre un de ces côtez obliques, par exemple,
BC, foit KL perpendiculaire à ce côté BC ; laquelle KL
de longueur à volonté, foit la diagonale d'un parallelogramme rectangle MN dont le côté KN foit fur le filet
vertical KR, & l'autre KM horifontal.

Cela

Cela conçû, il est visible (comme dans la démonstrat.
du Th. 42.) que la résistance que le côté BC fait en K à
l'ascension de ce filet RK, que ceux PQ du niveau GH
tendent (*Ax. 9. Corol. 2. 3.*) à faire monter jusqu'au
point S de ce niveau, est suivant KL, & égale à une force qui la suppléeroit, en repoussant comme ce côté BC
suivant KL, le bout K de ce filet ; & qu'ainsi cette résistance suivant KL se décompose comme en deux forces
purement passives suivant KM, KN, dont la premiere
suivant KM soûtient par son invincibilité ce que la Liqueur peut avoir d'action directement contraire suivant
MK, & dont la seconde suivant KN de haut en bas, soûtient
(comme dans le nomb. 2. de la démonstr. du Th. 42.)
l'effort directement contraire de bas en haut suivant RK,
dont le poids du surplus des filets PQ au-dessus de KR,
tend à faire monter celui-ci jusqu'au point S de leur niveau GH ; auquel effort suivant RK cette force de résistance du côté BC suivant KN, est consequemment égale.
Mais le poids d'une portion SK de la même Liqueur seroit
aussi égal à cet effort directement contraire suivant RK.
Donc la force de résistance que le côté oblique BC du
vase supposé, fait suivant KN ou KR à l'ascension de ce
filet RK, en le repoussant suivant RK, est égal au poids
d'une portion SK de cette Liqueur. Par consequent le
poids de ce filet KR, ainsi repoussé par cette résistance
verticale suivant KN, fait le même effort en ce sens sur
le fond AF du vase ABCDEF, qu'y feroit ce même poids
du filet KR augmenté du poids de SK, c'est-à-dire, le
même effort qu'y feroit un filet vertical entier SR de la
même Liqueur.

Ce qu'on voit du filet vertical KR de Liqueur, retenu
au-dessous de la surface ou du niveau GH de cette Liqueur par le côté oblique BC du vase ABCDEF, se démontrera de même de tous les autres filets verticaux KR
ainsi retenus au-dessous de ce niveau GH par le même
côté BC, & par ce que ce vase en peut avoir d'autres
obliques DE, &c. Donc ces filets verticaux KR trop

courts pour atteindre au niveau GH de la Liqueur contenue dans le vase ABCDEF, en presseront autant le fond AF, que s'ils atteignoient tous à ce Niveau. Par consequent tous les autres filets PQ y atteignant, le total de tous ces filets de Liqueur, c'est-à-dire, tout ce que ce vase ABCDEF contient de cette Liqueur jusqu'au niveau GH & au dessous en pressera le fond AF d'une force égale à celle dont il seroit pressé par tout ce qu'un vase cylindrique vertical AYZF de même base ou fond horisontal AF, pourroit contenir de cette Liqueur jusqu'à ce niveau GH ou YZ. *Ce qu'il falloit démontrer.*

AUTRE DEMONSTRATION.

Encore à l'imitation du Schol. du Th. 42. comme dans la démonstration du Th. 41. supposons pour un moment que le vase cylindrique vertical AYZF de base ou fond horisontal AF, soit rempli d'une Liqueur quelconque jusqu'au niveau YZ. Concevons que dans ce vase cylindrique sur son fond AF, il s'en forme un autre ABCDEF plus large en bas qu'en haut, lequel sans aucun mouvement de la Liqueur en intercepte une quantité qui le remplisse jusqu'au même niveau YZ, qui rencontre son rétrécissement en GH, & qui ne laisse de cette Liqueur au-dehors de lui que ce que les portions CBY, DEZ, en expriment entre ces deux vases, desquelles les portions de surface du rétréci, exprimées par ses côtez obliques CB, DE, rompent la communication avec ce qu'il contient de cette Liqueur.

Il est visible que le côté BC traversant en K le filet vertical SR de cette Liqueur, en retient dans ce vase rétréci ABCDEF la partie KR dans la même sujettion & dans la même action contre son fond AF que celle que la partie retranchée SK lui causoit contre ce fond dans le cylindre AYZF avant l'intervention de ce côté BC, puisqu'il retient dans le vase rétréci ABCDEF cette partie KR du filet SR aussi serrée contre ce fond AF que la retenoit alors le poids de l'autre partie SK de ce filet SR, n'y ayant en ceci aucun mouvement, & y en fallant quelqu'un de cette partie KR vers S, pour diminuer la preſſion qu'elle cauſoit en R à ce fond AF, lorſqu'elle étoit chargée de SK libre dans le cylindre AYZF avant l'introduction ou la formation de ce rétréci ABCDEF. Donc cette partie KR du filet vertical SR, renfermée dans ce vaſe rétréci, en preſſera le fond AF d'une force égale à celle dont il étoit preſſé par le poids de ce filet entier SK, lorſque ce filet étoit libre dans le vaſe cylindrique AYZF.

Ce qu'on voit ici du filet vertical KR que le côté oblique BC du vaſe rétréci ABCDEF y retient au-deſſous du niveau YZ ou GH des plus hauts PQ, qui tendent à l'y élever, ſe démontrera de même de tous les autres filets verticaux de la même Liqueur, que ce bord BC, & les autres obliques DE, &c. de ce vaſe rétréci par haut, empêchent d'être élevez juſqu'à ce niveau GH par ceux PQ, qui y atteignent: on démontrera, dis-je, de même que tous ces filets KR retenus plus bas que ce niveau YZ ou GH dans ce vaſe rétréci ABCDEF par les côtez obliques BC, DE, &c. en preſſent tous le fond AF de même force que s'ils étoient tous à ce niveau YZ, augmentées de parties SK, que l'intervention de ces côtez obliques a retranchées des filets totaux SR, c'eſt-à-dire, de même force que celle dont ces filets SK libres dans le vaſe cylindrique AYZF avant cette intervention, en preſſoient le même fond AF. Donc ce que le vaſe ABCDEF plus large en bas qu'en haut, contient de cette Liqueur quelconque juſqu'au niveau GH, en preſſe le fond AF d'une force égale a celle dont il ſeroit preſſé par le poids de tout ce qu'un vaſe cylindrique vertical AYZF de même fond horiſontal AF, contiendroit de la même Liqueur juſqu'au même niveau YZ. *Ce qu'il falloit encore démontrer.*

C O R O L L A I R E I.

Pour la verité de ce Th. 44. il n'eſt pas neceſſaire que   Fig. 308.
Ll ij

vase ABCDEF soit plus large en son fond horisontal
AMFN que par tout ailleurs : il suffit que ce vase aille en
se rétrecissant depuis ce fond jusqu'à telle hauteur qu'on
voudra, quelle qu'en soit l'ouverture superieure CD.

Pour le voir, soit ce vase ABCDEF tel, par exemple,
qu'on le voit ici, mais toûjours de base ou fond horisontal
AMFN, rempli d'une Liqueur quelconque jusqu'à telle
hauteur ou niveau GH qu'on voudra. Sur son fond horisontal AMFN imaginons un cylindre vertical AYZF de
la hauteur AY de la Liqueur dans ce vase ; & ce cylindre
coupé par un plan vertical de même nom AYZF, lequel
en rencontre la base horisontale AMFN en la section AF,
& auquel soit perpendiculaire un autre plan vertical,
qui passant par E, le coupe en KL, que je prendrai pour
ce second plan, qui coupe aussi en MN le fond AMFN
du vase ABCDEF. Cela posé,

1°. L'on verra, comme dans le nomb. 1. du Scholie du
Th. 42. & comme dans les démonstrations 1. 2. du Th.
43. que tout ce que ce vase ABCDEF contient de Liqueur entre lui & le cylindre vertical AYZF dans l'espace GBAY sur ce que ses côtez obliques AB, BC, expriment de sa surface vers eux, est soûtenu sur cette portion oblique de surface ABC sans aucune action sur ou
contre le fond AMFN de ce vase ABCDEF. On verra
de même que tout ce que ce vase contient de la même
Liqueur dans l'espace opposé HEK sur ce que son côté
oblique DE exprime de la surface opposée, qui avec la
portion KE du plan vertical KL, renferme cet espace
HEK, est pareillement soûtenu sur cette portion DE de
surface oblique de ce vase ABCDEF, sans aucune action
non plus sur ou contre son fond horisontal AMFN.

2°. L'on verra aussi, comme dans le nomb. 2. du Schol.
du Th. 42. & comme dans les démonstrations 1. 2. du
present Th. 44. que ce que ce vase ABCDEF contient
de la même Liqueur dans l'espace FEL entre l'autre portion EL du plan vertical KL, & de ce que le côté oblique
EF de ce vase exprime de sa surface jusqu'à cette partie

EL de ce plan vertical KL fur la portion MFN qu'il retranche de la bafe ou fond horifontal AMFN, charge ou preffe ce fond de ce vafe ABCDEF, d'une force verticale égale à celle dont ce même fond AMFN, feroit preffé en MFN par le poids entier d'un cylindre vertical LKZF de même Liqueur à même hauteur AY que celle du vafe propofé, ayant pour bafe horifontale cette portion MFN du fonds AMFN de ce vafe ABCDEF.

Donc ce fond horifontal étant outre cela preffé en MAN par le poids entier de l'autre portion cylindrique AYKL d'un cylindre vertical AYZF de même Liqueur que celle du vafe ABCDEF de la hauteur AY qu'elle a dans ce vafe, laquelle portion cylindrique AYKL de ce cylindre AYZF de Liqueur a pour bafe horifontale cette partie MAN du fond AMFN de ce vafe ABCDEF ; & ce fond horifontal AMFN n'étant (*nomb.* 1.) aucunement preffé parce que ce vafe contient de Liqueur dans les efpaces GBAY, HEK : il fuit du nomb. 2. qu'il n'y a que ce que le vafe ABCDEF contient de cette Liqueur dans l'efpace KEFAY, qui en preffe le fond AMFN, & que ce fond horifontal en eft preffé verticalement par cette portion KEFAY de Liqueur, d'une force égale à celle dont il feroit preffé par le poids entier d'un cylindre vertical AYZF de pareille Liqueur de même bafe horifontale AMFN, & de même hauteur AY que la contenue dans le vafe ABCDEF. Par confequent tout ce que ce vafe contient de cette Liqueur quelconque jufqu'au niveau quelconque GH, preffe encore ici verticalement fon fond horifontal AMFN d'une force égale à celle dont ce fond feroit preffé par le poids d'un cylindre vertical AYZF à même hauteur AY que là dans un tuyau droit ou vertical qui auroit ce même fond horifontal AMFN pour le fien, conformément au prefent Th. 44.

COROLLAIRE II.

Suivant ce Corol. 1. & le prefent Th. 44. le fond horifontal AF (appellé AMFN dans ce Corol. 1. & que

j’appelle dans celui AF, pour l’accommoder aux Figures
305. 306. 307. du préfent Th. 44.) d’un vafe quelconque ABCDEF élargi en ce fond, étant preffé par ce
que ce vafe contient de Liqueur quelconque jufqu’au
niveau GH, comme il le feroit par un cylindre vertical
AYZF de cette Liqueur, lequel le prefferoit de tout fon
poids abfolu, & (*Th.* 42. *Corol.* 2.) de même force verticale dont le prefferoit un cylindre d’obliquité quelconque de même Liqueur à même hauteur AY dans un
tuyau incliné à volonté, lequel auroit ce fond horifontal
AF pour le fien; il fuit de là que ce que le vafe ABCDEF
élargi en ce fond horifontal AF, contient de Liqueur
jufqu’au niveau GH, preffe ce fond AF de la force dont
ce même fond feroit preffé par un cylindre quelconque
de la même Liqueur à même hauteur AY dans un tuyau
vertical ou incliné à volonté, lequel auroit ce fond horifontal AF pour le fien. D’où l’on voit que les preffions
verticales ou perpendiculaires de ce fond horifontal AF
pour une même Liqueur quelconque à differentes hauteurs dans un vafe quelconque élargi en ce fond, font
toûjours entr’elles comme les produits de ces hauteurs
multipliées chacune par ce fond; & confequemment en
raifon de ces feules hauteurs.

C O R O L L A I R E   III.

Ce Corol. 2. joint aux Corol. 2. des précedens Th. 42.
43. fait voir que fi un vafe de figure quelconque de lar-
geurs par tout égales ou inégales à volonté, & d’un fond
horifontal auffi quelconque, eft rempli d’une même Liqueur quelconque à differentes hauteurs ou niveaux auffi
quelconques; les differentes quantitez de même Liqueur
dont ce vafe fera fucceffivement rempli jufqu’à ces differentes hauteurs, en prefferont verticalement le fond horifontal avec des forces qui feront toûjours entr’elles en
raifon de ces hauteurs.

Cela fuit encore de ce que fuivant les Th. 42. 43. 44.

ces preſſions,ou forces verticales ſeront toûjours égales
aux poids abſolus de cylindres verticaux de la même Liqueur, qui auroient ces hauteurs pour les leurs, & toutes le fond du vaſe pour leurs baſes horiſontales.

Cᴏʀᴏʟʟᴀɪʀᴇ IV.

Soient preſentement deux vaſes V , U , differens à volonté, de fonds horiſontaux quelconques b , β , & remplis de differentes Liqueurs quelconques L , Λ , juſqu'à
des hauteurs quelconques h , k , au-deſſus de ces fonds ;
deſquelles Liqueurs L , Λ , les peſanteurs ſpecifiques
ſoient f , φ , & leurs denſitez e , ϵ. Si l'on appelle P , Π , les
poids abſolus de deux cylindres faits chacun de chacune
de ces Liqueurs , deſquelles les hauteurs ſoient celles h ,
k , de ces mêmes Liqueurs dans les vaſes V , U , & qui
ayent pour baſes les fonds horiſontaux b , β , de ces vaſes :
le preſent Th. 44. joint aux précedens Th. 42. 43. faiſant voir que les preſſions ou forces dont les quantitez
de ce que ces vaſes V , U , contiennent de ces Liqueurs
L , Λ , preſſent verticalement leurs fonds horiſontaux
b , , ſont toûjours égales entr'elles aux poids abſolus P ,
Π , de ces cylindres ; ſi l'on appelle p , ϖ , ces preſſions verticales des fonds b , β , l'on aura toûjours ici $p{=}$P , $\varpi{=}\Pi$.
Or ſuivant les noms précedens , ces cylindres de poids P ,
Π , ayant (*Hyp.*) h , k , pour leurs hauteurs ; b , β , pour
leurs baſes ; & étant (*Hyp.*) faits de Liqueurs L , Λ , de
peſanteurs ſpecifiques f , φ , & de denſitez e , ϵ , ont leurs
poids abſolus P$={bhef}$, $\Pi{=}\beta ke\varphi$. Donc on aura toûjours
ici $p{=}bhef$, $\varpi{=}\beta ke\varphi$; & conſequemment p . ϖ : : $bhef$.
$\beta ke\varphi$. ou $p\beta ke\varphi{=}\varpi bhef$ (A). Donc,

1°. Si la Liqueur eſt la même quelconque dans les vaſes quelconques V , U , cette identité d'eſpece des Liqueurs L , Λ , rendant leurs peſanteurs ſpecifiques $f{=}\varphi$,
& leurs denſitez $e{=}\epsilon$, changera la précedente formule A
en $p\beta k{=}\varpi bh$ (B) pour ce cas-ci ; ce qui y donne p . ϖ
: : bh . βk. D'où l'on voit que les preſſions verticales p , ϖ ,
des fonds horiſontaux b , β , de ces vaſes V , U , cauſées

par les poids de même Liqueur quelconque contenuë
dans ces vases à hauteurs quelconques h, k, seront toûjours ici entr'elles en raison des produits bh, βk , de
ces fonds horisontaux quelconques par ces hauteurs
aussi quelconques h, k, de ces vases V, U, de figures &
de capacitez quelconques, contiennent de la même Liqueur aussi quelconque.

2°. Si cette même Liqueur se trouve à hauteurs égales
h, k, dans ces vases V, U, au-dessus de leurs fonds horisontaux b, β, les précedentes équations A, B, donneront
également $p\beta = \varpi b$ (C) pour ce cas-ci : ce qui donnant
p. ϖ :: b. β. fait voir que les pressions verticales p, ϖ,
des fonds horisontaux b, β, de ces vases V, U, seront
toûjours ici en raison de ces fonds quelconques.

3°. Si ces fonds horisontaux b, β, de figures quelconques sont égaux, à quelques hauteurs h, k, que leurs vases V, U, soient remplis d'une même Liqueur quelconque, les précedentes formules A, B, donnant aussi égale-
ment ici $pk = \varpi h$ (D) , les pressions verticales p, ϖ, de ces
fonds horisontaux égaux b, β, seront ici en raison des
hauteurs h, k, au-dessus de ces fonds dans les vases quelconques V, U : ce qui donne le précedent Corol. 3. en
supposant ces vases être le même successivement remplis
de la même Liqueur jusqu'à ces hauteurs h, k.

4°. Enfin si les vases V, U, quelques differens qu'ils
soient, ont leurs fonds horisontaux égaux b, β, & qu'ils
soient remplis d'une même Liqueur quelconque jusqu'à
hauteurs égales h, k, au-dessus de ces fonds les équations
précedentes A, B, C, D, donneront également ici toutes
$p = \varpi$; ce qui fait voir que les pressions verticales p, ϖ, des
fonds horisontaux égaux de ces vases V, U, differens à vo-
lonté dans tout le reste, seront toûjours ici égales entr'elles.

S c h o l i e

SCHOLIE

Commun aux Théoremes XLIII. XLIV.

I. Les deux derniers Th. 43. 44. se trouvent confor-
mes à l'experience, en se servant d'un vase ABCDEF
plus large dans la Fig. 309. & plus étroit dans la Fig. 310.
en bas qu'en haut, duquel le fond AF puisse aisément
monter & descendre le long de la partie cylindrique verticale VAFX de ce vase prolongé vers le bas, y demeurant
cependant toûjours si justement appliqué, qu'il ne laisse
rien échapper de la Liqueur qu'on suppose dans ce vase
ABCDEF. Car si l'on arrête fixement ce vase en l'air,
suspendu à un crochet, ou attaché par le côté à quelque
mur ou poteau ferme MN; de maniere que son fond AF
soit parallele à l'horison, & qu'on attache ensuite un fil
vertical KL au centre de gravité K de ce fond, & à
l'extrêmité L d'un (OL) des bras d'une balance LP appuyée en son milieu O, laquelle à l'extrêmité P de son
autre bras OP porte un bassin Q chargé de petit plomb ou
de sable, jusqu'à ce qu'il demeure en équilibre avec le
fond AF chargé de la Liqueur dont on remplit ensuite le
vase ABCDEF jusqu'à tel niveau GH qu'on voudra, où
la surface de cette Liqueur parallele à ce fond horisontal
AF, soit moindre ou plus grande que lui : tout cela (dis-je)
ainsi disposé, l'on verra cet équilibre n'arriver que lorsque le bassin Q & sa charge feront ensemble un poids
égal à celui d'un cylindre vertical AYZF de cette Liqueur, de base AF, & de hauteur AY égale à la plus
grande que la même Liqueur ait au-dessus de ce fond AF
dans le vase ABCDEF. Hors ce cas on verra le fond AF
de ce vase y monter vers BC, tant que le poids total fait
de celui du bassin Q & de sa charge, sera plus grand que
celui de ce cylindre AYZF de Liqueur, quoique moindre que le poids de ce qu'il y a de cette Liqueur dans le
vase ABCDEF de la Fig. 310. On verra au contraire ce
fond AF descendre vers VX, lorsque ce poids fait de ce-

lui du baſſin Q & de ſa charge, ſera moindre que celui
de ce même cylindre AYZF de Liqueur, quoique plus
grand que le poids de ce qu'il y a de cette Liqueur dans
l'autre vaſe ABCDEF de la Fig. 309.

C'eſt ce que M. Paſchal a obſervé le premier, & ce qu'il
a fait remarquer dans ſon Traité de l'Equilibre des Liqueurs ; mais ſans que lui, ni aucun autre que je ſçache, en ait donné la raiſon qu'on en voit dans les démonſtrations Th. 42. 43. dans le principe general de tout
cet Ouvrage-ci.

II. Comme cette décompoſition de forces vient de la
réſiſtance des côtez obliques CB, DE, dans la Figure
309. à l'aſcenſion, & dans la Fig. 310. à la deſcente des
filets verticaux de Liqueur qui les rencontrent, dont les
uns dans la Fig. 309. ſont ſollicitez à monter par le ſurplus des poids des plus longs, & dont les autres de la Fig.
310. tendent par leur propre poids auſſi bas que les plus
longs ; & que ſuivant les démonſtrations des Th. 42. 43.
c'eſt de-là que vient dans la Fig. 309. la nullité de preſſion
du fond AF du vaſe ABCDEF par les filets verticaux
moindres que les plus longs de la Liqueur que contient
ce vaſe plus étroit en bas qu'en haut, leſquels ſeuls en
preſſent ce fond ; & dans la Fig. 310. l'égalité de preſſion
du fond AF de l'autre vaſe ABCDEF par tous les filets
verticaux, tant courts que longs de la Liqueur que contient cet autre vaſe plus large en bas qu'en haut. De-là
(dis-je) vient que ;

1°. Suivant la démonſtration du Th. 42. les filets verticaux, tant courts que Longs de la Liqueur contenue
dans le vaſe ABCDEF de la Fig. 309. plus large en bas
qu'en haut, en preſſent tous également le fond AF, &
auſſi fortement tous enſemble que le preſſeroit un cylindre vertical AYZF de la même Liqueur, lequel auroit
ce fond horiſontal AF pour baſe, & pour hauteur la plus
grande AY de ce qu'en contient ce vaſe ABCDEF rétréci par en haut, quoique le poids de ce qu'il en contient ſoit moindre que celui de ce cylindre vertical AYZF.

de la même Liqueur : cela, dis-je, venant de la résistance
que les côtez obliques CB, DE, du vase ABCDEF rétréci
par en haut, font à l'ascension des filets verticaux de la
Liqueur que ce vase contient, moindres que les plus
longs qui tendent à les faire monter jusqu'à leur niveau
GH, tant que cette Liqueur est fluide ; & cette sollicita-
tion à monter, & conséquemment aussi les résistances
qu'y feroient ces côtez obliques CB, DE, cessant dès que
cette Liqueur est toute glacée, & ne fait plus qu'une
masse solide, dont les plus longs filets verticaux attachez
alors comme d'une piece avec les moindres, ne tendent
plus à les faire monter, mais au contraire à les faire descendre, & à les entraîner en bas avec eux par leur pesanteur, quand même ces moindres filets n'en auroient
d'eux-mêmes aucune : il suit manifestement qu'alors ce
total de glace détaché du vase en le chauffant tout autour, ne doit plus presser son fond AF que d'une force
égale au poids de ce que le vase en question contient de
Liqueur ainsi glacée. C'est ce que M. Paschal a aussi ob-
servé par le moyen de la balance de l'art. 1. en s'en servant là comme ici.

2°. Suivant les démonstrations du Th. 43. les filets verticaux moindres que les plus longs de la Liqueur contenue dans le vase ABCDEF de la Fig. 310. plus étroit en
bas qu'en haut, n'en pressent aucunement le fond AF,
qui ne se trouve ainsi pressé que par ces plus longs filets
égaux à AY, d'une force seulement égale à celle dont
il seroit pressé par un cylindre vertical AYZF de la même Liqueur, lequel auroit ce fond horisontal AF pour
base, & AY pour hauteur, quoique le poids de ce que le
vase ABCDEF rétréci par en bas, contient de cette Liqueur, soit plus grand que celui du cylindre vertical
AYZF : cela, dis-je, venant de la résistance que les côtez obliques AB, CD, du vase ABCDEF rétréci par en
bas, font à la descente des moindres filets verticaux de
Liqueur appuyez sur eux, sans en faire aux plus longs appuyez sur le fond AF, tant que la Liqueur composée de

M m ij

tous ces filets est fluide, & que ces filets peuvent agir par
leur pesanteur indépendamment les uns des autres ; dès
que cette Liqueur sera toute glacée, les plus longs de ces
filets attachez alors comme d'une piece avec les moindres soûtenus sur les côtez obliques AB, CD, du vase
ABCDEF rétréci par en bas, ces plus longs filets de Liqueur glacée se trouveront aussi pour lors soûtenus par
la médiation des moindres sur les côtez obliques AB, CD,
de ce vase, sans s'appuyer sur son fond AF, qui alors seroit inutile pour les retenir avec les autres dans ce vase ;
de sorte que quand le total de ce qu'il contient de Liqueur ainsi glacée, en seroit détachée en la chauffant
tout autour, ce total de glace ainsi appué sur les côtez
AB, CD, du rétrécissement de ce vase, ne peseroit plus
du tout sur le bras OL de la balance OP, ni consequemment contre son bassin Q.

FIG. 309.
310.

III. Au reste quoique, suivant le Th. 43. la Liqueur
déglacée & fluide contenue jusqu'au niveau GH dans le
vase ABCDEF de la Fig. 309: plus large en bas qu'en
haut, en presse le fond horisontal AF d'une force égale à
celle dont ce fond seroit pressé par le poids d'un cylindre
vertical AYZF de cette Liqueur, lequel eût ce fond horisontal AF pour base, & pour hauteur la plus grande
AY qu'ait la même Liqueur dans ce vase ABCDEF de
la Fig. 309. plus large en bas qu'en haut ; & que suivant
le Th. 43. la Liqueur déglacée & fluide contenue aussi
jusqu'au niveau GH dans le vase de même nom de la
Fig. 310. plus étroit au contraire en bas qu'en haut, n'en
presse le fond horisontal AF que d'une force égale à celle
dont ce fond seroit pressé par le poids d'un cylindre
AYZF de la même Liqueur, lequel eût aussi ce fond horisontal AF pour base, & pour celle AY qu'a la même
Liqueur au-dessus de ce fond AF dans ce vase ABCDEF
de la Fig. 310. plus étroit en bas qu'en haut : quoique
(dis-je) cela soit vrai de part & d'autre, suivant les Th.
42. 43 il ne faut pourtant pas s'imaginer que la Liqueur
contenue jusqu'au niveau GH dans le vase ABCDEF de

la Fig. 310. plus large en bas qu'en haut, pesât autant
à la main qui soûtiendroit ce vase, qu'y peseroit un cylindre vertical de la même Liqueur à même hauteur que
là, que soûtiendroit ou porteroit cette main dans un vase
cylindrique de même base AF que celui-là ; ni que la
Liqueur contenue aussi jusqu'au niveau GH dans le vase
ABCDEF de la Fig. 310. plus étroit en bas qu'en haut,
ne pesât à la main qui soûtiendroit ou porteroit ce vase,
qu'autant qu'y peseroit un cylindre vertical de la même
Liqueur à même hauteur que là , que cette main soûtiendroit ou porteroit dans un vase cylindrique de même
fond AF que celui-là. Car ,

1°. Suivant la démonstration 1. du Th. 43. la Liqueur FIG. 309.
dont est rempli jusqu'au niveau GH le vase ABCDEF de
la Fig. 310. plus large en bas qu'en haut, ne pese pas
seulement de tout son poids sur son fond AF , mais de
plus elle y pese d'un effort de résistance dont les côtez
obliques CB , DE , de ce vase ou de son rétrécissement
BCDE en repoussent vers ce fond AF les filets lateraux
que les plus longs ou plus élevez qu'eux, tendent à y faire monter d'une force égale & directement contraire à
cet effort, laquelle pousse autant en haut ce rétrécissement ou les côtez obliques de ce vase, que son fond AF
est repoussé en bas par leurs résistances ; ce qui, comme
un ressort appuyé par un bout sur ce fond, & par l'autre
contre ces côtez obliques CB , DE , du vase ABCDEF
de la Fig. 309. ne tend qu'à écarter d'eux ce fond , &
non à charger ce vase, qui ne se trouve ainsi l'être que
du seul poids de la Liqueur qu'il contient. Donc le cylindre supposé de la même Liqueur, de hauteur égale à
la plus grande qu'elle ait dans ce vase ABCDEF rétréci
par en haut, pressant aussi de tout son poids le fond horisontal AF de son vase cylindrique vertical supposé de
même base ou fond que celui-là, & y étant en plus grande quantité , & consequemment d'un plus grand poids:
ce n'est pas merveille, au contraire c'est une consequence necessaire qu'en soûtenant ou en portant séparément

M m iij

ces deux vases avec ce qu'on y suppose de la même Liqueur ; la contenue dans le vase ABCDEF rétréci par en
haut, pese à la main la valeur de son poids , & consequemment moins que la soûtenue par la même main dans
le vase cylindrique vertical de même fond AF que celui-
là , & à même hauteur que dans ce même-là , quoique
ces deux portions de la même Liqueur pressent également
(*Th.* 42.) les fonds égaux de ces deux vases dans la Fig.
309.

Fig. 310.   2°. Suivant les démonstrations du Théor. 43. la Liqueur dont est aussi rempli jusqu'au niveau GH le vase
ABCDEF de la Fig. 310. plus étroit en bas qu'en haut,
pressant vers le bas de tout son poids les fonds AF & les côtez obliques CB , DE , de ce vase ; & ne pressant (*Th.*43)
ce fond horisontal AF que d'une force égale à celle dont
il seroit pressé par un cylindre vertical de la même Liqueur à même hauteur dans un vase cylindrique de même fond AF que celui-là : c'est aussi une consequence
necessaire que ce que cet autre vase ABCDEF rétréci
par en bas , contient de cette Liqueur , pese de tout son
poids à la main qui la soûtiendroit dans ce vase ; & consequemment qu'elle y pese plus que n'y peseroit un cylindre vertical de la même Liqueur à même hauteur
que là , soûtenu par la même main dans un vase cylindrique de même fond horisontal AF que celui-là , quoique
ces deux portions de la même Liqueur pressent également (*Th.* 43.) ce fond ou les fonds égaux de ces deux
vases dans la Fig. 310.

REMARQUES

Sur les Théoremes XLII. XLIII. XLIV.

Fig. 311.   I. Dans les Th. 42. 43. dans leurs Corollaires, & dans
312. 313.   le précedent Scholie qui leur est commun, l'on a supposé
que les vases ABCDEF remplis de Liqueur quelconque
jusqu'au niveau quelconque GH , ont leurs fonds horisontaux, lesquels sont AF, lorsque les vases sont cylin-

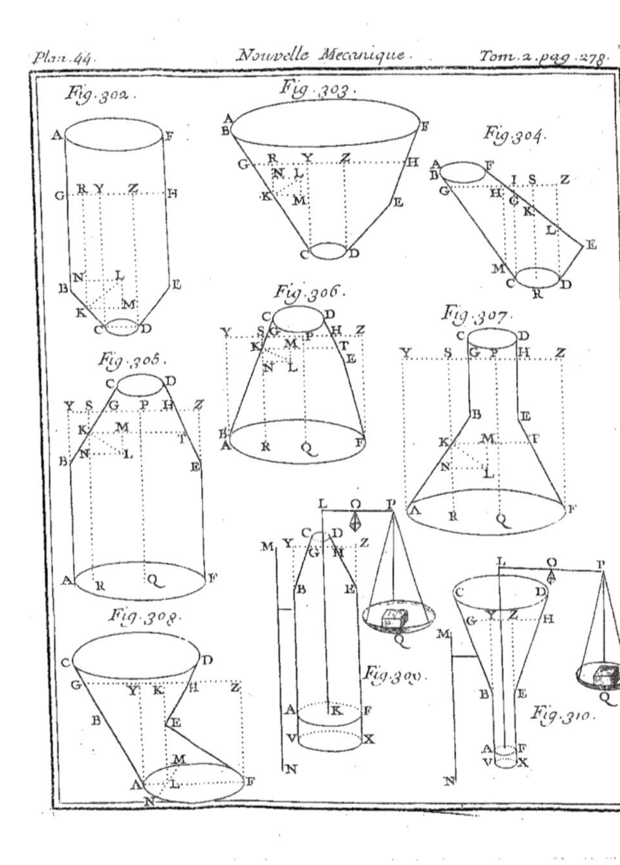
Fig. 302.
Fig. 303.
Fig. 304.
Fig. 305.
Fig. 306.
Fig. 307.
Fig. 308.
Fig. 309.
Fig. 310.

driques inclinez, comme dans le Th. 42. ou plus larges
en bas qu'en haut, comme dans le Th. 44. & CD lorfque ces vafes font au contraire plus larges en haut qu'en
bas, comme dans le Th. 43. La raifon de cette fuppofition
vient de ce que,

1°. Si le vafe ABCDEF cylindrique incliné, comme
dans le Th. 42. ou plus large en bas qu'en haut, comme dans le Th. 44. avoit fon fond AF oblique à l'horifon, comme ici dans les Fig. 311. 312. plus haut en F
qu'en A ; des filets verticaux de la Liqueur dont on le
fuppofe rempli jufqu'au niveau GH, ceux qui en rencontreroient les côtez obliques au-deffous du plan horifontal FO, comme le filet vertical RK en rencontre ici
en K l'oblique BC, lequel s'oppofant à l'afcenfion de ce
filet RK follicité à monter par les plus longs, comme dans
les démonftr. 1. des Th. 42. 44. en repouffe comme là
le point K fuivant fa perpendiculaire KL, & confequemment (par décompofition de force de la réfiftance de ce
côté BC fuivant fa perpendiculaire KL) fuivant les côtez KM, KN du parallelogramme rectangle MN fait,
comme dans la démonftr. 1. avec des forces qui preffent le fond oblique AF non feulement comme là en R,
fuivant le côté vertical KN qui le rencontre en R, mais
encore en T, fuivant le côté horifontal KM, qui rencontre ce fond oblique AF en ce point T ; & ainfi de toutes
les réfiftances que les côtez obliques du vafe font a l'afcenfion de tout ce qu'ils rencontrent d'autres filets verticaux au-deffous du plan horifontal FO. Or fi ce fond AF
n'en étoit preffé que fuivant les verticales KR, on démontreroit de la maniere qu'on a démontré les Th. 42.
43. que ce fond oblique AF feroit preffé par tout ce que
le vafe ABCDEF contient de Liqueur jufqu'au niveau
GH, précifément de la même force qu'il le feroit par un
cylindre vertical, ou (Th. 42.) oblique quelconque de
la même Liqueur, qui auroit pour bafe ce fond AF pareillement oblique à l'horifon, & qui fe termineroit en
haut au niveau GH de la Liqueur du vafe ABCDEF.

cylindrique incliné dans la Fig. 311. ou plus large en bas
qu'en haut dans la Fig. 312.

Fig. 313. 2°. Si ce vafe ABCDEF étoit renverfé, en forte qu'il
en devînt un plus large au contraire en haut qu'en bas,
où il eût CD pour fond, comme dans le Th. 43. & qu'il
eût aufli ce fond CD oblique à l'horifon comme ici dans
la Fig. 314. plus haut en D qu'en C; des filets verticaux
de la Liqueur dont on le fuppofe rempli jufqu'au niveau
GH, ceux qui en rencontreroient les côtez obliques au-
deffous du plan horifontal DO , comme le vertical RK
rencontre ici en K l'oblique BC, qui s'oppofoit à la defcente de ce filet RK, comme dans la démonftr. 1. du Th.
43. en repouffe comme là le point K fuivant fa perpendiculaire KL, & confequemment (encore par décompofition de force de la réfiftance de ce côté BC fuivant fa
perpendiculaire KL) fuivant les côtez KM, KN, du parallelogramme rectangle MN fait aufli comme dans cette
démonftr. avec des forces dont l'une fuivant le côté KN
foûtient comme là le poids directement contraire du filet
RK, & l'autre fuivant le côté horifontal KM preffe en ce
fens le fond oblique CD, qu'il rencontre en T ; & ainfi de
toutes les réfiftances que les côtez obliques du vafe font
à la defcente de tout ce qu'ils rencontrent d'autres filets
verticaux au-deffous du plan horifontal DO. Or fi ce
fond CD n'étoit preffé par aucun des filets verticaux qui
rencontrent les côtez obliques du vafe ABCDEF de la
Fig. 313. plus étroit en bas qu'en haut, on démontreroit
comme l'on a démontré le Th. 43. que ce fond oblique
CD ne feroit preffé par tout ce que ce vafe contient de
Liqueur jufqu'au niveau GH, que d'une force égale à
celle dont il feroit preffé par un cylindre vertical, ou
(*Th.* 42.) oblique quelconque de la même Liqueur, qui
auroit pour bafe ce fond CD pareillement incliné à l'horifon, & qui fe termineroit en haut au niveau GH de la
Liqueur du vafe de la Fig. 313. plus étroit en bas qu'en
haut.

 3°. Donc (*nomb.* 1. 2.) un vafe de fond oblique à l'horifon,

rifon, tant cylindrique incliné, que plus ou moins large
en ce fond qu'au-deſſus, rempli de Liqueur quelconque
juſqu'à quelque hauteur ou niveau que ce ſoit, aura ce
fond oblique plus preſſé par ce qu'il contiendra de cette
Liqueur, que ce fond ne le ſeroit par un cylindre quelconque de même Liqueur, qui auroit pour baſe ce même
fond pareillement incliné à l'horiſon, & qui ſe termineroit en haut au niveau de la Liqueur contenue dans le
vaſe ſuppoſé cylindrique incliné, ou plus ou moins large en bas qu'en haut. Ce qui ne revient aux Th. 42. 43.
44. qu'en rendant ce fond horiſontal : cas ſeul où ſe trouve vrai ce qu'on dit d'ordinaire ſur le ſeul témoignage
(ce me ſemble) de l'experience, & ce qui ſe trouve démontré dans ces Th. 42. 43. 44. ſçavoir, qu'*à quelque
hauteur ou niveau qu'un vaſe quelconque de fond horiſontal,
ſoit rempli de Liqueur quelconque, ce qu'il contiendra de cette
Liqueur, en preſſera toûjours ce fond d'une force égale à celle
dont ce fond horiſontal ſeroit preſſé par un cylindre quelconque
de la même Liqueur, lequel auroit ce même fond horiſontal
pour baſe, & pour hauteur celle de ce qu'il y a de cette Liqueur
dans le vaſe ſuppoſé plus ou moins large en bas qu'en haut.*
Ç'a été pour démontrer ce Théoreme appris par l'experience de M. Paſchal que le fond d'un tel vaſe a été ſuppoſé horiſontal dans les Th. 42. 43. 44.

II. Dans le précedent art. 1. en parlant des vaſes cy- F I G. 31.
lindriques (la même choſe ſe dira des priſmatiques quelconques) de fonds ou baſes obliques à l'horiſon, n'y
ayant parlé que des baſes cylindriques, qui lui ſont auſſi
inclinez : voici preſentement pour ceux qui ont auſſi des
fonds obliques à l'horiſon. Pour cela ſoit le tuyau ou vaſe
cylindrique vertical ACDF, de baſe ou fond oblique
quelconque AMNFP, qui prolongé faſſe un angle quelconque DFK avec la longueur de ce tuyau, lequel ſoit
rempli d'une Liqueur quelconque juſqu'à tel niveau GH
qu'on voudra.

1°. Il eſt évident que ce qu'il y a de cette Liqueur juſqu'en GH dans ce vaſe cylindrique ou priſmatique ver-

tical ACDF , en preſſe verticalement , ou ſuivant ſa longueur le fond oblique AMNFP d'une force égale au poids
abſolu de cette quantité AGHF de Liqueur ; puiſque ce
poids porte tout entier ſur ce fond.

2°. Quant à la preſſion perpendiculaire qui en réſulte
à ce fond oblique AMNFP , ſoit toute cette quantité de
Liqueur conçûe encore ici comme diviſée en un nombre
preſqu'infini de filets verticaux OR terminez en autant
de points O de ſon niveau GH , & en autant de points R
du plan de la baſe ou fond oblique AMNFP du tuyau
cylindrique ou priſmatique vertical propoſé ACDF , lequel ſoit imaginé coupé par un plan mené ſuivant quelqu'un OR de ces filets verticaux parallelement au plan
vertical DFK , & qui rencontre en la droite MN prolongée vers L , ce fond AMNFP oblique à l'horiſon ; ſur lequel fond prolongé tombent les perpendiculaires DK ,
OL , qui en rencontrent en K , L , les droites FK , ML ,
paralleles (*conſtr.*) entr'elles , auſſi-bien que DF , OR.

Cela poſé , il eſt pareillement viſible que le poids abſolu
de chaque filet OR de Liqueur , eſt à la preſſion où à la
force dont il preſſe perpendiculairement le fond oblique
AMNFP : : OR. OL (*conſtr.*) : : DF. DK. Donc ce dernier rapport étant conſtant , la ſomme des poids abſolus
de tous les filets OR , c'eſt-à-dire , le poids total & abſolu
de toute la quantité de Liqueur AGHF ſuppoſée juſqu'au
niveau GH dans le cylindre vertical ACDF , eſt à la preſſion
ou force dont ce poids total preſſe perpendiculairement le
fond oblique de ce tuyau , comme DF eſt à DK ; & conſequemment comme la ſurface inferieure AMNFP de la
Liqueur eſt à ſa ſurface ſuperieure GH , quelle qu'en ſoit
la figure.

III. On ſuppoſe ici (*art.* 2. *nomb.* 2.) que AMNFP.
GH : : DF. DK. En voici la démonſtration pour toutes ſortes de cylindres ou priſmes de baſes de figures quelconques , tel qu'on ſuppoſe le précedent vertical ACDF , lequel ſoit ici en poſition quelconque.

Fig. 315.   Soit ce cylindre ou priſme quelconque ACDF de baſes

oppofées DXCT, AMFP, dont celle qu'on voudra foit
de figure quelconque, & dont la premiere DXCT foit
perpendiculaire, & l'autre AMFP lui foit inclinée de tel
angle DFK qu'on voudra, foûtendu par DK perpendiculaire en K au plan de la bafe oblique AMFP.

Cela fait, je dis que l'aire de cette bafe oblique AMFP
du cylindre ou prifme ACDF eft à l'aire de fa bafe perpendiculaire oppofée DXCT, comme DF eft à DK ; c'eft-
à-dire, AMFP. DXCT :: DF. DK.

Pour le faire voir, foit ce cylindre ou prifme quelconque ACDF coupé en DS par un plan parallele à l'oblique AMFP, & en FRQP par un autre plan perpendiculaire à ce cylindre ou prifme ACDF. Cela fait, il eft manifefte que les fections obliques DS, AMFP, de ces cylindres ou prifmes quelconques étant égales, femblables,
& femblablement pofées, de même que les fections perpendiculaires DXCT, FRQP, les cylindres partiaux
ASDF, DCQF, font égaux entr'eux : de forte qu'ayant
ici le cylindre oblique ASDF=AMFP×DK, & le droit
DCQF=FRQP×DF=DXCT×DF, l'on y aura auffi
AMFP×DK=DXCT×DF. Donc AMFP. DXCT :: DF.
DK. *Ce qu'il falloit démontrer.*

IV. On voit prefentement que ACDF de pofition quelconque dans le précedent art. 3 . eft fuppofé être le tuyau vertical de même nom dans l'art. 2. & de bafe AMFP oblique à
l'horifon, rempli de Liqueur quelconque jufqu'à tel niveau GH qu'on voudra ; cette furface horifontale GH
de fa Liqueur étant la bafe fuperieure perpendiculaire
du tuyau vertical partial AHGF de bafe inferieure
AMFP oblique à l'horifon : on voit, dis-je, fuivant le précedent art. 3 . qu'en ce cas la furface oblique inferieure
AMFP de la Liqueur fera à fa furface fuperieure GH,
comme DF eft à DK, ainfi qu'on la fuppofé fur la fin du
nomb. 2 . de l'art. 2.

Cela fe voit encore en ce que fi l'on fuppofe que la
bafe fuperieure DXCT du tuyau vertical ACDF eft horifontale, & confequemment perpendiculaire à ce tuyau

comme l'eſt la ſurface ſuperieure GH de la Liqueur qu'il contient ; ayant ici GH=DXCT, & le précedent art. 3. y donnant AMFP. DXCT : : DF. DK. il donnera pareillement ici AMFP. GH : : DF. DK. c'eſt-à-dire, que la ſurface oblique inferieure AMFP de la Liqueur ſuppoſée juſqu'au niveau GH dans le tuyau vertical ACDF, ſera encore ici à cette ſurface ſuperieure GH de cette Liqueur, comme DF eſt à DK.

V. On peut remarquer en paſſant que la maniere dont l'art. 3. vient de donner le rapport de l'aire de la ſection oblique quelconque d'un cylindre ou priſme quelconque ACDF, à l'aire de la ſection perpendiculaire de ce priſme ou cylindre preſentement de poſition quelconque, comme dans l'art. 3. donneroit auſſi les rapport entr'elles des aires des ſections obliques quelconques de ce corps, leſquelles feroient en des plans, qui paſſant par F, feroient tous perpendiculaires à celui DKF, ſuivant lequel ce cylindre ou priſme ACDF feroit incliné au plan d'une quelconque AMFP de ces ſections obliques à ce cylindre; & cela en imaginant autant de perpendiculaires DK ſur leurs plans prolongez. Ce qui donneroit ainſi les rapports des aires de toutes les autres ſections obliques du cylindre, paralléles à celles-là dans toute ſa longueur.

Mais ſans tant de perpendiculaires DK, voici comment les rapports des aires de toutes ces ſections obliques cylindriques ou priſmatiques, peuvent ſe trouver par le moyen de la ſeule perpendiculaire DK imaginée (*art. 3.*) ſur le plan prolongé d'une quelconque AMFP de ces ſections obliques. Il n'y a pour cela qu'à imaginer le plan DKF prolongé à travers le cylindre ou priſme ACDF ; lequel plan DKF en le coupant en quelque trapeze ACDF de deux côtez oppoſez DF, CA, paralleles entr'eux, coupe ſa ſection oblique AMFP en la droite AF, qui prolongée paſſe par K, & ſa ſection perpendiculaire FRQP en la droite FQ perpendiculaire en Q au côté CA. Car ayant ainſi les triangles rectangles AQF, FKD, ſemblables entr'eux on aura les droites FA. FQ : : DF. DK. De ſorte que dans la ſup-

pofition que DXCT eſt, auſſi-bien que FRQP, une ſection perpendiculaire du cylindre ou priſme ACDF, &
conſequemment que DXCT=FRQP ; l'art. 3. venant
de donner DF. DK : : AMFP. DXCT : : AMFP. FRQP.
l'on aura auſſi les droites FA. FQ : : AMFP. FRQP. ou
FRQP. AMFP : : FQ. FA. c'eſt-à-dire, que les aires de la
ſection perpendiculaire FRQP, & de l'oblique quelconque AMFP du cylindre ou priſme ACDF, ſont entr'elles
en raiſon des droites FQ, FA, où ces ſections cylindriques ſont coupées par le plan DKF prolongé, qui eſt perpendiculaire aux leurs.

Donc la ſection oblique AMFP arbitrairement inclinée à la longueur du cylindre ou priſme quelconque
ACDF, pouvant être priſe pour tout ce que le priſme ou
cylindre en peut avoir d'obliques à ſa longueur par ſon
point F, en des plans perpendiculaires à celui DKF, ſuivant lequel ce priſme ou cylindre ACDF eſt incliné au
plan d'une quelconque AMFP de ces ſections obliques ;
les aires de toutes ces ſections ſeront entr'elles comme les
droites en qui elles ſeront coupées par ce plan DKF prolongé à travers d'elles, & à l'aire de la ſection perpendiculaire FKQP, comme ces droites correſpondantes ſeront
à la droite FQ, en qui elle ſera auſſi coupée par le même plan DKF.

Ainſi de quelque maniere que le cylindre ou priſme
quelconque ACDF ſoit coupé en travers par tant de
plans qu'on voudra, tous perpendiculaires au plan DKF,
& paſſant tous par F, les aires de toutes les ſections, tant
droites qu'obliques quelconques, qui en réſulteront à ce
priſme ou cylindre ACDF, ſeront toutes entr'elles comme leurs ſections communes chacune avec ce plan DKF
ſuivant lequel ce cylindre ou priſme eſt incliné au plan
d'une quelconque AMFP de ſes ſections obliques.

*Cela a déja été remarqué d'une autre maniere pour les cy-
lindres de baſes ou de ſections perpendiculaires circulaires, ou
(ce qui revient au même) de ſections obliques elliptiques quelconques : mais je ne ſçais point qu'on l'ait juſqu'ici remarqué*

N n iij

pour toutes sortes de cylindres ou de prismes de sections de figures quelconques : c'est ce qui me fait ajoûter ici cet art. 5. quoique hors d'œuvre.

THEOREME XLV.

Quelque Liqueur qu'il y ait dans un Ciphon recourbé de branches quelconques,

I. Dès que cette Liqueur y sera à hauteurs égales quelconques, c'est-à-dire, à niveau dans ces branches, elle y restera en équilibre à ce niveau, tant qu'elle y sera libre.

II. Si elle n'y est pas à niveau, elle s'y mettra d'elle-même, & y restera pareillement en équilibre.

DEMONSTRATION.

PART. I. Soit d'abord un vase de figure quelconque ABCD, rempli de quelque Liqueur que ce soit, jusqu'à tel niveau ou plan horisontal GH qu'on voudra. Imaginons ensuite que dans ce vase il se forme un Ciphon recourbé GEMNFHQPG fait (si l'on veut) de la même Liqueur gelée seulement en ce qu'il faudroit d'autre matiere pour le former, c'est-à-dire, seulement en une lame roulée, de laquelle il soit fait comme il le seroit de verre, de fer blanc, ou de quelqu'autre métal : en sorte que ce que ce Ciphon de glace intercepte de la Liqueur non glacée dans tout le reste, y soit contenu comme dans un autre, qui n'en differeroit que dans la matiere dont il seroit fait.

Une telle formation ou naissance de ce Ciphon de glace, ne causant aucun mouvement ni varieté aucune dans le reste de la Liqueur qu'on ne suppose glacée que dans ce qu'il y en a d'employé à la construction de ce Cyphon, il est évident que ce qu'il contient de cette Liqueur non glacée, y doit rester dans le même état qu'avant que ce Ciphon l'eût intercepté d'avec ce qui en reste hors de lui dans le vase ABCD, & y être retenu par les côtez fermes de ce Ciphon, comme ce reste de Liqueur environnante retenoit celle-là dans la place qu'elle y occupe. De ſorte que ſi l'on conçoit preſentement que le vaſe ABCD ſoit anéanti avec tout ce qu'il contient de Liqueur au dehors du Ciphon GEMNFHQPG qui ſoit toûjours dans la même ſituation ; cet anéantiſſement ne cauſant non plus aucun mouvement ni varieté aucune à ce ciphon, ni à ce qu'il contient de Liqueur, elle y doit encore reſter en équilibre au niveau GH, comme avant cet anéantiſſement ; & conſéquemment y ſeroit-elle auſſi reſtée en équilibre à ce niveau GH, ſi, de quelque matiere que ce Ciphon eût été fait, on l'eût rempli juſques-là de cette Liqueur, ſans y en employer davantage dans aucun vaſe qui contînt le tout comme on l'a ſuppoſé d'abord. Donc une Liqueur quelconque miſe à niveau dans les branches quelconques de quelque Ciphon que ce ſoit, y doit toûjours demeurer en équilibre à ce niveau, tant qu'elle y ſera libre. *Ce qu'il falloit 1°. démontrer.*

La même choſe ſe prouveroit de même quand toute la Liqueur du vaſe ABCD ſeroit glacée à la reſerve de ce qu'il y en auroit dans un canal GEMNFHQPG de Ciphon, qui reſteroit comme creuſé dans cette glace ; puiſqu'il ne s'agit ici que de l'équilibre de cette Liqueur toûjours fluide dans ce canal, & non de l'épaiſſeur de la matiere qui le renferme.

Autrement. Soit un Ciphon GEMNFHQPG de matiere quelconque, & de jambes GEMP, HFNQ, de directions & de cavitez à volonté, fait & placé de maniere que les ouvertures GE, FH, en ſoient à niveau, c'eſt-à-dire, dans un même plan horiſontal GH au-deſſus de ce Ciphon. Je dis que ſi on le remplit d'une Liqueur quelconque juſqu'à ces ouvertures, c'eſt à dire, juſqu'à ce niveau GH, elle y demeurera en équilibre, quelles qu'en ſoient les groſſeurs des colonnes GEMP, HFNQ.

Pour le voir, imaginons ce Ciphon vuide ainſi placé dans un vaſe quelconque ABCD plus haut que le niveau GH, au-deſſus duquel il ait (ſi l'on veut en H) un trou qui de ſon bord inferieur touche ce niveau ou plan horiſontal GH, & qui bouché d'une cheville juſte H, per-

Fig. 31.

mette de remplir de Liqueur ce vafe ABCD jufqu’à quelqu’autre niveau fuperieur KL , lorfque ce trou H eſt fermé , & la laiſſe deſcendre juſqu’au niveau GH , lorfqu’il eſt ouvert.

Ce trou H étant fermé , ſoit le vaſe ABCD rempli d’une Liqueur quelconque juſqu’au niveau KL , il eſt viſible qu’elle n’y arrivera qu’après que le Ciphon GEMNFHQPG en ſera entierement rempli juſqu’à ſes ouvertures GE, FH , ſuppoſées au niveau GH ; & que ſi ce trou H reſte fermé après que cette Liqueur ſera arrivée à cet autre niveau KL , elle y reſtera en repos ſuivant le Corol. 1. de l’Ax. 9.

Ouvrons preſentement ce trou H , qu’on ſuppoſe toucher de ſon bord inferieur le niveau GH. Il eſt pareillement manifeſte qu’en ce cas la Liqueur deſcendra de l’autre niveau KL en celui-ci GH , & qui étant arrivée , elle y demeurera , quoique ce trou H reſte ouvert , à moins que quelqu’une des colonnes de cette Liqueur , contenues juſqu’en ce niveau GH dans les branches du Ciphon, par exemple, la plus groſſe colonne GEMP ne l’emportât ſur l’autre HFNQ ; ce qui ne ſçauroit être. Car en ce cas, ſi l’on referme le trou H , ce qu’il ſortiroit de Liqueur par l’ouverture FH , devenant plus haute là que le niveau GH , & conſequemment que l’ouverture GE ſuppoſée à ce même niveau , refluroit (*Ax. 9. Cor. 1.*) par cette ouverture GE en la place de celle qui s’y abaiſferoit alors ; laquelle redevenue juſqu’au bord de cette ouverture GE , continueroit d’en faire ſortir par l’autre FH , qui de ſon côté la rendroit ainſi à l’ouverture GE , & toûjours de même. Ce qui cauſeroit ainſi un mouvement perpetuel dans la Liqueur du Ciphon GEMNFHQPG , & dans la ſurface de ce qu’il en auroit de plus entre lui & le vaſe ABCD : abſurdité qui fait voir que la Liqueur dont ce Ciphon eſt rempli juſqu’au niveau GH , y doit demeurer en équilibre. De ſorte qu’y étant ſans aucune communication avec ce qu’il y en a de plus au même niveau GH entre ce Ciphon & le vaſe ; & conſequemment

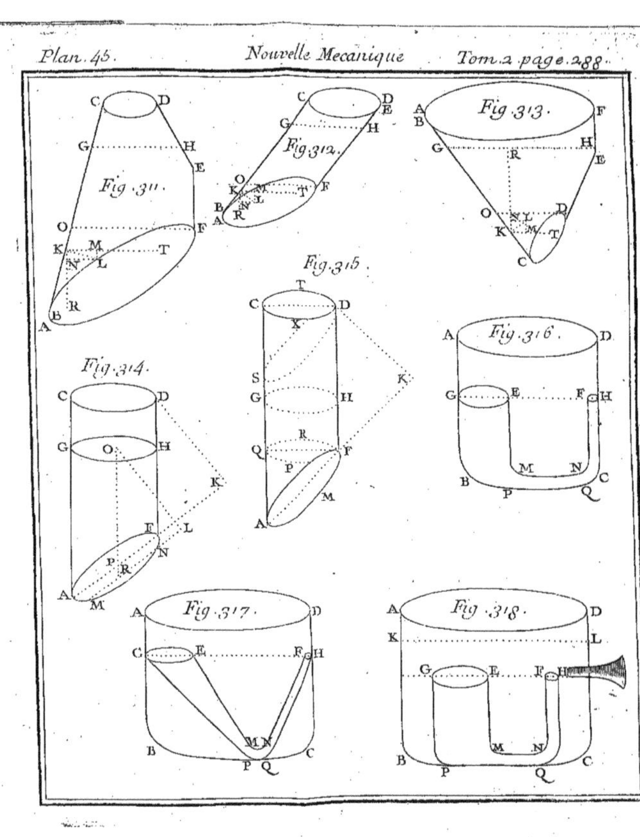
Fig. 311.
Fig. 312.
Fig. 313.
Fig. 314.
Fig. 315.
Fig. 316.
Fig. 317.
Fig. 318.

de même que s'il n'y en avoit point d'autre dans ce vaſe
ABCD, & que ce vaſe lui-même ne fût plus ici ; mais le
Ciphon ſeul rempli de Liqueur juſqu'au niveau GH des
ouvertures GE, FH, de ſes branches. Donc une Liqueur
quelconque miſe à niveau dans les branches quelconques
de quelque Ciphon que ce ſoit, y doit toûjours demeurer
en équilibre à ce niveau tant qu'elle y ſera libre. *Ce qu'il
falloit encore* 1°. *démontrer.*

PART. II. Je dis preſentement que ſi la Liqueur n'eſt
pas à niveau dans les branches du Ciphon, elle s'y mettra d'elle-même, & y reſtera en équilibre. Pour le voir,
ſoit un Ciphon APQB de branches quelconques AP,
BQ, dans lequel ſoit une Liqueur quelconque KPQS
plus haute en RS dans la branche BQ, qu'en KL dans
l'autre branche AP. Soit GH le plan horiſontal auquel
cette Liqueur ſeroit à niveau en GE, FH, dans ces deux
branches. On vient de voir (*part.* 1.) qu'en ce cas-ci cette Liqueur quelconque demeureroit en équilibre à ce niveau ; & conſéquemment que les colonnes GPE, HQF,
preſſeroient également alors en ſens contraires ce qu'il y
auroit de cette Liqueur dans le canal PQ de communication. Or dans le cas de cette même Liqueur à hauteurs
inégales en RS & en KL, dans les branches du même Ciphon APQB ; ce qu'il y en auroit dans le canal PQ de
communication, ſeroit plus fortement preſſé de Q vers P
par la colonne RQS que par la colonne FQH, & moins
preſſé de P vers Q par la colonne KPL, que par la colonne GPE. Donc en ce cas-ci de la ſurface RS de Liqueur plus élevée dans la branche BQ, que l'autre ſurface KL de la même Liqueur dans l'autre branche AP du
Ciphon APQB; la Liqueur compriſe dans le canal PQ
de communication, ſera plus fortement preſſée de Q vers
P, que de P vers Q ; & toûjours de même tant que RS
ſera plus haute que KL. Donc en ce cas la ſurface RS de
la Liqueur deſcendra juſqu'en FH, & l'autre ſurface KL
montera juſqu'en FE ; & ſi par l'impetuoſité de la deſ-

cente de la Liqueur dans la branche BQ , la surface RS
defcend plus bas que FH ; & qu'en confequence l'autre
furface KL monte plus haut que GE : celle-ci KL redef-
cendra par la même raifon , & l'autre RS remontera ,
& toûjours de même jufqu'à ce que leur mouvement
ceffe ; ce qu'on voit ne pouvoir arriver qu'au niveau GH.
Donc cette Liqueur d'abord inégalement haute dans les
branches du Ciphon, n'y aura de repos qu'en ce niveau
GH , auquel elle fe mettra ainfi d'elle-même , & auquel,
fuivant la part. 1. elle demeurera en équilibre tant qu'elle fera libre. *Ce qu'il falloit 2°. démontrer.*

*On va voir encore d'autres preuves de ces parties 1. 2.
dans les art. 2. 3. du Scholie que voici.*

SCHOLIE.

Fig. 321.
322. 323.
324.

I. Voilà quelle eft la neceffité de l'équilibre d'üne Liqueur quelconque à niveau dans les branches d'un Ciphon , quelques inégales que foient les groffeurs de ces
branches , & confequemment des colonnes de cette Liqueur , qui s'y trouvent ainfi en équilibre entr'elles à ce
niveau , nonobftant l'inégalité de leurs poids. Pour voir
prefentement la raifon d'un tel effet, autant que peut le
permettre le peu de connoiffance que nous avons de la
nature de la fluidité , ainfi qu'il a été remarqué dans le
Scholie de l'Axiome. Soit un tuyau APBCRD recourbé
en PR , ouvert par le haut en AB , & fermé en bas d'un
fond CD de pofition quelconque , foit ce tuyau rempli
de telle Liqueur qu'on voudra jufqu'en GE , laquelle
preffe le fond CD de plus en plus depuis fon plus haut
point C jufqu'au plus bas D , felon que les hauteurs des
filets de Liqueur , qui le preffent , vont en augmentant
en ce fens, depuis le niveau ou plan horifontal GH prolongé vers M jufqu'aux profondeurs des differens points
où ils preffent ce fond. Soit la verticale MO moyenne
arithmétique entre toutes ces hauteurs differentes ; &

conſequemment telle que multipliée par le nombre de
ces hauteurs ou filets de Liqueur, le produit en ſoit égal
à leur ſomme : laquelle étant proportionnelle à ce qu'ils
exercent tous enſemble de force contre le fond CD ſuivant le fil inferieur du tuyau en cet endroit ; ce produit
doit être auſſi proportionnel à ce total de forces, c'eſt-à-
dire, à tout ce que la Liqueur GEKCDPG cauſe de
preſſion, ſuivant cette direction, au fond CD d'angle
quelconque avec cette direction. Or le nombre des filets
de Liqueur, qui preſſent ainſi ce fond CD à plein canal, eſt égal au nombre des points de ce fond. Donc leur
hauteur moyenne MO multipliée par le nombre des
points de ce fond CD, c'eſt-à-dire, par ce fond lui-même, eſt auſſi proportionnelle à tout ce que la Liqueur
cauſe de preſſion au fond CD, ſuivant la direction de
cette Liqueur en cet endroit.

II. Suivant cela, une Liqueur quelconque miſe à tel FIG. 315.
niveau GH qu'on voudra dans un Ciphon APQB de
branches AP, BQ, de groſſeurs & de directions à volonté, y reſtera toûjours en équilibre à ce niveau, ainſi
qu'on l'a déja vû dans la part. 1. du preſent Th. 45. Car
ſi l'on imagine ou l'on voudra dans le canal PQ de communication une lame, laquelle lame conçûe comme une
pellicule, ou comme de glace détachée des côtez de ce
canal, ſoit regardée comme un fond auſſi mobile que
tout le reſte parfaitement fluide de la Liqueur, & toûjours juſte de chacune des deux parties APDCRA,
BQDCSB de ce Ciphon APQB ; & qu'on prenne, comme dans l'art. 1. la ligne verticale MO pour la moyenne
hauteur arithmétique entre toutes les differentes hauteurs de ce que la premiere partie APDCRA du Ciphon
contient de filets de cette Liqueur, qui preſſent la lame
CD de P vers Q : l'on aura auſſi cette même verticale
MO pour la hauteur moyenne arithmétique entre toutes celles de ce que la ſeconde partie BQDCSB contient
de filets de la la même Liqueur, qui preſſent au con-

traire la même lame CD de Q vers P ; puifque les hauteurs de ces filets font les mêmes de part & d'autre depuis le niveau ou plan horifontal GH, jufqu'à tous les points de la lame CD, à chacun defquels il s'en termine par tout deux égales de part & d'autre, une de chaque côté.

Donc en appellant p, ϖ, les preffions directement contraires qui en réfultent à la lame CD ; le précedent art. 1. donnera ici MO×CD. p :: MO×CD. ϖ. ou MO×CD. MO×CD :: p. ϖ. D'où l'on voit que les preffions directement contraires de cette lame CD font ici égales entr'elles, quelques inégales que foient les quantitez GERCDPG, HFSCDQH, de la même Liqueur qui les caufent par leurs poids. Donc nonobftant l'inégalité de ces poids cette lame CD doit refter ici en repos ; & confequemment auffi tout ce qu'il a de Liqueur à niveau GH dans le Ciphon APQB, laquelle doit ainfi demeurer en équilibre à ce niveau GH dans les deux branches de ce Ciphon, comme on l'a déja vû dans la part. 1. du prefent Th. 45.

III. La part. 2. de ce Théoreme 45. fuit immédiatement auffi du précedent art. 1. fans y employer la part. 1. comme l'on a fait dans la démonftration de cette partie 2. Pour cela foit d'abord la Liqueur à hauteurs inégales en KL, TV, dans les branches AP, BQ, du Ciphon APQB. Soit encore imaginée une lame CD de cette Liqueur dans le canal de communication PQ, la même & pour le même ufage que dans le précedent art. 2. foit auffi comme dans les art. 1. 2. depuis le plan horifontal KL prolongé vers N, la verticale NO moyenne hauteur arithmétique entre toutes les differentes hauteurs de ce que la partie APDCRA du Ciphon renferme de filets de Liqueurs, qui preffent la lame CD de P vers Q : il eft vifible que la verticale XO menée jufqu'en O depuis le plan horifontal TV prolongé vers X, fera auffi la moyenne hauteur arithmétique entre toutes celles de.

ce que l'autre partie BQDCSB du Ciphon contient de
filets de la même Liqueur, qui preffent au contraire la
même lame CD de Q vers P.

Cela pofé , fi l'on appelle encore p la premiere de ces
preffions , qui eft de P vers Q ; & ϖ , la feconde qui eft
au contraire de Q vers P ; l'art. 1. donnera ici NO×CD.
XO×CD :: $p . \varpi$. D'où l'on voit que pour que ces preffions directement contraires p , ϖ , foient égales entr'elles , & que la lame CD demeure en repos avec tout ce
que le Ciphon APQB contient de Liqueur, il faudroit ici
NO=XO , c'eft-à-dire, que les furfaces TV , KL , de
cette Liqueur y fuffent à hauteurs égales, comme au niveau GH ; & qu'ainfi la premiere TV defcendît en HF,
& que l'autre KL montât en GE , c'eft-à-dire, que l'une
& l'autre de ces furfaces TV , KL , de la Liqueur, vinf-
fent à ce niveau : lequel cas rendant XO=MO=NO ;
& changeant ainfi l'analogie précedente en MO×CD.
MO×CD :: $p . \varpi$. la Liqueur ainfi venue de part & d'autre à ce niveau GH , y refteroit en équilibre comme dans
le précedent art. 2. ainfi qu'on l'a déja vû dans la démonftr. de la par. 2. du prefent Th. 45.

IV. Puifque dans les art. 2. 3. en quelqu'endroit du
canal PQ de communication des branches AP BQ du
Ciphon APQB que fe trouve la lame CD de la Liqueur
dont on fuppofe ce Ciphon rempli jufqu'à telles hauteurs qu'on voudra dans fes branches ; les preffions des
côtez ou faces oppofées de cette lame CD , font entr'elles (art. 1.) en raifon des produits faits de cette lame ,
multipliez par les hauteurs moyennes arithmétiques chacune entre celles de tout ce qu'il y a de filets de Liqueur
qui preffent cette lame de chaque côté : on voit que ce
qu'il y a de cette Liqueur qui preffe de chaque côté cette
même lame CD , équivaut en force contr'elle à un cylindre de la même Liqueur , qui auroit CD pour bafe ,
& pour hauteur la moyenne arithmétique entre toutes

les hauteurs de ce qu'il y a de filets de cette Liqueur, qui pressent cette lame CD de ce côté-là. Donc ces deux produits étant égaux de part & d'autre de cette même lame en cas (*art. 2.*) de la Liqueur à même niveau dans les branches du Ciphon, & en cas (*art. 3.*) d'équilibre de cette Liqueur dans ces branches : sçavoir, l'un & l'autre (*art. 2. 3.*) $=MO\times CD$ par rapport au niveau GH dans chacun de ces deux cas ; les pressions directement contraires p, ϖ, de la lame CD, lesquelles se trouvent en l'un & en l'autre (*art. 2. 3.*) égales entr'elles, sont l'effet des colonnes de même Liqueur égales en grosseurs & en hauteurs. Ce qui consideré, fait évanoüir tout le merveilleux qui paroît d'abord dans l'équilibre d'une Liqueur quelconque à niveau dans les branches d'un Ciphon qui les a de grosseurs inégales.

Ce merveilleux vient de ce qu'on croit que tout ce qu'il y a de Liqueur dans la grosse branche, est employé contre tout ce qu'il y en a dans la plus menue, & reciproquement : de maniere que lorsque cette Liqueur est à niveau dans ces deux branches du Ciphon, on en regarde l'équilibre, qui (*art. 2. & part. 1.*) s'y trouve alors comme entre deux forces inégales, au lieu qu'on voit ici qu'il est toûjours entre deux forces égales, de même que si les branches du Ciphon étoient de grosseurs égales.

Dans l'article 2. de ce Scholie-ci, conformément à l'article 3. du Scholie de l'Axiome, l'on a supposé à l'ordinaire sur le rapport de l'experience, que la nature de la fluidité des Liqueurs est telle que les pressions de l'eau (& ainsi des autres Liqueurs) comprimée par sa seule pesanteur dans un reservoir ou vase quelconque, sont égales entr'elles en tous sens à distances égales de son niveau : *Et de-là on a conclu dans le précedent article 1. que* la pression ou force dont le fond de position quelconque d'un vase de figure quelconque, rempli de Liqueur jus-

qu'à quelque niveau que ce soit, est toûjours proportionnelle au produit de ce fond multiplié par la hauteur
moyenne arithmétique de cette Liqueur, ou de son niveau au-dessus de differens points de ce même fond.
*Cela revient aux Théoremes 43. 44. qui n'en sont même
que des Corollaires.*

NOUVELLE

AVERTISSEMENT.

M. Varignon travailloit à des Problêmes pour faire voir l'application de la Théorie précedente à la Pratique, quand la mort nous l'a enlevé. Comme cet Ouvrage n'auroit pas été moins utile que curieux, on a crû qu'on feroit plaisir au Public de lui donner dans cette seconde Partie ce qu'on a pû trouver touchant cette matiere parmi ses Ecrits, & dans les Memoires de l'Académie.

NOUVELLE

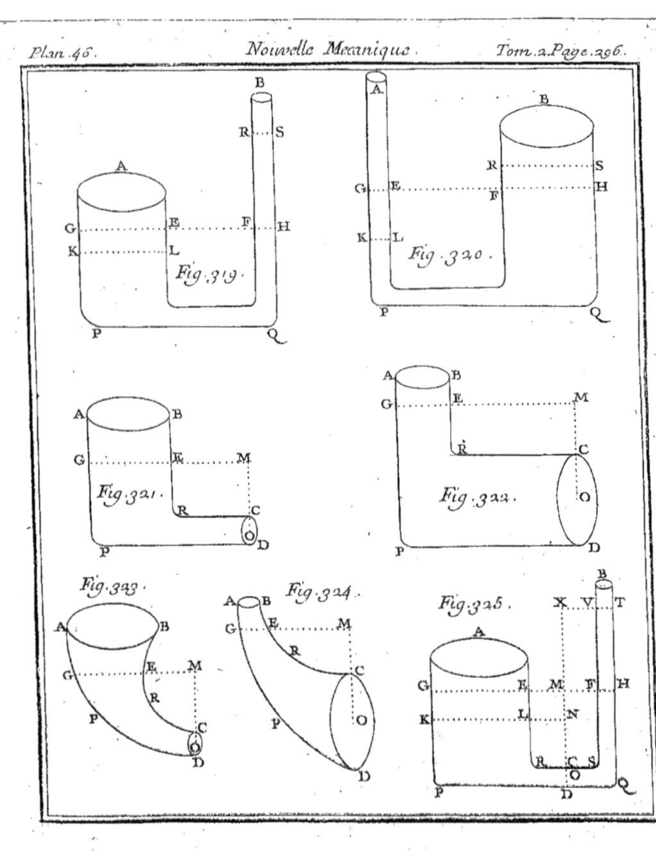

B
R S
A
G E F H
K L
Fig. 319.
P Q

A
B
R S
G E F H
K L
Fig. 320.
P Q

A B
G E M
R
P C
O D
Fig. 321.

A B
G E M
R C
O
P D
Fig. 322.

Fig. 323.
A B
G E M
R
P C
O D

Fig. 324.
A B
G E M
R
C
P O
D

Fig. 325.
B
X V T
A
G E M F H
K L N
R C S
O
P D Q

NOUVELLE MECANIQUE.

SECONDE PARTIE,

OU L'ON APPLIQUE LA THEORIE
précedente à la réſolution de pluſieurs Problêmes ; à la démonſtration de quelques Machines, & à l'examen de l'opinion de M. Borelli ,
ſur les proprietez des Poids ſuſpendus par des
Cordes.

APPLICATION
DE LA
NOUVELLE MECANIQUE
A LA RESOLUTION
DE PLUSIEURS PROBLEMES.

D A N s la suite lorſqu'il s'agira de poids, on les
ſuppoſera de directions paralleles entr'elles,
& chacun de direction par tout parallele à
elle-même, à moins qu'on n'avertiſſe du contraire. Et en parlant de cordons, auſquels
autant de puiſſances ſeront appliquées, nous les ſuppoſe-
rons toûjours tous attachez enſemble par un ſeul & même nœud commun, juſqu'à ce que nous avertiſſions du
contraire.

PROBLEME I.

Une force quelconque étant donnée, en trouver une infinité FIG. 316.
d'autres, qui trois à trois appliquées à des cordes perpendicu-
laires entr'elles, faiſant équilibre avec celle-là.

Ce qui revient à

Une force quelconque étant donnée ſuivant AE, la décom-
poſer en trois autres de directions perpendiculaires entr'elles.

Ppij

Solution.

Autour de la diagonale AE prise à volonté sur la direction donnée de la puissance donnée, soit le parallelogramme rectangle quelconque EBAF, dont le côté AF soit aussi la diagonale d'un autre parallelogramme rectangle quelconque FCAD dans un plan perpendiculaire à celui du premier EBAF. Je dis que la force quelconque suivant AE, se décomposera en trois autres suivant des directions AB, AC, AD, toutes perpendiculaires entre-elles; & cette force suivant AE, sera ces derivées suivant ces trois directions AB, AC, AD, comme AE est à ces trois côtez des parallelogrammes BF, CD.

Demonstration.

Puisque AE, AF, sont les diagonales de ces deux parallelogrammes, il est manifeste que la force suivant AE, se decomposera en deux autres suivant AB, AF, ausquelles elle sera comme AE à AB, AF; & que la resultante suivant AF, se decomposera de même en deux autres suivant AC, AD, ausquelles elle sera comme AF à AC, AD. Donc la premiere force donnée suivant AE, se décomposera ainsi en trois autres suivant AB, AC, AD, ausquelles elle sera comme AE est à ces trois côtez des parallelogrammes BF, CD. Or ces trois côtez AB, AC, AD, sont perpendiculaires entr'eux : puisque les plans des parallelogrammes BF, CD, sont supposez perpendiculaires entr'eux, & que AB supposez perpendiculaires à leur section commune AF, l'est aussi aux lignes AC, AD, qu'on suppose perpendiculaires entr'elles. Donc la force donnée suivant AE se trouve ici decomposée en trois autres suivant des directions AB, AC, AD, toutes perpendiculaires entr'elles; & est à chacune de ces trois forces derivées, comme AE est à chacune de ces trois lignes AB, AC, AD. *Ce qu'il falloit démontrer.*

COROLLAIRE I.

Si l'on veut que les trois puissances derivées suivant les directions AB, AC, AD, toutes perpendiculaires entr'elles, soient égales entr'elles, la direction AE de la puissance donnée étant laissée arbitraire ; soient faites AF, BE, paralleles entr'elles, & AB qui les rencontrent angles droits : ensuite sur BE soit prise BG=AB ; & après avoir fait du centre A, & du rayon AG, l'arc de cercle GF qui rencontre AF en F : de ce point F soit menée FE parallele à AB, qui rencontre BG prolongée en E, par lequel point E soit menée la diagonale AE du parallelogramme rectangle BF, autour du côté AF, comme diagonale, soit fait le quarré CD dans un plan perpendiculaire à celui du parallelogramme BF & le côté AF, sera la section commune de ces deux plans orthogonaux l'un à l'autre.

Il est déja visible, suivant la demonstration precedente, que la force donnée suivant AE se decompose ici en trois autres suivant des directions AB, AC, AD, toutes perpendiculaires entr'elles, & que cette force suivant AE est à chacune de ces trois forces derivées suivant ces trois directions AB, AC, AE, comme AE à chacune de ces trois lignes : de sorte qu'il ne reste plus qu'à demontrer que ces trois lignes sont égales entr'elles pour faire voir que les forces derivées suivant ces directions, le sont aussi entr'elles. Or cela est aisé, puisqu'ayant (*Hyp.*) l'angle B droit, & AB=BG, on aura $2 \times \overline{AB} = \overline{AG}^2 = \overline{AE}^2$

(à cause du quarré CD) $= \overline{AD}^2 + \overline{FD}^2 = \overline{AD}^2 + \overline{AC}^2 = 2\overline{AC}^2 = 2\overline{AD}^2$. d'où resulte $\overline{AB}^2 = \overline{AC}^2 = \overline{AD}^2$; & consequemment AB=AC=AD. *Ce qui restoit ici à démontrer.*

COROLLAIRE II.

Fig. 317. Pour trouver la même chose, lorſque A E eſt donnée, ſoit ſur le diametre A E un demi-cercle AFE, dans lequel ſoit inſcrite une corde AF. A E : : $\sqrt{\frac{2}{3}}$. 1. Soit achevé le parallelogramme AFEB, dont le côté AF ſoit la diagonale d'un quarré CD fait ſur un plan perpendiculaire à celui de ce parallelogramme AFEB. Il eſt encore viſible par la demonſtration precedente, que la force de direction donnée AE, ſera encore ici decompoſée en trois autres, ſuivant des directions AB, AC, AD, toutes perpendiculaires entr'elles; & que cette force eſt à chacune des derivées ſuivant ces directions AB, AC, AD, comme AE eſt à ces trois lignes; de ſorte qu'il ne s'agit plus que de faire voir que ces trois lignes ſont égales entr'elles; ce qui eſt aiſé: car puiſque (*Hyp.*) AF. A E : : $\sqrt{\frac{2}{3}}$. 1. ſi l'on prend A E$=$1, l'on aura AF$=\sqrt{\frac{2}{3}}$; & conſequemment (à cauſe de l'angle droit AFE) FE$=\sqrt{\frac{1}{3}}$. De plus AF ($\sqrt{\frac{2}{3}}$) étant la diagonale du quarré CD, l'on aura auſſi ſes côtez FD, AD, chacun $=\sqrt{\frac{1}{3}}$. Donc FE$=$FD$=$AD. Or FE$=$AB, FD$=$AC. Donc AB$=$AC$=$AD. *Ce qui reſtoit à démontrer.*

PROBLEME II.

Fig. 318. *Trois puiſſances* P, $\mathcal{Q}$, R, *étant données, ou de rapports donnez entr'elles, appliquées à trois cordons* AP, $A\mathcal{Q}$, AR, *diriger ces cordons avec ces trois puiſſances, de maniere qu'elles faſſent équilibre entr'elles.*

SOLUTION.

On a vû (*Th.* 1. *Corol.* 6. *art.* 1.) que pour la poſſibilité de ce Problême, la ſomme de deux quelconques de ces trois puiſſances, doit être plus grande que la troiſiéme.

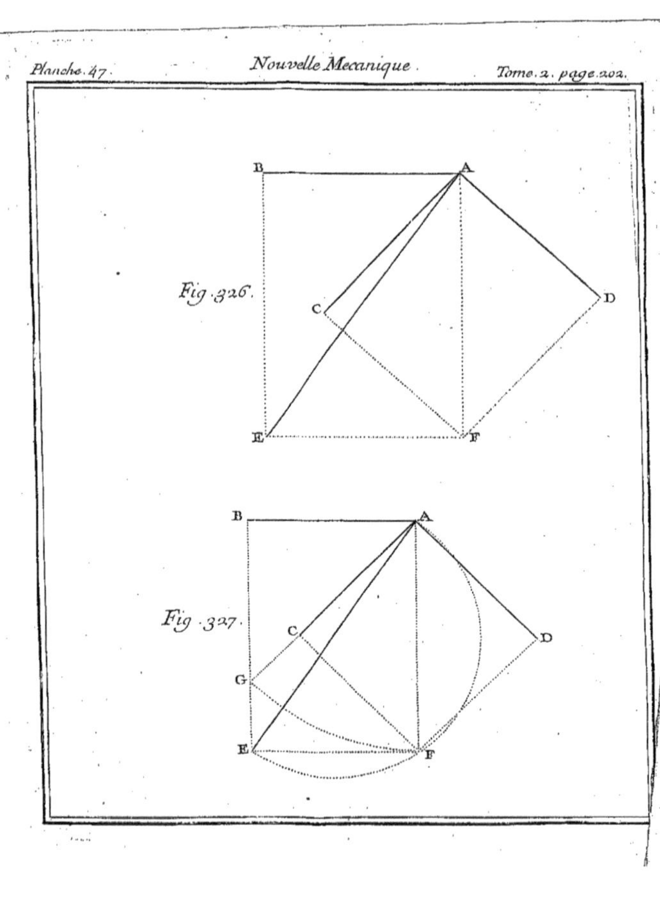
Fig. 326.
B
A
C
D
E
F
Fig. 327.
B
A
C
D
G
E
F

Cela posé, soit à volonté la direction d'une quelconque
de ces trois puissances, par exemple, de la puissance Q,
sur une partie quelconque AD de cette direction QA,
prolongée vers D, soit fait le triangle ABD, dont les côtez
AB, BD, soient au troisiéme AD, comme les puissances
données P, R, sont à la puissance Q pareillement donnée,
soient ensuite la puissance P dirigée suivant AB, & la puissance R dirigée suivant AR parallele à BD. Je dis que ces
deux puissances P, R, & la puissance Q, ainsi dirigées suivant AP, AR, AQ, feront équilibre entr'elles. *Ce qu'il*
falloit trouver.

DÉMONSTRATION.

Soit achevé le parallelogramme BC, en faisant DC parallele à AB; ce qui rend AC=BD. Donc par la solution
ayant AB, BD, à AD, comme les puissances P, R, sont
à la puissance Q; les côtez AB, AC, du parallelogramme BC, sont pareillement à sa diagonale AD, comme les
puissances P, R, sont à cette puissance Q. Donc (*Th.* 1.
part. 5.) ces trois puissances P, R, Q, appliquées aux
trois cordons AP, AR, AQ, dirigez suivant ces trois lignes AB, AC, AD, feront ici en équilibre entr'elles. *Ce*
qu'il falloit démontrer.

PROBLEME III.

Soient deux puissances données Q, R, avec deux directions
AR, AP, pareillement données. On demande une troisiéme
puissance P à diriger suivant AP, & une troisiéme direction
AQ de la puissance donnée Q; telles que les trois puissances
P, R, Q, appliquées à trois cordons dirigées suivant AP,
AR, AQ, fassent équilibre entr'elles.

SOLUTION.

Après avoir pris à volonté AC sur la droite AR de position donnée, & ensuite sur elle prolongée pris du côté de A,

une autre partie AE. AC : : Q. R. dont les puiſſances Q, R,
ſont auſſi données ; ſoit fait du rayon AE un arc de cercle ED, qui rencontre en D la droite OO menée par le
point C parallelement à la direction donnée AP de la puiſſance requiſe P.

Cela fait, je dis que ſi de ce point D par A on mene la
droite DAQ , & qu'on acheve le parallelogramme
ACDB, l'on aura AQ pour la direction requiſe de la
puiſſance donnée Q ; & qu'une puiſſance qui ſera aux
données Q , R , comme AB eſt à AD , AC, ſera auſſi la
requiſe P, qui appliquée ſuivant la direction donnée AP ,
ſera équilibre avec ces deux autres Q , R , appliquées
de même ſuivant AQ , AR. *Ce qu'il falloit trouver.*

DEMONSTRATION.

Ces trois puiſſances P, R , Q , étant ainſi appliquées à
leurs cordons AP , AR , AQ , ſuivant AB, AC, AD,
& entr'elles comme les côtez AB, AC, & la diagonale AD
du parallelogramme ABDC, la part. 5. du Th. 1. fait
voir qu'elles ſeront alors toutes trois en équilibre entre-
elles. *Ce qu'il falloit démontrer.*

SCHOLIE.

On voit que ſelon que le cercle ED décrit du centre A, &
du rayon AE=AD , rencontre CO parallele à AP, en un
ou en deux points D , d, differens de C , le Problême
n'aura qu'une ou deux ſolutions. Or,

1°. Lorſque AC eſt plus grande que AE, comme dans
la Fig. 330. ou égale à elle, comme dans la Fig. 331.
dans leſquelles Fig. 330. 331. ce cercle ne rencontre
CO qu'en un ſeul point D, different de C. Donc dans
chacun de ces deux cas le Problême n'aura point d'autre
ſolution que la precedente ; c'eſt-à-dire, que la direction
requiſe de la puiſſance donnée Q, n'y pourra être que
ſuivant l'unique DA prolongée vers Q ; & que la puiſſance P auſſi requiſe ſuivant AP pour faire équilibre avec

les

FIG. 330.
331.

les données R, Q, dirigées fuivant AR, AQ, y devra neceffairement être à chacune d'elles comme le côté AB du parallelogramme ABDC eft à fon autre côté AC & à fa diagonale AD. Donc la precedente folution ayant AC. AE :: R. Q. le Problême n'aura auffi que cette unique folution, lorfque la puiffance donnée R fera plus grande que l'autre donnée Q, ou qu'elle lui fera égale.

2°. Mais lorfque AC eft moindre que AE=AD, ainfi que dans la Fig. 329. le cercle ED y rencontre OO en deux points D, *d*, differens de C. Donc le Problême y aura deux folutions : l'une comme la precedente, dans laquelle le point D donne la droite DAQ pour une direction de la puiffance donnée Q, & une puiffance P, qui dirigée fuivant AP, doit être aux deux données R, Q, comme AB eft à AC, AD, pour faire équilibre avec elles dirigées fuivant AR. AQ.

L'autre folution donnera de même *d*A*q* pour une autre direction de la même puiffance donnée Q placée en *q*, & une autre puiffance P, qui dirigée comme l'autre fuivant AP, doit être ici (en achevant le parallelogramme A*bd*C) aux puiffances données R, Q, comme A*b* eft à AC, A*d*, pour faire auffi équilibre avec ces mêmes puiffances R, Q, dirigées fuivant AR, A*q*. Cette feconde folution fe demontrera comme la premiere, la demonftration precedente convenant également à toutes les deux, en employant ici le parallelogramme A*bd*C comme l'autre ABDC a été employé là.

Puifque le Problême eft ici (*Fig*. 329.) fufceptible de ces deux folutions, lorfque AC eft moindre que AE, & qu'elles exigent également AC. AE :: R. Q. Ce Problême eft auffi fufceptible de deux folutions, lorfque des deux puiffances données R, Q, la premiere R eft moindre que la feconde Q.

3°. Donc (*nomb*. 1. 2.) le prefent Probl. 3. n'eft fufceptible que d'une folution, telle que la premiere du nomb. 1. lorfque des deux puiffances données R, Q ; la premiere R eft plus grande que la feconde Q, comme dans la Fig. 330. ou égale à elle, comme dans la Fig. 331. & de deux solutions, quand la premiere R de ces deux puissances est plus petite que la seconde, comme dans la Fig. 329.

PROBLEME IV.

Fig. 332.
333.

Trois puissances P, Q, R, ou trois poids des mêmes noms, étant donnez, appliquez à trois cordons AEP, AQ, AFR, ou les rapports de ces trois puissances de la Fig. 332. ou de ces trois poids de la Fig. 333. étant simplement donnez avec deux points fixes dans la Fig. 332. & deux pivots ou poulies de mêmes noms dans la Fig. 333. par lesquels points fixes ou pivots E, F, l'on veut que passent les cordons de deux quelconques P, R, de ces trois puissances ou poids : on demande les directions que leurs trois cordons doivent avoir en partant de leur nœud commun A, pour mettre ces trois puissances, ou ces trois poids en équilibre entr'eux.

S O L U T I O N.

On sçait (*Th.* 1. *Corol.* 6. *art.* 1.) que pour cela la puissance Q, ou le poids de ce nom, doit être moindre que la somme des deux autres.

Pour cela soit dans la Fig. 332. une droite quelconque GK en même plan avec la droite, qui passe par les points donnez E, F, & de position quelconque differente d'elle dans la Fig. 332. & parallele à la direction du poids Q dans la Fig. 333. sur cette droite de grandeur arbitraire GK des Fig. 332. 333. soit fait un triangle KHG aussi en même plan avec les points donnez E, F, duquel triangle les deux côtez KH, HG, soient au premier GK, comme les puissances ou les poids donnez P, R, sont à Q pareillement donné. Prenant ensuite les poulies ou les pivots E, F, de la Fig. 333. pour des points fixes, tels que sont E, F, dans la Fig. 332. De ces points E, F, dans chacune de ces deux Fig. 332. 333. soient menées les droites EA parallele à HK, & FA parallele à GH. Enfin par le point A, où ces deux droites EA, FA, se rencontrent, soit AQ parallele à GK dans chacune des Fig. 3 3 2. 333.

Cela fait, je dis que si l'on dirige suivant ces trois droites AE, AF, AQ, les cordons des trois puissances ou poids P, R, Q, il y aura équilibre entr'elles dans la Fig. 3 3 2. & entr'eux dans la Fig. 3 3 3. desquelles puissances ou poids les deux P, R, auront leurs directions par les points donnez E, F. *Ce qu'il falloit faire.*

Demonstration.

Autour de AD, portion quelconque de QA prolongée vers D, comme diagonale, soit imaginé un parallelogramme BC, fait de côtez AB, AC, pris sur les directions AE, AF, des cordons AEP, AFP, continues en lignes droites par les points donnez E, F, dans la Fig. 3 3 2. & qui passent par-dessus les poulies ou pivots E, F, pareillement donnez de position dans la Fig. 3 3 3. Ce parallelogramme BC, qui a par construct. sa diagonale AD parallele à KG, & son côté AC parallele à HG, aura le triangle ABD semblable au primitif KHG; & en consequence les côtez AB, BD, AD du premier ABD de ces deux triangles, sont ici proportionnels aux côtez KH, HG, KG, de l'autre triangle KHG; qui les a aussi (*constr.*) proportionnels aux puissances ou aux poids P, R, Q. Donc les puissances P, R, sont ici à la puissance Q dans la Fig. 3 3 2. & les poids P, R, au poids Q dans la Fig. 3 3 3. comme les côtez AB, BD, du triangle ABD, sont à son troisiéme côté AD, c'est-à-dire (à cause de AC=BD) comme les côtez AB, AC, du parallelogramme BC, sont à sa diagonale AD. Par consequent (*Th.* 1. *part.* 5.) il y aura ici équilibre tant entre les trois puissances P, R, Q, de la Fig. 3 3 2. qu'entre les poids de mêmes noms dans la Fig. 3 3 3. desquelles puissances ou poids, les deux P, R, auront leurs directions par les points donnez E, F : le tout ainsi qu'on l'exigeoit. *Ce qu'il falloit démontrer.*

Scholie.

I. Cette derniere condition, suivant laquelle on exi-

geoit que dans l'équilibre demandé entre les trois puiſſances ou poids donnez P, R, Q, les directions de P, R,
paſſaſſent par les points donnez fixes E, F, n'eſt ici ri-
goureuſement obſervée que dans le cas des puiſſances de
la Fig. 332. & n'approche de cette rigueur dans le cas
des poids de la Fig. 333. qu'autant que la petiteſſe des
poulies ou des pivots E, F, qui s'y trouvent, approche de
l'infinie petiteſſe de ces points, pour leſquels nous les avons
priſes juſqu'ici.

FIG. 333. II. Mais ſi l'on ne veut pas prendre ainſi ces poulies ou
ces pivots E, F, de la Fig. 333. pour de veritables points,
& qu'on veuille ſeulement trouver les directions que les
cordons des trois poids donnez P, R, Q, doivent avoir.
en partant de leur nœud commun A, pour mettre ces
trois poids en équilibre entr'eux ſur des poulies E, F,
données de poſition & de grandeurs quelconques, par-
deſſus leſquelles les cordons des deux premiers poids P, R,
doivent paſſer. Voici la ſolution de cet autre Problême,
qui fera voir, que ſi outre cela on vouloit que les directions des deux cordons AEP, AFR, des poids P, R, paſſaſſent par deux points donnez ſur les poulies E, F; ou
ailleurs, le Problême en ſeroit impoſſible, à moins que
ces deux points ne fuſſent heureuſement donnez dans ces
deux directions que la direction déterminée du poids Q,
rend auſſi déterminées, ſans permettre de les faire paſſer
par où l'on veut, comme l'indéterminée de la puiſſance
Q de la Fig. 332. le vient de permettre des directions des
puiſſances P, R. Quelque clair que tout cela ſoit, on le
verra encore mieux dans le Schol. du Probl. 5.

PROBLEME V.

FIG. 334. *Si l'on veut preſentement avoir égard aux grandeurs des
poulies, imaginons-en deux VY, XZ, de rayons EV, FX,
donnez de grandeurs quelconques dans un plan vertical, &
mobiles dans ce plan autour des centres fixes E, F, donnez de
poſition. Soient encore trois poids donnez P, R, Q, appli-*

que à trois cordons AVYP, AXZR, AQ, dont les deux
premiers AVYP, AXZR, doivent passer par-dessus les poulies
VY, XZ. On demande la situation de leurs parties AV, AX,
propres à mettre leurs poids P, R, en équilibre avec le poids Q.

SOLUTION.

Je repete encore que pour cet équilibre chacun de ces
trois poids doit être (*Th. 1. Corol. 6. art. 1.*) moindre que
la somme des deux autres.

Cela posé, soit fait sur une verticale quelconque GK
dans le plan des poulies VY, XZ, un triangle GHK,
dont les deux côtez KH, HG, soient au troisiéme GK,
comme les poids donnez P, R, sont au donné Q. Soient
ensuite menées les droites LS parallele à KH, & MT parallele à HG; sur lesquelles des centres E, F, des poulies
VY, XZ, soient menées les perpendiculaires ES, FT,
qui prolongées des côtez de E, F, rencontrent en V, X,
les circonferences de ces mêmes poulies; ausquels points
V, X, soient enfin leurs tangentes VA, XA, qui se rencontrent en A.

Cela fait, je dis que si l'on met en ce point A le nœud
commun des cordons AVYP, AXZR, AQ, bandez
par les poids P, R, Q, & dont les deux premiers passent
par-dessus les poulies VY, XZ; ces trois poids y demeureront en équilibre entr'eux. *Ce qu'il falloit trouver.*

DEMONSTRATION.

Puisque (*constr.*) les droites AV, AX, sont tangentes en
V, X, des poulies VY, XZ; & consequemment sont per-
pendiculaires à leurs rayons VE, XF, qui prolongez vers
S, T, le sont aussi (*constr.*) en ces points aux droites LS,
MT; ces autres droites AV, AX, sont paralleles chacune
à chacune des droites LS, MT, sçavoir, AV à LS, &
AX à MT. Or (*constr.*) LS l'est à KH, & MT à HG.
Donc AV est aussi parallele à KH, & AX à HG. Or, à
cause de GK supposée parallele à AQ, si l'on prolonge
celle-ci vers D, & qu'autour de sa partie quelconque AD

(comme diagonale) l'on faffe le parallelogramme ABDC, dont les côtez AB, AC, font fur AV, AX ; ce parallelogramme aura auffi AD parallele à KG, & BD parallele à AC, ou à AX. Donc fon triangle ABD eft équiangle à KHG ; & confequemment ce triangle ABD à fes côtez AB, BD, AD, proportionnels à ceux KH, HG, KG, de KHG. Or (*conftr.*) ce triangle-ci KHG à ces mêmes côtez KH, HG, KG, en raifon des poids P, R, Q. Donc l'autre triangle ABD a auffi fes côtez AB, BD, AD, en raifon de ces mêmes poids P, R, Q ; par confequent le parallelogramme BC, ayant AC=BD, donne pareillement ici AB, AC, AD, en raifon de ces poids donnez P, R, Q ; ce qui y rend les deux premiers P, R, au troifiéme Q, comme les deux côtez AB, AC, du parallelogramme BC, font à fa diagonale AD. Donc (*Th.* 1. *art.* 5.) ces trois poids P, R, Q, doivent ici demeurer en équilibre entr'eux. *Ce qu'il falloit démontrer.*

SCHOLIE.

Cet équilibre refultant de ce que le parallelogramme BC fe trouve ici avoir fes côtez AB, AC, & fa diagonale AD, en raifon des poids donnez P, R, Q ; & ces rapports entre AB, AC, AD, dépendant de ceux des angles des trois cordons entr'eux, lefquels rapports d'angles feroient autres qu'ici, fi l'on plaçoit le nœud commun de ces trois cordons ailleurs que dans le point A, qu'on lui a trouvé dans la folution. On voit que pour l'équilibre ici requis entre les poids donnez P, R, Q, ce point A eft l'unique où le nœud commun de leurs trois cordons puiffe être placé ; & qu'ainfi les directions fuivant AV, AX, font les feules fuivant lefquelles les poids P, R, puiffent ici faire équilibre avec le poids Q. De forte que fi outre ce que deffus l'on exigeoit ces directions des poids P, R, par des points qui fuffent hors de ces lignes AV, AX, le Problême feroit alors impoffible, ainfi qu'on le vient de dire dans l'art. 2. du Schol. du précedent Probl. 4.

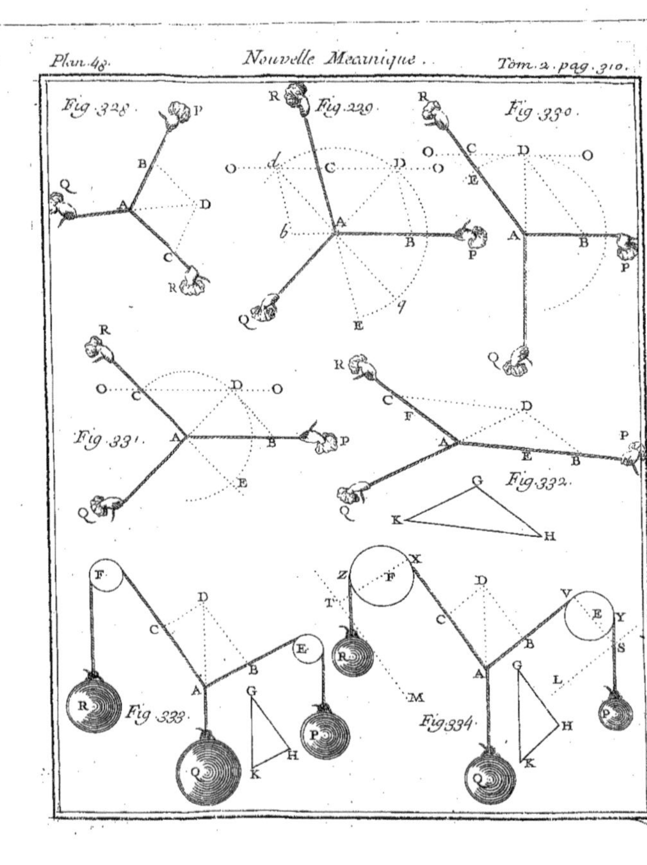

Plan.48.
Nouvelle Mecanique.
Tom.2.pag.310.
Fig.328.
Fig.329.
Fig.330.
Fig.331.
Fig.332.
Fig.333.
Fig.334.

PROBLEME VI.

Trois puissances P, Q, R, étant données à volonté, les Fig. 334 *appliquer à trois cordons, de maniere qu'elles fassent équilibre entr'elles suivant des directions qui passent par trois points A, B, C, donnez aussi à volonté en toute autre position qu'en ligne droite.*

SOLUTION.

Il est encore ici à remarquer (*Th. 1. Corol. 6. part.* 1.) que pour cet équilibre chacune des puissances données P, Q, R, doit être moindre que la somme des deux autres.

Cela posé, par deux A, B, des trois points donnez A, B, C, soit la droite AB, sur laquelle soit le triangle AFB, dont les trois côtez AB, AF, BF, soient entr'eux comme les trois puissances données R, Q, P. Après avoir circonscrit le cercle AFBE à ce triangle AFB, du troisiéme point donné C soit menée par F la droite CF, qui rencontre encore la circonference de ce cercle en quelque point E de l'arc AEB.

Cela fait, je dis que si l'on met en E le nœud commun des trois cordons ausquels les puissances données P, Q, R, doivent être appliquées, & qu'on les dirige suivant EA, EB, FC, prolongée vers R; ces trois puissances P, Q, R, demeureront en équilibre entr'elles suivant ces directions. EP, EQ, ER, qui passent ainsi par les trois points donnez A, B, C. *Ce qu'il falloit faire.*

DEMONSTRATION.

Puisque (*constr.*) les trois côtez BF, AF, AB, du triangle AFB sont entr'eux comme les trois puissances données P, Q, R; & aussi entr'eux comme les sinus des angles BAF, ABF, AFB, qui leur sont opposez dans ce triangle AFB: ces trois puissances P, Q, R, sont pareillement entr'elles comme ces trois sinus. Or ces trois sinus des angles BAF, ABF, AFB, sont les mêmes que ceux des an-

gles BEF , AEF , AEB : puisque de ces six angles, tous à
la circonference du cercle AFBE, les deux BAF, BEF,
appuyez sur le même arc BF, sont égaux entr'eux ; que
les deux ABF, AEF, appuyez sur le même arc AF, sont
aussi égaux entr'eux; & que les deux AFB, AEB, sont
complemens l'un de l'autre à deux droits. Donc les trois
puissances données P, Q, R, sont aussi entr'elles comme
les sinus des angles BEF, AEF, AEB; c'est-à-dire, comme les sinus des angles QER , PER , PEQ, les deux premiers de ces trois-ci étant complemens à deux droits des
deux premiers des trois autres , & le troisiéme étant le
même de part & d'autre. Donc (*Th.* 1. *Corol.* 20.) ces
trois puissances données P, Q, R, demeureront ici en
équilibre entr'elles suivant les directions EP, EQ, ER,
qui (*constr.*) passent par les trois points donnez A, B, C.
Ce qu'il falloit démontrer.

Autre Demonstration.

Sans le secours des Sinus.

Si l'on fait BM parallele à EA, & qui rencontre la droite EF en quelque point M, l'on aura le triangle EBM,
lequel ayant les angles BEM=BEF=BAF, & BME=
AEF=ABF, sera semblable au triangle AFB; & consequemment aura ses trois côtez BM, EB, EM, en raison
des trois côtez BF, AF, AB, de cet autre triangle AFB,
lesquels sont (*constr.*) entr'eux comme les trois puissances
données P, Q , R. Donc ces trois puissances sont aussi
entr'elles comme les trois côtez BM, EB, EM, du triangle EBM. Par consequent si l'on acheve le parallelogramme BMNE, qui donne EN=BM, l'on aura ici les puissances P, Q , à la puissance R, comme les côtez EN, EB, à
la diagonale EM de ce parallelogramme BMNE. Donc
(*Th.* 1. *Corol.* 6. *art.* 1.) ces trois puissances données P,
Q, R, seront ici en équilibre entr'elles suivant les directions EP, EQ, ER, qui (*constr.*) passent par les trois points
donnez A, B, C. *Ce qu'il falloit encore démontrer.*

SCHOLIE.

Scholie.

I. On voit que tant que le troisiéme C des trois points donnez A, B, C, se trouvera quelque part dans quelqu'un des angles AFB, GFH, opposez au sommet ; le nœud commun E des trois cordons EP, EQ, ER, qui doivent passer par ces trois points dans l'équilibre requis, sera toûjours quelque part sur l'arc circulaire AEB compris entre les deux autres points donnez A, B.

II. On voit aussi que si ce troisiéme point donné C ne se trouve dans aucun des angles AFB, GFH, il n'y aura qu'à mener de ce point C par quelqu'un des deux autres A, B, une ligne droite, & s'en servir comme l'on vient de faire de AB dans la solution, pour resoudre comme là le Problême en question.

III. Si les trois points donnez A, B, C, l'étoient en ligne droite, par exemple, tous trois sur la droite AB de longueur quelconque ; il est manifesté que pour l'équilibre requis entre les trois puissances données P, Q, R, dont on veut que les directions passent par ces trois points, le commun E de leurs cordons devroit aussi être sur cette ligne droite AB, suivant laquelle ces trois cordons devroient aussi pour lors être tous dirigez : sçavoir, deux d'un même côté de ce nœud E, & le troisiéme du côté directement opposé ; & qu'en ce cas la puissance appliquée à ce troisiéme cordon devroit être seule égale à la somme des deux autres, qui auroient alors une même direction directement contraire à la sienne ; & qui par consequent ainsi réunies en une directement contraire à celle-là, l'emporteroient sur elle, si elle étoit moindre que leur somme, ou seroient emportées par elle, si elle étoit plus grande.

PROBLEME VII.

Etant donnez les deux angles ACD, BDC, que deux poids Fig. 336. *quelconques E, F, font faire à la corde ACDB lâchement tendue entre deux clous ou crochets A, B, ausquels elle est atta-*

chée par ses extrêmitez, & entre lesquels ces deux poids E, F,
pendent aux points quelconques C, D, de cette corde : l'on de-
mande les rapports de ces deux poids entr'eux.

SOLUTION.

Soient AC, BD, prolongées jusqu'à leurs rencontres
en G, H, avec les directions CE, DF, des poids E, F,
qu'on suppose les avoir paralleles entr'elles.

Cela fait, je dis que ces poids E, F, sont entr'eux en raison reciproque des parties CH, DG, de leurs directions,
comprises en AC, BD, prolongées jusqu'à elles ; c'est-
à-dire, E. F : : DG. CH. *Ce qu'il falloit trouver.*

DÉMONSTRATION.

Soient appellées C la force dont le point D est tiré vers
C, & D, la directement contraire, dont le point C est tiré
vers D : soit de plus $\int$ la marque des sinus.

L'équilibre étant ici supposé, le Corol. 2o. du Th. 1.
donnera E. D : : $\int$ACD. $\int$ACE : : $\int$DCG. $\int$ECG : : $\int$DCG.
$\int$CGD : : DG. CD. c'est-à-dire, E. D : : DG. CD. le même
Corol. 2o. du Th. 1. donnera pareillement F. C : : CH.
CD. ou C. F : : CD. CH. Mais la force C, dont le point D
est tiré vers C, est égale à la force D, dont le point C est
tiré vers D ; puisque ces deux forces C, D, sont en équi-
libre & directement opposées entr'elles. Donc E. D : : DG.
CD. & D. F : : CD. CH. Donc aussi (en raison ordonnée)
E. F : : DG. CH. *Ce qu'il falloit démontrer.*

M. Newton a aussi démontré cette proposition à sa maniere
dans son Arithmétique universelle.

PROBLEME VIII.

Deux poids donnez P, Q, étant attachez à une corde
ABCP, qui retenue par une de ses extrêmitez au clou ou cro-
chet A, passe librement par-dessus une poulie Cc mobile entre
ces poids autour de son centre fixe G : on demande en quel point
B, ou en quelle situation ABC de la corde ces deux poids de-
meureront en équilibre entr'eux.

SOLUTION.

Après avoir mené la verticale AE, & d'un de ſes points quelconque E pris au-deſſus de A, mené en angle auſſi quelconque la droite ET. AE :: P. Q. ſoit par les points A, T, la droite ATO rencontrée en une infinité d'autres points *t*, par une infinité de *et* paralleles à ET, & qui rencontrent auſſi la verticale AE en une infinité de points *e*, E, deſquels ſoient menées autant de droites *ec*, EC, qui touchent la poulie en *c*, C. Si l'on prend par tout ſur ces touchantes, depuis AE, les portions *eb*=*et*, EB=ET ; la courbe A*b*Bß, qui paſſera par tous les points *b*, B, ainſi trouvée, déterminera par ſa rencontre avec l'arc de cercle LBD décrit du centre A & du rayon donné AB, le point B ou le poids Q demeurera ſuſpendu en équilibre avec le poids P. *Ce qu'il falloit trouver.*

DEMONSTRATION.

Soit le parallelogramme HK, dont la diagonale BF ſoit ſur la verticale QB prolongée vers F ; & les côtez BH, BK, ſur les portions AB, BC, de la corde ABCP. La reſſemblance des triangles rectilignes FKB, ABE, donnera BK. BF :: EB. EA (*conſtr.*) :: ET. EA (*Hyp.*) :: P. Q. c'eſt-à-dire, BK. BF :: P. Q. Donc (*Th.* 1. *Corol.* 6. *art.* 1.) le poids Q demeurera ici ſuſpendu en B en équilibre avec le poids P. *Ce qu'il falloit démontrer.*

SCHOLIE.

Le rayon AB étant arbitraire, on voit que de quelque longueur qu'il ſoit, le point B de ſuſpenſion du poids Q en équilibre avec le poids P, ſe trouvera toûjours ſur la courbe ABß. Ainſi *ſi ce poids Q, au lieu d'être attaché en B à la corde ABCP, eût été propoſé coulant le long de cette corde entre le crochet A & la poulie CcG, & qu'on eût demandé en quel point de cette même corde il devoit s'arrêter en équilibre avec le poids P : cette queſtion auroit été reſolue par le moyen de la courbe ABß, faite comme ci-deſſus, en ré-*

pondant que ce poids Q auroit pû demeurer ainſi en équilibre avec le poids P dans tout ce que la longueur de la
corde lui peut permettre de points B, qui puiſſent atteindre à cette courbe ABß, & qu'il y ſeroit effectivement
demeuré dans tous ceux où cette corde auroit atteint
cette courbe ; puiſque par la conſtruction de cette même
courbe ABß, ce poids Q y auroit été par tout au poids
P :: BF. BK. Et conſequemment auſſi (*Th. 1. Corol. 6.*
art. 1.) en équilibre par tout là avec le poids P. D'où l'on
voit que ce même poids Q peut ainſi demeurer en équilibre avec le même poids P en une infinité de points B de
la corde ABCP ainſi repliée juſqu'à la courbe ABß ; de
forte que cette courbe eſt le lieu de tous les points B d'é-
quilibre.

PROBLEME IX.

Fig. 338.
339. *Un Levier droit, ſans peſanteur, étant de longueur donnée*
EF dans la Fig. 338. & EG dans la Fig. 339. chargé d'un
poids donné Q en un point donné G quelconque ; lui appliquer
en deux autres points auſſi donnez E, F, deux puiſſances don-
nées P, R, de maniere qu'avec des cordes ſeulement ce Levier
chargé de ce poids Q, demeure en équilibre avec elles.

SOLUTION.

I. Il eſt démontré (*Th. 21. part. 3.*) que pour cela il faut
que des trois puiſſances P, R, Q, (en appellant auſſi de ce
nom le poids Q) la ſomme de deux quelconques ſoit
plus grande que la troiſiéme de ces puiſſances ; ou du
moins que P+R ſoit =Q, lorſque ſon point G de ſuſpenſion eſt entre E & F, comme dans la Fig. 338. ou enfin que R—P ſoit =Q, lorſque F eſt entre E & G, comme dans la Fig. 339.

Cas de G entre E & F, comme dans la Fig. 338.

Fig. 338. II. Dans ce cas de la Fig. 338. outre P+R=Q, la poſſibilité du Problême exige encore (*Th. 21. Corol. 13.*)
P. R : FG. EG. Cela étant, il n'y aura qu'à donner aux

puissances P, R, des directions EP, ER, paralleles & contraires à celle du poids Q, pour le mettre (*Th. 2 1. Corol.*
13.) en équilibre avec ces deux puissances. *Ce qu'il falloit*
1°. *faire & démontrer.*

III. Dans le même cas de la Fig. 3 3 8. lorsque des trois   Fig. 338.
puissances P, R, Q, la somme de deux quelconques est   340 343.
plus grande que la troisiéme, soit dans les Fig. 340. 341.
une verticale MA, c'est-à-dire, parallele a la direction
GQ du poids Q ; sur une partie quelconque AD de
cette verticale soit fait un triangle ABD, dont les côtez
AB, BD, soient à AD, comme les puissances données P,
R, sont au poids donné Q. Ensuite après avoir achevé le
parallelogramme ABDC, & prolongé les côtez AB, AC,
vers P, R, soit prise BH vers P sur AP, telle qu'on ait
AB. BH :: FG. GE. Du point H par D soit menée la droite HDK, laquelle rencontre AR en K, & rende ainsi
(à cause des paralleles BD, AR,) KD. DH :: AB. BH.
(*constr.*) :: FG. GE. Cela fait,

1°. Si la droite HK des Fig. 340. 341. est égale à la
longueur EF du Levier de la Fig. 3 3 8. placé en HK, il
aura en D son point G, d'où pendra le poids Q suivant
DA ; & ses points E, F, en H, K, où les puissances P, R,
lui seront appliquées suivant AP, AR. Donc puisque
(*constr.*) ces puissances P, R, & ce poids Q, sont entre-
eux comme AB, BD, AD, c'est à-dire (à cause du parallelogramme ABDC) comme AB, AC, AD ; les deux
puissances P, R, appliquées suivant HP, KR, aux extrêmitez du Levier EF de la Fig. 3 3 8. placé ici en HK, y
demeureront (*Th. 21. part. 6.*) en équilibre avec ce Levier chargé du poids Q en son point G. *Ce qu'il falloit* 2°.
faire & démontrer.

2°. Si la droite HK des Fig. 340. 341. est plus longué
ou plus courte que le Levier FE de la Fig. 3 3 8. soit prise
KL=FE, sur cette même KH prolongée, s'il est est necessaire, du côté de H ; de son point L soit faite L*e* parallele à AR, & qui rencontre AP en *e* ; duquel point soit
ef parallele à HK, & qui rencontre AM, AR, en G, *f*,

je dis que cette droite $fe=KL$ (*conftr.*) $=$ au Levier FE de la Fig. 338. fera la pofition requife de ce Levier dans les Figures 340. 341. lequel y étant ainfi placé, aura fes points F, E, G, en f, e, G, & fon poids Q dirigé fuivant DA. Donc puifque (*conftr.*) les puiffances P, R, & ce poids Q, font entr'eux comme AB, BD, AD, c'eft-à-dire (à caufe du parallelogramme ABDC) comme AB, AC, AD; les puiffances P, R, appliquées fuivant eP, fR, aux extrêmitez e, f, ou E, F, du Levier EF placé en ef, le foûtiendront alors en équilibre avec fon poids Q. *Ce qu'il falloit* 3°. *faire & démontrer.*

Cas de F entre E & G, comme dans la Fig. 339.

FIG. 339.

I V. Dans ce cas de la Fig. 339. lorfque $R—P=Q$, la poffibilité du Problême exige de plus (*Th.* 21. *Corol.* 13.) P.R :: GF. GE. Cela étant, il n'y aura qu'à donner aux puiffances P, R, des directions paralleles à celle GQ du poids Q, defquelles directions celle de R foit contraire aux deux autres : alors ce poids donné Q fe trouvera (*Th.* 21. *Cor.* 13.) en équilibre avec les deux puiffances P, R. *Ce qu'il falloit* 4°. *faire & démontrer.*

FIG. 339.
342. 343.

V. Dans le même cas de la Fig. 339. lorfque des trois puiffances P, R, Q, la fomme de deux quelconques eft plus grande que la troifiéme, foit auffi dans les Fig. 342. 343. comme dans les Fig. 340. 341. de l'art. 3. une verticale ou parallele MA à la direction GQ du poids Q; fur une partie quelconque AD de cette verticale, foit auffi fait un triangle ACD, dont les côtez CD, CA, foient à cette partie arbitraire AD, comme les puiffances données P, R, font au poids donné Q. Enfuite après avoir achevé le parallelogramme ABCD, & prolongé fes côtez AD, AB, vers Q, P, avec fa diagonale CA vers R, foit prife AH fur AP, telle qu'on ait AB. AH :: GF. GE. Du point H par C foit la droite HCK, laquelle rencontre AQ en K, & rend ainfi (à caufe des paralleles BC, AQ) KC. KH :: AB. AH (*conftr.*) :: GF. GE. Cela fait,

1°. Si la droite HK des Fig. 342. 343. est égale à la longueur EG du Levier de la Fig. 339. ce Levier GE placé en KH, aura en C son point F, où la puissance R lui sera appliquée suivant CR; & les deux autres points E, G, en H, K, où la puissance P, & le poids Q, lui seront appliquez suivant AP, AQ. Donc puisque les puissances P, R, & ce poids Q, sont entr'eux comme CD, CA, AD, c'est-à-dire (à cause du parallelogramme ABCD) comme AB, AC, AD : les deux puissances P, R, ainsi appliquez suivant HP, CR, aux points E, F, du Levier GE de la Fig. 339. qui placé ici en KH, les aura en H, C, y demeureront en équilibre avec ce Levier chargé du poids Q suivant la verticale MA prolongée vers K, dans laquelle sera son point G de suspension. *Ce qu'il falloit* 5°. *faire & démontrer.*

2°. Si la droite KH des Fig. 342. 343. est plus longue ou plus courte que ce Levier GE de la Fig. 339. soit prise KL=GE, sur cette même KH prolongée, s'il est necessaire; de son point L soit faite Le parallele à AQ, & qui rencontre AP en *e*, duquel point soit *e*G parallele à HK, & qui rencontre MA, RC, prolongées en G, *f*. Je dis que cette droite *e*G=LK (*constr.*) =au Levier EG de la Fig. 339. sera la position requise de ce Levier dans les Fig. 342. 343. lequel y étant ainsi placé, aura ses points G, F, E, en G, *f*, *e*, des Fig. 342. 343. son poids Q appliqué en G suivant AD, & les puissances R, P, appliquées suivant CA, AB, en *f*, *e*, où seront les points F, E, de ce Levier GE placé en G*e*. Donc puisque ces puissances P, R, & ce poids Q, sont entr'eux (*constr.*) comme DC, CA, AD, c'est-à-dire (à cause du parallelogramme ABCD) comme AB, AC, AD, ces deux puissances P, R, & ce poids Q, ainsi appliquez au Levier GE de la Fig. 339. placé en G*e* dans les Fig. 342. 343. y demeureront (*Th.* 21. *part.* 6.) en équilibre entr'eux. *Ce qu'il falloit* 6°. *faire & démontrer.*

PROBLEME X.

Fig. 344. *Quatre puiſſances P, Q, R, K, étant données en raiſon des lignes AB, AC, AE, AD, les appliquer à autant de cordons réunis enſemble par un même nœud, & les diriger de maniere qu'elles faſſent équilibre entr'elles.*

SOLUTION.

De deux quelconques AB, AC, des quatre lignes proportionnelles aux quatre puiſſances données, ſoit fait le parallelogramme ABFC, dont la diagonale AF ſoit moindre que la ſomme des deux autres proportionnelles AE, AD. Soient enſuite des centres A, F, & des rayons AD, AE, deux arcs de cercles qui ſe coupent en D dans le plan du parallelogramme ABFC, ou hors de ce plan, il n'importe. Après cela menez AD, FD, avec AR parallele à FD, & prolongez DA vers K.

Cela fait, je dis que ſi l'on met en A le nœud commun des quatre cordons, & qu'on les dirige ſuivant AB, AC, AR, AK, les quatre puiſſances données P, Q, R, K, appliquées à ces quatre cordons AP, AQ, AR, AK, ainſi dirigez, demeureront en équilibre entr'elles. *Ce qu'il falloit faire.*

DEMONSTRATION.

Soit menée DE parallele à AF, & qui rencontre en E la droite AR déja (*Hyp.*) parallele à FD ; ce qui forme le parallelogramme AEDF. La conſtruction precedente rendant les lignes AB, AC, AE, AD, en raiſon des puiſſances données P, Q, R, K, & appliquées ſuivant ces lignes ; le parallelogramme AEDF fait de la proportionnelle AE, & de la diagonale AF du parallelogramme ABFC fait des deux proportionnelles AB, AC, ſera ici le dernier des parallelogrammes faits comme dans le Corol. 10. du Lem. 2. ou comme dans la démonſtration de la partie 2. du Theoreme 4. & la puiſſance K ſera ici aux trois autres

P

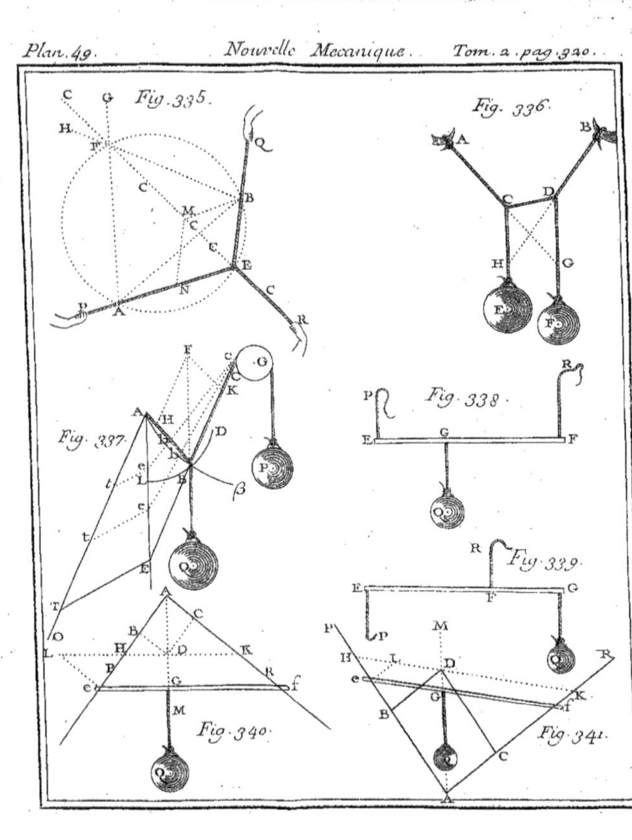
Fig. 335.
Fig. 336.
Fig. 337.
Fig. 338.
Fig. 339.
Fig. 340.
Fig. 341.

P, Q, R, comme la diagonale AD de ce dernier paralléllogramme, est à leurs proportionnelles AB, AC, AE. Donc (*Th. 4. part. 2.*) il y aura ici équilibre entre toutes ces quatre puissances. *Ce qu'il falloit démontrer.*

SCHOLIE.

Il est visible que si l'on prend le point D au dehors du plan BAC, alors AE parallele (*constr.*) à DF, sera aussi hors de ce plan ; & consequemment AD proportionnelle à la puissance K, sera pour lors la diagonale d'un parallelepipede BACFDGEH, qui aura pour côtez les proportionnelles des trois autres puissances P, Q, R : ainsi cette puissance K sera pour lors à chacune de celles-ci, comme la diagonale AD de ce parallelepipede est à chacun de ses côtez AB, AC, AE, qui leur répondent. Par conséquent ces quatre puissances données K, P, Q, R, étant ici (*constr.*) dirigées suivant ces quatre lignes AD, AB, AC, AE ; ce leur sera encore (*Th. 4. Corol. 2. nomb. 3.*) une nouvelle raison d'être ici toutes en équilibre entr'elles, ainsi qu'il étoit requis.

PROBLEME XI.

Des quatre puissances à appliquer à quatre cordons retenus ensemble par un même nœud, une quelconque K étant donnée avec sa direction AK, trouver les trois autres avec leurs directions telles que ces quatre puissances fassent équilibre entr'elles, & que les trois demandées ayent leurs trois directions perpendiculaire chacune à chacune des deux autres.

FIG. 345.

SOLUTION.

Sur la direction donnée AK prolongée vers D, soit prise depuis le nœud A des cordes, vers ce point D, une partie quelconque AD, autour de laquelle, comme diagonale, soit fait un parallelogramme rectangle quelconque AEDF, dont le côté AF soit de même la diagonale d'un autre parallelogramme aussi rectangle quelconque

ACFB fait fur un plan perpendiculaire à celui du precedent parallelogramme AEDF.

Cela fait, je dis que fi l'on dirige fuivant AB, AC, AE,
les cordons des trois puiffances demandées, & que fuivant ces directions AP, AQ, AE, on leur applique trois
puiffances P, Q, R, qui foient à la donnée K, comme les
côtez correfpondans AB, AC, AE, des parallelogrammes CB, EF, font à la diagonale AD du fecond EF; ces
trois puiffances P, Q, R, feront les trois demandées, &
leurs directions AP, AQ, AR, feront auffi les trois requifes, c'eft-à-dire (ainfi qu'on le demande) que,

I. Ces trois puiffances P, Q, R, ainfi dirigées, feront
équilibre avec la donnée K de direction donnée AK; &,

II. Chacune des trois directions AP, AQ, AR, de ces
trois puiffances P, Q, R, fera perpendiculaire à chacune des deux autres.

DEMONSTRATION.

PART. I. Cette part. 1. fe demontrera de même que la
folution du precedent Problême 10. car puifque (folut.)
les puiffances P, Q, R, K, font entr'elles en raifon des
lignes AB, AC, AE, AD, fuivant lefquelles elles font
appliquées au nœud commun A de leurs cordons ainfi
dirigez; le parallelogramme AEDF fait de la proportionnelle AE, & de la diagonale AF du parallelogramme
ABFC fait des deux proportionnelles AB, AC, fera ici le
dernier des parallelogrammes fait comme dans le Corol.
10. du Lem. 2. ou comme dans la demonftration de la
part. 2. du Th. 4. & la puiffance donnée K fuivant AK,
fera ici aux trois autres P, Q, R, comme la diagonale
AD (en ligne droite avec AK) de ce dernier parallelogramme AEDF, eft à leurs proportionnelles AB, AC,
AE. Donc (*Th. 4. part. 2.*) il y aura ici équilibre entre
ces quatre puiffances. *Ce qu'il falloit 1°. démontrer.*

PART. II. Il s'agit prefentement de faire voir que chacune des trois directions AP, AQ, AR, eft perpendiculaire à chacune des deux autres: ce qui eft aifé; car il eft

déja évident que les deux AP, AQ, sont perpendiculaires entr'elles; puisque (*solut.*) le parallelogramme CB est
rectangle. Il ne reste donc plus qu'à faire voir que la direction AR est aussi perpendiculaire à chacune de ces
deux AP, AQ: ce qui est encore évident, car puisque les
parallelogrammes CB, EF, sont (*solut.*) en plans perpendiculaires entr'eux, & que le second EF est rectangle, son
côté AE perpendiculaire à leur section commune AF, le
sera aussi à chacun des côtez AB, AC, de l'autre parallelogramme CB. Donc chacun de ces trois côtez AB, AC,
AE, de ces deux parallelogrammes CB, EF, est perpendiculaire à chacun des deux autres ; & consequemment
chacune des trois directions AP, AQ, AR, des trois puissances P, Q, R, dirigées (*solut.*) suivant ces trois côtez
AB, AC, AE, est aussi perpendiculaire à chacune des
deux autres. *Ce qu'il falloit* 2°. *démontrer.*

PROBLEME XII.

Toutes choses étant ici les mêmes que dans le précedent Pro- Fig. 346.
bléme 11. *excepté qu'on veut ici que les trois puissances qui y*
sont demandées, soient égales entr'elles: on demande ici ces
trois puissances égales avec leurs trois directions, telles que ces
trois puissances y fassent équilibre avec la donnée K de direction
donnée AK, & que chacune de ces trois directions y soit encore
perpendiculaire à chacune des deux autres.

SOLUTION.

D'un diametre AD pris à volonté depuis le nœud A des
quatre cordons sur le prolongement vers D de la direction donnée AK de la puissance donnée K, soit fait un demi-cercle AFD rencontré en F par une perpendiculaire
GF à ce diametre, menée de l'extrêmité G de sa partie
AG=$\frac{1}{3}$AD; menez-y les cordes AF, DF: & après avoir
achevé le parallelogramme rectangle AFDE, soit son
côté AF la diagonale d'un quarré CB fait dans un plan
perpendiculaire à celui de ce parallelogramme EF.

Cela fait , je dis que si l'on dirige suivant AB , AC , AE , les cordons AP , AQ , AR , des trois puissances demandées , & que suivant ces directions on leur applique trois puissances égales P , Q , R , dont chacune soit à la donnée K , comme AB à AD ; ces trois puissances P , Q , R , seront les demandées , qui ainsi dirigées , feront ensemble équilibre avec la donnée K de direction donnée AK , & auront aussi chacune de leurs trois directions AP , AQ , AR , perpendiculaire aux deux autres : le tout ainsi qu'on le demande.

DEMONSTRATION.

Pour voir tout cela , il faut d'abord demontrer que les trois côtez AB , AC , AE , des parallelogrammes CB , EF , sont ici égaux entr'eux. Pour cela il faut considerer que puisque (*solut.*) $AG = \frac{2}{3} AD$, l'on aura $\overline{AF}^2 = \frac{2}{3} \overline{AD}^2$, & $\overline{DF}^2 = \frac{1}{3} \overline{AD}^2$: ainsi le quarré CB rendant $\overline{AF}^2 = \overline{AB}^2 + \overline{BF}^2$, & $\overline{AB}^2 = \overline{BF}^2$, l'on aura pareillement ici $\overline{AB}^2 = \frac{1}{3} \overline{AD}^2$; & $\overline{BF}^2 = \frac{1}{3} \overline{AD}^2$. Donc $\overline{AB}^2 = \overline{BF}^2 = \overline{DF}^2$; & consequemment AB=BF=DF. Or les parallelogrammes (*solut.*) CB , EF , rendent BF=AC, & DF=AE. Donc aussi AB=AC=AE. Or (*solut.*) chacune des trois puissances égales P , Q , R , est à la donnée K , comme AB à AD. Donc ces trois puissances P , Q , R , sont à cette donnée K , comme les trois côtez correspondans des parallelogrammes CB , EF , sont à la diagonale AD du dernier EF. Par consequent les plans de ces deux parallelogrammes CB , EF , se coupant ici (*solut.*) perpendiculairement en EF comme dans la solution du precedent Probl. 11. Fig. 345. l'on démontrera ici comme là que ces trois puissances égales P , Q , R , feront ensemble équilibre ici avec la donnée K , & suivant des directions AP , AQ , AR , dont chacune sera perpendiculaire aux autres. *Ce qu'il falloit ici démontrer.*

PROBLEME XIII.

En general tant de puissances qu'on voudra P, Q, R, S, Fig. 347. *T, K, &c. étant données en raison des lignes quelconques AB, AC, AE, AF, AG, AD, &c. les appliquer à autant de cordons, & les diriger de maniere qu'elles fassent toutes équilibre entr'elles.*

SOLUTION.

D'un point quelconque A soient menées à volonté, c'est-à-dire, suivant tels angles, & suivant tels plans qu'on voudra, autant de lignes (moins deux) qu'il y a de puissances données ; sçavoir, AP, AQ, AR, AS, &c. sur deux quelconques AP, AQ, de ces lignes soient prises deux quelconques AB, AC, des proportionnelles données aux puissances proposées : après en avoir fait le parallelogramme BACM de sa diagonale AM, & d'une troisiéme proportionnelle quelconque AE, prise sur une troisiéme quelconque AR des lignes menées du point A, soit aussi fait le parallelogramme MAEH ; de la diagonale AH de ce parallelogramme, & d'une quatriéme proportionnelle AF donnée, prise sur une quatriéme quelconque AS des lignes menées du point A, soit pareillement fait le parallelogramme HAFL ; & ainsi de suite jusqu'à la derniere inclusivement des lignes d'abord menées du point A, c'est-à-dire (*constr.*) jusqu'à ce qu'il ne reste plus que deux des proportionnelles aux puissances données, sçavoir, AG, AD. Après sur la diagonale par A du dernier des parallelogrammes ainsi faits, c'est-à-dire, ici sur AL, soit fait le triangle ADL, dont les côtez LD, AD, soient égaux aux deux proportionnelles restantes AG, AD, sçavoir, en faisant des centres L, A, & de rayons égaux à ces deux proportionnelles restantes AG, AD, deux arcs de cercles qui se coupent en D dans un plan quelconque; soit ensuite menée AT parallele à LD, & AK sur DA prolongée vers K.

Cela fait, je dis que si l'on met le nœud commun des

cordes en A , & qu'après les avoir dirigées ſuivant AP,
AQ, AR, AS, AT, AK, &c. on leur applique les puiſſances données P, Q, R, S, T, K, &c. Toutes ces puiſſances ainſi dirigées demeureront en équilibre entr'elles
ſur le nœud commun de leurs cordons. *Ce qu'il falloit
faire.*

D E M O N S T R A T I O N.

Suivant la conſtruction précedente (en achevant le parallelogramme ALDG) les lignes AB, AC, AE, AF,
AG, AD, &c. dans les parallelogrammes précedens ſont
entr'elles comme les puiſſances données P, Q, R, S, T,
K, &c. Et ALDG eſt ici le dernier de ces parallelogrammes, en qui la puiſſance K eſt ainſi à chacune des autres
P, Q, R, S, T, comme la diagonale AD de ce dernier
ALDG de tous ces parallelogrammes eſt à chacun de
leurs côtez AB, AC, AE, AF, AG, correſpondans ſur
les directions de ces puiſſances. Donc (*Th. 4. part. 4.*) ces
puiſſances ainſi dirigées, ſeront ici toutes en équilibre entr'elles ; & ainſi de tel autre nombre qu'on pût ainſi pro-
poſer. *Ce qu'il falloit démontrer.*

C O R O L L A I R E I.

I. On voit que s'il n'y avoit ici que trois puiſſances données L, T, K, il n'y auroit qu'à faire le triangle ALD,
dont les trois côtez AL, LD, AD, fuſſent entr'eux comme ces trois puiſſances ; à mener enſuite AT parallele à
LD, & à prolonger DA vers K : les trois puiſſances données L, T, K, appliquées à trois cordons attachez enſemble par un nœud commun, & dirigées ſuivant AL,
AT, AK, demeureroient en équilibre entr'elles ſuivant
ces directions, conformément à la ſolution du Probl. 2.

II. S'il n'y avoit que quatre puiſſances données H, S,
T, K, il n'y auroit qu'à faire d'un angle quelconque
HAF le parallelogramme AHLF, dont les côtez AH, AF,
fuſſent entr'eux comme deux quelconques H, S, des
puiſſances données : enſuite ſur la diagonale AL de ce pa-

rallelogramme , faire le triangle ALD ; dont les côtez
LD , DA , fuſſent à AF comme les deux autres puiſſances
données T, K , ſont à la puiſſance E : après cela mener AT
parallele à LD , & prolonger DA vers K. Cela fait , il ſuit
de la ſolution précedente que les quatre puiſſances données H , S , T , K , étant appliquées à autant de cordons
d'une même corde, dirigez ſuivant AH , AS , AT , AK ,
y demeureront en équilibre entr'elles comme les quatre
du précedent Probl. 10. & ainſi de tel autre plus grand
nombre qu'on voudra de puiſſances données quelconques.

<h2 style="text-align:center">C O R O L L A I R E II.</h2>

De ce que les directions, moins deux , des puiſſances
données en plus grand nombre que trois , ont été priſes
arbitrairement dans la ſolution précedente ; & de ce que
ces directions arbitraires (moyennant les proportionnelles priſes ſur elles) déterminent les deux reſtantes dans
cette ſolution : il ſuit de cette même ſolution que les mêmes puiſſances données en raiſons quelconques, peuvent
faire équilibre entr'elles ſuivant une infinité de directions
differentes pour chacune. Puiſque quelles qu'on les prenne, moins deux, elles détermineront toûjours ces deux-là ,
& differentes en autant de manieres qu'elles le ſeront
elles-mêmes, ſans cependant empêcher les puiſſances données en plus grand nombre que trois , de faire équilibre
dans toutes ces directions , ainſi que le prouve l'aſſomption
arbitraire de celles-là dans la ſolution précedente. Mais
dès qu'il ne s'agit que de trois puiſſances données , le Corol. du Th. 1. le Probl. 2. & l'art. 1. du précedent Corol.
1. prouvent qu'elles ne peuvent ainſi faire équilibre entr'elles, que ſuivant une ſeule direction chacune.

<h2 style="text-align:center">S C H O L I E.</h2>

Il eſt à remarquer que quelques arbitraires que ſoient
(ſolut. & Corol. 2.) les directions de plus de trois puiſſances données qu'on veut mettre en équilibre entr'elles en

lles appliquant feulement à autant de cordons attachez
enfemble par un nœud commun ; cette liberté de varier
ces directions a cependant des limites que voici dans les
articles fuivans.

1°. Si les cordons de directions données font en même
plan, ils doivent être répandus en plus d'un demi-cercle,
dont le centre foit le nœud commun des cordons, autrement l'équilibre feroit impoffible. (*Corol.* 2. *Lem.* 4.)

2°. Si les cordons de directions données ne font pas en
même plan, ils doivent être répandus en plus d'une demi-fphere, dont le centre foit le nœud commun des cordons. (*Corol.* 2. *Lem.* 4.)

<h2 style="text-align:center">PROBLEME XIV.</h2>

Fig. 348.
349.

*Les directions AB, AC, AD, AE, de quatre quatre cordons
attachez enfemble par un feul nœud A, étant données; trouver
quatre puiffances B, C, D, E, qui appliquées à ces quatre
cordons, feroient équilibre entr'elles fuivant ces directions
données.*

<h3 style="text-align:center">SOLUTION.</h3>

Je dis que ce Problême peut être tantôt déterminé,
tantôt indéterminé, & quelquefois impoffible. Car ou les
quatre cordons de directions données font en plans differens, ou tous en même plan. Or je vas faire voir que dans
le premier de ces deux cas le Problême eft toûjours déterminé ou impoffible, & que dans le fecond il eft toûjours indéterminé ou impoffible. Donc, &c. Voici la démonftration de ces deux dernieres propofitions avec la
folution du Problême lorfqu'il eft poffible.

CAS

CAS I.

Lorsque les quatre cordons de directions données , font en plans differens , le Probleme est toûjours déterminé ou impossible.

Voici la démonstration de cette proposition en trois parties , dans lesquelles je vas faire voir ,

I. Que lorsque les quatre cordons de directions données en plans differens , font répandus en plus d'une demi-sphere , dont leur nœud commun soit le centre ; le Problême est toûjours possible.

II. Qu'alors il est toûjours déterminé.

III. Que lorsque ces quatre cordons de directions données en differens plans , ne font pas répandus en plus d'une demi-sphere ; le Problême est toûjours impossible.

PART. I. Puisque (*Hyp.*) les quatre cordons AB , AC, AD, AE , de directions données , font ici en plans differens , & répandus en plus d'une demi-sphere , dont leur nœud commun A est le centre ; & que si deux ou trois de ces cordons étoient dans un plan , & les deux autres ou le quatriéme hors de ce plan d'un seul côté de lui , ils ne feroient tous répandus que dans une demi-sphere terminée par ce plan de deux ou trois cordons : il est manifeste que les quatre ne peuvent être ici que deux à deux dans chaque plan , & de maniere (*Lem.* 5 . *part.* 3.) que le plan de deux de ces cordons , prolongé par de-là leur nœud commun A , passera toûjours ici à travers l'angle que les deux autres cordons y font entr'eux. Donc le plan BAE des deux cordons AB , AE , doit passer ici par de-là le nœud A , à travers l'angle CAD que les deux autres cordons AC, AD , font entr'eux ; & reciproquement le plan CAD de ces deux-ci doit passer de même à travers l'angle BAE des deux autres : de sorte que la section commune RAP de ces deux plans BAE , CAD , divisera toûjours ici chacun des deux angles de ces noms en quelque rapport déterminé que ce soit. Cela posé ,

Solution I.

Fig. 348.

D'un point quelconque F pris à volonté depuis A vers P ſur la droite RAP, dans l'angle CAD : ſoient menées trois autres droites FK, FL, FG, paralleles à AD, AC, AE, déterminées (*Hyp.*) de poſition. Les deux premieres FK, FL, formeront ſur le plan CAD un parallelogramme ALFK, dont la diagonale AF priſe (*Hyp.*) à volonté, & déterminée auſſi (*Hyp.*) de poſition, déterminera de grandeur les côtez AK, AL, ſur AC, AD; & la troiſiéme FG dans le plan BAE, déterminera auſſi de grandeur AG ſur BA prolongée vers Q : de ſorte que GH parallele à AE, déterminera pareillement AH de grandeur ſur AE. Donc on aura ainſi AK, AL, AG, AH, déterminées non ſeulement (*Hyp.*) de poſition, mais auſſi de grandeur; & par conſequent les rapports de ce quatre lignes entr'elles, ſeront ainſi déterminez & connus.

Cela étant, je dis que ſi l'on applique aux quatre cordons AB, AC, AD, AE, de directions données, autant de puiſſances B, C, D, E, qui ſoient entr'elles dans les rapports connus des lignes correſpondantes AG, AK, AL, AH ; ces quatre puiſſances ainſi dirigées feront équilibre entr'elles, & retiendront ainſi en repos (les unes contre les autres) le nœud libre A, qui tient tous leurs cordons attachez enſemble.

Demonstration.

Puiſque (*Hyp.*) les deux puiſſances C, D, ſont entr'elles comme les côtez correſpondans AK, AL, du parallelogramme KL, il reſultera (*Lem.* 2.) de leur concours d'action ſur le nœud A une force ou impreſſion de A vers P ſuivant AP ou AF, laquelle ſera à chacune de ces deux puiſſances C, D, comme cette diagonale AF du parallelogramme KL, eſt à chacun de ſes côtez correſpondans AK, AL : de ſorte que ſi l'on appelle P cette nouvelle force ſuivant AF ou AP, l'on aura ici P. C :: AF. AK. Or (*Hyp.*) C. E :: AK. AH. Donc P. E :: AF. AH. c'eſt-à-

dire, les deux forces P, E, entr'elles comme les côtez correspondans AF, AH, du parallelogramme AFGH. Donc
(*Lem.* 2.) du concours d'action de ces deux forces P,
E, sur le nœud A, il lui en resultera aussi une de A vers
G suivant la diagonale AG du parallelogramme FH, laquelle sera à chacune de ces deux-là P, E, comme cette
diagonale AG à chacun des côtez correspondans AF, AH :
de sorte qu'en appellant aussi Q cette nouvelle force suivant AG ou AQ, l'on aura ici Q. E :: AG. AH. Donc
ayant aussi (*Hyp.*) B. E :: AG. AH. l'on aura ici les deux
forces Q, B, égales entr'elles : ainsi ces deux forces étant
(*Hyp.*) directement opposées, elles feront équilibre entr'elles. Or on vient de voir que la force Q suivant AG,
est l'effort que les deux puissances E, P, font ensemble sur
le nœud A contre la puissance B. Donc ces trois puissances E, F, B, feront pareillement ici en équilibre entre-
elles. Or on vient de voir aussi que la force P suivant AF,
est l'effort que les deux puissances C, D, font ensemble
sur le nœud A contre les deux puissances E, B. Donc les
quatre puissances B, C, D, E, feront ici en équilibre entr'elles suivant les directions données AB, AC, AD, AE.
Ce qu'il falloit trouver & démontrer.

SOLUTION II.

Les directions des quatre cordons AB, AC, AD, AE, FIG. 345.
étant données ici les mêmes que dans la precedente solut. 1. la section commune RAP des deux plans BAE,
CAD, donnez (*Hyp.*) de position, sera aussi de position
déterminée ici comme là dans l'un & dans l'autre de ces
deux plans, aussi-bien que (*Hyp.*) les directions AB, AE,
dans le premier BAE ; & AC, AD, dans le second
CAD : de sorte que cette section commune RAP divisera
ici comme là chacun des angles BAE, CAD, en quelque
rapport déterminé que ce soit. Donc en prenant de part
& d'autre depuis A vers P, R, deux parties égales quelconques AF, AM, sur cette section commune RAP, autour desquelles (comme diagonales) soient faits deux pa-

T t ij

rallelogrammes KL fur le plan CAD , & GH fur le plan
BAE ; leurs côtez AK , AL , AH , AG , qui font autant de
parties des directions AC , AD , AE , AB , de pofitions,
(*Hyp.*) déterminées , feront auffi déterminez de grandeur ;
& confequemment entr'eux en des rapports déterminez &
connus.

Je dis prefentement que fi l'on applique aux quatre cordons AB , AC , AD , AE , donnez (*Hyp.*) de pofition , autant de puiffances B , C , D , E , qui foient entr'elles comme les quatre côtez connus AG , AK , AL , AH , des deux
parallelogrammes GH , KL ; ces quatre puiffances feront
encore ici en équilibre entr'elles fuivant ces directions,
données.

D E M O N S T R A T I O N.

Le Lemme 1. fait encore voir que du concours d'action
des deux puiffances C , D , fur le nœud A , il refultera à
ce nœud une force ou impreffion de A vers F fuivant,
AF , équivalente à ce concours d'action de ces deux puiffances fur ce nœud A , laquelle force fuivant AF fera à
chacune de ces deux puiffances C , D , comme cette diagonale AF du parallelogramme KL , fera à chacun de fes
côtez correfpondans AK , AL : & que du concours d'action des deux autres puiffances B , E , fur le même nœud
A , il refultera pareillement à ce nœud une force ou impreffion de A vers M fuivant AM , équivalente auffi à
ce concours d'action de ces deux autres puiffances fur ce
nœud A , laquelle force fuivant AM fera de même à chacune de ces deux puiffances B , E , comme cette diagonale
AM du parallelogramme GH , fera à chacun de fes côtez
correfpondans AG , AH. Donc fi ces deux forces ou impreffions directement contraires fuivant AF ou AP , & fuivant AM ou AR , l'on appelle la premiere P , & la feconde
R ; l'on aura ici P. C :: AF. AK. Et B. R :: AG. AM.
avec (*Hyp.*) C. B : AK. AG. Ce qui (en multipliant par
ordre) donnera P. R :: AF. AM. De forte qu'ayant ici
(*Hyp.*) AF égale à AM , & en ligne droite avec elle , l'on

y'aura aussi les forces P , R , égales entr'elles, & directement opposées l'une à l'autre. Donc elles seront ici en
équilibre entr'elles. Or on vient de voir que la force P
suivant AF est l'effort que les deux puissances C , D , font
ensemble sur le nœud A ; & que la force R suivant A M ,
est pareillement l'effort que les deux autres puissances B ,
E, font aussi ensemble sur le même nœud A. Donc l'effort
que les deux puissances C , D , font ensemble sur le nœud
A , est ici égal & directement opposé à l'effort que les deux
autres puissances B , E , font aussi ensemble sur ce nœud.
Par conséquent ces quatre puissances B , C , D , E , seront
encore ici en équilibre entr'elles suivant les directions
données AB , AC , AD , AE. *Ce qu'il falloit encore trouver
& démontrer.*

P A R T. I I. Telle est (*part.* I.) la possibilité & la solution du Problême proposé, lorsque les quatre cordons de
directions données en differens plans, sont répandus en
plus d'une demi-sphere. Je dis presentement que ce Problême est alors déterminé aux rapports des puissances que
l'on y vient d'assigner.

D E M O N S T R A T I O N.

On vient de voir au commencement de la part. I. que Fig. 348.
les quatre cordons AB , AC , AD , AE , de directions ici 349.
données, sont en deux plans differens BAE, CAD , dont
la section commune RAP divise toûjours chacun des angles BAE, CAD ; & que ces deux plans étant ainsi donnez de position l'un par rapport à l'autre , cette section
commune RAP, qu'ils font entr'eux , est aussi détermi-
minée de position par rapport aux côtez AB, AE, AC,
AD, de ces deux angles, lesquels sont ainsi divisez par
elle en parties déterminées , qui consequemment déterminent les rapports des diagonales AF , AG , aux côtez de
leurs parallelogrammes KL, FH, dans la part. I. solut. I.
Fig. 348. ou des diagonales AF , AM , aux côtez de leurs
parallelogrammes KL, GH dans la même part. I. solut. 2.
Fig. 349. Donc ces directions AB , AC , AD , AE , don-

T t iij

nées (*Hyp.*) les mêmes dans l'une & dans l'autre de ces deux solutions, y déterminent ainsi les rapports de leurs parties (employées à ces parallelogrammes) AG, AK, AL, AH, à être toûjours les mêmes pour les mêmes directions. Par consequent ces rapports étant (*part.* 1. *solut.* 1. 2.) les requis des quatre puissances B, C, D, E, qu'on vient de démontrer (*part.* 1.) devoir faire équilibre entr'elles suivant ces quatre directions données AB, AC, AD, AE; les quatre puissances propres à faire équilibre entr'elles suivant ces directions, seront toûjours déterminées à ces mêmes rapports, tant que ces directions seront les mêmes. Donc ce cas 1. de la question proposée, est un Problême déterminé aux rapports des puissances qu'on vient d'assigner (*part.* 1. *solut.* 1. 2.) pour faire équilibre entr'elles suivant les directions données, sans qu'aucun autre rapport de puissances ainsi dirigées y puisse satisfaire: ces rapports des quatre grandeurs AG, AK, AL, AH, proportionnelles aux quatre puissances B, C, D, E, requises pour cela, étant les mêmes dans les *solut.* 1. 2. de la *part.* 1. dans lesquelles, si l'on prend AF la même de part & d'autre, ces quatre grandeurs seront aussi les mêmes. Donc en ce cas-ci de quatre cordons de directions données, & répandus en plus d'une demi-sphere, dont leur nœud commun est le centre, le Problême est toûjours déterminé. *Ce qu'il falloit* 2°. *démontrer.*

P A R T. III. Cette *part.* 3. est que lorsque les quatre cordons de directions données en differens plans, ne sont pas répandus en plus d'une demi-sphere; le Problême est impossible. Cela se trouve démontré dans le *Corol.* 2. du *Lem.* 4.

CAS II.

*Lorſque les quatre cordons de directions données ſont tous
en meſme plan, le Probleme eſt toûjours indéterminé
ou impoſſible.*

Voici auſſi la démonſtration de cette propoſition en trois
parties, dans leſquelles je vas faire voir,

I. Que lorſque les quatre cordons de directions données en même plan, ſont répandus en plus d'un demi-cercle, le Problème eſt toûjours poſſible.

II. Qu'alors il eſt toûjours indéterminé.

III. Et que lorſque les quatre cordons de directions
données en même plan, ne ſont pas répandus en plus d'un
demi-cercle, le Problème eſt toûjours impoſſible.

PART. I. Pour ne pas multiplier inutilement les Figures, ſuppoſons preſentement que les quatre cordons AB,
AC, AD, AE, des Fig. 348. 349. regardées ci-deſſus
(*cas* I.) comme en plans differens, ſont ici tous de directions données en même plan, & répandus en plus d'un
demi-cercle. Suivant cette hypotheſe, la ligne RAP, qui
étoit-là une ſection commune de deux plans, ne ſera plus
ici qu'une ſimple ligne droite, laquelle y ſoit menée au
hazard ſur le plan des cordons par leur nœud commun A,
à travers quelqu'un BAE de leurs angles, ſans paſſer le
long d'aucun de ces cordons. la part. 2. du Lem. 5. fait
voir que cette droite RAP diviſera encore quelqu'autre
angle CAD de ces mêmes cordons; & la part. 1. du même Lem. 5. fait pareillement voir que chacun de ces cordons prolongé par de-là leur nœud commun A, par exemple, BA prolongé vers Q dans la Fig. 348. diviſera auſſi
quelqu'un DAE de leurs angles.

FIG. 348.
349.

SOLUTION.

1°. Cela poſé, ſi dans la preſente hypotheſe des Fig.
348. 349. l'on fait en même plan les parallelogrammes

KL, FH, dans la Fig. 348. & KL, GH, dans la Fig. 349. de la maniere qu'on les a faits en plans differens dans les folut. 1. 2. de la part. 1. du cas 1. & qu'on applique ici comme là aux quatre cordons AB, AC, AD, AE, de directions ici données, autant de puiſſances (une à chacun) B, C, D, E, qui ſoient encore ici entr'elles comme les parties correſpondantes AG, AK, AL, AH, de leurs directions : on démontrera ici que ces quatre puiſſances y demeureront en équilibre entr'elles ſuivant ces directions ici données en même plan , & de cordons répandus en plus d'un demi-cercle : comme on a démontré là que les quatre puiſſances qu'on y a aſſignées, y devoient demeurer en équilibre ſuivant les directions qui y étoient données en plans differens , & de cordons répandus en plus d'une demi-ſphere. Donc le Problème eſt toûjours poſſible ici comme là. *Ce qu'il falloit* 1°. *trouver & démontrer.*

2°. Si l'on veut que deux des quatre cordons de directions ici données en même plan , & répandus en plus d'un demi-cercle, par exemple , les deux AC, AE, ſoient ici en ligne droite CE, qui divise (*Lem.* 5. *part.* 1.) l'angle BAD, que les deux autres AB, AD, font entr'eux : il n'y a qu'à faire ſur une partie quelconque AK de AC, comme diagonale , un parallelogramme GL de côtez AG, AL, pris ſur AB, AD ; & après avoir ajoûté à cette diagonale AK une partie quelconque KH du même cordon AC, appliquer aux quatre cordons AB, AC, AD, AE, autant de puiſſances (une à chacun) B, C, D, E, qui ſoient entr'elles comme AG, KH, AL, AH. Cela fait, je dis que ces quatre puiſſances ainſi dirigées, ſeront encore ici en équilibre entr'elles.

D E M O N S T R A T I O N.

De ce que (*Hyp.*) B. D : : AG. AL. il ſuit du Lem. 1. que du concours de ces deux puiſſances B, D, il reſultera au nœud A une force ou impreſſion de A vers C ſuivant AC, laquelle ſera à chacune de ces deux puiſſances B, D, comme la diagonale AK du parallelogramme

me GL à chacun de fes côtez correfpondans AG, AL;
& confequemment que fi l'on appelle K cet effort commun des puiffances B, D, fuivant AK, l'on aura ici K.
B :: AK. AG. Or (*Hyp.*) B. C :: AG. KH. Donc K. C :: AK.
KH. Et K—+C. C :: AK—+KH (AH): KH. Or (*Hyp.*)
C. E :: KH. AH. Donc K—+C. E :: AH. AH. c'eft-à-
dire, K—+C═E. Or on vient de voir que K eft l'effort
que les deux puiffances B, D, font enfemble de A vers C
fuivant AC fur le nœud A, dans le fens que la puiffance C
le tire; d'où il refulte que K—+C eft tout ce que ces trois
puiffances B, D, C, font enfemble d'effort fur le nœud
A contre la puiffance E qui le tire directement (*Hyp.*) à
contre-fens de cet effort commun K—+C. Donc ayant
déja K—+C═E, cette puiffance E fera ici directement
contraire & égale à tout ce que les trois autres B, C, D,
font enfemble d'effort fur le nœud A. Par confequent
ces quatre puiffances B, C, D, E, doivent encore ici demeurer en équilibre entr'elles fuivant les directions AB,
AC, AD, AE, qui y font données. *Ce qu'il falloit auffi démontrer.*

3°. Si les quatre cordons AB, AC, AD, AE, de directions ici données en même plan, & répandus en plus
d'un demi-cercle, étoient deux à deux en lignes droites,
qui fuffent, par exemple, BD, CE : il eft vifible qu'en
appliquant deux puiffances égales quelconques B, D, aux
deux cordons AB, AD; & deux autres auffi quelconques égales C, E, aux deux autres cordons AC, AE :
ces quatre puiffances demeureroient ici en équilibre entr'elles, quelque fût le rapport de chacune des deux premieres B, D, à chacune des deux dernieres C, E. *Ce qui
eft tout ce qui reftoit ici à faire voir.*

Donc (*art.* 1. 2. 3.) quelques foient les directions données de quatre cordons AB, AC, AD, AE, en même
plan, & répandus en plus d'un demi-cercle décrit fur ce
plan, d'un centre qui feroit le nœud commun A de ces
quatre cordons; le Problême propofé fera toûjours poffible & refolu, comme dans ces art. 1. 2. 3. *Ce qui eft*

tout ce qu'il falloit faire & démontrer dans cette part. 1. du cas 2.

PART. II. Il s'agit préfentement de faire voir que ce Problême de quatre cordons de directions données en même plan, & répandus en plus d'un demi-cercle décrit fur ce plan, de leur nœud commun comme centre, eft toûjours indéterminé. Pour cela il eft à confiderer que,

1°. La liberté qu'on a eue dans l'art. 1. de la part. 1. FIG. 348. 349. Fig. 348. 349. de mener à volonté par le nœud A, fur le plan de ces quatre cordons AB, AC, AD, AE, la ligne droite RAP à travers de leurs angles BAE, CAD, pouvant diverfifier à l'infini les rapports entr'elles des quatre droites AG, AK, AL, AH; & confequemment auffi ceux des quatre puiffances B, C, D, E, qu'on vient de voir (*part. 1. art. 1.*) devoir toûjours demeurer en équilibre entr'elles fuivant ces directions, tant que ces quatre puiffances font entr'elles en raifon de ces quatre lignes correfpondantes : il fuit de-là qu'une infinité de puiffances quatre à quatre, dans des rapports tout differens & variez à l'infini, pourront ici faire équilibre entr'elles fuivant les mêmes directions données : & confequemment que le cas 2. de la queftion propofée, eft ici un Problême indéterminé. *Ce qu'il falloit 1°. démontrer.*

FIG. 350. 2°. Quoique dans l'art. 2. de la part. 1. Fig. 350. le rapport de AG à AL foit déterminé par les pofitions données de AB, AD, & de la droite CAE en même plan; cependant la liberté qu'on a eue d'y prendre KH, & confequemment auffi AH à volonté, pouvant diverfifier à l'infini non feulement le rapport de AH à KH, mais encore les rapports de ces deux parties du cordon AC aux deux AG, AL, des cordons AB, AD; il fuit de-là que les rapports entr'elles des quatre parties AG, KH, AL, AH, de ces cordons font variables à l'infini : & confequemment auffi les rapports des quatre puiffances B, C, D, E, qu'on vient de voir (*part. 1. art. 2.*) devoir toûjours ici demeurer en équilibre entr'elles, tant qu'elles y feront entr'elles comme ces quatre parties correfpondantes des

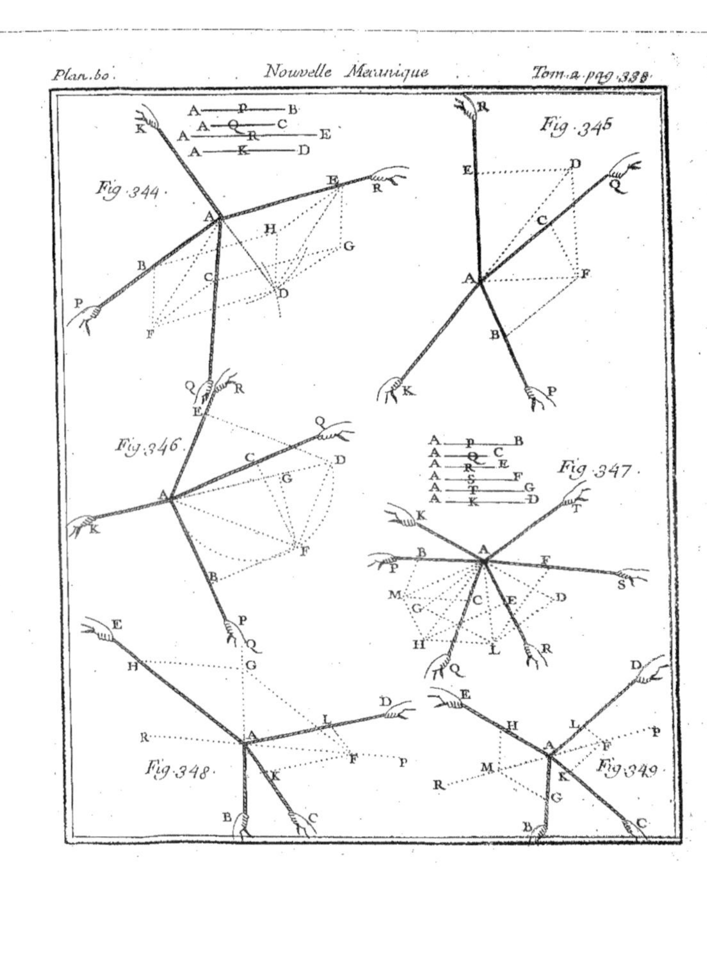

Plan. 60.
Nouvelle Mecanique
Tom. a. pag. 338.
Fig. 344.
Fig. 345.
Fig. 346.
Fig. 347.
Fig. 348.
Fig. 349.

cordons AB , AC, AD. Donc une infinité de puiſſances quatre à quatre, pourront encore ici faire équilibre entr'elles ſuivant les mêmes directions AB , AC, AD, AE, qui y ſont données en même plan , & de quatre cordons répandus en plus d'un demi-cercle. Par conſequent le cas 2. de la queſtion propoſée , eſt encore ici un Problême indéterminé. *Ce qu'il falloit 2°. démontrer.*

3°. Dans l'art. 3. de la part. 1. Fig. 351. quoiqu'il y ſoit requis pour l'équilibre entr'elles des quatre puiſſances B, C, D, E, ſuivant les directions qui y ſont données (*Hyp.*) en lignes droites deux à deux , que les deux directement oppoſées de ces puiſſances, telles qui y ſont (*Hyp.*) B à D, & C à E, ſoient ainſi deux à deux égales entr'elles : ſçavoir, B=D , & C=E ; cependant chacun de ces deux couples de puiſſances égales y étant à volonté, le rapport de chacune du premier couple à chacune du ſecond, y eſt encore variable à l'infini. Par conſequent une infinité de puiſ-ſances quatre à quatre , en des rapports differens à l'infini, pourront encore ici faire équilibre entr'elles ſuivant les quatre directions qui y ſont données. Donc le cas 2. de la queſtion propoſée, eſt encore ici un Problême indétermi-né. *Ce qu'il falloit 3°. démontrer.*

Donc (*art.* 1. 2. 3.) quelques ſoient les directions don-nées de quatre cordons AB, AC, AD, AE, en même plan , & répandus en plus d'un demi-cercle décrit ſur ce plan, d'un centre qui ſeroit le nœud commun A de ces quatre cordons ; le Problême propoſé ſera toûjours indé-terminé. *Ce qui eſt tout ce qu'il falloit démontrer dans cette part. 2. du cas 2.*

PART. III. Cette partie 3. eſt que lorſque les quatre cordons de directions données toutes en même plan , ne ſont pas répandus en plus d'un demi-cercle, le Problême eſt impoſſible. Cela ſe trouve démontré dans le Corol. 2. du Lem. 4.

CONCLUSION DES CAS I. II.

Donc quelques ſoient les directions données de quatre

FIG. 351.

V u ij

cordons attachez enſemble par un ſeul & même nœud, auſquels il s'agit d'appliquer quatre puiſſances (une à chacun (qui faſſent équilibre entr'elles ſuivant les directions données ; ie Problême peut être tantôt déterminé, tantôt indéterminé, & quelquefois impoſſible : ſçavoir,

1°. Déterminé (*part.* 1. 2. *du cas* 1.) lorſque les quatre cordons de directions données ſont en des plans differens, & répandus en plus d'une demi-ſphere.

2°. Indeterminé (*part.* 1. 2. *du cas* 2.) lorſque ces quatre cordons ſont tous en même plan, & répandus en plus d'un demi-cercle.

3°. Enfin impoſſible (*part.* 3. *des cas* 1. 2.) lorſque ces quatre cordons de directions données, ſont en des plans differens ſans être répandus en plus d'une demi-ſphere, ou tous en même plan, ſans être répandus en plus d'un demi-cercle.

C'eſt-là tout ce qu'il s'agiſſoit de trouver & de démontrer dans le Problême propoſé.

PROBLÊME XV.

Fig. 352. 353. 354. *Soient à volonté les directions données de cinq cordons AB, AC, AD, AE, AF, attachez tous enſemble par un ſeul & même nœud A : on demande cinq puiſſances, qui appliquées à ces cinq cordons, une à chacun, faſſent toutes enſemble équilibre entr'elles.*

SOLUTION.

Je dis que ce Problême eſt toûjours indeterminé ou impoſſible, ſoit que les directions données ſoient en plans differens, ou toutes en même plan.

C A S I.

*Lorsque les cinq directions données sont en plans diffe-
rens, le Probleme est toûjours indéterminé
ou impossible.*

' Voici la démonstration de cette proposition en trois parties, dans lesquelles je vas faire voir,

I. Que lorsque les cinq cordons de directions données
en plans differens, sont répandus en plus d'une demi-sphere, dont leur nœud commun soit le centre ; le problême
est toûjours possible.

II. Qu'alors il est toûjours indéterminé.

III. Que lorsque ces cinq cordons de directions données en plans differens, ne sont pas répandus en plus d'une
demi-sphere, le Problême est toûjours impossible.

Part. I. Puisque (*Hyp.*) les cinq cordons AB , AC,
AD, AE, AF, sont ici en plans differens, & répandus en
plus d'une demi-sphere, il n'y en peut avoir en même plan,
d'un seul côté duquel tous les autres se trouvent : autrement ils ne seroient tous répandus que dans une demi-
sphere terminée par ce plan ; ce qui est contre l'hypothese.
Donc de ces cinq cordons il y en aura toûjours deux seuls
en même plan, & les trois autres de part & d'autre de ce
plan, qui prolongé passera entr'eux. Soient AB, AE, les
deux se trouvent seuls dans un plan BAE : la part. 3. du
Lem. 5. fait voir que quelque soit ici la disposition des
trois autres cordons AC, AD, AF, ce plan BAE prolongé par de-là le nœud commun A de tous, passera toûjours
à travers ces trois-ci, par exemple , suivant AO ; & que
ce plan BEAO aura toûjours d'un côté de lui (que j'appelle le *dessus*) deux AD, AF, de ces trois autres cordons,
& de l'autre côté (que j'appelle le *dessous*) le troisiéme AC:
& soit que ce cordon AC soit , ou non, en ligne droite
avec un des deux autres AD , AF ; ils feront toûjours entr'eux pour le moins deux angles DAF, CAF, ou DAF,
CAD. Cela posé,

V u iij

SOLUTION.

Sur le plan DAF dans l'angle de ce nom, soit la droite AS de grandeur & de position arbitraires, laquelle fasse un angle quelconque SAC avec le cordon AC ; ce qui ne pourra être autrement, si les trois AC, AD, AF, sont en plans differens ; & ce qui sera toûjours possible , s'ils sont tous trois en même plan, puisque (*Hyp.*) AD ou AF fait un angle avec AC. Autour de cette diagonale AS soit le parallelogramme LM, de côtez AL, AM, pris sur les cordons AD , AF, supposez au-dessus du plan BEAO, au dessus duquel cette diagonale AS sera consequemment aussi. Ayant ainsi AS au-dessus de ce plan, & (*Hyp.*) AC au-dessous ; il est visible que le plan SAC coupera celui-là en quelque section AP qui sera ainsi dans ces deux plans BEAO , SAC. Donc ST parallele à AC, rencontrera cette section commune AP en quelque point T , duquel si l'on mene TK parallele à AS, elle rencontrera aussi le cordon AC en quelque point K , & achevera ainsi sur le plan SACP le parallelogramme SK, dont la diagonale AT sera aussi dans le plan BEAOP des deux cordons AB , AE : desquels le cordon BA prolongé vers Q, sera consequemment rencontré en quelque point G par TG parallele à AE : de sorte que AE devant aussi être rencontrée en quelque point H par GH parallele à AP ; l'on aura enfin dans ce plan BEAOP le parallelogramme HT, dont la diagonale AG sera (*Hyp.*) en ligne droite avec AB.

Cela fait, je dis que si aux cinq cordons AB, AC, AD, AE, AF, de directions ici données en plans differens, l'on applique autant de puissances (une à chacun) B, C, D, E, F, qui soient entr'elles comme les parties correspondantes AG, AK, AL, AH, AM, de leurs directions : ces cinq puissances demeureront ici toutes en équilibre entr'elles suivant ces mêmes directions données.

DEMONSTRATION.

Puisque (*Hyp.*) F. D :: AL. AM. le Lem. I. fait voir

que du concours d'action de ces deux puissances F , D , il
resultera au nœud A une impression ou force (que j'appelle S) suivant AS , équivalente à l'effort commun de
ces deux puissances F , D , sur ce nœud A : laquelle force
S sera à chacune d'elles comme cette diagonale AS du parallelogramme ML sera à chacun de ses côtez correspondans AM , AL ; de sorte que l'on aura ici S. C:: AS. AK.
Par consequent (*Lem.* 2.) du concours d'action de ces
deux forces S , C , sur ce nœud A , il lui en resultera une
(que j'appelle T) suivant AT, équivalente à l'effort commun des trois F , D , C , sur ce nœud A : laquelle force T
sera à la puissance C , comme cette diagonale AT du parallelogramme SK sera à son côté correspondant AK; c'est-
à-dire , T. C:: AT. AK. Or *(Hyp.)* C. E : : AK. AH.
Donc T. E :: AT. AH. Par consequent (*Lem.* 2.) du
concours d'action de ces deux forces T , E , sur le nœud
A , il lui en resultera une (que j'appelle G , suivant AG ,
équivalente à l'effort commun des quatre puissances F ,
D , C , E , sur ce nœud A ; laquelle force G sera à la puissance E , comme cette diagonale AG du parallelogramme
TH sera à son côté correspondant AH ; c'est-à-dire , G.
E:: AG. AH. Or on a aussi *(Hyp.)* B. E :: AG. AH. Donc
G=B. Par consequent ces deux forces égales G , B, étant
(Hyp.) directement opposées , il y aura ici équilibre entr'elles. Or on vient de voir que la premiere G est équivalente à tout l'effort que les quatre puissances C , D , E ,
F , font ensemble de A vers G suivant AG ou AQ sur
le nœud A. Donc ces quatre puissances feront ici équilibre avec la cinquiéme B. *Ce qu'il falloit* 1°. *trouver & démontrer.*

PART. II. Si l'on considere que dans la precedente solut. part. 1. la diagonale AS du parallelogramme LM ,
a été prise de grandeur & de position indéterminées , on
verra que les côtez AL , AM , de ce parallelogramme
sont aussi indéterminez de grandeur & de rapport non
seulement entr'eux , mais encore avec AK , AH , AG.
Donc les rapports entr'elles de ces cinq lignes AG , AK ,

AL , AH , AM , font variables à l'infini. Cependant on vient de démontrer (*part.* 1.) que cinq puiſſances B , C , D , E , F , en raiſon de ces cinq lignes, & appliquées chacune à chacun des cinq cordons correſpondans AB , AC , AD , AE , AF , ainſi dirigez, feroient toûjours équilibre entr'elles ſuivant ces directions données. Donc une infinité de puiſſances, cinq à cinq, en des rapports differens à l'infini, feroient ainſi équilibre entr'elles ſuivant ces mêmes directions. Par conſequent le Problême eſt ici indéterminé. *Ce qu'il falloit* 2°. *démontrer.*

Si un des deux cordons AF , AD , ſuppoſez au-deſſus du plan BAE , eſt dans ce plan , on ſe ſervira encore d'eux comme l'on vient de faire dans la part. 1. pour prouver comme là que le Problême eſt ici poſſible ; & un raiſonnement ſemblable à celui de la part. 2. prouvera auſſi comme là qu'il eſt encore ici indéterminé.

PART. III. C'eſt ainſi (*part.* 1. 2.) que le Problême de cinq cordons de directions données en plans differens , eſt toûjours indéterminé tant que ces cinq cordons ſe trouvent répandus en plus d'une demi-ſphere dont leur nœud commun ſoit le centre. Il s'agit preſentement de faire voir que ce Problême eſt toûjours impoſſible , lorſque ces cinq cordons de directions données en plans differens , ne ſont pas répandus en plus d'une demi-ſphere. C'eſt ce qui ſe trouve démontré dans le Corol. 2. du Lem. 4. & *ce qu'il falloit ici* 3°. *faire voir.*

C A S I I.

Lorſque les cinq directions données ſont toutes en meſme plan , le Probleme eſt encore toujours indéterminé ou impoſſible.

Voici auſſi la démonſtration de cette propoſition en trois parties , dans leſquelles je vas faire voir,

I. Que lorſque les cinq cordons de directions données toutes en même plan , ſont répandus en plus d'un demi-cercle , le Problême eſt toûjours poſſible.

I I.

I I. Qu'alors il est toûjours indéterminé.

I I I. Que lorsque les cinq cordons de directions données
en même plan, ne font pas répandus en plus d'un demi-
cercle, le Problême est toûjours impossible.

Part. I. Supposons presentement que les cinq cordons
AB, AC, AD, AE, AF, des Fig. 3 5 2. 3 5 3. 3 5 4. regardez ci-deffus (*cas* 1.) comme en plans differens, font ici
tous de directions données en même plan, & répandus en
plus d'un demi-cercle, dont leur nœud commun A soit le
centre; soit que ces cinq cordons ayent autant de directions differentes sur le plan commun, ou qu'il s'y en trouve en lignes droites les uns avec les autres. Dans cette hypothese, où il n'y a plus de sections AO, AP, de plans
differens, comme dans la part. 1. du cas 1. soient seulement les simples droites AS, AP, qui en faisant entr'elles
un angle quelconque SAP sur le plan de ces cordons, en
divisent les angles FAD, DAC, dans les Fig. 3 5 2. 3 5 3.
ou FAD, FAC, dans la Fig. 3 5 4. en tels rapports qu'on
voudra, & dont AS soit auffi prise de grandeur arbitraire.

S o l u t i o n I.

Si dans la presente hypothese l'on fait en même plan les
parallelogrammes LM, SK, TH, de la maniere qu'on les
a faits en plans differens dans la part. 1. du cas 1. & qu'on
applique ici comme là aux cinq cordons AB, AC, AD,
AE, AF, de directions encore ici données, autant de
puiffances (une à chacun) B, C, D, E, F, qui foient entr'elles comme les parties correspondantes AG, AK, AL,
AH, AM, de leurs directions: on démontrera ici que ces
cinq puiffances y demeureront en équilibre entr'elles suivant ces directions ici données en même plan, & de cordons répandus en plus d'un demi-cercle; comme on a démontré là que les cinq puiffances qu'on y a assignées, y
devoient demeurer en équilibre suivant les directions qui
y étoient données en plans differens, & de cordons répandus en plus d'une demi-sphere. Donc le Problême est toûjours possible ici comme là. *Ce qu'il falloit* 1°. *démonter.*

Tome II.   X x

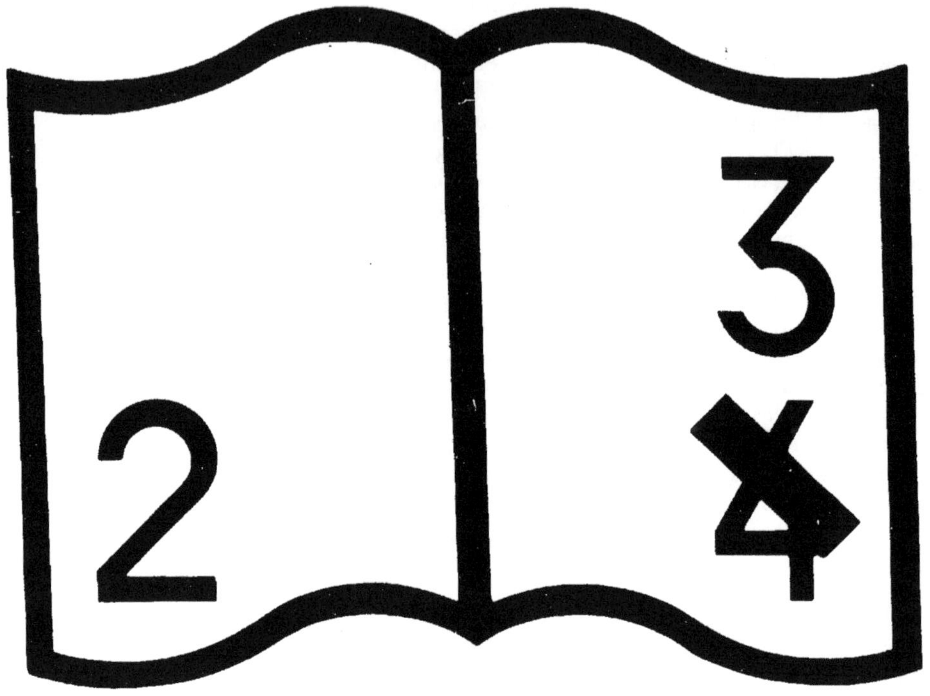

Pagination incorrecte — date incorrecte

NF Z 43-120-12

SOLUTION II.

FIG. 355.

Quelques foient les cinq directions ici données en même plan, des cinq cordons AB, AC, AD, AE, AF, répandus en plus d'un demi-cercle, foit qu'il s'en trouve en
lignes droites entr'eux, ou non ; il est visible que des cinq
il y en aura toûjours quelqu'un qui ne fera en ligne droite avec aucun autre, & qui prolongé par de-là leur nœud
comme A, en aura toûjours deux de chaque côté de lui
comme dans la Fig. 355. ou trois d'un côté, & un de l'autre comme dans la Fig. 356. Soit dans la Fig. 355. BA.
ce cordon qui prolongé vers Q ait ainsi AC avec AD d'un
côté, & AE avec AF de l'autre, foit que ceux d'un côté
foient en lignes droites, ou non, avec ceux de l'autre. Sur
cette droite BAQ foient prifes depuis A de part & d'autre,
deux parties égales quelconques AG . AV : fur AV, & fur
une partie quelconque AN de AG, comme diagonales,
foient les parallelogrammes HL, MK, dont les côtez foient
fur les cordons qui forment les angles que la droite BAQ
divife en quelques rapports que ce foient.

Cela fait, je dis que fi aux cinq cordons AB, AC, AD,
AE, AF, de directions ici données, l'on applique autant
de puiffances (une à chacun) B, C, D, E, F, qui foient
entr'elles comme les parties correfpondantes NG, AK,
AL, AH, AM, de leurs directions ; ces cinq puiffances
demeureront ici en équilibre entr'elles fuivant ces mêmes
directions.

DEMONSTRATION.

Puifque (*Hyp.*) D.E:: AL. AH. Et C.F:: AK. AM.
Le Lem. 2. fait voir que du concours d'action des deux
premieres puiffances D, E, fur le nœud A, il lui refultera
une force ou impreffion (que j'appelle V) de A vers Q
fuivant AV ou AQ, laquelle force V fera à chacune de
ces deux puiffances D, E, comme cette diagonale AV du
parallelogramme HL fera à chacun de fes côtez correfpondans AL, AH ; & que du concours d'action des deux

autres puiſſances C, F, ſur le même nœud A , il lui réſul-
tera pareillement une autre force ou impreſſion directement contraire (que j'appelle N) de A vers B ſuivant
AB ou AN , laquelle force N ſera auſſi à chacune de ces
deux autres puiſſances C, F, comme cette diagonale AN
du parallelogramme MK ſera à chacun de ſes côtez correſpondans AK, AM : de ſorte que l'on aura ici V. D
:: AV. AL. Et C. N :: AK. AN. Donc ayant (*Hyp.*) D.
C :: AL. AK. l'on aura auſſi V. N :: AV. AN. Or venant
de trouver N. C :: AN. AK. Et ayant (*Hyp.*) C. B :: AK.
NG. l'on aura de même N. B :: AN. NG. Et conſequemment N. N—╂B :: AN. AN—╂NG. (AG) Donc V. N—╂B
:: AV. AG. De ſorte qu'ayant ici (*Hyp.*) AV═AG, l'on
y aura auſſi V═N—╂B. Donc N—╂B étant (ci-deſſus)
l'effort total de A vers B ſuivant AB, reſultant du concours d'action des trois puiſſances C, F, B, ſur le nœud A ;
& V un effort directement contraire de A vers Q ſuivant
AQ ſur le même nœud A, reſultant du concours d'action
des deux autres puiſſances D, E, contre ces trois-là ; ces
cinq puiſſances demeureront ici en équilibre entr'elles
ſuivant les directions qu'on y ſuppoſe données. *Ce qu'il ſal-
loit auſſi démontrer.*

S O L U T I O N   I I I.

Ce Problême de cinq cordons AB, AC, AD, AE, AF, Fig. 356.
de directions données toutes en même plan, & répandues
en plus d'un demi-cercle, ſe peut encore reſoudre autrement, en menant au hazard ſur le plan de ces cordons,
& par leur nœud commun A, les droites RAP, AS,
dont la premiere RP diviſe deux DAE, BAC, de leurs
angles en quelques rapports que ce ſoient, & la ſeconde
AS diviſe un EAF de leurs autres angles en quelque rapport que ce ſoit auſſi. Autour de AS (comme diagonale)
priſe de grandeur auſſi arbitraire que ſa poſition l'eſt dans
l'angle EAF, ſoit le parallelogramme HM des côtez AH,
AM, pris ſur ceux AE, AF, de cet angle. Du point S parallelement à AD, ſoit menée SQ qui rencontre AR en Q;

X x ij

duquel point Q soit auſſi menée parallelement à AS, la droite QL, qui rencontre AD en L, & acheve ainſi le parallelogramme SL, dont AQ eſt la diagonale. Enſuite de l'autre côté de A ſur la droite RAP, ſoit priſe AN=AQ, & ſur cette diagonale AN ſoit fait le parallelogramme GK de côtez AG, AK, pris ſur AB, AC.

Cela fait, je dis que ſi aux cinq cordons AB, AC, AD, AE, AF, de directions ici données toutes en même plan, & répandus en plus d'un demi-cercle décrit ſur ce plan, de leur nœud commun A comme centre, l'on applique autant de puiſſances (une à chacun) B, C, D, E, F, qui ſoient entr'elles commme les parties AG, AK, AL, AH, AM, de leurs cordons ainſi dirigez ; ces cinq puiſſances feront encore ici équilibre entr'elles ſuivant ces mêmes directions données.

D E M O N S T R A T I O N.

Puiſque (*Hyp.*) E. F :: AH. AM. le Lem. 2. fait encore voir ici qu'en appellant S la force reſultante du concours d'action de ces deux puiſſances E, F, au nœud A ſuivant AS; l'on aura ici S. E :: AS. AH. Ainſi ayant (*Hyp.*) E. D :: AH. AL. l'on aura pareillement ici S. D :: AS. AL. Par conſequent (*Lem.* 2.) du concours de ces deux forces S, D, c'eſt-à-dire, des trois puiſſances F, E, D, il reſultera au nœud A une impreſſion ou force de A vers R ſuivant AR, laquelle étant appellée Q, l'on aura ici Q. D :: AQ. AL. Il reſultera de même (*Lem.* 2.) du concours des deux autres puiſſances B, C, à ce nœud A une force de A vers P ſuivant AP en ſens directement contraire, laquelle force étant appellée N, l'on aura auſſi C. N :: AK. AN. Donc ayant (*Hyp.*) D. C :: AL. AK. l'on aura enfin Q. N :: AQ. AN. De ſorte qu'ayant (*Hyp.*) AQ=AN, l'on aura pareillement ici Q=N. Ainſi ces deux forces égales Q, N, ſuivant AQ, AN, étant (comme l'on voit) directement contraires, feront ici équilibre entr'elles ; & par conſequent auſſi les cinq puiſſances B, C, D, E, F, du concours deſquelles on voit que ces deux forces Q , N , refultent. *Ce qu'il falloit encore ici démontrer.*

PART. II. 1°. Si l'on confidere que dans la folut. 1. de la part. 1. Fig. 3 5 2. 3 5 3. 3 5 4. La diagonale AS du parallelogramme LM a été prife de grandeur & de pofition indéterminées, comme dans la part. 1. du cas 1. Cette raifon, qui dans ce cas 1. a fait voir (*part. 2.*) que le Problême de cinq cordons de directions données en plans differens, & répandus en plus d'une demi-fphere, y étoit indéterminé, fera voir de même que celui-ci de cinq cordons de directions ici données toutes en même plan, & répandus en plus d'un demi-cercle, y eft auffi indéterminé, & ce d'autant plus que la pofition de AP y eft de plus indéterminée.

2°. Quant à la folut. 2. de la part. 1. Fig. 3 5 5. la liberté qu'on y a eue auffi de divifer AG en N , en tel rapport qu'on a voulu, rendant arbitraires non feulement les rapports de NG à AK , AL , AH , AM , mais auffi ceux de AK , AM à AH , AL , rend les rapports entr'elles de ces cinq lignes variables à l'infini , quoique ceux de AK à AM , & de AH à AL , foient conftans , & qu'ils puiffent quelquefois être les mêmes , comme lorfque CAE & DAF font deux lignes droites. Donc auffi les rapports entr'elles de cinq puiffances B , C , D , E , F , proportionnelles (*part. 1. folut. 2.*) à ces cinq lignes NG , AK , AL , AH , AM , feroient ici variables à l'infini. Cependant on vient de voir (*part. 1. folut. 2.*) que cinq telles puiffances feroient toûjours équilibre entr'elles fuivant les directions ici données, defquelles ces cinq lignes font autant de parties. Donc une infinité de puiffances, cinq à cinq , en des rapports differens à l'infini, feroient ici équilibre entr'elles fuivant ces mêmes directions données de cinq cordons AB , AC , AD , AE , AF , tous en même plan , & répandus en plus d'un demi-cercle. Par confequent ce Problême eft encore ici indéterminé.

3°. De ce que dans la folut. 3. part. 1. Fig. 3 5 6. les deux droites RAP , AS , font encore indéterminées de pofition,

X x iij

& AS de grandeur, le tout comme dans la solut. 1. Fig.
3 5 2. 3 5 3. 3 5 4. de la même part. 1. Cette raison, qui
dans l'art. 1. de la presente part. 2. vient de faire voir que
le Problême dont il s'agit ici, y étoit indéterminé, fait voir
de même qu'il l'est pareillement ici.

4.°. Mais ce qui prouve cela tout d'un coup & à la fois
pour toutes les solut. 1. 2. 3. de la part. 1. Fig. 3 5 2. 3 5 3.
3 5 4. 3 5 5. 3 5 6. c'est que les deux puissances D, F, qui
se reduisent à une S dirigée suivant AS dans les Fig. 3 5 2.
3 5 3. 3 5 4. part. 1. solut. 1. comme font les deux puissances E, F, dans la Fig. 3 5 6. de cette part. 1. solut. 3. &
que les deux puissances D, E, qui se reduisent aussi à une
V dirigée suivant AV dans la Fig. 3 5 5. de la même part.
1. solut. 2. reduisant ainsi à quatre en même plan, & en
plus d'un demi-cercle, les cinq cordons de cette part. 1.
Le cas 2. du Problême 1. fait voir par cela seul que le Problême dont il s'agit ici, y est toûjours indéterminé. *Ce qu'il
falloit 2°. démontrer.*

P A R T. I I I. C'est ainsi (*part. 1. 2.*) que le Problême
de cinq cordons de directions données toutes en même
plan, est toûjours indéterminé tant que ces cinq cordons
se trouvent répandus en plus d'un demi-cercle, dont leur
nœud commun soit le centre. Il s'agit presentement de faire voir que ce Problême est toûjours impossible, lorsque
ces cinq cordons de directions données en même plan, ne
sont pas répandus en plus d'un demi-cercle : c'est ce qui
se trouve démontré dans le Corol. 2. du Lem. 4. & *ce qu'il
falloit ici 3°. faire voir.*

C o n c l u s i o n d e s C a s I. II.

Donc quelques soient les directions données de cinq
cordons attachez ensemble par un seul & même nœud,
ausquels il s'agit d'appliquer autant de puissances (une à
chacun) qui fassent équilibre entr'elles suivant les directions données ; le Problême est toûjours indéterminé ou
impossible : sçavoir,

1°. Toûjours indéterminé (*part. 1. 2. des cas 1. 2.*) tant

que les cinq cordons de directions données, font en plans
differens, & répandus en plus d'une demi-sphere, ou
lorfqu'ils font tous en même plan, & répandus en plus
d'un demi-cercle.

2°. Et toûjours impoffible (*part.* 3. *des cas* 1. 2.) tant
que ces cinq cordons de directions données, font en plans
differens, fans être répandus en plus d'une demi-sphere,
ou tous en même plan, fans être répandus en plus d'un demi-cercle.

C'eſt-là tout ce qu'il s'agiſſoit de trouver & de démontrer
dans le preſent Probl. 1 5.

R E M A R Q U E   G E N E R A L E.

I. La folution du prefent Probl. 1 5. de cinq cordons F I G. 352.
attachez enfemble par un feul nœud, & de directions 353. 354.
données à volonté, fait affez voir comment on pourroit refoudre de même tout autre Problême de tant de cordons
qu'on voudra, attachez ainfi enfemble, & de directions
données à volonté. Mais il n'eſt pas befoin d'entrer fur cela
dans un plus grand détail pour voir ce que j'ai dit d'abord,
que lorfque le nombre des cordons de directions ainfi
données, eſt au-deffus de quatre, le Problême eſt toûjours
indéterminé ou impoffible; puifque tel eſt (*cas* 1. 2. *du*
Probl. 1 5.) celui de cinq cordons, & que par la méthode
précedente qui le fait voir, on reduira toûjours à ce nombre de cinq tel autre plus grand nombre de cordons qu'on
voudra, précifement de la même maniere que dans la
part. 1. des cas 1. 2. de la folut. du Probl. 1 5. les cinq cordons AB, AC, AD, AE, AF, ont été reduits à quatre
AB, AC, AD, AS, dans les Fig. 3 5 2. 3 5 3. 3 5 4. defquels AS pris ainfi pour un cordon tiré par une puiffance
S, qui feroit à chacune des deux D, F, comme cette diagonale AS à chacun des côtez correfpondans AL, AM,
du parallelogramme LM, équivaudroit (*Lem.* 2.) aux
deux cordons A D, AF, tirez par ces deux puiffances
D, F. Et comme ç'a été l'indétermination de pofition de
ce nouveau cordon AS fubſtitué au lieu des deux AD,

AF, avec une telle puiſſance S, au lieu des deux D, F, qui a cauſé l'indétermination de ce Probl. 15. dans les part. 1. 2. de ſon cas 1. & l'a augmentée dans les part. 1. 2. de ſon cas 2. On voit que plus il y aura de cordons de directions données au-deſſus de cinq, plus il y aura auſſi de nouvelles raiſons d'indétermination dans tous les autres Problêmes; leſquels, comme les deux précedens, ſeront toûjours poſſibles tant que les cordons y ſeront répandus en plus d'une demi-ſphere, ou en plus d'un demi-cercle, & toûjours impoſſibles (*Lem.* 2. *Corol.* 2.) dans tous les autres cas.

FIG. 355. 356.

Ce qu'on vient de dire des cinq cordons AB, AC, AD, AE, AF, reduits à quatre AB, AC, AE, AS, dans les Fig. 352. 353. 554. part. 1. des cas 1. 2. de la ſolut. du Probl. 15. ſe dira pareillement des cinq cordons qui y ont été reduits de même à quatre AB, AC, AD, AS, dans la Fig. 356. & auſſi à quatre AB, AC, AF, AV, dans la Fig. 355. pour faire encore voir que tel nombre de cordons qu'on voudra au-deſſus de cinq, pourra toûjours ſe reduire de même à cinq; & de cette maniere reduire au Probl. 15. chacun de tous ces autres Problêmes, qui par-là ſeront (comme lui) toûjours indéterminez ou impoſſibles.

II. Quant aux Problêmes de deux ou de trois cordons ainſi attachez enſemble par un ſeul nœud, & de directions auſſi données à volonté, on voit aſſez,

1°. Que lorſqu'il n'y a que deux cordons de directions données, le Problême eſt toûjours déterminé à deux puiſſances égales entr'elles, lorſque ces cordons ſont en ligne droite; & toûjours impoſſible, lorſqu'ils font quelqu'angle entr'eux : ce cas eſt celui d'une ſimple corde, aux extrêmitez de laquelle il faudroit appliquer deux puiſſances propres à faire équilibre entr'elles, leſquelles la rendroient toûjours en ligne droite.

2°. Que lorſqu'il n'y a que trois cordons de directions données, le Problême eſt toûjours auſſi déterminé ou impoſſible.

Il eſt toûjours déterminé, lorſque les trois cordons AB, Fɪɢ. 357.
AC, AD, en ſont donnez en même plan, & répandus en
plus d'un demi-cercle. Car alors le prolongement de chacun d'eux ; par exemple, le prolongement AQ du cordon
AB diviſant toûjours l'angle CAD des deux autres AC,
AD, en raiſon déterminée, le parallelogramme KL d'une
diagonale quelconque AG, priſe à volonté ſur AQ, & de
côtez AK, AL, ainſi déterminez ſur AC, AD, aura toûjours cette diagonale en raiſon déterminée à chacun de
ces côtez ; & conſequemment les trois puiſſances B, C, D,
requiſes aux trois cordons AB, AC, AD, pour faire équilibre entr'elles ſuivant ces directions ici données, devant
être entr'elles comme les parties correſpondantes AG, AK,
AL, de ces directions, chacune de ces trois puiſſances ſera
toûjours ici en raiſon déterminée à chacune des deux autres ; & conſequemment auſſi le Problême y ſera toûjours
déterminé.

Au contraire il ſera impoſſible (*Lem.* 4. *Corol.* 2.) en
tout autre cas ; ſçavoir, lorſque les trois cordons en même
plan, n'y ſeront pas répandus en plus d'un demi-cercle ; &
auſſi lorſqu'ils ſeront en plans differens, n'y pouvant être
répandus en plus d'une demi-ſphere.

III. Joignons preſentement ces deux articles avec les
ſolutions des deux Problêmes précedens ; & l'on verra pour
tous les Problêmes imaginables où il s'agira d'aſſigner des
puiſſances, qui appliquées chacune à chacun de tant de
cordons qu'on voudra, attachez enſemble par un ſeul
nœud, & de directions données à volonté, feroient équilibre entr'elles ſuivant ces directions : on verra, dis-je,

1°. Que (*art.* 2.) le Problême de deux ou de trois cordons, ſera toûjours déterminé ou impoſſible.

2°. Que (*ſolut. du Probl.* 14.) le Problême de quatre
cordons ſera tantôt déterminé, tantôt indéterminé, & quelquefois impoſſible.

3°. Qu'enfin (*ſolut. du Probl.* 15. *& art.* 1. *d'ici*) tous
les autres Problêmes de plus de quatre cordons à l'infini,
ſeront toûjours indéterminez ou impoſſibles.

Tome II. Y y

IV. Cela étant de tous les Problêmes de directions données de tel nombre de cordons qu'on voudra, attachez tous ensemble par un seul & même nœud, & auſquels on demanderoit d'appliquer autant de puiſſances (une à chacun) propres à faire équilibre entr'elles ſuivant ces directions données : Cela, dis-je, étant ainſi (*art.* 3.) de tous ces Problêmes, il eſt aiſé de voir que ceux de directions données de differentes branches de corde, iſſues de differens nœuds, ſe rapportant à quelqu'un de ceux-là en chaque nœud, ſont auſſi tous déterminez, ou indéterminez, ou impoſſibles, ſelon le nombre des branches ou cordons de chaque nœud ; ſçavoir,

1° Déterminez ou impoſſibles (*art.* 3. *nomb.* 1.) s'il ne part que trois cordons de chaque nœud ; ce qui eſt le moins qu'il en puiſſe partir : deux cordons ſeuls ne faiſant qu'une ſimple corde ; outre qu'ils ne rendroient encore (*art.* 3. *nomb.* 1.) le Problême que déterminé ou impoſſible.

2°. Il ſera (*art.* 3. *nomb.* 2.) déterminé, ou indéterminé, ou impoſſible, s'il y a des nœuds de quatre cordons, & aucun de davantage.

3°. Enfin le Problême ſera (*art.* 3. *nomb.* 3.) indéterminé, ou impoſſible, s'il y a des nœuds de plus de quatre cordons.

C'eſt-là tout ce que j'avois avancé ſur ce ſujet, & ce qui comprend tous les Problêmes qu'on peut faire à l'infini par rapport à tel nombre de cordons qu'on voudra, attachez enſemble par un ſeul ou pluſieurs nœuds, & auſquels il faudroit appliquer autant de puiſſances (une à chacun) propres à faire équilibre entr'elles ſuivant les directions données de ces cordons : les ſolutions de tous ces Problêmes ſe trouveront préciſément comme les précedentes des Probl. 14. 15. & du nomb. 2. de l'art. 2. de la Remarque qui les ſuit ; il n'y aura de difficulté nouvelle que pour l'imagination à ſe démêler de l'embarras des lignes & des plans que la multiplicité des cordons & de leurs directions données à volonté, y exigera pour tous les parallelogrammes qui y ſeront neceſſaires, ſur

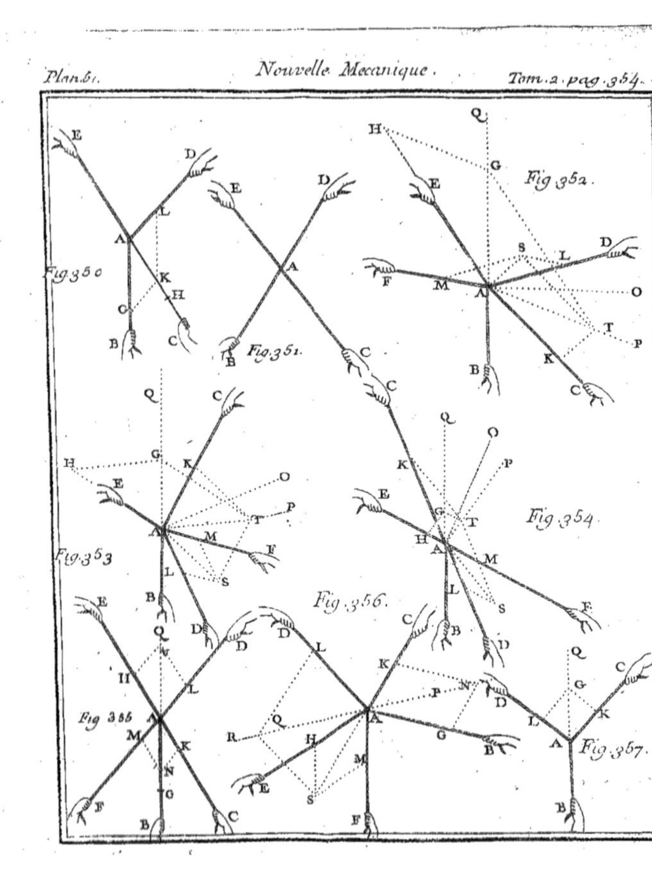

Plan.61.
Nouvelle Mecanique.
Tom. 2. pag. 354.
Fig. 350
Fig. 351
Fig. 352
Fig. 353
Fig. 354
Fig. 355
Fig. 356
Fig. 357

tout lorſque les cordons y ſeront donneҳ de poſition en differens plans. C'eſt ce qui m'a empêché d'entrer ici dans un plus grand détail de ces Problêmes, vû la facilité de la méthode qu'on y a ſuivie, laquelle fait aſſez voir que ſi au lieu de directions données, c'étoient ſeulement autant de points donneҳ par où ces directions dûſſent paſſer, ces ſortes de Problêmes ſeroient ſuſ- ceptibles d'un nombre infiniment plus grand de ſolutions que lorſque ces directions ſont données; puiſqu'alors ces puiſſances cherchées auroient leurs directions arbitraires, qui priſes à volonté par les points donnez, détermineroient ces puiſſances comme elles le viennent d'être par leurs directions données : ces Problêmes, dis-je, ſeroient tous alors indéterminez, ex- cepté le ſeul de deux cordons ſeulement, ou d'une ſimple corde, qui pour l'équilibre entre deux puiſſances appliquées à ces ex- trémiteҳ, les exige toûjours égales entr'elles ; au lieu que dans les Problêmes de trois cordons toûjours en même plan, ou de quatre en plans differens, les rapports des puiſſances ſeroient auſſi variables que leurs directions, & encore plus qu'elles dans le Problême de quatre cordons en même plan, & dans les autres d'un plus grand nombre de cordons attacheҳ enſemble par un ſeul & même nœud : variabilité des rapports des puiſ- ſances requiſes pour l'équilibre, laquelle augmenteroit avec le nombre de ces cordons.

PROBLEME XVI.

Dix puiſſances Φ, A, E, D, B, F, G, H, I, K, appli- quées à pluſieurs nœuds de cordes, étant données avec les an- gles que toutes ces cordes font entr'elles ; trouver la valeur du poids T, que toutes ces puiſſances ainſi appliquées ſoûtiennent enſemble.

FIG. 358.

SOLUTION.

Soit la valeur de chaque puissance, & de chaque angle donné dans la Table suivante.

Puissance.	Livres.		Angle.	Deg.	M.
Ψ	5.		θCT	45.	30.
A	4.	$\frac{1}{4}$	MCT	150.	20.
E	7.	$\frac{1}{4}$	LZC	58.	30.
D	12.	$\frac{1}{2}$	RZC	112.	15.
B	14.		VOZ	151.	
F	11.	$\frac{1}{2}$	SOZ	110.	
G	17.		QZC	143.	
H	7.	$\frac{1}{2}$	NCT	145.	
I	16.		βXC	131.	30.
K	13.	$\frac{1}{2}$	hXC	123.	30.
			PCT	64.	40.
			ʃYC	62.	
			zYC	107.	20.
			eYC	151.	40.

Cela fuppofé, fur les branches des cordes aufquelles les
puiffances φ, A, E, D, B, F, G, H, I, K, font immediatement appliquées, foient prifes depuis leurs nœuds
des parties θC, LZ, VO, SO, QZ, βX, *b*X, δY, *z*Y,
*e*Y, qui foient entr'elles comme les forces de ces mêmes
puiffances, c'eft-à-dire, comme les chifres qui leur répondent dans la Table précedente.

Prefentement fi l'on regarde chacune de ces proportionnelles comme un finus total, le finus de la difference
d'un angle droit à l'angle d'application de la puiffance
qui répond à cette proportionnelle, fera la fublimité ou
la profondeur de cette même puiffance : par exemple, fi
l'on prend la proportionnelle Cθ de la puiffance φ pour
un finus total, fa profondeur Cλ fera le finus de l'angle
Cθλ, qui eft la difference de θCλ, angle d'application de
cette puiffance à un angle droit. De même en prenant la
proportionnelle VO de la puiffance E, pour un finus total, fa fublimité O*u* fera le finus de l'angle OV*u*, qui eft
la difference d'un angle droit à fon angle d'application
VOZ : de cette façon nous aurons les fublimitez & les
profondeurs de toutes ces puiffances par les analogies
fuivantes.

Comme	au				Ainsi		à	
Le sinus total	Sinus	de l'angle	de Deg. M. difference de 90 deg. à l'angle d'aplica-tion.	de la puis-sance	La propor-tionnelle de cette même puissance.	de	Sa su-blimité, ou sa profon-deur	de
	7009093.	$C\theta\lambda$	44.30.	Φ	$C\theta$	5.	$C\lambda$	$3.\frac{1013093}{20000000}.$
	5224986.	ZLl	31.30.	A	ZL	$4.\frac{1}{4}$	Zl	$2.\frac{4412383}{20000000}.$
	8746197.	OVu	61.	E	OV	$7.\frac{1}{4}$	Ou	$6.\frac{1363971}{40000000}.$
10000000	3420202.	$OS\int$	20.	D	OS	$12.\frac{1}{2}$	$O\int$	$4.\frac{110101}{4000000}.$
	7986355.	ZQq	53.	B	ZQ	14.	Zq	$11.\frac{1808197}{1000000}.$
	6626201.	$X\beta f$	41.30.	F	$X\beta$	$11.\frac{1}{2}$	Xf	$7.\frac{6432043}{20000000}.$
	5519370.	Xhb	33.30.	G	Xh	17.	Xb	$9.\frac{382929}{1000000}.$
	4694716.	$Y\delta d$	28.	H	$Y\delta$	$7.\frac{1}{2}$	Yd	$3.\frac{521037}{1000000}.$
	2979303.	$Y\zeta x$	17.20.	I	Yz	16.	Yx	$4.\frac{479303}{625000}.$
	8802014.	Yeg	61.40.	K	Ye	$13.\frac{1}{2}$	Yg	$11.\frac{8827189}{10000000}.$

Après avoir ainsi trouvé la valeur de chacune des fublimitez & des profondeurs de toutes les puiffances qui
foûtiennent le poids T ; foit prife ZR égale à O*u* plus
O∫; c'eft-à-dire, fuivant les analogies précedentes, égale à
$6.\frac{1363971}{40000000}$ plus $4.\frac{110101}{400000}$; ou bien en reduifant ces deux

fractions à une même dénomination égale à 10. $\frac{24649813}{40000000}$.

Après cela OV étant à ZR , comme la puissance E à la force dont le point Z est tiré suivant ZO par le concours d'action des puissances D & E ; ZR sera la proportionnelle de cette force , & l'angle RZC étant (*Hyp.*) de 112. degrez 15. minutes, sa difference à un angle droit; c'est-à-dire , l'angle ZR*r* sera de 22. degrez 15. minutes. Ce qui donnera par une analogie semblable aux précedentes, 3. $\frac{1742652859166559}{20000000000000000}$. pour la valeur de Z*r* , sublimité de cette force ; puisque ZR de 10. $\frac{24649813}{40000000}$. est à 3. $\frac{1742652859166559}{20000000000000000}$. comme le sinus total 10000000. à 3786486. sinus de l'angle ZR*r* de 22. deg. 15. min.

Soit ensuite 1°. CM égale à Z*q* plus Z*r* moins Z*l*, c'est-à-dire , suivant les analogies que nous venons de trouver , égale à 11. $\frac{180897}{1000000}$. plus 3. $\frac{1742652859166559}{20000000000000000}$. moins 2. $\frac{4412381}{20000000}$. ou bien en reduisant ces trois fractions à une même dénomination , égale à 12. $\frac{16632087591650}{20000000000000000}$. Ce qui donnera par une analogie semblable aux précedentes, 11. $\frac{74566272432665199141}{5000000000000000000000000}$. pour la valeur de la sublimité C*m* ; puisque 12. $\frac{16632087591650}{20000000000000000}$. est à 11. $\frac{74566272432665199141}{5000000000000000000000000}$. comme le sinus total 10000000. à 8689196. sinus de l'angle CM*m*. de 60. deg. 20. min. qui est la difference d'un angle droit à l'angle MCT de (*Hyp.*) 150. deg. 20. min.

2°. Faites de même CN égale à X*b* plus X*f*; c'est-à-dire, suivant les analogies de la Table précedente , égale à 9. $\frac{382929}{1000000}$ plus 7. $\frac{6439043}{20000000}$; ou bien en reduisant ces deux fractions à une même dénomination égale à 16. $\frac{14097623}{20000000}$. Ce qui donnera par une analogie semblable aux précedentes, 13. $\frac{53676924854533}{10000000000000000}$ pour la valeur de la sublimité C*n*;puisque 16. $\frac{14097623}{20990000}$ est à 13. $\frac{136767694854583}{2000000000000000}$

comme le sinus total 10000000. à 8191521. sinus de l'angle CN*m* de 55. deg. qui est la difference d'un angle droit à l'angle NCT de (*Hyp.*) 145. deg.

3°. Enfin soit encore CP égale à Y*g* plus Y*x* moins Y*d*; c'est-à-dire, suivant les analogies de la Table précedente, égale à 11. $\frac{8827189}{10000000}$ plus 4. $\frac{479303}{625000}$ moins 3. $\frac{521037}{1000000}$; ou bien en reduisant ces trois fractions à une même dénomination égale à 12. $\frac{232141685}{282000000}$. Ce qui donnera par une analogie encore semblable aux précedentes, 5. $\frac{6864421233021.7}{141000000000000}$ pour la valeur de la profondeur C*p*; puisque 12. $\frac{232141685}{282000000}$. est à 5. $\frac{6864422233021.77}{141000000000000}$, comme le sinus total 10000000. à 4278838. sinus de l'angle CP*p* de 25. deg. 20. min. qui est la difference d'un angle droit à l'angle PCT de (*Hyp.*) 64. deg. 40. min.

De tout cela on voit presentement que

$$\text{la}\begin{cases}\text{Subl.} & C\,m\\ \text{Subl.} & C\,n\\ \text{Prof.} & C\lambda\\ \text{Prof.} & C\,p\end{cases}\text{est égale à}\begin{cases}11.\ \frac{74566272432665199141}{50000000000000000000}.\\[4pt] 13.\ \frac{136767694854582}{20000000000000}.\\[4pt] 3.\ \frac{1013093}{2000000}.\\[4pt] 5.\ \frac{6864422233021.77}{141000000000000}.\end{cases}$$

De sorte qu'en reduisant toutes ces fractions à une même dénomination, on aura $C\,m + C\,n - C\lambda - C\,p =$ 15. $\frac{591908169341374505788 81}{70500000000000000000000000}$. Or ayant pris, comme nous venons de faire, 1°. CR = O*s* + O*u*. 2°. CM = Z*q* + Z*r* − Z*l*. 3°. CN = X*f* + X*b*. 4°. CP = Y*g* + Y*x* − Y*d*, chacune des puissances qui soûtiennent ainsi le poids T; par exemple, la puissance E est (*prop.* 4. *Cor.* 1.) à ce poids comme sa proportionnelle OV de (*Hyp.*) 7 $\frac{1}{4}$ à C*m* + C*n* − C*λ* − C*p*. Donc cette même puissance E est à ce poids comme 7 $\frac{1}{4}$ à 15. $\frac{591908169341374505788 81}{70500000000000000000000000}$; par consequent

quent

quent la valeur de cette puiſſance étant (*Hyp.*) de $7\frac{1}{4}$ liv.
ce même poids eſt auſſi juſtement de 15. $\frac{12120816934117450178\,81}{70,00000000000000000010}$
liv. c'eſt-à-dire, de 15. livres, & un peu plus de cinq ſep-
tiémes de livres. *Ce qu'il falloit trouver.*

PROBLEME XVII.

<table><tr><td>

*Deux puiſſances F, H, étant données avec leurs points Q,
V, d'application à un Levier quelconque QV, & avec leurs
directions QF, VH; trouver l'appui de ce Levier, avec la
charge & la direction de cet appui, ſur lequel ces deux puiſſan-
ces doivent faire équilibre entr'elles.*

</td><td>

Fig. 359.
& ſuivantes
juſqu'à 365.

</td></tr></table>

CAS I.

*Dans lequel les directions données QF, VH, des
puiſſances auſſi données F, H, ſont paralleles
entr'elles.*

Fig. 359.
360. 361.

SOLUTION.

Du point donné V ſoit menée VS perpendiculaire en S
ſur la direction donnée QF de la puiſſance F. Sur cette
perpendiculaire VS prolongée ſoient priſes VT. TS::F.
H. Après quoi ſoit menée TB parallele à QF, & qui rencontre en quelque point B le Levier VQ prolongé en ligne droite ou courbe à volonté.

Je dis que ce point B de ce Levier de figure quelconque, & d'eſpece auſſi quelconque, ſera celui de ſon appui ſur lequel les deux puiſſances données F, H, feront
équilibre entr'elles ſuivant leurs directions données QF,
VH; & que la charge qui en reſultera à cet appui B ſera
ſuivant une direction parallele à celles des puiſſances F,
H, & égale à la ſomme de ces mêmes puiſſances, lorſqu'elles agiſſent en même ſens, comme dans la Fig. 359.
ou égale à leur difference, lorſqu'elles agiſſent en ſens
contraires, comme dans les Fig. 360. 361. *Ce qui eſt tout
ce qu'il falloit 1°. trouver.*

<table><tr><td>

Tome II.

</td><td>

Z z

</td></tr></table>

DÉMONSTRATION.

Par ce point B foit la droite BR parallele à VT ; & confequemment perpendiculaire comme elle (*folut.*) à BT , QF , VH , paralleles auffi (*folution*) entr'elles , dont cette droite BR prolongée rencontre en P, R, les deux dernieres QF , VH , de qui BP, BR, font confequemment les diftances au point B. Or les parallelogrammes rectangles TP, TR, qui refultent des paralleles BR, VT, ainfi perpendiculaires aux trois autres BT , QF,VH, rendent BR. BP :: VT. TS (*folut.*) :: F. H. Donc ces deux puiffances F, H, font ici entr'elles en raifon reciproque des diftances BP, BR, de leurs directions QF, VH, au point B du Levier QV , auquel elles font appliquées fuivant ces directions. Par confequent ces deux puiffances données F, H, feront ici (*Th. 21. Corol.* 13.) équilibre entr'elles fuivant ces directions fur un appui placé en ce point B de ce Levier de figure & d'efpece quelconques ; & que la charge qui en refultera à cet appui, fera (*Th. 21. part.* 1.) telle, & de direction telle qu'on les vient d'énoncer dans la folution précedente. *Ce qui eft tout ce qu'il falloit ici démontrer.*

CAS II.

FIG 362. 363. 364. 365.

Dans lequel les directions données QF , VH , des puiffances auffi données F , H , fe rencontrent (étant prolongées) en quelque point C.

SOLUTION.

De ce point C de rencontre entr'elles de ces deux directions données QF, VH, prolongées, foient prifes fur elles vers les puiffances F, H, ainfi dirigées , des parties CD. CE :: F. H. Defquelles parties foit fait le parallelogramme CDAE, dont elles foient les côtez, & dont la diagonale CA prolongée rencontre en B le Levier QV auffi prolongé. La partie 6. du Th. 21. fait voir que ce point B

fera celui ou ce Levier de figure & d'espece quelconques,
étant appuyé, les deux puissances données F, H, qui lui
sont appliquées suivant les directions aussi données QF,
VH, feront équilibre entr'elles ; & que la charge qui en
resultera a cet appui B, sera (*Th. 2 1. part. 1.*) de C vers
A suivant CA, & à chacune de ces puissances F, H, comme cette diagonale CA est à chacun des côtez correspondans CD, CE, du parallelogramme CDAE. *Ce qui est tout
ce qu'il falloit ici 2°. trouver & démontrer.*

PROBLEME XVIII.

Deux puissances quelconques F, H, étant données avec la
direction QF de la premiere F, & son point d'application Q
à un Levier QB d'appui donné B : on demande le point d'appli-
cation de la seconde puissance H à ce Levier prolongé (s'il est
necessaire) en ligne quelconque, & la direction que cette puis-
sance H doit avoir pour faire équilibre avec l'autre puissance
F sur l'appui donné B de ce même Levier de figure & d'espece
quelconques.

Fig. 359.
& suivantes
jusqu'à 372

C A S I.

Dans lequel on veut que la direction cherchée de la puis-
sance H, soit parallele à la direction donnée QF de
l'autre puissance F pareillement donnée.

Fig. 359.
360. 361.

S o l u t i o n.

Du point d'appui donné B soit menée BP perpendiculaire en quelque point P à la direction QF prolongée de
la puissance F. Sur cette droite BP aussi prolongée, s'il est
necessaire, soit prise BR. BP::F. H. Après quoi par le
point R soit menée RV parallele à QF, & qui rencontre
en V le Levier BQ prolongé de figure & d'espece quelconques.

Cela fait, je dis que la puissance donnée H, appliquée
à ce Levier en ce point V suivant VR, fera équilibre sur
l'appui donné B de ce même Levier avec l'autre puissance

Z z ij

donnée F, qu'on lui suppose appliquée en Q suivant QF. *Ce qu'il falloit 1°. trouver.*

Demonstration.

Puisque (*solut.*) VH est parallele à QF, & qu'elle est rencontrée en R par BR perpendiculaire en P sur QF ; cette droite BR, où PBR est aussi perpendiculaire en R sur VH : & consequemment BP, BR, sont les distances de l'appui B à ces directions QF, VH, des puissances F, H. Donc ayant (*solut.*) BR. BP :: F. H. Ces deux puissances données F, H, seront ici (*Th.* 21. *Corol.* 13.) en équilibre entr'elles sur cet appui donné B. *Ce qu'il falloit démontrer.*

C A S I I.

Fig. 362.
& suivantes
jusqu'à372.

Dans lequel on veut que la direction demandée de la puißance donnée H, rencontre quelque part la direction donnée Q F de la puißance F pareillement donnée.

Solution I.

Fig. 362.
363. 364.
365.

Sur la direction donnée QF de la puissance donnée F, soit prise QG à volonté ; & de son point G soit menée en angle quelconque QGL avec elle, la droite GL qui soit à GQ comme la puissance donnée H est à la donnée F, c'est-à-dire, GL telle qu'on ait ici GL. QG :: H. F. Après cela du point d'appui donné B soit menée BC parallele à QL, & qui rencontre en C la direction QF prolongée de la puissance F. Enfin de ce point C soit menée CH parallele à GL, & qui prolongée rencontre en V ce Levier aussi prolongé (s'il est necessaire) en ligne quelconque.

Je dis que ce point V sera le point requis d'application de la puissance donnée H à ce Levier, & VH la direction qu'elle doit avoir pour faire équilibre sur l'appui donné B avec l'autre puissance donnée F de direction CF ou QF pareillement donné. *Ce qu'il falloit 2°. trouver.*

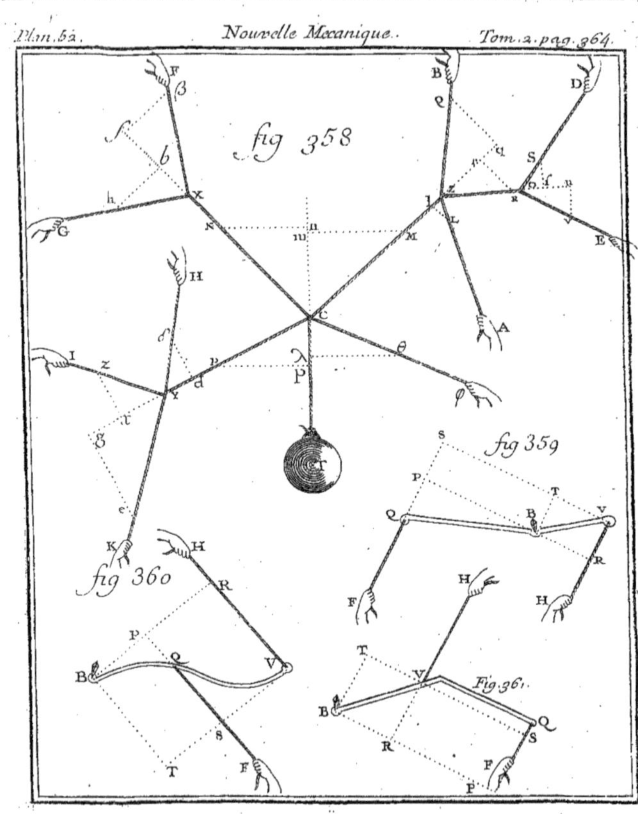
fig 358
fig 359
fig 360
Fig 36.

D E M O N S T R A T I O N.

D'un point D quelconque de CF, pris depuis C vers F,
soit menée DA parallele à GL, & qui rencontre en A la
droite BC prolongée, comme sa parallele QL (*solut.*) est
rencontrée en L par GL. Ce parallelisme de DA à GL,
& de CA à QL, joint à ce que CD & QG sont sur la
même droite CF, rend les deux triangles CDA, QGL,
semblables entr'eux ; & en consequence DA. CD :: GL.
QG (*solut.*) :: H. F. Soit presentement menée AE parallele à CD, & qui rencontre en E la droite VH parallele
(*solut.*) à GL, à laquelle DA vient aussi d'être faite parallele. L'on aura ici le parallelogramme CDAE, dont
la diagonale CA sera sur BC prolongée (s'il est necessaire) & les côtez CD, CE, sur les directions CF, VH, des
puissances F, H ; & ce parallelogramme rendant CE=
DA, l'on aura ici CE. CD :: DA. CD. Mais on vient de
trouver DA. CD :: H. F. Donc on aura pareillement ici
CE. CD :: H. F. Par consequent (*Th.* 21. *part.* 6.)ces deux
puissances données H, F, dirigées suivant la direction
trouvée CH, & la donnée CF, seront ici en équilibre entre
elles sur l'appui donné B. *Ce qu'il falloit démontrer.*

S O L U T I O N II.

Du point d'appui donné B soit BP perpendiculaire en
quelque point P à la direction donnée & prolongée QF de
la puissance F. Sur cette perpendiculaire BP aussi prolongée, soit prise BD. BP :: F. H. Du point B soit menée la
droite BV égale à BD, ou plus grande qu'elle en raison
quelconque pour plus de generalité ; laquelle droite BV
rencontre quelque part en V le Levier QB prolongé, s'il
est necessaire. Autour de cette droite BV, comme diametre, soit décrit le cercle BR VR, qui rencontre en R,
R, l'arc circulaire RDR ou RRD décrit du centre B &
du rayon BD.

Cela fait, je dis que la puissance donnée H, appliquée
au point V du Levier BQ prolongé de ce côté-là, & di-

FIG. 366.
& suivantes
jusqu'à 372.

Z z iij

rigée de V vers H suivant celle qu'on voudra des deux droites VR, VR, fera équilibre sur l'appui donné B de ce Levier, avec l'autre puissance donnée H, qu'on lui suppose appliquée en F suivant QF. *Ce qu'il falloit encore* 2°. *trouver.*

Demonstration.

Chaque demi-cercle BRV rendant la droite BR perpendiculaire en R sur RV ou VH, comme la droite BP l'est (*solut.*) en P sur PF ou QF ; ces deux droites BR, BP, font les distances de l'appui B à ces deux directions VH, QF, des puissances H, F. Mais l'arc de cercle RDR ou RRD décrit du centre B par D, R, rendant BR=BD, rend aussi BR. BP :: BD. BP (*solut.*) :: F. H. Donc ces deux puissances F, H, sont ici entr'elles en raison reciproque des distances BP, BR, de leurs directions QF, VH, à l'appui B du Levier auquel elles sont appliquées suivant ces directions. Par consequent (*Th.* 21. *Corol.* 3.) ces deux puissances données F, H, seront ici en équilibre entr'elles sur l'appui donné B de ce Levier quelconque. *Ce qu'il falloit démontrer.*

Corollaire I.

Fig. 362.
363. 364.
365.

Suivant la *solut.* 1. & la démonstr. du cas 2. l'angle CDA des Fig. 362. 363. 364. 365. étant égal à l'arbitraire QGL, & pouvant ainsi varier à l'infini, sans détruire l'équilibre démontré en consequence de cette *solut.* 1. peut consequemment changer en une infinité d'autres la direction demandée CE ou VH de la puissance donnée H, pendant que la direction donnée CF de l'autre puissance donnée F, demeure toûjours la même, sans que (*démonstr. de la solut.* 1.) ces deux puissances données cessent de faire équilibre entr'elles sur l'appui donné B. D'où l'on voit que le Problême ici proposé, y est susceptible d'une infinité de solutions, à la maniere de la *solut.* 1.

COROLLAIRE II.

La folut. 2. & la dém. du cas 2. convenant également à chacune des deux directions R VH, VRH, de la puiffance donnée H, determinées par le point V, & par chacune des deux coupes R , R , refultantes de BV plus grande que BD en quelque rapport que ce foit , c'eft-à-dire, (folut.) de BV en plus grande raifon quelconque à BP que la puiffance donnée F n'eft à la puiffance H ; cette folution & cette demonftration du cas 2. font voir enfemble que cette puiffance H fera également ici équilibre fuivant chacune de ces deux directions VH , VH , fur l'appui donné B, avec la puiffance F de direction donnée, & toûjours la même. Ce qui pour chaque rapport de majorité de BV à BD , ou à fon égale BG , donne deux folutions du Problême : de forte que ce rapport pouvant varier à l'infini , ce Problême pourra ainfi avoir une infinité de folutions, double de l'infinité de ces rapports, à la maniere de la folut. 2. comme il en peut avoir auffi une infinité (*Corol.* 1.) à la maniere de la folut. 1.

Fig. 366.
& fuivantes
jufqu'à 372.

COROLLAIRE III.

Si prefentement, dans la même folut. 2. du cas 2. l'on fuppofe que le point V eft au point E , où le Levier eft rencontré par DE tangente en D de l'arc RDR ou DRR , & qu'ainfi BV foit en BE ; le cercle BRVR , qui fe trouve alors de ce diametre BE , rencontre (l'angle BDE étant droit) l'arc RDR ou DRR en D , & en un autre point également diftant de E de l'autre côté de ce diametre BE : ce qui fait alors paffer les points R , R , en ces deux-là , & les deux droites égales VR en deux touchantes ED en ces points de l'arc RDR ou DRR , égales auffi entr'elles, lefquelles fe trouvent ainfi pour lors les directions de la puiffance donnée H , non feulement propres l'une & l'autre à la mettre en équilibre fur l'appui donné B avec l'autre puiffance donnée F de direction donnée , & toûjours la même QF ; mais encore dont celle qui eft fuivant la tou-

chante ici marquée ED ou DE de l'arc RDR ou DRR du
centre B, se trouve comme (*solut.* 2.) QF ou PF, perpendiculaire à la droite DBP, & consequemment parallele à QF, de même que dans le premier cas, lequel se
trouve encore ainsi resolu en consequence de la solution
du second.

COROLLAIRE IV.

Si enfin dans la même solut. 2. du cas 2. le Levier passoit par le point D, en qui soit ainsi le point V, & le diametre BV sur le rayon BD auquel il se trouveroit ainsi
reduit. Le cercle BRVR n'ayant alors pour diametre que
ce rayon BD de l'arc RDR ou DRR, ne rencontreroit cet
arc qu'au seul point D, où il le toucheroit, & où leurs
deux sections R, R, se réuniroient eu un seul attouchement en ce point D, où les deux droites VR, VR, se confondroient en une seule ED ou DE touchante commune
de ces deux cercles en ce point D. Ce qui ne donneroit alors
que cette seule direction de la puissance donnée H, propre à la mettre en équilibre sur l'appui donné B, avec
l'autre puissance donnée F de direction donnée QF; &
ne fourniroit ainsi qu'une seule solution du Problème,
dont BV plus grande que BD en quelque rapport que ce
soit, en fournit deux (*Corol.* 2. 3.) pour chacun de ces
rapports. Mais cette direction ED ou DE touchante commune en D des deux cercles qui s'y toucheroient aussi,
BD étant ici le rayon de l'un & le diametre de l'autre;
perpendiculaire qu'elle seroit en ce point D à la droite
DBP ou DPB comme QF lui est (*solut.* 2. *du cas* 2.) perpendiculaire en P, seroit encore ici parallele à QF comme
dans le Corol. 2. Donc les puissances données H, F, ici
dirigées suivant ces paralleles ED ou DE, & QF y étant
entr'elles (*solut. du cas* 2.) en raison reciproque des distances BD, BP, de ces directions à l'appui donné B, feroient ici (*Th.* 21. *Cor.* 13.) équilibre entr'elles sur cet appui
B, comme dans la solut. du cas 1. qui se trouve encore ici
resolu, ainsi que dans le Corol. 2. en consequence de la
solution du cas 2.

SCHOLIE.

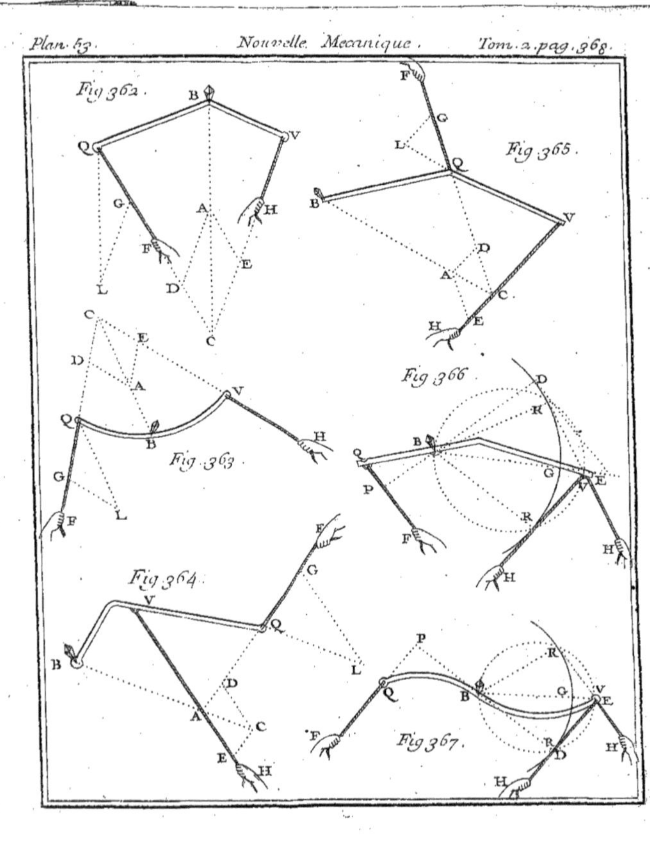

Plan. 53.
Nouvelle Mecanique.
Tom. 2. pag. 368.
Fig. 362.
Fig. 363.
Fig. 364.
Fig. 365.
Fig. 366.
Fig. 367.

Sᴄʜᴏʟɪᴇ.

La raiſon pour laquelle j'ai dit dans la ſolut. 2. du cas
2. que BV doit être égale à BD, ou plus grande qu'elle
en quelque rapport que ce ſoit ; c'eſt que ſi BV étoit
moindre que BD, le cercle BR, VR decrit de ce diametre BV, ne rencontreroit nulle part l'autre RDR ou DRR
decrit du rayon BD & du centre B ; & que faute de cela
il ne determineroit aucune direction de la puiſſance H,
bien loin de lui en determiner une ſuivant laquelle elle fît
équilibre ſur l'appui donné B avec l'autre puiſſance donnée F, & de direction donnée QF, ainſi que l'exige le Problême.

PROBLEME XIX.

Deux puiſſances F, H, étant données avec leurs points Q,
V, d'application à un Levier quelconque QV d'appui donné B,
trouver les directions requiſes à ces deux puiſſances, pour faire
équilibre entr'elles ſur cet appui B.

Fɪɢ. 373.
374. 375.
376.

Sᴏʟᴜᴛɪᴏɴ.

De ce point donné B, aux deux points auſſi donnez Q,
V, d'application des puiſſances données F, H, au Levier
quelconque QV, ſoient menées les droites BQ, BV, deſquelles, comme diametres, ſoient decrits les cercles
BPQP, BRVR, dans leſquels de leur point commun B
ſoient inſcrites des droites ou cordes BP, BR, en raiſon
reciproque des puiſſances données F, H, en ſorte qu'on
ait ici BP. BR :: H. F. Après cela du centre B, & de ces
rayons BP, BR, ſoient decrits les arcs de cercles PP,
RR, dont le premier rencontre le cercle BPQP en P, P ;
& le ſecond, le cercle BRVR en R, R.

Cela fait, je dis que ſi du point Q par les points P, P,
l'on mene les deux droites QP, QP ; & que du point V par
les points R, R, l'on mene de même les deux droites VR,
VR ; la puiſſance F dirigée ſuivant celle qu'on voudra
des deux premieres QF, QF, de ces quatre droites, fera

équilibre fur l'appui donné B , avec l'autre puiffance H ,
dirigée fuivant celle qu'on voudra auffi des deux autres
droites VH , VH. *Ce qu'il falloit trouver.*

DEMONSTRATION.

Les demi-cercles BPQ , BRV , rendant droits les angles
de ces noms qu'ils contiennent , les droites BP , BR , feront
les diftances de l'appui donné B aux directions QF , VH ,
des puiffances données F , H. Ainfi ayant (*folut.*) BP. BR
:: H. F. Ces deux puiffances H , F , font ici entr'elles en
raifon reciproque des diftances de leurs directions à cet
appui B. Donc (*Th.* 1. *Corol.* 3.) elles demeureront ici en
équilibre entr'elles fur cet appui donné B. *Ce qu'il falloit*
démontrer.

COROLLAIRE.

La folution & la demonftration convenant également à
chacune des deux directions PF , PF , de la puiffance F ,
& à chacune des deux VH , VH , de l'autre puiffance H ,
tant que les cordes BP , BR , des cercles BPQP , BRVR ,
feront entr'elles en raifon reciproque de ces puiffances
F , H ; l'on voit que chaque cas des grandeurs que ces
cordes auroient en ce rapport , fournira deux folutions
du Problême dont il s'agit ici. Donc ces grandeurs des
cordes BP, BR , pouvant varier à l'infini , fans ceffer d'être
entr'elles en ce rapport , excepté dans le cas du Scholie
fuivant ; ce Problême pourra ainfi avoir une infinité de
folutions , double de l'infinité des cas où ces grandeurs des
cordes BP , BR , peuvent ainfi varier fans ceffer d'être
entr'elles en raifon reciproque des puiffances données F,
H , qui , à caufe des angles (*folut.*) toûjours droits BPQ
BRV , auront toûjours ces cordes BP , BR , des cercle
BPQP , BRVR , pour diftances de l'appui B à leurs dire
ctions PF , VH.

SCHOLIE.

Il eft à remarquer que fi la pofition de la direction Q
de la puiffance F étoit donnée telle que BR prife à BP e

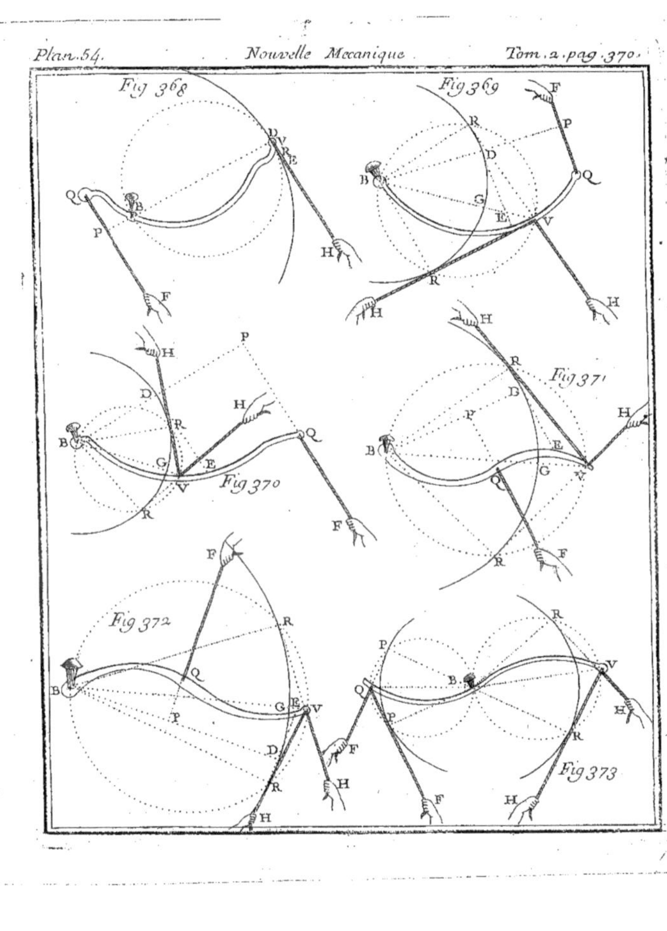

Plan. 54.
Nouvelle Mecanique
Tom. 2. pag. 370.
Fig 368
Fig 369
Fig 370
Fig 371
Fig 372
Fig 373

raison de F à H, se trouvât plus grande que BV diametre du cercle BR VR ; le Problême dont il s'agit ici seroit impossible : puisque cette droite BR ne pourroit plus être inscrite dans ce cercle, ni consequemment être la distance de l'appui B à la direction requise par V à la puissance H.

PROBLEME XX.

Deux puissances F, H, étant données à volonté avec les points Q, V, de leurs applications à un Levier quelconque QBV ou BQV d'appui B donné aussi à volonté ; diriger ces deux puissances de maniere qu'elles fassent équilibre entr'elles sur cet appui B ; & que la charge (que j'appelle P) qui lui resultera de leur concours d'action sur lui, soit à chacune de ces deux puissances F, H, en raison d'une grandeur donnée quelconque A à chacune des deux autres D, E, pareillement données, c'est-à-dire, en sorte qu'on ait ici P. F.H :: A. D. E.

Fig. 377.
378 379.
380.

REMARQUE.

On sçait (*Th. 21. part. 3. joint au Th. 1. Cor. 6. art. 1.*) que pour rendre ce Problême possible, cette charge P de l'appui B, doit être telle par rapport aux puissances F, H, du concours desquelles elle doit resulter, que de ces trois grandeurs P, F, H, & en consequence (*Hyp.*) des trois A, D, E, la somme de deux quelconques soit plus grande que la troisiéme. Cela posé, voici la solution du Problême dans les deux cas, dans le premier desquels l'appui donné B se trouve entre les puissances F, H, comme dans les Fig. 377. 378. & dans le second ces puissances sont toutes deux d'un même côté de cet appui B, comme dans les Fig. 379. 380. Ces deux cas pourroient se resoudre à la fois par la methode qu'on va voir leur convenir à tous deux : mais le different arrangement des trois points donnez Q, B, V, & B, Q, V, y causeroit de doubles repetitions en lettres differentes, & par consequent quelque confusion dans la solution & dans la démonstration generales qu'on pourroit donner de ces deux cas à la fois :

A a a ij

c'eſt pour plus de netteté que nous les allons reſoudre & démontrer l'un après l'autre, quoique par la même methode.

CAS I.

Dans lequel l'appui B eſt donné entre les points donnez Q, V, d'application des puiſſances F, H, au Levier QBV des Fig. 377. 378.

SOLUTION.

Par les extrêmitez Q, V, du Levier donné QBV dans les Fig. 377. 378. ſoit menée la droite QV, ſur laquelle ſoit fait un triangle QKV, dont les côtez KV, KQ, ſoient à cette baſe QV, comme les grandeurs données D, E, ſont à la donnée A; c'eſt-à-dire, un triangle QKV, tel qu'il ait ſes côtez QV. KV. KQ::A. D. E. lequel triangle ſera toûjours poſſible; puiſque de ces trois dernieres grandeurs données A, D, E, la ſomme de deux quelconques eſt (*Hyp.*) plus grande que la troiſiéme. Autour de ce triangle QKV ſoit circonſcrit un cercle QKVC rencontré auſſi en C par la droite KBC, menée de ſon point K par l'appui donné du Levier donné QBV, droit ou courbe, il n'importe. Enfin de ce point C par les extrêmitez Q, V de ce Levier ſoient menées les droites CQF, CVH, dans la Fig. 377. & CFQ, CHV, dans la Fig. 378.

Cela fait, je dis que ces droites CQF, CVH, dans la Fig. 377. & CFQ, CHV, dans la Fig. 378. ſont les directions requiſes aux puiſſances F, H, pour demeurer en équilibre entr'elles ſur l'appui donné B, ainſi qu'on l'exige; & pour cauſer à cet appui par leur concours la charge qu'on lui exige auſſi; c'eſt-à-dire, que ces deux puiſſances F, H, appliquées ſuivant ces directions QF, VH, aux points donnez Q, V, de leurs applications au Levier de figure quelconque QBV, & d'appui donné entr'eux, non ſeulement demeureront en équilibre entr'elles ſur cet appui B; mais encore qu'elles lui cauſeront alors par leur

concours d'action fur lui, une charge qui fera à chacune
de ces puiſſances F, H, comme la grandeur donnée A eſt
à chacune des deux autres données D, E. *Ce qu'il falloit*
1°. *trouver.*

D E M O N S T R A T I O N.

Soit fait le parallelogramme CDAE, dont la diagonale
CA ſoit ſur KC prolongée, s'il eſt neceſſaire, & dont les
côtez CD, CE, ſoient de même ſur les directions QF,
VH, (auſſi prolongées s'il eſt neceſſaire) des puiſſances
F, H: l'on aura (*ſolut.*) les angles QVK═KCQ═ACD,
& VQK═KCV═ACE═CAD. Donc le triangle QKV a
deux angles QVK, VQK, égaux chacun à chacun des
deux angles ACD, CAD, du triangle ADC; & conſe-
quemment ces deux triangles QKV, ADC, ſont ſembla-
bles entr'eux. Donc QV: KV. KQ :: CA. CD. DA :: CA.
CD. CE. Mais (*ſolut.*) QV. KV. KQ :: A. D. E (*Hyp.*)
:: P. F. H. Donc CA. CD. CE :: P. F. H.

Or en conſequence de CD. CE :: F. H. (*Th.* 2 1. *part.* 6.)
on voit qu'il y aura ici équilibre entre ces deux puiſſances F, H, ſur l'appui donné B, par où paſſe (*ſolut.*) la
diagonale CA du parallelogramme CDAE, dont les côtez
CD, CE, ſont ſur les directions de ces puiſſances F, H.

De plus en ce cas d'équilibre (*Th.* 2 1. *part.* 3.) on
voit auſſi que la charge de cet appui (que j'appelle auſſi
B comme lui) reſultante du concours de ces deux puiſſances F, H, eſt à ces mêmes puiſſances, comme cette
diagonale CA eſt à ces deux côtez CD, CE, de ce parallelogramme CDAE: c'eſt-à-dire, B. F. H :: CA. CD.
CE. De ſorte que venant de trouver auſſi P. F. H :: CA.
CD. CE. L'on aura ici B═P. Ainſi ayant (*Hyp.*) P. F. H
:: A. D. E. L'on aura pareillement ici B. F. H :: A. D. E.

Donc les deux puiſſances données F, H, étant appliquées ſuivant les directions QF, VH, aux points donnez
Q, V, de leurs applications au Levier QBV d'appui B
donné entr'eux dans les Fig. 3 7 7. 3 7 8. non ſeulement
demeureront en équilibre entr'elles ſur cet appui B, mais.

A a a iij

encore qu'elles lui cauſeront par leur concours d'action
ſur lui, une charge B═P, laquelle ſera à chacune de ces
deux puiſſances F, H, comme la grandeur donnée A eſt
à chacune des deux autres D, E, pareillement données.
Ce qui eſt tout ce qu'il falloit ici 1°. *démontrer.*

C A S I I.

Fɪɢ. 379.
380.

Dans lequel les deux puiſſances données F, H, ſont
d'un meſme côté de l'appui donné B, comme dans les
Fig. 379. 380.

S O L U T I O N.

Ce ſecond cas ſe reſoudra de même que le premier, à
à la difference des lettres près. Pour le voir, par les extrêmitez B, V du Levier BQV donné de figure quelconque dans les Fig. 379. 380. ſoit menée la droite BV,
ſur laquelle ſoit fait un triangle BKV, dont les côtez
KV, KB, ſoient à cette baſe BV, comme les grandeurs
données A, E, ſont à la donnée D : c'eſt-à-dire, un triangle tel qu'il ait ſes côtez KV. KB. BV :: A. E. D. Et en
conſequence KV. BV. KB :: A. D. E. Lequel triangle
ſera toûjours poſſible, à cauſe que de ces trois grandeurs
A, D, E, la ſomme de deux quelconques eſt (*Hyp.*) plus
grande que la troiſiéme. Autour de ce triangle BKV ſoit
circonſcrit un cercle BKVC rencontré auſſi en C par la
droite KQC menée de ſon point K par celui du milieu des
trois points donnez B, Q, K, lequel eſt ici celui Q d'application de la puiſſance F au Levier donné BQV ; laquelle droite KQC ſoit prolongée vers F dans l'une &
dans l'autre de ces deux Figures. Enfin de ſon point C par
les extrêmitez B, V, de ce Levier, ſoient menées les droites BAC, VCH.

Cela fait, je dis que les droites CQF, VCH, ſont les
directions requiſes aux deux puiſſances données F, H,
pour demeurer en équilibre entr'elles ſur l'appui donné
B, ainſi qu'on l'exige ; & pour cauſer à cet appui par leur

concours d'action fur lui, la charge qu'on lui exige auffi :
c'eft-à-dire, que ces deux puiffances F, H, appliquées
fuivant ces directions QF, VH, aux points donnez Q, V,
de leurs applications au Levier donné de figure quelconque
BQV, & d'appui B donné, d'un feul côté duquel font
ces deux points Q, V, non feulement demeureront en
équilibre entr'elles fur cet appui B, mais encore qu'elles
lui cauferont par leur concours d'action fur lui, une charge qui fera à chacune de ces deux puiffances F, H, comme la grandeur donnée A eft à chacune des deux autres
D, E, pareillement données. *Ce qu'il falloit* 2°. *trouver.*

<h3 align="center">D E M O N S T R A T I O N.</h3>

Soit fait le parallelogramme CDAE, dont la diagonale
CA foit fur BC prolongée, s'il eft neceffaire ; & dont les
côtez CD, CE, foient fur les directions QF, VH auffi
prolongées des puiffances F, H ; l'on aura (*folut.*) les angles BVK=KCB=DCA, & VBK=KCV=AEC=CDA.
Donc le triangle BKV a deux angles BVK, VBK, égaux
chacun à chacun des deux angles DCA, CDA, du triangle DAC ; & confequemment ces deux triangles BKV,
DAC, font femblables entr'eux. Donc KV. BV. KB : : CA.
CD. DA : : CA. CD. CE. Mais (*folut.*) KV. BV. KB : : A.
D. E (*Hyp.*) : : P. F. H. Donc CA. CD. DE : : P. F. H.
ainfi que dans la démonftration de la folut. du cas 1. de
forte qu'en continuant cette démonftration-ci comme
celle-là, l'on trouvera ici comme là, que les deux puiffances données F, H, étant appliquées fuivant les directions QF, VH, aux points donnez Q, V, de leurs applications au Levier donné QBV d'appui donné B d'un
même côté de ces deux points dans les Fig. 379. 380.
non feulement demeureront en équilibre entr'elles fur cet
appui B, mais encore qu'elles lui cauferont par leur concours d'action fur lui, une charge qui fera à chacune de
ces deux puiffances F, H, comme la grandeur donnée A
eft à chacune des deux autres D, E, pareillement données. *Ce qui eft tout ce qu'il falloit ici* 2°. *démontrer.*

Si dans les Fig. 379. 380. on transpose les points donnez Q, V, en sorte que le Levier B Q V y devienne B V Q encore du cas 2. de pareille transposition, des puissances F, H, & des lettres D, E, rendront ces deux Figures propres à ce nouveau Levier B V Q, aussi-bien que la solution & la démonstration du cas 2. en y changeant Q, F, D, en V, H, E; & reciproquement. Tout cela est si visible, qu'il auroit été fort inutile d'y repeter ces deux Fig. 379. 380. aussi peu changées avec la solution & la démonstration du cas 2. qui ne diffère point ici de ce qu'elles sont là, qu'en ces six lettres ainsi transposées.

COROLLAIRE I.

FIG. 377. 378.

I. Dans le cas 1. de la Fig. 377. 378. le Levier QBV déterminant la longueur de la droite QV, & le triangle QKV ayant (*solut.*) ses côtez QV. KV. KQ :: A. D. E. qui sont (*Hyp.*) trois grandeurs données ; son point K est déterminé, aussi-bien que ses deux autres points Q, V, & que l'appui donné B du Levier donné QBV. Donc tant que ces deux points K, B, sont differens, la position de la droite KBC, qui passe (*solut.*) par ces deux points déterminez K, B, est aussi déterminé avec le point C, où elle rencontre la circonference du cercle QKVC déterminé de position & de grandeur par la détermination de ses trois points Q, K, V. Ainsi les directions QF, VH, des puissances F, H, devant (*solut.*) des points donnez Q, V, passer par ce point déterminé C, en les prolongeant vers lui, elles sont aussi de positions déterminées ; & consequemment les seules qui puissent satisfaire ici (*Fig.* 377. 378.) au premier cas du Problême, tant que les points K, B, y sont differens. Donc ce cas 1. de ce Problême n'est alors susceptible que d'une seule solution.

FIG. 379. 380.

II. De même dans le cas 2. (*Fig.* 379. 380.) le Levier donné BQV déterminant la longueur de la droite BV, & le triangle BKV ayant (*solution*) ses côtez KV. KB. BV :: A. E. D. qui (*Hyp.*) sont trois grandeurs données ; son point K est déterminé, aussi-bien que ses points donnez B, V, & que son point d'appui donné Q

du

du Levier BQV. Donc tant que ces deux points K, Q,
font differens comme ici, la pofition de la droite KQC,
qui (*folut.*) paſſe par ces deux points determinez K, Q,
eſt auſſi determinée avec le point C, où elle rencontre la
circonference du cercle BKVC determiné de poſition &
de grandeur par la determination de ſes trois points B, K,
V. Ainſi les directions QF, VH, des puiſſances F, H,
devant (*folut.*) des points donnez Q, V, paſſer par ce
point determiné C, en les prolongeant vers lui ; elles ſont
auſſi de poſitions determinées, & conſequemment les ſeules qui puiſſent ſatisfaire ici (*Fig.* 3 7 9. 3 8 0.) au ſecond
cas du Problême, tant que les points K, Q, y ſont differens. Donc ce cas 2. de ce Problême ici propoſé, n'eſt
alors ſuſceptible que d'une ſeule ſolution.

III. Donc en general (*art.* 1. 2.) tant que le point K
eſt different de celui du milieu des trois points donnez
Q, B, V, du Levier donné quelconque QBV, ou B QV,
ou BVQ ; le Problême dont il s'agit ici, n'eſt ſuſceptible
que d'une ſeule ſolution dans celui qu'on voudra des deux
cas auſquels on le vient de reduire.

Fig. 377.
378. 379.
380.

IV. Mais ſi le Levier eſt de telle figure que le point K ſe
confonde avec celui quelconque de ſes trois points donnez Q, B, V, qui s'y trouve entre les deux autres ; alors
la poſition de la droite, qui ſuivant les ſolutions des cas
1. 2. doit paſſer par ce point moyen & par le point K, ſe
trouvant indeterminé, le point C, dans lequel elle doit
rencontrer le cercle qui paſſe par les deux extrêmes des
trois points donnez, & par le point K, pourra ſe trouver
en une infinité de la circonference de ce cercle : ce qui
variant à l'infini les directions CF, CH, CB, des puiſſances F, H, de l'appui B, rendra pour lors le Problême dont
il s'agit ici ſuſceptible d'une infinité de ſolutions differentes par les ſeules differences de ces directions.

C O R O L L A I R E II.

Si la droite QV dans les Fig. 3 7 7. 3 7 8. du cas 1. & BV
dans les Fig. 3 7 9. 3 8 0. du cas 2. y étoit le Levier donné,

dont l'appui donné fût en *b* dans les Fig. 377. 378. &
que le point donné d'application de la puissance F au Levier BV des Fig. 379. 380. fût en *q*: la solution & la démonstration de chacun des deux cas precedens, seroient
les mêmes ici que là, en substituant seulement *b* au lieu
de B dans celles du cas 1. & *q* au lieu de Q dans celles
du cas 2. Ce qui resoudroit ici le Problême pour des Leviers droits, comme là pour des Leviers courbes quelconques.

Mais chacun de ces deux nouveaux points donnez,
un sur chacun de ces Leviers droits, sçavoir, *b* au lieu de
B dans les Fig. 377. 378. & *q* au lieu de Q dans les Fig.
379. 380. s'y trouvant differens chacun du point K de sa
Figure ; il suit de l'art. 3. du precedent Corol. 1. que le
Problême dont il s'agit n'y seroit susceptible que d'une
seule solution pour chacun de ces Leviers droits.

PROBLEME XXI.

Fig 377.
378. 381.
381. 383.
384.

Toutes choses demeurant ici les mêmes que dans le préce-
dent Probl. 20. excepté que le point d'appui du Levier, n'est
plus ici donné comme il l'étoit là ; & qu'au lieu de lui, c'est
l'angle (là indifferent) de la direction de sa charge avec la
droite comprise entre les extrémitez du Levier, qui est ici
donnée, par exemple, égal au donné M de la Fig. 381. &
de la Fig. 382. On demande presentement ici l'appui de ce
Levier avec les directions requises aux deux puissances données
F, H, pour faire équilibre entr'elles sur cet appui, de maniere
que la charge qui lui doit resulter de leur concours d'action
sur lui, soit suivant la direction qu'on lui exige ici, & encore
à chacune de ces deux puissances F, H, comme la grandeur
donnée A est à chacune de deux autres pareillement données
D, E, ainsi que dans le precedent Probl. 20.

CAS I.

Dans lequel l'appui du Levier QBV des Fig. 377. Fɪɢ. 377. 378. 381.
378. est demandé entre les points donnez Q, V,
d'application des puissances F, H, à ce Levier.

SOLUTION.

Soit encore ici (Fig. 377. 378. comme dans la solut. du cas 1. du precedent Probl. 20.) la droite QV comprise entre les extrêmitez données Q, V, du Levier proposé QBV ; sur laquelle soit le triangle rectiligne QKV fait de côtez QV. KV. KQ :: A. D. E. auquel soit circonscrit le cercle QKVC : le tout (dis-je) comme dans le cas 1. du precedent Probl. 20. Après cela (specialement pour ici) soit menée la droite KC, de maniere qu'elle fasse avec la droite QV un angle CbV égal au donné M de la Fig. 381. ce qui est facile à faire : laquelle droite KC rencontre en B le Levier proposé QBV, & en C le cercle QKVC. De ce point C par les données Q, V, soient menées les droites CQF, CVH, dans la Fig. 377. & CFQ, CHV, dans la Fig. 378. soit aussi fait (comme dans la solut. du cas 1. du precedent Probl. 20.) le parallelogramme CDAE, dont la diagonale CA soit sur la droite CBK prolongée par de-là C dans la Fig. 378. & les côtez CD, CE, sur les droites CF, CH, aussi prolongées par de-là C dans la Fig. 378.

Cela fait, on trouvera, comme dans la solut. du cas 1. du precedent Probl. 20. que les deux puissances données F, H, dirigées suivant les droites QF, QH, qui prolongées passent des points donnez Q, H, par le trouvé C, doivent ici (*Fig.* 377. 378.) faire équilibre entr'elles sur un appui placé au point trouvé B du Levier proposé QBV ; & que CB ou BC est la direction de la charge de cet appui B, resultante alors du concours d'action de ces deux puissances sur lui ; & que cette charge est à chacune de ces deux mêmes puissances données F, H, comme

B b b ij

la grandeur donnée A est à chacune des deux autres D, E, données avec elle. Donc l'angle C*b*V dans les Figures 377. 378. dont il s'agit ici, étant (*constr.*) égal au donné M de la Fig. 381. le point B sera ici celui de l'appui qu'on y demandoit ; & CB ou BC la direction demandée de sa charge resultante du concours d'action des deux puissances F, H, sur cet appui ; desquelles puissances données F, H, les droites QF, VH, sont aussi les directions demandées : & enfin cette charge de l'appui trouvé B, sera ici (comme dans la solut. du cas 1. du precedent Probl. 20.) à chacune de ces deux puissances F, H, comme la grandeur donnée A est à chacune des deux autres D, E, données avec elle. *C'est tout ce qu'il falloit ici 1°. trouver & démontrer.*

CAS II.

Dans lequel l'appui demandé doit avoir d'un seul côté de lui les deux puissances F, H, comme dans les Fig. 379. 380. & dans les Fig. 383. 384.

SOLUTION.

Soit dans chacune des Fig. 383. 384. une ligne VPQRS, droite ou courbe quelconque, indefinie du côté de S, une partie de laquelle commencée en V vers S, doit être le Levier dont on demande l'appui du côté de S par rapport à deux points Q, V, qui en soient donnez tous deux de l'autre côté de cet appui, & ausquels on veut que les puissances F, H, soient appliquées à ce Levier d'appui demandé depuis Q vers S. Sur la droite VQ comprise entre les deux points donnez Q, V, soit un triangle rectiligne VQB, dont les côtez VQ, VB, BQ, soient entr'eux comme les grandeurs A, D, E, telles que la somme de deux quelconques d'entrelles soit ici, comme dans le cas 1. plus grande que la troisiéme, pour rendre ici, comme là, le Problême possible ; c'est-à-dire, un triangle rectiligne VQB, dont les côtez soient VQ. VB. BQ : : A. D. E.

Autour de ce triangle VBQ soit circonscrit un cercle
VTQXBCG ; & après avoir pris (de grandeur quelconque) M*u*=M*d* dans la Fig. 382. & y avoir mené la droite *ud*, soit fait sur la droite BV des Fig. 383. 384. un
triangle isoscelle V*m*B, semblable à l'isoscelle *u*M*d*, qui
est sur *du* dans la Fig. 382. & qui consequemment ait
son angle *m* égal à l'angle M de celui-ci. Autour de
cet autre triangle V*m*B soit aussi circonscrit un cercle
VO*mb*B*n*, lequel rencontre en *b* la ligne proposée quelconque VPQR*b*S, sur laquelle on veut que depuis Q vers S
soit le Levier d'appui demandé du côté de S par rapport au
point donné Q. De ce point *b* par B soit menée la droite
*b*BZ, qui rencontre en C le cercle VPQXBCG. Enfin de
ce point C par les donnez Q, V, d'application des puissances F, H, au Levier qu'on veut depuis V vers S sur
la ligne quelconque VPQR*b*S, soient menées les droites
CQ, CV.

Cela fait, je dis que si l'on dirige les puissances F, H,
suivant QF, VH, en lignes droites avec CQ, CV ; ces
deux puissances données F, H, feront équilibre entre-
elles sur un appui placé au point *b* du Levier VRQR*b*,
auquel elles seront ainsi appliquées ; que la charge de cet
appui *b*, resultante alors de leur concours d'action sur lui,
sera pour lors à chacune de ces deux puissances F, H,
comme la grandeur donnée A est à chacune des deux,
D, E, données avec elle ; que la direction de cette charge
sera suivant C*b* ou *b*C ; & qu'enfin cette direction fera
avec la droite V*b* (comprise entre les extrê nitez V, *b*,
du Levier trouvé VPQR*b*) un angle C*b*V égal au donné M. *C'est tout ce qu'il falloit ici* 2°. *trouver.*

D E M O N S T R A T I O N.

Si dans les Fig. 383. 384. l'on fait un parallelogramme
CDAE, dont la diagonale CA soit en ligne droite avec
CB, & ses côtez CD, CE, en lignes droites aussi CQ, CV ;
& que dans ces deux Fig. 383. 384. l'on ajoûte K au
point Q ; la démonstration de la solution du cas 2. du

B b b iij

precedent Probl. 20. employée ici, y fera voir comme là,
que les deux puissances F, H, dirigées suivant QF, VH,
doivent faire équilibre entr'elles fur un appui placé au
point *b* (c'étoit-là en B) du Levier trouvé VPQR*b* ; que
C*b* ou *b*C (ayant fur elle la diagonale CA du parallelogramme CDAE) eft la direction de la charge de cet appui *b*, refultante alors du concours d'action de ces deux
puiffances fur lui ; & que cette charge eft à chacune de
ces deux puiffances F, H, comme la grandeur donnée A
eft à chacune des deux D, E. données avec elle. Donc le
cercle VO*mb*B*n* rendant dans les mêmes Fig. 383. 384.
l'angle B*b*V (compris entre les droites B*b*, V*b*) égal à
l'angle B*m*V qu'on vient de faire (*folut.*) égal au donné
M de la Fig. 382. le point *b* fera ici dans les Fig. 383.
384. celui de l'appui qu'on y demandoit ; la droite CB*b*
(*Fig.* 383.) & *b*BC (*Fig.* 384.) fera la direction demandée de la charge de cet appui *b*, refultante du concours
d'action des puiffances F, H, fur lui ; les droites QF, VH,
dirigées fuivant CQ, CV, feront auffi les directions requifes des puiffances F, H, pour les mettre en équilibre
entr'elles fur cet appui trouvé *b* : & enfin la charge de ce
même appui *b*, fera ici (de même que dans la folut. du
cas 2. du precedent Probl. 20.) à chacune de ces deux
puiffances F, H, comme la grandeur donnée A eft à chacune des deux autres D, E, données avec elle. *C'eft tout
ce qu'il falloit ici 3°. démontrer.*

Corollaire I.

Fig. 377.
378. 381.

I. Dans les Fig. 377. 378. les rapports donnez (*folut. du
cas* 1.) des côtez KQ, KV, du triangle rectiligne QKV, à
la bafe Q, V, donnée de pofition & de grandeur par les
points Q, V, déterminent la pofition du point K par rapport à cette droite QV de pofition donnée ; & confequemment la droite KC ne peut faire avec elle qu'un feul
angle V*b*C égal au donné M dans la Fig. 381. tel qu'il
eft requis dans le Problême. Ainfi le point *b* de cet angle eft auffi determiné que le point K ; & confequemment

la position de la droite K*b*C est determinée par ces deux points determinez K, *b*, de même que la position & la grandeur du cercle QKVC le font par les trois points déterminez Q, K, V, par lesquels il passe. Donc le point C, dans lequel la droite K*b*C rencontre ce cercle, est aussi determiné que les points donnez Q, V, & que le point B où elle rencontre le Levier QBV de position donnée. Par conséquent les directions CQ, CV, des puissances F, H, sont ici déterminées de même que la direction CB ou BC de l'appui B, laquelle l'est encore d'ailleurs en conséquence de ces deux-là. Donc le cas 1. du Problême dont il s'agit ici, n'est susceptible que d'une seule solution.

II. Dans les Fig. 383. 384. les rapports donnez (*solut. du cas 2.*) des côtez VB, QB, du triangle rectiligne VQB, à son côté QV donné de position & de grandeur en conséquence de ses points donnez Q, V, determinent de position & de grandeur le premier BV de ces trois côtez, lequel a ainsi son extrêmité B aussi determinée que l'autre donnée V. Donc non seulement le cercle VTQXBG, qui (*solut. du cas 2.*) passe par ces trois points determinez B, Q, V, est determiné de position & de grandeur, mais encore le triangle V*mb* semblable (*solut. du cas 2.*) à l'isoscelle *u*M*d* (*Fig.* 382.) d'angles donnez, ayant ainsi tous ses angles donnez avec son côté BV determiné de grandeur & de position, aura en conséquence sa pointe *m* aussi determinée qu'on vient de trouver ses deux autres points B, V : c'est-à-dire, que ces trois points *m*, B, V, sont ici determinez de position, chacun par rapport aux deux autres. Donc le cercle VO*m*B*n*, qui passe (*solut. du cas 2.*) par ces trois points determinez *m*, B, V, est determiné de grandeur & de position ; & conséquemment il ne peut rencontrer qu'en un seul *b* de ses points, autre que son point V, la ligne quelconque VP Q RS donnée de position sans retour sur elle-même. Ainsi ce point *b* est encore déterminé : par conséquent venant de trouver que l'autre B l'est de même, la position de la droite *b*BZ est pareillement

FIG. 382. 383. 384.

determinée. Donc venant de trouver auſſi que le cercle
VTQXBG eſt determiné de grandeur & de poſition , le
point C où cette droite *b*BZ rencontre ce cercle ailleurs
qu'en B , eſt auſſi determiné que ce point B. Par conſequent les directions CQ , CV , des puiſſances F , H , ſont
ici determinées de même que la direction de l'appui *b*.
Donc le cas 2. dont il s'agit ici, n'eſt ſuſceptible que d'une
ſeule ſolution.

CO R O L L A I R E II.

Fɪɢ. 377.
378.

    Dans le cas 1. ſi le Levier droit, par exemple, ſi la droi-
te QV étoit ce Levier, aux extrêmitez Q , V , duquel on
voulût que les puiſſances données F , H , fuſſent appliquées : le point *b* , dans lequel la droite KC rencontreroit
ce Levier droit Q*b*V , ſeroit le point où il faudroit placer
l'appui de ce Levier , & les droites QF , VH , qui conti-
nuées paſſent enſemble par le point C trouvé comme dans
la ſolut. du cas 1. ſeroient les directions requiſes aux puiſſances E , F , pour faire équilibre entr'elles ſur cet appui
b du Levier droit Q*b* V , d'une maniere qui ſatisferoit
pour un tel Levier à toutes les conditions du Problême dont
il s'agit dans le cas 1. Tout cela ſe demontrera comme la
ſolution de ce cas 1.

CO R O L L A I R E III.

Fɪɢ. 383.
384.

    Dans le cas 2. ſi la ligne ſur laquelle on propoſe à trou-
ver le Levier de ce cas, étoit auſſi la droite menée (ſi l'on
veut) de V par Q indéfiniment vers λ ; & que ſes deux
points V , Q fuſſent donnez pour ceux auſquels l'on voudroit que les puiſſances données F , H , fuſſent appliquées
au Levier droit demandé : le point β où cette droite VQλ
rencontreroit le cercle VO*mb*βB*n* , ſeroit le point où il
faudroit placer l'appui qui doit terminer le Levier cherché, qui ſeroit le droit VQβ ; & ſi du point δ , dans lequel
l'autre cercle VTQXBCδG ſeroit rencontré par la droite
βBδ prolongée au travers de lui, l'on menoit par les deux
points

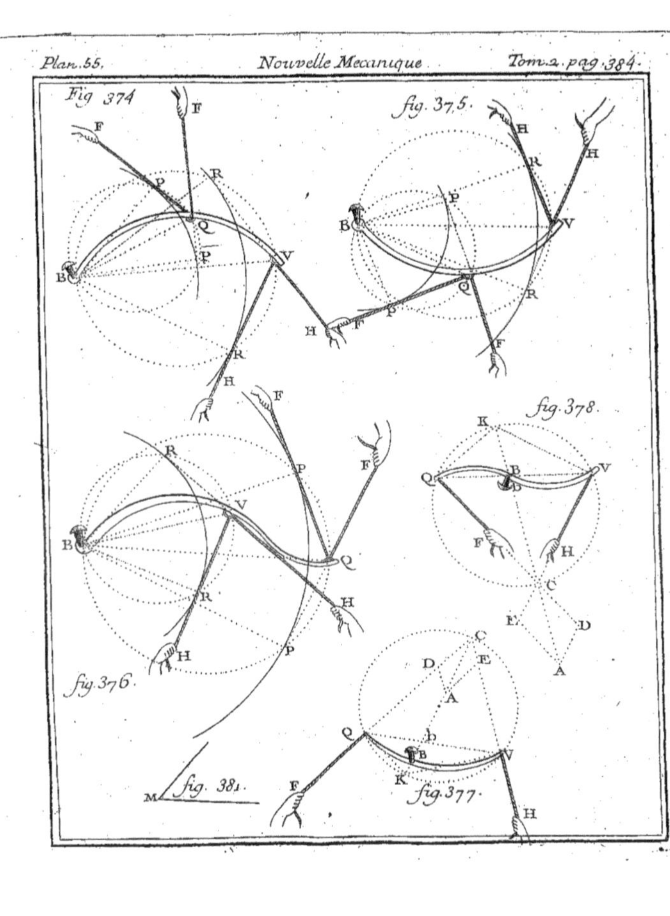
Fig 374
fig. 37,5.
fig. 378.
fig. 376.
fig. 381.
fig. 377.

points donnez Q, V, du Levier droit VQβ, deux droites
qu'il eſt aiſé d'imaginer : elles feroient les directions requiſes aux puiſſances F, H, pour les mettre en équilibre entr'elles ſur cet appui β du Levier droit VQβ, d'une maniere qui ſatisferoit pour un tel Levier à toutes les conditions du Problême dont il s'agit ici dans le cas 2. Tout
cela ſe demontrera encore comme la ſolution de ce cas 2.

S C H O L I E.

Le precedent Corol. 3. fait voir qu'au lieu des figures
generales qu'on y vient d'employer, on pourroit en employer une beaucoup plus ſimple pour refoudre le Problême qu'on y refout par le moyen de ces figures generales pour un Levier droit à determiner depuis V vers λ, ſur
une droite Vλ commencée en V, & indéfiniment prolongée vers λ; ſur laquelle droite Vλ ſoient donnez les deux
points V, Q, où l'on voudra que deux puiſſances don-
nées quelconques H, F, ſoient appliquées au Levier droit
qui du côté de λ doit ſe terminer au point d'appui qu'on
en demande avec les directions requiſes aux puiſſances
données F, H, pour faire équilibre entr'elles ſur cet appui, d'une maniere qui ſatisfaſſe à toutes les conditions du
cas 2.

Pour refoudre cette queſtion particuliere ſur une figure qui lui ſoit auſſi particuliere, & conſequemment plus
ſimple ; ſoit ſur la partie donnée VQ de la droite Vλ, un
triangle VQB, dont les deux autres côtez VB, QB, ſoient
à ce donné VQ comme les puiſſances données F, H, ſont
à la charge qu'on veut qui en refulte à l'appui demandé,
moindre que la ſomme, & plus grande que la difference
de ces deux puiſſances, ſi l'on veut que le Problême ſoit
poſſible. Autour de ce triangle VQB ſoit circonſcrit le
cercle VQBδG ; & ſur ſa corde BV un triangle iſoſcelle
BmV, dont l'angle m ſoit égal au donné M de la Fig. 382.
qu'on veut que faſſe le Levier droit avec la direction de
la charge prefcrite de ſon appui demandé. Autour de ce
triangle BmV ſoit circonſcrit auſſi un autre cercle VmBn,

FIG. 385.

qui rencontre en β la droite Vλ. De ce point β par B
foit menée la droite $\beta E\delta$, qui rencontre en δ le cercle
VQ$\beta\delta$G ; duquel point δ par les points donnez Q, V,
foient menées les droites CQF, CHV.

Cela fait, on trouvera, comme dans la folution & démonftration du cas 2. que le point β eft celui où doit être
placé l'appui du Levier qu'on demande, lequel en confequence eft le droit Vβ ; & que les puiffances F, H, appliquées à ce Levier fuivant les directions QF, VH, demeureront en équilibre entr'elles fur fon appui β, d'une
maniere qui fatisfera à toutes les conditions du Problême
dont il s'agit ici.

PROBLEME XXII.

FIG 386.
& fuivantes
jufqu'à 390.

*La longueur AC d'un Levier droit, ou d'une partie d'un
Levier droit, étant donnée dans les Fig. 387. 388. 389.
portant à fes extrémitez A, C, deux baffins D, E, de balan-
ces, lefquels foient de pefanteurs ou de poids connus, que j'appelle de leurs noms D, E ; & étant auffi donnez trois autres
poids F, G, H, dans la Fig. 386. on demande un point d'appui de ce Levier, fur lequel appui (dans l'hypothefe des directions des poids paralleles entr'elles, tant les naturelles, que les
détournées Aa des poids F, G, aux points A des Fig. 389.
390.) un de ces trois poids F, G, H, par exemple, le poids G
étant fucceffivement mis dans chacun des baffins D, E, feroit
équilibre avec chacun des deux autres F, H, mis chacun dans
chacun des baffins que le poids G n'occupe point: fçavoir, F en
D pendant que G fera en E dans les Fig. 387. 389. & H en E
pendant que G fera en D dans les Fig. 388. 390.*

SOLUTION.

I. Pour trouver l'appui qu'on damande ici, fuppofons
pour un moment qu'il eft en B, & que fur lui fixement
placé là, il y auroit équilibre entre les poids F, G, dans
les Fig. 387. 389. & entre les poids G, H, dans les Fig.
388. 390. le Levier AC étant le même dans les Fig. 387.

388. & le Levier BC étant aussi le même, & ses points A, C, les mêmes dans les Fig. 389. 390. En ce cas d'équilibre le Th. 21. Corol. 13. donneroit (*Fig.* 387. 389.) $F\pm D. G\pm E :: BC. AB$ (*Fig.* 388. 390.) $:: G\pm D. H\pm E$. Donc on auroit alors $F\pm D. G\pm E :: G\pm D. H\pm E$ (I).

II. Pour abreger nos expressions, soient presentement $M = F\pm D$, $N = G\pm E$, $P = G\pm D$, $Q = H\pm E$. Ces nouveaux noms étant ainsi supposez,

1°. Dans les Fig. 387. 389. nous aurons $M. N :: F\pm D. G\pm E$ (*art.* 1.) $:: BC. AB :: BC. \pm AC\pm BC$. dont les superieurs des doubles signes sont pour la Fig. 387. & les inferieurs pour la Fig. 389. Ce qui donnera $\pm M\times AC\pm M\times BC = N\times BC$; & en consequence (en multipliant le tout par ± 1) $M\times AC = M\times BC\pm N\times BC = \overline{M\pm N}\times BC$, c'est-à-dire, $M\times AC = \overline{M\pm N}\times BC$ (K). FIG. 387. 389.

2°. Dans les Fig. 388. 390. nous aurons de même $P. Q :: G\pm D. H\pm E$ (*art.* 1.) $:: BC. AB :: BC. \pm AC\pm BC$. dont les superieurs des doubles signes seront aussi pour la Fig. 388. & les inferieurs pour la Fig. 390. Ce qui donnera de même $\pm P\times AC\pm P\times BC = Q\times BC$; & en consequence (en multipliant le tout par ± 1) $P\times AC = P\times BC\pm Q\times BC = \overline{P\pm Q}\times BC$, c'est-à-dire, $P\times AC = \overline{P\pm Q}\times BC$ (L). FIG. 388. 390.

III. Si l'on ajoûte presentement ensemble les deux équations K, L, des nomb. 1. 2. du precedent art. 2. sçavoir, leurs premiers membres ensemble, & leurs seconds aussi ensemble, l'on aura $M\times AC\pm P\times AC = \overline{M\pm N}\times BC\pm\overline{P\pm Q}\times BC$, c'est-à-dire, $\overline{M\pm P}\times AC = \overline{M\pm N\pm P\pm Q}\times BC$, & en consequence $BC = \dfrac{\overline{M\pm P}}{\overline{M\pm N\pm P\pm Q}}\times AC$ (R), dont (*art.* 2. *nomb.* 1. 2.) les superieurs des doubles signes sont pour les Fig. 387. 388. & les inferieures pour les Figures 389. 390. Par consequent en FIG. 387. & suivantes jusqu'à 390.

restituant ici les valeurs de M , N , P , Q , suppofées dans le precedent article 2. l'on aura enfin ici BC=

$$\frac{F + D + G + D}{F + D + G + D \pm G \pm E \pm H \pm E} \times AC =$$

$$\frac{F + G + 2D}{F + G + 2D \pm G + H \pm 2E} \times AC \ (S),$$ dont les fuperieurs

des doubles fignes font encore ici pour les Fig. 387. 388. & les inferieurs pour les Figures 389. 390. Ce qui donne

$$BC = \frac{F + G + 2D}{F + H + 2D + 2E + 2G} \times AC \ (T)$$ dans les Figures

387. 388. & $$BC = \frac{F + G + 2D}{F + H + 2D - 2E} \times AC \ (V)$$ dans les Fig.

389. 390. Donc tout étant (*Hyp.*) donné dans ces deux dernieres égalitez T , V , excepté BC ; elles donneront aufli la valeur de BC en confequence des valeurs qu'on aura données de tout le refte qu'on fuppofe ici connu. Donc BC fera ainfi par tout ici comme avec AC, qui eft (*Hyp.*) donnée ; & en confequence le point d'appui B, d'abord (*art.* 1.) indéterminé, fera ici déterminé & connu pour l'effectif, fur lequel fe doit faire l'équilibre demandé. *Ce qu'il falloit trouver & démonter.*

E X E M P L E.

I. Soient donnez en livres les poids F=8 , G=6 , H=3 ; & les baffins D, E, égaux en pefanteur =1. En ce cas,

1°. L'équation T du precedent art. 3. deviendra BC=

$$\frac{8 + 6 + 2}{8 + 3 + 2 + 2 + 12} \, AC = \frac{16}{27} \times AC$$ dans les Fig. 387.

388. Ce qui fait voir qu'en y divifant en 27 parties égales la longueur donnée du Levier droit AC , & qu'en y prenant depuis C vers A, une partie CB égale à 16. de celles-là ; le point B où cette partie CB fe déterminera du côté de A , fera le point d'appui que les valeurs ici don-

nées, exigent dans les Fig. 387. 388. pour y produire l'équilibre demandé.

2°. L'équation V du même article 3. deviendra BC$=$
$$\frac{8 + 6 + 2}{8 + 2 - 3 - 2} \times AC = \frac{16}{5} \times AC$$ dans les Fig. 389. 390. Fig. 389. 390.

Ce qui fait voir qu'en y divifant en cinq parties égales la longueur donnée de la portion CA du Levier droit BC, & qu'en la prolongeant par de-là A jufqu'à ce qu'on ait CB égale à 16. de ces cinquiémes parties de AC, fon terme B fera le point d'appui que les valeurs ici données exigent dans les Fig. 389. 390. pour y produire auffi l'équilibre demandé.

II. N'y ayant rien de negatif dans la formule T, qui eft dans l'art. 3. de la folution pour les Fig. 387. 388. quelques autres valeurs qu'on donne des precedens poids F, G, H, D, E; cette formule T donnera toûjours de cette maniere l'appui demandé dans ces Fig. 387. 388. Fig. 387. 388.

III. Mais il n'en eft pas de même de la formule V qui eft dans le même art. 3. de la folution pour les Fig. 389. 390. car la fraction de cette formule V, dont le numerateur eft tout pofitif, ayant des grandeurs negatives avec des pofitives dans fon denominateur; il y faut que les valeurs en foient données ou prifes telles que la fomme des pofitives foit plus grande en quelque raifon que ce foit, que la fomme des negatives: autrement la valeur de cette fraction, & en confequence la valeur de BC dans la formule V, deviendroit infinie ou negative, felon que ces deux fommes feroient égales entr'elles, ou que la pofitive feroit moindre que la negative. Par confequent fi l'on donne, ou qu'on prenne (comme dans l'art. 1.) D$=$E dans cette formule V, il y faudra le poids F plus grand que le poids H en quelque rapport que ce foit; ou fi l'on y prend F plus petit que H, il faudra que D y furpaffe E d'une difference plus grande en quelque rapport que ce foit, que celle dont H y furpaffera F. Fig. 389. 390.

En obfervant cette condition, quelques valeurs qu'on

donne aux poids F , G , H , D , E , les formules T , V , de
l'art. 3. de la folut. donneront toûjours l'appui demandé,
ainfi qu'elles viennent de le donner dans le preced. art. 1.

C o r o l l a i r e I.

Dans la même hypothefe des directions des poids paralleles entr'elles , un raifonnement femblable à celui qui
vient de donner dans les Fig. 387. 388. 389. 390. le
point d'appui B d'un Levier droit AC ou BC , fur lequel
appui trois poids donnez F , H , G , feroient équilibre entr'eux deux à deux , placé un à un (comme ci-deffus) dans
chacun des baffins D , E , de pefanteurs données , que ce
Levier porte à fes points donnez A , C : un raifonnement
(dis-je) femblable à celui-là , donnera de même le point
d'appui (que j'appelle encore ici B) du même Levier
droit quelconque , fur lequel tant de poids donnez qu'on
voudra , F , G , H , K , L , &c. feroient équilibre entr'eux
deux à deux , placez de fuite (comme ci-deffus) un à un
dans chacun des baffins de ce Levier AC ou BC , repeté
dans chacune des Fig. 391. 392. fans ces baffins D , E ,
qu'on lui fuppofe cependant encore en fes points donnez
quelconques A , C ; fçavoir , F en D , en équilibre avec
G en E ; G en D , en équilibre auec H en E ; H en D , en
équilibre aveé K en E ; K en D , en équilibre avec L
en E , &c. en forte qu'en prenant encore ici D , E , pour
les pefanteurs ou poids des baffins de ces noms , le poids
total en A , fera fait de celui D de fon baffin de ce nom ,
& de celui des autres F , G , H , K , L , &c. qui fera dans
ce baffin ; & ainfi du poids total en C : le tout comme on
le voit exprimé dans la premiere Table que voici ; lefquels

Poids totaux fufpendus au Levier AC ou BC , en A , en C.

$$
\left.\begin{array}{ll}
F + D. & G + E \\
G + D. & H + E \\
H + D. & K + E \\
K + D. & L + E \\
\&c. & \&c.
\end{array}\right\} :: BC.\ AB :: BC.\ \pm AC \mp BC.
$$

T a b l e I.

poids totaux, en cas d'équilibre deux à deux (marquez en même ligne) sur l'appui indéterminement supposé B de chaque Levier droit AC, BC, seront entr'eux (*Th. 21. Corol.* 13.) dans la raison commune qu'on leur voit ici marquée, le superieur des doubles signes qu'on y voit, y étant pour la Fig. 391. & l'inferieur pour la Fig. 392. de sorte qu'en prenant ici , pour abreger , $M = F \overset{+}{-} D$, $N = G \overset{+}{-} E$, $P = G \overset{+}{-} D$, $Q = H \overset{+}{-} E$, $R = H \overset{+}{-} D$, $S = K \overset{+}{-} E$, $T = K \overset{+}{-} D$, $V = L \overset{+}{-} E$, &c. l'on y aura les mêmes analogies que voici dans la seconde Table, lesquelles donne-

TABLE 2.

$$\left. \begin{matrix} M. & N \\ P. & Q \\ R. & S \\ T. & V \\ & \&c. \end{matrix} \right\} :: BC . \overset{+}{-} AC \overset{+}{-} BC.$$

ront $\overline{M \overset{+}{-} P \overset{+}{-} R \overset{+}{-} T} \times \overset{+}{-} \overline{AC \overset{+}{-} BC} = \overline{N \overset{+}{-} Q \overset{+}{-} S \overset{+}{-} V} \times BC$; ce qui (en multipliant le tout par $\overset{+}{-} 1$) devient $\overline{M \overset{+}{-} P \overset{+}{-} R \overset{+}{-} T} \times \overline{AC - BC} = \overline{\overset{+}{-} N + Q \overset{+}{-} S + V} \times BC$: d'où resulte $\overline{M \overset{+}{-} P \overset{+}{-} R \overset{+}{-} T} \times AC = \overline{M \overset{+}{-} P \overset{+}{-} R \overset{+}{-} T} \times BC \overline{\overset{+}{-} N + Q \overset{+}{-} S + V} \times BC = \overline{M \overset{+}{-} P \overset{+}{-} R \overset{+}{-} T \overset{+}{-} N + Q \overset{+}{-} S + V} \times BC$; ce qui donne

$$BC = \frac{M \overset{+}{-} P \overset{+}{-} R \overset{+}{-} T}{M \overset{+}{-} P \overset{+}{-} R \overset{+}{-} T \overset{+}{-} N + Q \overset{+}{-} S \overset{+}{-} V} \times AC$$

; d'où resulte aussi (en restituant les valeurs precedentes de M , P , R , T , N , Q , S , V ,)

$$BC = \frac{F \overset{+}{-} D \overset{+}{-} G \overset{+}{-} D \overset{+}{-} H \overset{+}{-} D \overset{+}{-} K \overset{+}{-} D}{F \overset{+}{-} D \overset{+}{-} G \overset{+}{-} D \overset{+}{-} H \overset{+}{-} D \overset{+}{-} K \overset{+}{-} D \overset{+}{-} G \overset{+}{-} E \overset{+}{-} H \overset{+}{-} E \overset{+}{-} K \overset{+}{-} E \overset{+}{-} L \overset{+}{-} E} \times AC$$

$$\times AC = \frac{F \overset{+}{-} G \overset{+}{-} H \overset{+}{-} K \overset{+}{-} 4D}{F \overset{+}{-} G \overset{+}{-} H \overset{+}{-} K \overset{+}{-} 4D \overset{+}{-} G \overset{+}{-} H \overset{+}{-} K \overset{+}{-} L \overset{+}{-} 4E} \times AC \quad (\beta)$$

dont les superieurs des doubles signes sont encore pour la Figure 391. & les inferieurs pour la Figure 392. Par conſequent l'on aura enfin ici premierement $BC =$

$$\frac{F + G + H + K + 4D}{F + L + 2G + 2H + 2K + 4D + 4E} \times AC \; (\delta) \text{ pour le cas de}$$

la Fig. 391. & ſecondement $BC = \dfrac{F + G + H + K + 4D}{F - L + 4D - 4E}$

$\times AC \; (\lambda)$ pour le cas de la Fig. 392. Donc tout étant (*Hyp.*) donné dans les deux valeurs de BC compriſes dans ces deux dernieres équations δ, λ ; BC y eſt auſſi connue que AC : & conſequemment le point B d'appui ici demandé de chacun des Leviers AB , BC , des Fig. 391. 392. y eſt connu de même. *Ce qu'il falloit ainſi trouver & démontrer par la methode de la ſolution precedente.*

COROLLAIRE II.

Ce qu'on voit dans le precedent Corol. 1. pour les cinq poids donnez F , G , H , K , L , ſe trouvera de même pour tel nombre n des poids donnez qu'on voudra : de ſorte que quelque ſoit ce nombre n de poids donnez quelconques , pour trouver l'appui B du Levier donné AC dans la Fig. 391. ou BC de partie donnée AC dans la Fig. 392. ſur lequel appui tous ces poids feroient équilibre deux à deux , placez de ſuite (comme ci-deſſus) un à un dans chacun des baſſins D , E , ſuſpendus aux points donnez A , C , de chacun de ces Leviers ;

1°. L'équation δ de ce Corol. 1. fait voir que la valeur de BC dans le cas de la Fig. 391. doit être égale à une fraction d'un numerateur égal au produit du Levier donné AC , multiplié par la ſomme (que j'appelle Z) faite de tous les poids donnez ; moins le dernier , & du poids du baſſin D multiplié par $n - 1$; & dont le dénominateur doit être la ſomme faite du premier & du dernier des poids donnez , du double de tous les autres , & de la ſomme des poids des deux baſſins D , E , multipliée par $n - 1$.

2°. L'équation λ du même Corol. 1. fait voir de même que la valeur de BC dans le cas de la Fig. 392. doit être une fraction d'un numerateur égal au produit de la partie

tie donnée AC du Levier BC, multipliée par la précedente somme Z, & dont le dénominateur doit être égal à la somme faite du premier, moins le dernier des poids donnez, & du produit de $n-1$ par le poids de $D-E$.

S C H O L I E.

Si l'on suppofoit les Leviers AC, BC, des Fig. 387. 388. 389. 390. 391. 392. fans baffins, & que les poids donnez F, G, H, &c. y fuffent fufpendus feuls aux points donnez A, C, dans l'ordre où ils étoient dans ces baffins; cette hypothefe rendant par tout ici $D=o$, $E=o$, feroit que

Dans la folution.

1°. L'analogie 1. de l'art. 1. de cette folution deviendroit F. G :: G. H. ce qui fait voir que pour la poffibilité du Problême dans l'un & l'autre cas des Fig. 387. 388. 389. 390. il faudroit ici que les poids donnez F, G, H, fuffent en progreffion géométrique.

2°. L'équation T de l'art. 3. de la même folution deviendroit $BC = \dfrac{F + G}{F + H + 2G} \times AC$ pour le cas des Fig. 387. 388.

3°. L'équation V du même art. 3. deviendroit $BC = \dfrac{F + G}{F - H} \times AC$ pour le cas des Fig. 389. 390.

Dans le Corol. 1.

4°. La Table 1. de ce Corol. 1. donneroit F. G :: G. H :: H. K :: K. L :: &c. c'eft-à-dire, que pour la poffibilité du Problême dans l'un & l'autre cas des Fig. 391. 392. il faudroit dans la prefente hypothefe que les poids donnez F, G, H, K, L, &c. fuffent en progreffion géométrique, de même que dans le nomb. 1.

5°. L'équation δ de ce Corollaire 1. deviendroit $BC = \dfrac{F + G + H + K}{F + L + 2G + 2H + 2K} \times AC$ pour le cas de la Fig. 391.

6°. L'équation λ du même Corol. 1. deviendroit BC$=$

$$\frac{F+G+H+K}{F-L} \times AC \text{ pour le cas de la Fig. } 392.$$

PROBLEME XXIII.

Fig. 393.
& fuivantes
jufqu'à 396

Trois puiſſances F, H, K, étant données en raiſon quelconque des trois lignes Ff, Hh, Kk, de la Fig. 393. deſquelles puiſſances une quelconque F ait auſſi ſa direction donnée QF avec ſon point d'application à un Levier quelconque BQ d'appui donné B : on demande le point d'application à ce Levier, requis aux deux autres puiſſances H, K, avec les directions qu'elles doivent avoir pour faire équilibre avec la troiſiéme F ſur l'appui donné B de ce même Levier.

SOLUTION.

Sur la direction donnée QF de la puiſſance donnée F, ſoit priſe QG$=$Ff, première des proportionnelles données : de ſon point G (en angle quelconque avec cette partie QG de QF) ſoit menée GT$=$Kk, derniere de ces trois proportionnelles ; & de ſon point T (en angle auſſi quelconque avec elle) ſoit TL$=$Hh, ſeconde des mêmes proportionnelles. Soient enſuite menées GL, QL ; & du point d'appui donné B, la droite BC parallele à QL, & qui rencontre en C la direction donnée QF prolongée de ce côté-là ; ſur laquelle direction ſoit priſe CD$=$QG ; & de ſon point D ſoit menée DA parallele à GL, laquelle rencontrant BC en A comme GL rencontre en L la droite QL parallele à CB, acheve le triangle CDA ſemblable à QGL ; & qui ayant (*Hyp.*) CD$=$QG$=$Ff, aura auſſi DA $=$GL, & AC$=$QL. Après avoir achevé le parallelogramme CDAE, qui rend CE$=$DA, ſoient menées CM parallele à GT, & EM parallele à LT ; leſquelles CM, EM, ſe rencontrant en M comme leurs paralleles GT, LT, ſe rencontrent en T, forment avec CE le triangle CME ſemblable à GTL : de ſorte que venant de trouver CE$=$ DA, l'on aura pareillement ici EM$=$TL$=$Hh, & CM$=$

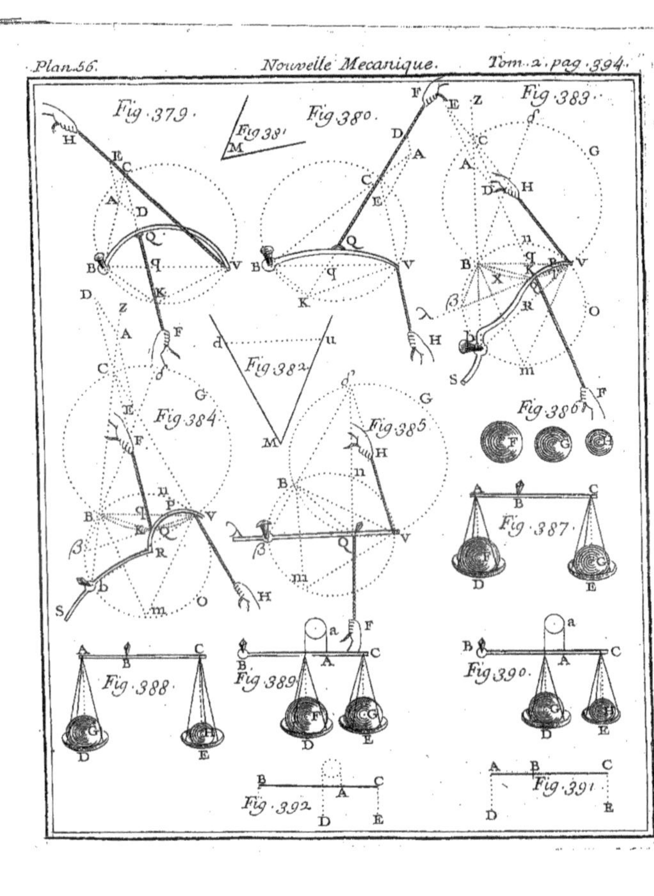

Plan.56.
Nouvelle Mecanique.
Tom.2.pag.394.
Fig.379.
Fig.380.
Fig.381.
Fig.383.
Fig.382.
Fig.384.
Fig.385.
Fig.386.
Fig.387.
Fig.388.
Fig.389.
Fig.390.
Fig.391.
Fig.392.

GT=K*k*. Enfin après avoir aussi achevé le parallelogramme CMEN, soient ses côtez CN, CM, prolongez du côté de E vers H, K, & jusqu'à la rencontre en V, R, du
Levier BQ aussi prolongé en ligne quelconque jusqu'à ces
deux points V, R.

Cela fait, je dis que les deux puissances données H, K,
étant appliquées à ce Levier en deux points V, R, & dirigées suivant ces lignes VH, RK, feront ensemble équilibre sur son appui donné B, avec la troisiéme puissance
donnée F de direction donnée QF.

Demonstration.

Le parallelogramme CMEN rendant CN=EM (*solut.*)
=H*h*, la solution donnant CM=K*k*, & ayant (*Hyp.*)
H*h*. K*k* :: H. K. l'on aura pareillement ici CN. CM :: H. K.
Donc (*Lem.* 3. *Corol.* 1. *part.* 1.) l'effort ou la force (que
j'appelle E) resultante du concours d'action de ces deux
puissances H, K, sera de C vers E suivant CE, & à la puissance H comme cette diagonale CE est au côté CN du parallelogramme CMEN, c'est-à-dire, E. H :: CE. CN.
Mais (*Hyp.*) H. F :: H*h*. F*f* (*solut.*) :: CN. CD. Donc (en
raison ordonnée) E. F :: CD. CE. Donc aussi (*Th.* 21.
part. 4.) l'effort ou la force resultante du concours de la
premiere E, & de la puissance F, c'est-à-dire, du concours des trois puissances données K, H, F, sera ici de
C vers E suivant la diagonale CA du parallelogramme
CDAE, laquelle prolongée vers l'appui donné B, passe
(*solut.*) par cet appui. Donc enfin (*Th.* 21. *part.* 5.) il y
aura ici équilibre entre ces trois puissances données F,
H, K, sur cet appui donné B. *Ce qu'il falloit démontrer.*

Corollaire I.

Puisque le parallelogramme CDAE rend CE parallele
à DA, qui l'est (*solut.*) à GL, & que les triangles EMC,
GTL, sont (*solut.*) semblables entr'eux ; & que la solution rendant aussi leurs autres côtez EM, ou (à cause de
l'autre parallelogramme EMCN) CN parallele à GT, &

Dddij

CM parallele à LT. D'où l'on voit que les directions demandées CH, GK, des puissances H, K, étant ici (*solut.*) suivant CN, CM, sont aussi paralleles à GT, LT : sçavoir, CN à GT, & CM à LT. De sorte qu'en les faisant telles par le point C dès que les deux triangles GTL, QGL, ont été faits, on les auroit eues sans le secours d'aucun parallelogramme. Mais pour sçavoir de quels côtez du Levier BQ prolongé ces deux puissances H, K, doivent être placées dans ces directions CH, CK, le parallelogramme CMEN étoit necessaire, le point E de sa diagonale CE, étant (par rapport à C) du côté vers lequel ces deux puissances ainsi dirigées doivent agir; & pour avoir la position de ce point E par rapport à C, c'est-à-dire, la position de cette diagonale CE, qui est un des côtez de l'autre parallelogramme CDAE, cet autre parallelogramme étoit pareillement necessaire.

C O R O L L A I R E   II.

De ce que (*solut.*) les angles QGT, GTL, sont tous deux arbitraires ou variables à la fois; & de ce que (*Corol.* 1.) les directions CH, CK, des puissances données H, K, sont toûjours paralleles aux côtez GT, TL, de ces deux angles, & consequemment variables comme les positions de ces deux côtez le sont pendant que la direction donnée CF de la troisiéme puissance donnée F, demeure constante & toûjours la même : il resulte que le Problême dont il s'agit ici, est susceptible d'une infinité d'infinité de solutions, en prenant ici pour differentes solutions de ce Problême, celles qui, quoiqu'issues d'une même méthode & d'une même direction donnée d'une même puissance donnée, different dans les directions demandées des autres puissances pareillement données; laquelle infinité d'infinité de solutions est le produit du nombre infini d'angles possibles QGT, multiplié par le nombre pareillement infini d'angles possibles GTL, c'est-à-dire, est le quarré d'un quelconque de ces deux nombres infinis, que ces

deux angles également variables rendent égaux. En effet
la liberté que la solution précedente donne de faire à la
fois les angles QGT, GTL, tels qu'on voudra, permettant de faire chacun d'eux conſtant & toûjours le même
pendant qu'on variera l'autre à volonté;

1°. Si l'on ſuppoſe le ſecond GTL conſtant pendant
que le premier QGT variera à l'infini, la ſeule varieté
infinie de celui-ci changera à l'infini les poſitions de leurs
côtez conſtans GT, TL, & des variables GL, QL. Ainſi
BC menée de l'appui donné B juſqu'à la direction donnée
QF prolongée de la puiſſance donnée F, étant toûjours
(ſolut.) parallele à QL, & les directions CH, CK, des
deux autres puiſſan es données H, K, étant toûjours auſſi
(Corol. 1.) paralleles aux côtez (ſolut.) conſtans GT,
TL, de l'angle GTL ici ſuppoſé pareillement conſtant:
la ſeule variabilité à l'infini de l'angle QGT, rend auſſi
variables à l'infini les directions CB, CH, CK, de l'appui
donné B, & des puiſſances données H, K. Donc trois ſi-
multanées quelconques de ces directions iſſues d'un même angle quelconque QGT, fourniſſant (ſolut.) une ſolution du Problême; la ſeule variabilité à l'infini de cet
angle, qu'on voit les rendre auſſi variables à l'infini, doit
fournir ainſi autant de ſolutions differentes de ce Problême que d'angles QGT, c'eſt-à-dire, une infinité; & conſequemment cette ſeule variabilité à l'infini de l'angle
QGT, rend ce Problème ſuſceptible d'une infinité de ſolutions differentes.

2°. Si preſentement on ſuppoſe cet angle QGT conſtant
pendant que GTL variable (ſolut.) comme lui, variera
à l'infini; on démontrera ici, comme l'on a fait dans le
nomb. 1. par rapport à la ſeule variabilité à l'infini qu'on
y ſuppoſoit de cet autre angle QGT: on démontrera, dis-
je, ici (comme là pour la ſeule variabilité de l'angle QGT)
que la ſeule variabilité qu'on y ſuppoſe à l'infini de l'angle GTL, doit y varier de même à l'infini les directions
CB, CH, CK, de l'appui donné B, & des puiſſances pareillement données H, K. Donc cette ſeule varia ilité ici

ſuppoſée de cet angle GTL, y fournira (comme la ſeule
variabilité de l'angle QGT dans le nomb. 1.) autant de
ſolutions differentes du Problême dont il s'agit ici, qu'elle
peut fournir d'angles GTL differens; & conſequemment
rendra pareillement ici ſeule ce Problême ſuſceptible
d'une infinité de ſolutions differentes.

3°. Puiſque (*nomb*. 1.) pour chaque angle GTL la ſeule variabilité de l'angle QGT fournit autant de ſolutions
differentes du Problême dont il s'agit ici , qu'elle peut
fournir d'angles QGT differens; & que (*nomb*. 2.) pour
chaque angle QGT la ſeule variabilité de l'angle GTL
en fournit de même autant de ſolutions differentes qu'elle
peut fournir d'angles GTL differens : ces deux variabilitez permiſes à la fois par la ſolution precedente, fourni-
ront enſemble de ce Problême un nombre de ſolutions
égal au produit entr'elles des deux infinitez d'angles QGT
& GTL, fournies chacune par chacune de ces variabilitez des deux indéterminez (*ſolut.*) de ces noms. Donc
ſuivant la ſolution precedente , le Problême dont il s'agit
ici , y eſt ſuſceptible d'une infinité d'infinité de ſolutions ;
laquelle infinité d'infinité eſt le produit du nombre infini
d'angles poſſibles QGT, multiplié par le nombre pareillement infini d'angles poſſibles GTL, c'eſt-à-dire , eſt le
quarré d'un quelconque de ces deux nombres infinis,
que ces deux angles également variables rendent égaux :
le tout ainſi qu'on le vient d'avancer au commencement
de ce Corollaire-ci.

COROLLAIRE III.

Un raiſonnement ſemblable à celui qui vient de faire
voir dans le precedent Cor. 2. que les variabilitez à l'infini
des angles QGT, GTL, que la ſolution permet arbitraires à
la fois entre des côtez dont l'un eſt conſtant QG, GT, TL,
rendent enſemble le Problême ſuſceptible d'une infinité
d'infinité de ſolutions, fera voir de même que ces deux
variabilitez enſemble des angles QGT , GTL, doivent
rendre auſſi la charge de l'appui donné B (reſultante du

concours d'action des trois puissances ici données F, H, K,) susceptible d'une infinité d'infinité de grandeurs, & d'autant de directions differentes.

En effet ces deux variabilitez à l'infini de ces angles QGT, GTL, fournissant autant de positions de la droite QL, qu'elles fournissent de directions CH, CK, aux deux puissances données H, K, c'est-à-dire (*Corol.* 2.) une infinité d'infinité ; la droite BC toûjours parallele (*solut.*) à QL, en devient aussi susceptible d'une infinité d'infinité de positions, qui seront autant de directions d'autant de charges de l'appui B, resultante du concours d'action des trois puissances données F, H, K, en consequence d'autant (*Corol.* 2.) de variabilitez à l'infini de chacune des directions CH, CK, des deux dernieres H, K, de ces trois puissances, dont la premiere F est la seule qui soit de direction donnée QF ou CF ; lesquelles directions CH, CK, variant la position de la diagonale CF du parallelogramme CMEN, & en consequence l'angle DCE de l'autre parallelogramme CDAE, en autant de manieres qu'elles varient elles-mêmes, en rendent la diagonale CA variable aussi en une infinité d'infinité de grandeurs differentes, lesquelles exprimeront (*Th.* 21. *part.* 4.) autant de charges de l'appui B, resultantes du concours d'action des trois puissances données F, H, K, toûjours exprimées (*solut.*) par les côtez constans CD, CN, CM, des deux parallelogrammes CDAE, CMEN, d'angles ainsi variables en une infinité d'infinité d'autres. Donc les variabilitez à l'infini des deux angles QGT, GTL, que la solution permet arbitraires à la fois, rendent ensemble ici la charge de l'appui donné B (resultante du concours d'action des trois puissances données F, H, K,) susceptible d'une infinité d'infinité de grandeurs par rapport à ces puissances toûjours les mêmes, & cette charge susceptible aussi d'une infinité d'infinité de directions differentes.

SCHOLIE.

De la maniere dont vient d'être resolu le précedent

Probl. 23. où l'on demandoit de mettre en équilibre entr'elles fur un appui donné d'un Levier quelconque, trois
puiffances données à volonté , d'une feule defquelles le
point d'application à ce Levier, étoit donné avec fa direction quelconque : de cette maniere, dis-je, on peut auffi
refoudre en general le Problême où l'on demandoit de
mettre de même en équilibre entr'elles fur un appui donné d'un Levier quelconque, tant de puiffances qu'on voudra, données auffi à volonté, d'une feule auffi defquelles
le point d'application à ce Levier feroit donné avec la direction quelconque de cette puiffance , fans rien avoir
non plus des autres que leurs valeurs ou leurs rapports à
celle-ci.

PROBLEME XXIV.

<table><tr><td>Fig. 397.
398. 399.</td><td>Tant de puiffances F, H, K, P, S, &c. qu'on voudra,
étant données en raifons quelconques d'autant de lignes don-
nées Ff, Hh, Kk, Pp, Ss, &c. defquelles puiffances une
feule quelconque, par exemple, F, foit appliquée à un Levier
quelconque en un point donné Q, fuivant une direction pa-
reillement donnée QF : on demande les points d'application à
ce Levier, requis à toutes les autres puiffances, & les directions
qu'elles doivent avoir pour faire équilibre toutes enfemble avec
la premiere F fur un appui donné B de ce Levier.</td></tr></table>

SOLUTION.

I. Sur la direction donnée QF de cette premiere puiffance donnée F , foit prife QG=Ff, & de fon point G
foit menée (en angle quelconque avec elle) la droite GO
égale à la derniere des proportionnelles aux puiffances ici
données ; laquelle derniere proportionnelle étant ici Ss,
il faudra ici GO=Ss. De fon point O (en angle quelconque avec elle) foit menée OI=Pp : de fon point I (en angle auffi quelconque avec elle) foit menée IT=Kk : de
fon point T (en angle encore quelconque avec elle) foit
menée TL=Hh ; & toûjours de même jufqu'à celle inclufivement de ces proportionnelles, qui fuit immediatement

ment la premiere F*f*, laquelle feconde proportionnelle eſt ici H*h*. Du point G par les points I, T, L, &c. ſoient menées les droites GI, GT, GL, &c. Et du point Q par le dernier de ceux-là, qui eſt ici L, ſoit auſſi menée la droite QL.

II. Après cela, du point d'appui donné B, ſoit menée la droite BC parallele à QL, & qui rencontre en C la direction donnée QF prolongée de ce côté-là ; ſur laquelle direction ſoit priſe CD=QG (*art.* 1.) =F*f*. De ſon point D ſoit menée DA parallele à GL ; laquelle DA rencontrant BC en A, comme GL rencontre en L la droite QL parallele à CB, formera avec CD, CA, le triangle CDA ſemblable à QGL, & qui ayant (*Hyp.*) CD=QG, aura conſequemment auſſi DA=GL, & CA=QL. Après avoir achevé le parallelogramme CDAE, qui aura CE =DA=GL, faites CM parallele à GT, & EM parallele à LT ; leſquelles CM, EM, ſe rencontrant en M, comme leurs paralleles GT, LT, ſe rencontrent en T, formeront avec CE le triangle CME ſemblable à GTL : de ſorte que venant de trouver CE=GL, ces deux triangles ſemblables auront conſequemment auſſi EM=TL (*art.* 1.) =H*h*, & CM=GT. Des points C, M, ſoient faites de même CX parallele à GI, & MX parallele à TI ; ce qui avec CM formera auſſi le triangle CXM ſemblable à GIT : de ſorte que venant de trouver CM= GT, l'on aura pareillement ici MX=TI (*art.* 1.) =K*k* ; & CX=GI. Des points C, X, ſoient auſſi faites Cβ parallele à GO, & Xβ parallele à OI ; ce qui avec CX formera de même le triangle CβX ſemblable à GOI : de ſorte que venant de trouver CX=GI, l'on aura pareillement ici Xβ=OI (*art.* 1.) =P*p*, & Cβ=GO (*art.* 1.) =S*s*, qui eſt ici la derniere des proportionnelles aux puiſ-fances qui s'y trouvent données. C'eſt ainſi qu'il faudroit continuer de faire juſqu'à la derniere, s'il y en avoit davantage qu'ici, en quelque nombre-qu'elles fuſſent.

III. Soient preſentement achevez les parallelogrammes CMEN, CXMY, CβXẟ, &c. juſqu'au dernier fait des

deux dernieres proportionnelles, s'il y en avoit davanta-
ge, comme CβXδ eſt fait ici (*art.* 1.) des deux Cβ (*art.* 2.)
$=$GO$=$Ss, & C$\delta=\beta$X (*art.* 2.) $=$OI$=$Pp, qui s'y trouvent les dernieres. Soient enfin prolongez depuis C juſ-
qu'au Levier BQ pareillement prolongé, tout ce que ces
parallelogrammes ont de côtez oppoſez à EM, MX, Xβ,
&c. juſqu'au dernier incluſivement de ces parallelogrammes, qui eſt ici CβXδ, duquel ſeul les deux côtez
Cδ, Cβ, qui paſſent par C, doivent être ainſi prolongez ; c'eſt-à-dire ici, que les côtez CN, CY, Cδ, Cβ, des
parallelogrammes CMEN, CXMY, CβXδ, ſont les ſeuls
qui doivent y être ainſi prolongez juſqu'au Levier BQ
pareillement prolongé en ligne quelconque juſqu'à ſa
rencontre avec eux en V, R, Z, ω, ainſi que le côté CD
du premier parallelogramme l'eſt juſqu'au point Q de ce
Levier. Ces côtez CN, CY, Cδ, Cβ, ainſi prolongez
juſqu'aux points V, R, Z, ω, du Levier ZBQω, ſoient
auſſi prolongez juſqu'en H, K, P, S, vers les endroits
que regardent les extrêmitez differentes E, M, X, les
diagonales CE, CM, CX, de leurs parallelogrammes
CMEN, CXMY, CβXδ.

IV. Cela fait, je dis que les points V, R, Z, ω, du Levier ZBQω, trouvez dans le précedent art. 3. ſont les
requis où les puiſſances ici données H, K, P, S, doivent
être appliquées à ce Levier, aux côtez où on les voit ; &
que les lignes droites CVH, CRK, CZP, ωCS, trouvées
auſſi dans le même art. 3. ſont les directions que ces quatre puiſſances ici données, y doivent avoir pour faire équilibre ſur l'appui donné B, avec la cinquiéme auſſi donnée
F, & de direction QF ou CQF pareillement donnée ; c'eſt
à-dire, que ces cinq puiſſances ici données F, H, K, P, S
étant appliquées en Q, V, R, Z, ω, ſuivant QF, VH
RH, ZP, ωS, au Levier ZBQω d'appui donné B, feron
ici équilibre entr'elles ſur cet appui, & ainſi de tant d'autres puiſſances données qu'on voudra, d'une ſeule quelconque deſquelles la direction ſoit donnée avec ſon point
d'application à un Levier quelconque d'appui donné. C
qu'il falloit trouver.

D E M O N S T R A T I O N.

Puifque des parallelogrammes CDAE, CMEN, CXMY, CβXꝒ, des art. 2. 3. de la folution, fon art. 2. fait voir que le premier CDAE a fon côté CD=Ff; que le fecond CMEN rend CN=ME=Hh; que le troifiéme CXMY rend CY=XM=Kk ; que le quatriéme CβXꝒ rend CꝒ =βX=Pp; & que Cβ=Ss: les côtez CD, CN, CY, CꝒ, de ces parallelogrammes, & Cβ, font proportionnels aux lignes Ff, Hh, Kk, Pp, Ss, lefquelles l'étant (*Hyp.*) aux puif-fances données F, H, K, P, S ; ces côtez CD, CN, CY, CꝒ, & Cβ, font auffi proportionnels à ces mêmes puiffan-ces F, H, K, P, S. Donc,

1°. Ayant ainfi S. P :: Cβ. CꝒ. l'effort ou la force (que j'appelle X) refultante du concours d'action de ces deux puiffances S, P, fera ici (*Lem.* 3. *Cor.* 1. *p.* 1.) de C vers X fuivant CX, & à la puiffance P comme cette diagonale CX du parallelogramme CβXꝒ eft à fon côté CꝒ ; c'eft-à-dire, X. P :: CX. CꝒ. Or on vient de trouver P. K :: CꝒ. CY. Donc (en raifon ordonnée) X. K :: CX. CY.

2°. Par confequent l'effort ou la force (que j'appelle M) refultante du concours de la premiere compofée X, & de la puiffance K, c'eft-à-dire (*nomb.* 1.) refultante du concours d'action des trois puiffances S, P, K, fera ici (*Lem.* 3. *Corol.* 10.) de C vers M fuivant CM, & à la puiffance K comme cette diagonale CM du parallelo-gramme CXMY eft à fon côté CY ; c'eft-à-dire, M. K :: CM. CY. Or on vient de trouver K. H :: CY. CN. Donc (en raifon ordonnée) M. H :: CM. CN.

3°. Par confequent l'effort ou la force (que j'appelle E) refultante du concours de la feconde compofée M & de la puiffance H, c'eft-à-dire (*nomb.* 2.) refultante du con-cours d'action des quatre puiffances S, P, K, H, fera ici (*Lem.* 3. *Corol.* 10.) de C vers E fuivant CE, & à la puif-fance H comme cette diagonale CE du parallelogramme CMEN eft à fon côté CN ; c'eft-à-dire, E. H :: CE. CN.

Or on vient de trouver H. F :: CN. CD. Donc (en raison
ordonnée (E. F :: CE. CD.

4°. Par confequent l'effort ou la force refultante du
concours de la troifiéme compofée E & de la puiffance F,
c'eft-à-dire (*nomb.* 3.) refultante du concours d'action
des cinq puiffances données S, P , K , H , F , fera ici (*Lem.*
3. *Corol.* 10.) de C vers A fuivant la diagonale CA du
parallelogramme CDAE, laquelle diagonale prolongée
vers l'appui donné B , paffe (*folution art.* 2.) par cet
appui.

5°. Donc enfin (*Th.* 21. *part.* 6.) il y aura ici équilibre
entre ces cinq puiffances données F , H , K , P , S , fur cet
appui donné B : & ainfi de tant d'autres puiffances qu'on
voudra , d'une feule quelconque defquelles la direction
foit donnée avec fon point d'application à un Levier quelconque d'appui donné. *Ce qu'il falloit démontrer.*

C o r o l l a i r e I.

Suivant l'art. 2. de la folution, les côtez Cβ, βX , XM,
ME , des parallelogrammes CβXδ , CXMY , CMEN ,
font paralleles aux côtez GO , OI , IT , TL , du poligone
GOITL, chacun à chacun dans l'orde qu'ils ont ici. Or
fuivant l'art. 3. de la même folution , les directions demandées ωCS , CP , CK , CH , des puiffances données , S ,
P , K , H , font , la premiere ωCS fuivant Cβ , & les autres
CP , CK , CH , paralleles à βX , XM , ME. Donc ces directions demandées ωCS , CP , CK , CH , des puiffances
données S , P , K , H , font auffi paralleles à GO , OI , IT ,
TL , chacune à chacune. D'où l'on voit que pour avoir
fimplement ces directions demandées des puiffances données S , P , K , H , fans fe mettre en peine de quels côtez
du Levier ces puiffances doivent être placées ; il n'y avoit
fans le fecours d'aucun parallelogramme , qu'à mener
tout d'un coup ces directions ωS , CP , CK , CH , par le
point C trouvé dès le commencement de l'art. 2. de la
folution , paralleles ainfi à ces côtez GO , OI , IT , TL ,

du poligone GOITL fait comme dans l'art. 1. de la même folution. Mais les parallelogrammes qu'on y vient
d'employer, y étoient neceffaires (*folut. art.* 3. 4.) pour
reconnoître de quels côtez du Levier ZBQω ces puiffances S, P, K, H, de directions demandées, devroient être
placées, le devant être (*folut. art.* 3.) fuivant ces directions (prefentement trouvées) vers les endroits que regardent les extrêmitez differentes X, M, E, des parallelogrammes CβXδ, CXMY, CMEN, qui ont leurs côtez
Cβ, Cδ, CY, CN, fur ces directions ωS, CP, CK, CH :
le tout par la même raifon que dans le Corol. du précedent Probl. 23.

COROLLAIRE II.

Si l'on confidere que dans le Corol. 2. de ce Probl. 23.
les variabilitez, chacune à l'infini, des deux feuls angles
arbitraires QGT, GTL, des Fig. 394. 395. 396. y
fourniffent enfemble une infinité d'infinité de directions
differentes à chacune des puiffances H, K, au lieu d'une
qu'on y demandoit pour chacune ; & en confequence y
fourniffent auffi une infinité d'infinité tant de folutions de
ce Probl. 23. que (fuivant fon Corol. 3.) de charges de
l'appui qui eft donné, & que de directions de ces charges : cela (dis-je) confideré, on verra que les differentes
combinaifons des variabilitez, chacune auffi à l'infini, des
quatre angles QGO, GOI, OIT, ITL, ici arbitraires
dans la Fig. 398. y doivent donner un nombre beaucoup
plus de fois infini de directions à chacune des puiffances
H, K, P, S, au lieu de chacune une qu'on leur demandoit pareillement ici ; & auffi en confequence un pareil
nombre de folutions tant du Problême dont il s'agit ici,
que de charges differentes de l'appui qui y eft donné, &
que de directions de ces charges.

On voit de là que ce nombre de folutions du Problême,
de charges de l'appui donné, & de directions de ces charges, augmenteroit d'infini en infini, à proportion qu'il y

auroit plus de puiſſances données dans ce Problême , deſquelles une ſeule auroit ſa direction donnée avec ſon point
d'application au Levier propoſé d'appui donné , ſur lequel
il faudroit mettre (comme dans la ſolution précedente)
toutes ces puiſſances données en équilibre entr'elles , quel
qu'en fût le nombre ; c'eſt-à-dire , à proportion qu'il y
auroit plus de puiſſances de directions demandées dans ce
Problême avec leur point d'application au Levier propoſé d'appui donné.

S C H O L I E.

Voilà juſqu'ici pour trouver l'équilibre , &c. ſur un
appui donné d'un Levier quelconque entre tant de puiſſances qu'on voudra , données ou ſeulement de rapports
donnez à volonté ; deſquelles une ſeule quelconque auroit ſa direction donnée avec ſon point d'application à ce
Levier , & toutes les autres de directions demandées avec
leurs points d'application à ce même Levier. Preſentement ſi au lieu de la direction & du point d'application
d'une ſeule de ces puiſſances à ce Levier , les directions de
deux ou de pluſieurs d'entr'elles étoient données avec
leurs points d'application au même Levier quelconque
d'appui donné , & qu'il ne s'agit plus que de trouver les
points d'application à ce Levier , & les directions requiſes
aux autres puiſſances pour les mettre en équilibre avec
celles-là ſur cet appui , c'eſt-à-dire, pour mettre ſur lui en
équilibre entr'elles tout ce qu'il y en auroit ici de données
il n'y auroit qu'à chercher , comme dans le Problême 17
en quel point du Levier propoſé il faudroit mettre un
appui (le donné étant ôté pour un moment) ſur lequel
ſeul ces ſeules puiſſances de directions données feroient
équilibre entr'elles , quelle ſeroit la charge qui de leur
concours reſulteroit à ce point d'appui , & la direction de
cette charge ; prendre enſuite cette charge ainſi connu
avec ſa direction , pour une ſeule puiſſance (que j'appel
le π) qui lui ſeroit égale, appliquée en ſa place ſuivan

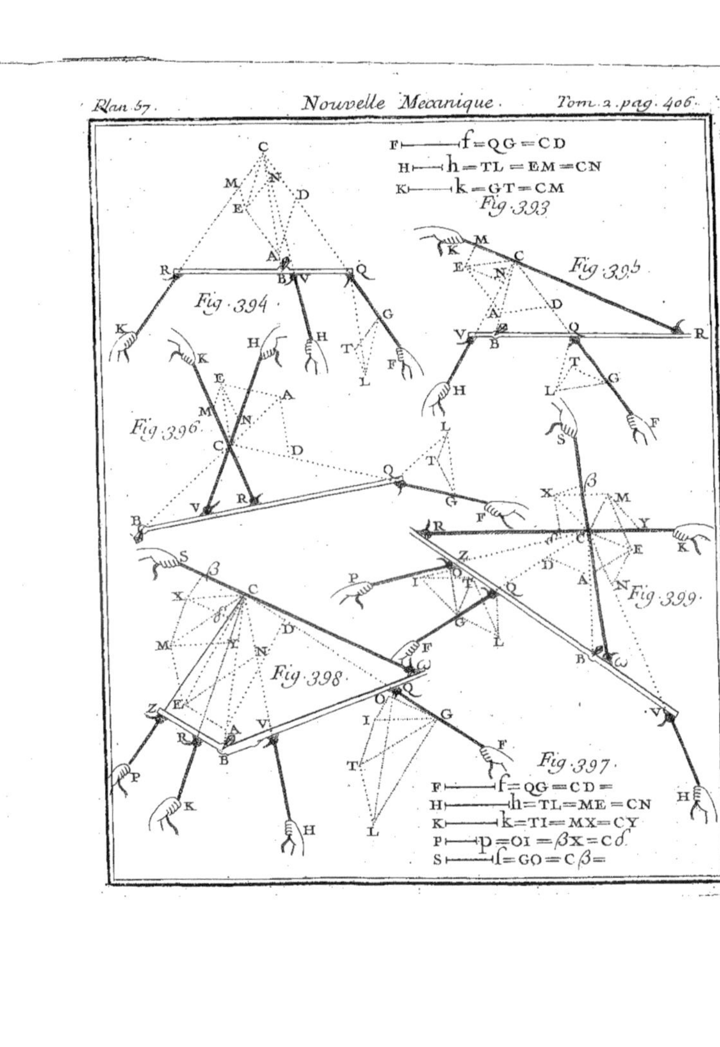
F ⊢——— f = QG = CD
H ⊢——— h = TL = EM = CN
K ⊢——— k = GT = CM
Fig. 393
Fig. 394
Fig. 395
Fig. 396
Fig. 397
Fig. 398
Fig. 399
F ⊢——— f = QG = CD =
H ⊢——— h = TL = ME = CN
K ⊢——— k = TI = MX = CY
P ⊢——— p = OI = βx = Cδ
S ⊢——— ſ = GO = Cβ =

fa direction au point d'appui trouvé du Levier, fur lequel
toutes ces puiſſances de directions données feroient feules
équilibre entr'elles. Alors (reſtituant l'appui donné, &
ôtant le fuppoſé) le Problême ainſi réduit à cette nouvelle puiſſance connue π, feule de point d'application & de
direction connues , & aux autres toutes de points d'application & de directions demandées, feroit dans les conditions du dernier qu'on vient de refoudre , & conſequemment fe refoudroit alors comme lui.

M A C H I N E S
SANS FROTTEMENT,

Démontrées suivant les principes de la Nouvelle Mécanique.

TOut ce que l'on voit de Machines fans frottement, eft fait d'un rouleau ou cylindre, qui fert d'effieu à une roue en forme de poulie. Ce rouleau auquel pend un fardeau, eft foûtenu par deux cables attachez au haut d'une efpece de grue, en forte que ces cordes & celle du fardeau s'entortillent neceffairement autour de ce rouleau dès que la puiffance appliquée à fa roue l'oblige de tourner.

La feule vûe de ces Machines fait à la verité voir que tout cela s'y execute fans frottemens ; mais en échange le rapport de la puiffance au poids qu'elle doit enlever, y paroît fi confiderablement au-deffus de ce qu'il feroit, fi cette poulie ne tournoit que fur un centre fixe, qu'il y a grand lieu d'appréhender qu'on ne perde bien autant, & peut-être plus, de ce côté-là, qu'on ne gagne de l'autre.

FIG. 400.

En effet, fans même avoir d'égard à la pefanteur de la poulie & de fon rouleau, fi l'on confidere, lorfque cette Machine MHN s'appuye en H fur les bras de gruau CD, que la puiffance E foûtient le poids F, de même qu'elle feroit avec un levier GL, dont l'appui feroit en H, & auquel cette puiffance & ce poids feroient appliquez en G & en L ; l'on trouvera que cette puiffance & ce poids doivent ici être entr'eux en raifon reciproque des perpendiculaires tirées du point H fur leurs directions EG & FL ; c'eft-à-dire, lorfque ces directions font paralleles, comme HL à HG, ou bien (en faifant HI parallele à ces directions, & par le centre A l'horifontale MN) comme IN à

IM ;

IM ; au lieu que dans l'ufage ordinaire où cette Machine tourneroit autour de fon centre A fur un pivot fixe (faifant abftraction du frottement qu'il y auroit) la puiffance E feroit toûjours au poids F, quelques directions qu'ils euffent, comme le rayon AN du rouleau HN au rayon AM de la poulie : ce qui demande un furcroît de forces dans la puiffance E d'autant plus confiderable que les bras de gruau CD font un plus grand angle avec l'horifon ; parce qu'alors IA en devenant plus grande, le rapport de IN à IM en furpaffe auffi d'autant plus celui de AN à AM.

Par exemple, fuppofé que ces bras de gruau CD faffent un angle de 30. deg. avec l'horifon auquel les directions EG & FL foient perpendiculaires, l'angle IHA, étant auffi pour lors de 30. degrez, IA fera la moitié de AN : faifant donc AN de deux parties, dont le rayon AM en contienne, fi l'on veut, 10. AN fera en ce cas à MA, comme 2. à 10. & IN fera à MI, comme 3. à 9. Ainfi fi le poids F étoit, par exemple, de 100. liv. dans l'ufage ordinaire où le point fixe feroit en A, la puiffance E ne feroit que de 20. liv. & dans l'ufage prefent elle devroit être de 33. liv. $\frac{1}{3}$. Si l'angle de ces bras de gruau avec l'horifon étoit de 50. deg. l'angle IHA étant auffi pour lors de 50. deg. AI feroit de 1. $\frac{1830127}{2500000}$. ce qui feroit IN de 3. $\frac{1830127}{2500000}$. & IM de 8. $\frac{669873}{2500000}$. ainfi la puiffance E feroit alors de 45. liv. $\frac{2868415}{20669873}$. ce qui eft plus du double de ce qu'elle feroit dans l'ufage ordinaire. Si l'angle de gruaux avec l'horifon étoit de 70. deg. par un femblable changement, la puiffance E feroit de 47. liv. $\frac{15674061}{20301537}$. & ainfi toûjours en augmentant à mefure que cet angle augmentera, jufqu'à ce qu'enfin ces bras de gruau foient perpendiculaires à l'horifon ; & alors l'appui du rouleau HA fe trouvant en B, comme dans la Machine où ce rouleau ne feroit foûtenu qu'avec des cordes perpendiculaires KB, la puiffance E feroit au poids F, comme le diamétre BN du rouleau HN à BM moitié de la difference qui eſt entre ce diamétre & celui de la poulie ; c'eſt-à-dire ici , comme 4. à 8. ou comme 50. liv. contre 100. liv. & par conſequent une fois & demi plus grande qu'il n'auroit fallu dans l'uſage ordinaire. Après cela je laiſſe à juger s'il y a du gain ou de la perte à ſauver ainſi les frottemens.

Il eſt vrai que le poids F doit monter ici plus vîte que dans les Machines ordinaires, puiſqu'il monte ici, & parce que ſa corde s'entortille au rouleau HN, & parce que ce rouleau lui-même monte encore ; au lieu que dans les Machines ordinaires ce poids ne monte que par l'entortillement de ſa corde autour de ce rouleau : mais ce ſur-croît de vîteſſe n'eſt point du tout à comparer à cette augmentation de puiſſance, vû qu'on eſt bien plus maître du tems que des forces : outre qu'à toute rigueur, c'eſt-à-dire, toute vîteſſe bien comptée, cette augmentation de forces feroit encore aſſez conſiderable pour faire douter s'il n'y a point plus de perte que de gain à ſauver ainſi les frottemens. En effet à prendre même la plus grande vîteſſe que ce poids puiſſe avoir avec ce rouleau mobile ; c'eſt-à-dire, à la prendre double de ce qu'elle feroit ſi ce rouleau avoit ſon axe fixe ; la puiſſance E ne devroit être alors tout au plus que double de ce qu'elle feroit dans ce dernier état ; & par conſequent n'étant ici que de 20. liv. pour l'axe fixe de ce rouleau, elle ne devroit être tout au plus que de 40. liv. ſur cet axe mobile. On la vient cependant de trouver de 50. liv. c'eſt donc 10. liv. pour les frottemens que cauſeroient à ce rouleau fixe une puiſſance de 20. liv. contre un poids de 100. Ce qui non ſeulement ici, où l'on ſuppoſe AM à AN, comme 10. à 2. mais encore dans tout autre rapport de ces rayons, fait aſſez voir qu'une telle puiſſance eſt toûjours à ce qu'il en coûte pour ſauver ainſi les frottemens, *comme la difference du rayon de la roue à celui de ſon rouleau, eſt au diamétre entier de ce même rouleau.* Et cela, comme l'on voit, ſans compter ce qu'il faut encore ici dépenſer de forces pour des vîteſſes dont on ſe paſſeroit bien.

DEMONSTRATION.

La force de la puiſſance E ſeroit au poids F ſur le point
A comme AM à MA, ou comme BN à 2MA : & ce poids
F lui ſeroit ſur l'appui B comme MB à BN : la force de la
puiſſance E ſur ce point A ſeroit donc à celle qu'il lui faudroit ſur B , comme BM à 2MA , retirant donc 2BM de
2MA , comme l'on vient de faire 40. de 50. pour fournir à la vîteſſe qu'on trouve ici double de ce qu'elle ſeroit
ſur ce point A. Ce reſte ſera donc 2BA ou BA pour la
meſure de ce qu'il en faudroit encore , toute vîteſſe bien
comptée par ces frottemens. Ainſi la force de la puiſſance E ſur le point A devroit toûjours être à celle des frottemens qu'elle y cauſeroit , comme BM à BN , c'eſt-à-
dire , *comme la difference du rayon de la roue à celui de ſon rouleau, eſt au diametre entier de ce même rouleau.* C. Q. F. D.

Je ne compte point non plus ce qu'il faudroit encore de
forces pour enlever la poulie avec ſon rouleau , qu'on a
juſqu'ici regardez comme ſans peſanteur. Voici le tout
en general , & pour tous les cas poſſibles.

PROPOSITION PREMIERE.

Soit la puiſſance E appliquée ſuivant EC à la poulie CG,
dont l'axe eſt un rouleau BA tellement ſoûtenu avec les cordes
BK ſur les bras de gruau IT, que ces cordes , auſſi-bien que
AF , qui eſt celle du poids F , s'entortillent neceſſairement au-
tour de ce rouleau dès que l'on fera tourner la roue CG confor-
mément à l'effort de la puiſſance E. Quelque angle OPA que
la direction OP du centre de gravité O commun à la roue CG
& à ſon rouleau BA, faſſe avec la direction AF du poids F:
quelque angle auſſi PZC que la direction PQ de l'impreſſion
commune qui reſulte de leur concours d'action, faſſe avec CE
direction de la puiſſance E ; je dis qu'en cas d'équilibre,

1°. La puiſſance E ſera à la charge des bras de gruau IT
ſur leſquels le rouleau BA eſt appuyé, comme le produit des ſi-
nus des angles KHO & QZH au produit des ſinus des angles
KHZ & QZE.

Fig. 401.
402. 403.

Fff ij

2°. *La puissance E sera à la force qu'il faudroit pour retenir la corde BK, c'est-à-dire, la resistance des crochets K, comme le produit des sinus des angles KHO & QZH au produit des sinus des angles ZHO, & QZE.*

3°. *La puissance E sera à tout le poids de la poulie CG & de son rouleau BA, comme le produit des sinus des angles QZH & OPA, au produit des sinus des angles EZH & ZPA.*

4°. *La puissance E sera au poids F, comme le produit des sinus des angles QZH & OPA, au produit des sinus des angles EZH & OPZ.*

D E M O N S T R A T I O N.

Pour avoir les angles des directions AP, OP, CE & KB, concevons-les toutes dans un même plan perpendiculaire à l'axe du rouleau BA, de même que seroient les coupes faites sur ce plan par autant d'autres plans qui passant par ces lignes, lui seroient perpendiculaires. De-là quelque angle APO que fassent entr'elles AP & OP directions du poids F, & de la Machine CA faite de la poulie CG & du rouleau BA ; il est clair par toutes les propositions de la nouvelle Mécanique, que tout ce que cette Machine en reçoit d'impression, non seulement se fait suivant la diagonale PQ de quelque parallelogramme MN, dont les côtez PM & PN sont pris sur les directions AP, OP, mais encore que cette impression composée sur la Machine CA, est la même (*Corol. 6. Lem. 3.*) que si au lieu de la pesanteur de cette Machine & du poids F, elle étoit seulement poussée suivant PQ par une force égale à celle que lui causent ces deux ensemble. On peut donc regarder cette Machine ainsi tirée en même tems par sa pesanteur, par le poids F, & par la puissance E, comme si elle ne l'étoit que par cette nouvelle force appliquée suivant PQ & par la puissance E appliquée suivant CE : ainsi quelque angle QZE que ces directions fassent entr'elles, il faut encore pour la même raison que ce que la Machine CA recevra d'impression de ces deux forces, c'est-à-dire, du concours d'action de sa pesanteur, de celle du poids F, & de la puiſſance E, ſuivie de même la diagonale ZX de quelqu'autre parallelogramme VY, dont les côtez ZV & ZY ſoient pris ſur PQ & CE prolongées ; & de plus que cette commune impreſſion ſoit la même ſur cette Machine ; que ſi au lieu de ces trois forces, elle étoit ſeulement pouſſée ſuivant ZX par une autre force égale à celle que lui cauſent ces trois enſemble. On peut donc encore regarder cette Machine comme n'ayant d'impreſſion de toute ſa charge, que ce que cette nouvelle force lui en pourroit donner ſuivant ZX contre la reſiſtance du crochet K ; & alors ainſi chargée, elle ſera comme un poids d'une direction ſuivant ZX que le crochet K ſuivant KB qui rencontre ZX prolongée en H, retiendra ſur la ſurface IT ; de ſorte qu'en cas d'équilibre, il faudra (*Th.* 26.) que de l'impreſſion ſuivant HZ, que l'on peut encore regarder comme compoſée de deux autres, dont l'une ſuivroit KH prolongée vers β, & l'autre une ligne OHω perpendiculaire au bras de gruau IT, (la reſiſtance du crochet K ſoûtenant celle qui ſuivroit Hβ) il n'en reſte à cette Machine CA que ſuivant ligne Hω.

Achevant donc le parallelogramme $\omega\beta$, dont la diagonale Hϖ ſe trouve dans la direction HZ, l'on trouvera (*Corol.* 1. *Lem.* 3.) qu'en cas d'équilibre la charge des bras de gruau repreſentez par IT, doit être à la reſiſtance des crochets K, & à l'impreſſion ſuivant HZ de la charge entiere de la Machine CA, comme le côté Hω au côté Hβ, & à la diagonale Hϖ du parallelogramme $\omega\beta$; de ſorte que cette impreſſion totale ſuivant HZ, la reſiſtance des crochets K, & la charge des bras de gruau IT, ſont alors entr'elles comme les lignes Hϖ, Hβ, & Hω ; c'eſt-à-dire, comme les ſinus des angles ωHβ, ωHϖ, & βHϖ ; ou comme les ſinus des angles KHO, ZHO, & KHZ.

Or à cauſe que cette impreſſion ſuivant HZ ſuit (*Hyp.*) la diagonale ZX du parallelogramme VY, dont les côtez ZY & ZV ont été pris ſur les directions des forces dont

cette impreſſion eſt compoſée, c'eſt-à-dire, ſur les directions prolongées CZ & PZ de la puiſſance E & de la force
qui ſuit PQ ; cette puiſſance E, cette force ſuivant QZ,
& cette impreſſion ſuivant HZ ſont auſſi entr'elles (*Cor.*
1. *Lem.* 3.) comme ZY , ZV , & ZX, comme les ſinus des
angles VZX , YZX , & VZY , c'eſt-à-dire , comme les
ſinus des angles QZH, EZH, & QZE.

De plus la force qui ſuit QZ, ſuivant auſſi (*Hyp.*) la
diagonale PQ du parallelogramme MN, dont les côtez
PM & PN ont été pris ſur les directions AM & ON du
poids F & de la peſanteur de la Machine CA ; cette force,
le poids F, & la peſanteur de cette Machine, pour la même raiſon, ſont encore entr'eux comme les ſinus des angles NPM , NPQ , & MPQ , c'eſt-à-dire, comme les ſinus des angles OPA , OPZ , & APZ.

Donc en multipliant deux à deux ſelon l'ordre de leurs
termes toutes ces rangées de proportionnelles :

$\Big\{$ Impreſ. ſuiv. HZ. ch. des bras de gr. IT :: ſKHO. ſKHZ.
Puiſſance E. impreſſion ſuiv. HZ :: ſQZH. ſQZE.

$\Big\{$ Impreſ. ſuiv. HZ. reſiſt. des crochets K :: ſKHO. ſZHO.
Puiſſance E. impreſſion ſuiv. HZ :: ſQZH. ſQZE.

$\Big\{$ Puiſſance E. impreſſion ſuiv. QZ :: ſQZH. ſEZH.
Impreſ. ſuiv. QZ. peſ. de la Mach. CA :: ſOPA. ſAPZ.

$\Big\{$ Puiſſance E. impreſſion ſuiv. QZ :: ſQZH. ſEZH
Impreſ. ſuiv. QZ. poids F :: ſOPA. ſOPZ.

L'on aura , 1°. la puiſſance E à la charge des bras de
gruau IT, comme le produit des ſinus des angles KHO
& QZH au produit des ſinus des angles KHZ & QZE.
2°. La puiſſance E à la reſiſtance des crochets K, comme
le produit des ſinus des angles KHO & QZH au produit
des ſinus des angles ZHO & QZE. 3°. La puiſſance E au
poids de la Machine CA, comme le produit des ſinus des
angles QZH & OPA au produit des ſinus des angles EZH
& APZ. 4°. La puiſſance E au poids F , comme le produit

es sinus des angles QZH & OPA au produit des sinus
les angles EZH & OPZ. *Ce qu'il falloit démontrer.*

De-là suppléant les figures de tous les autres cas, il seroit aisé de tirer une infinité de Corollaires, qui découvri-
roient encore non seulement en general les rapports qui
ont entre la charge des bras de gruau IT, la resistance
les crochets K, la pesanteur de la Machine CA, & le
poids F dans toutes les combinaisons possibles ; mais aussi
le détail tant de ces rapports que des precedens pour tou-
res les inclinaisons possibles des bras de gruau IT, & pour
toutes les directions imaginables des cordes BK, de la
puissance E, du poids F, & de la Machine CA. Je passe
tout cela, parce qu'il est plus long que difficile à conclure ;
outre que le seul cas des directions paralleles que j'ai
d'abord examiné, suffit avec quelques experiences sur les
frottemens, pour juger s'il y a du gain ou de la perte à les
sauver ainsi.

Outre cette maniere de sauver les frottemens de la Ma-   Fig. 404.
chine CA, l'on pourroit encore en imaginer une autre,
où les crochets K seroient vers le bas, & où cette machine
devroit descendre pour enlever le poids F ; & cette maniere seroit d'autant au-dessus de l'autre, que, 1°. l'on n'auroit plus cette machine à enlever ; 2°. au contraire elle
aideroit elle-même par sa pesanteur à enlever le poids F ;
3°. regardant la puissance E & le poids F appliquez en G
& en L à un Levier HG, dont l'appui fût en H, l'on trouveroit aussi que le bras de la puissance E seroit à celui du
poids F en plus grande raison que dans la maniere de
M. Perault : mais aussi d'un autre côté on ne sauveroit pas
tous les frottemens de la machine entiere ; puisque la poulie I, sur laquelle la corde du poids F doit passer, y seroit
toûjours sujette.

PROPOSITION II.

En ce cas le rapport general de la puissance E seroit, 1°. à
la charge des bras de gruau IT, comme le produit des sinus

*des angles KHO & QZH au produit des sinus des angles
KHZ & QZE : 2°. à la resistance des crochets K, comme le
produit des sinus des angles KHO & QZH au produit des sinus des angles ZHO & QZE : 3°. à tout le poids de la machine faite de la poulie CG & de son rouleau BA, comme le
produit des sinus des angles QZH & OPA au produit des
sinus des angles EZH & APZ : 4°. au poids F, comme le
produit des sinus des angles QZH & OPA au produit des sinus des angles EZH & OPZ : 5°. à la charge de la poulie I,
comme le produit des sinus des angles QZH, OPA, & ADI
au produit des sinus des angles EZH, OPZ, & ADF.*

DEMONSTRATION.

Tout cela se démontrera encore dans toute son étendue
par la démonstration précedente, excepté l'art. 5. pour
lequel il faut de plus ajoûter suivant la part. 2. du Th.
14. que le poids F est à la charge de la poulie I, comme le
sinus de l'angle ADI, au sinus de l'angle ADF ; afin que
multipliant cette rangée de proportionnelles par celle de
l'art. 4. où la puissance E est au poids F, comme le produit des sinus des angles QZH & OPA au produit des sinus des angles EZH & OPZ ; la puissance E se trouve à la
charge de la poulie I, comme le produit des sinus des angles QZH, OPA, & ADI, au produit des sinus EZH,
OPZ, & ADF ; c'est-à-dire (dans l'hypothese ordinaire,
où les directions PO & DF de la pesanteur de la machine
CA & du poids F, passent pour paralleles) comme le produit des sinus des angles QZH & ADI au produit des sinus des angles EZH & OPZ.

La combinaison & le détail de tous ces rapports sont
encore plus longs que difficiles ; outre qu'il n'est pas ici
tout-à-fait question de cette derniere maniere de sauver
les frottemens. Je passe donc à l'autre.

PROF

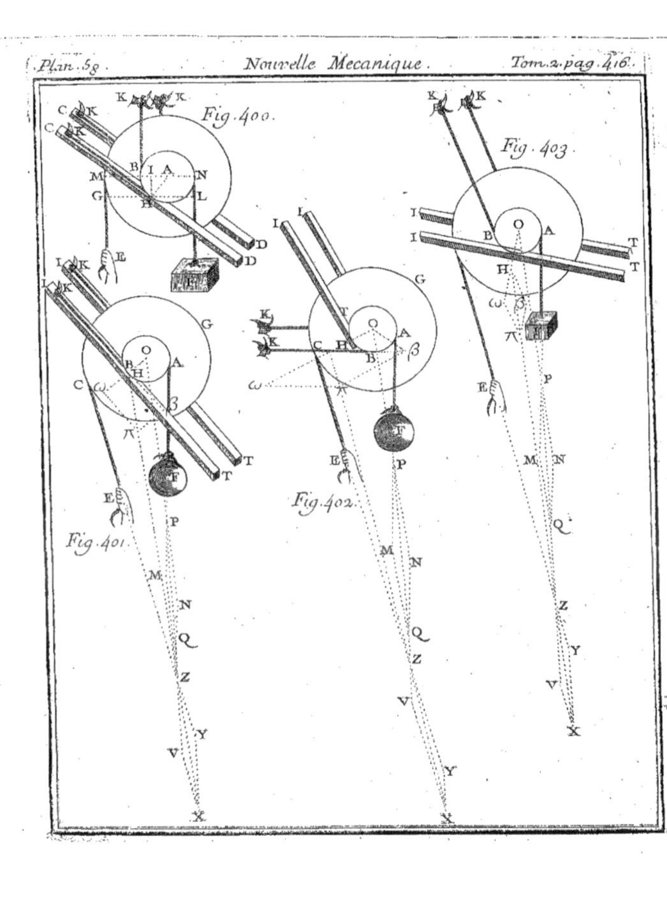

Plan. 58.
Nouvelle Mecanique.
Tom. 2. pag. 416.
Fig. 400.
Fig. 401.
Fig. 402.
Fig. 403.

PROPOSITION III.

Toutes choses demeurant les mêmes que dans la premiere pro-
position, quelque angle OPC que la direction OP du centre de
gravité O commun à la roue CG & à son rouleau BA, fasse
avec la direction CP de la puissance E: quelque angle aussi
PZA que la direction PQ de l'impression commune qui resulte
de leur concours d'action, fasse avec ZA direction du poids F;
je dis encore qu'en cas d'équilibre,

1°. La puissance E est à la charge des bras de gruau
IT, sur lesquels le rouleau BA est appuyé, comme le produit des
sinus des angles OPQ, HZA, & KHO, au produit des sinus
des angles OPC, PZA, & KHZ.

2°. La puissance E est à la force qu'il faudroit pour retenir
la corde BK, c'est-à-dire, à la resistance des crochets K, com-
me le produit des sinus des angles OPQ, HZA, & KHO,
au produit des sinus des angles OPC, PZA, & ZHO.

3°. La puissance E est à tout le poids de la poulie CG & de
son rouleau BA, comme le sinus de l'angle OPQ à celui de
l'angle CPQ.

4°. La puissance E est au poids F, comme le produit des
sinus des angles OPQ & HZA, au produit des sinus des an-
gles OPC & PZH.

D E M O N S T R A T I O N.

Par un raisonnement tout semblable à celui des démonstrations précedentes, quelque angle CPO que les
directions CP & OP de la puissance E & de la machine
CA, fassent entr'elles, prenant PQ pour la direction de
leur impression commune; & faisant sur leurs directions
particulieres le parallelogramme MN, dont la diagonale
soit sur PQ; l'on trouvera que la puissance E, le poids de
la machine CA, & la force de ce qui resulte d'impression
de leur concours d'action suivant PQ, sont entr'eux
comme les sinus des angles OPQ, CPQ, & OPC. De
même quelque angle PZA que PQ prolongée fasse avec

Tome II. Ggg

la direction ZA du poids F, faisant sur ces lignes le parallelogramme VY, dont la diagonale ZX prolongée passe par le point H, où la corde KB concourt avec la ligne Oω tirée du centre O du rouleau BA perpendiculairement sur le bras de gruau IT ; l'on trouvera encore que le poids F, la force qui suit PQ , & celle de l'impression qui resulte de leur concours d'action suivant ZX ou HZ, sont entr'eux comme les sinus des angles FZH, AZH, & PZA. Enfin sur Oω & KB prolongée achevant le parallelogramme ωβ, dont la diagonale Hπ soit sur HZ, l'on aura encore de la même maniere l'impression qui suit ainsi ZX ou HZ, la charge des bras de gruau IT, & la resistance des crochets K entr'elles comme les sinus des angles KHO, KHZ, & ZHO.

Reprenant donc toutes ces rangées de proportionnelles, & multipliant entr'elles & par ordre tout ce que l'on en voit ici sous un même crochet:

$$\left\{\begin{array}{l}\text{Puissance E.} \quad\quad \text{impression suiv. PQ} :: \int\text{OPQ.} \int\text{OPC.}\\ \text{Impres. suiv. PQ.} \quad \text{impression suiv. ZX} :: \int\text{HZA.} \int\text{PZA.}\\ \text{Impres. suiv. ZX.} \quad \text{ch. des bras de gr. IT} :: \int\text{KHO.} \int\text{KHZ.}\end{array}\right.$$

$$\left\{\begin{array}{l}\text{Puissance E.} \quad\quad \text{impression suiv. PQ} :: \int\text{OPQ.} \int\text{OPC.}\\ \text{Impres. suiv. PQ.} \quad \text{impression suiv. ZX} :: \int\text{HZA.} \int\text{PZA.}\\ \text{Impres. suiv. ZX.} \quad \text{resist. des crochets K} :: \int\text{KHO.} \int\text{ZHO.}\end{array}\right.$$

$$\left\{\begin{array}{l}\text{Puissance E.} \quad\quad \text{poids de la Mach. CA} :: \int\text{OPQ.} \int\text{CPQ.}\end{array}\right.$$

$$\left\{\begin{array}{l}\text{Puissance E.} \quad\quad \text{impression suiv. PQ} :: \int\text{OPQ.} \int\text{OPC.}\\ \text{Impres. suiv. PQ.} \quad \text{poids F.} \quad\quad\quad :: \int\text{HZA.} \int\text{PZH.}\end{array}\right.$$

L'on aura, 1°. la puissance E à la charge des bras de gruau IT, comme le produit des sinus des angles OPQ, HZA, & KHO, au produit des sinus des angles OPC, PZA, & KHZ. 2°. La puissance E à la resistance des crochets K, comme le produit des sinus des angles OPQ, HZA, & KHO, au produit des sinus des angles OPC, PZA, & ZHO. 3°. La puissance E à tout le poids de la machine faite de la roue

CG & de fon rouleau BA, comme le finus de l'angle OPQ au finus de l'angle CPQ. 4°. La puiffance au poids F, comme le produit des finus des angles OPQ & HZA au produit des finus des angles OPC & PZH. *Ce qu'il falloit démontrer.*

PROPOSITION IV.

Toutes chofes demeurant encore les mêmes que dans la propofition précedente, quelque angle APC que la direction AP du poids F, faffe avec la direction CP de la puiffance E : quelque angle auffi PZO que la direction PQ de l'impreffion commune qui refulte du concours d'action, faffe avec ZO direction du centre de gravité O commun à la roue CG & à fon rouleau BA ; je dis encore qu'en cas d'équilibre,

1°. La puiffance E eft à la charge des bras de gruau IT, fur lefquels le rouleau BA eft appuyé, comme le produit des finus des angles APQ, HZO, & KHO, au produit des finus des angles CPA, PZO, & KHZ.

2°. La puiffance E eft à la force qu'il faudroit pour retenir la corde BK, c'eft-à-dire, à la refiftance des crochets K, comme le produit des finus des angles APQ, HZO, & KHO, au produit des finus des angles CPA, PZO, & ZHO.

3°. La puiffance E eft à tout le poids de la poulie CG & de fon rouleau BA, comme le produit des finus des angles APQ, & HZO, au produit des finus des angles CPA & PZH.

4°. La puiffance E eft au poids F comme le finus de l'angle APQ à celui de l'angle CPQ.

DÉMONSTRATION.

Par un raifonnement encore tout femblable à celui des démonftrations précedentes, quelque angle CPA que les directions CP & AP de la puiffance E & du poids F, faffent entr'elles, prenant PQ pour la direction de leur impreffion commune, & faifant fur leurs directions particulieres le parallelogramme MN, dont la diagonale foit fur PQ, l'on trouvera que la puiffance E, le poids F, & la

Gggij

force de ce qui reſulte d'impreſſion de leur concours d'action ſuivant PQ , ſont entr'eux comme les ſinus des angles APQ, CPQ , & CPA. De même quelque angle PZO que PQ prolongée faſſe avec la direction ZO de la machine CA , faiſant ſur ces lignes le parallelogramme VY, dont la diagonale ZX prolongée paſſe par le point H où la corde KB concourt avec la ligne Oω, tirée du centre O du rouleau BA perpendiculairement ſur le bras de gruau IT ; l'on trouvera encore que le poids de la machine CA , la force qui ſuit PQ , & celle de l'impreſſion qui reſulte de leur concours d'action ſuivant ZX ou ZH , ſont entre-eux comme les ſinus des angles PZH , HZO, & PZO. Enfin ſur Oω & KB prolongée faiſant le parallelogramme ωβ dont la diagonale Hϖ ſoit ſur HZ ; l'on aura encore de la même maniere l'impreſſion qui ſuit ainſi ZX ou HZ, la charge des bras de gruau IT,& la reſiſtance des crochets K entr'elles, comme le ſinus des angles KHO, KHZ, & ZHO.

Reprenant donc toutes ces rangées de proportionnelles , & multipliant entr'elles & par ordre tout ce que l'on en voit ici ſous un même crochet :

Puiſſance E.　　　　　impreſſion ſuiv. PQ :: ſAPQ. ſCPA.
Impreſ. ſuiv. PQ.　　impreſſion ſuiv. ZX :: ſHZO. ſPZO.
Impreſ. ſuiv. ZX.　　ch. des bras de gr. IT :: ſKHO. ſKHZ.

Puiſſance E.　　　　　impreſſion ſuiv. PQ : : ſAPQ. ſCPA.
Impreſ. ſuiv. PQ.　　impreſſion ſuiv. ZX :: ſHZO. ſPZO.
Impreſ. ſuiv. ZX.　　reſiſt. des crochets K :: ſKHO. ſZHO.

Puiſſance E.　　　　　impreſſion ſuiv. PQ :: ſAPQ. ſCPA.
Impreſ. ſuiv. PQ.　　poids de la Mach. CA :: ſHZO. ſPZH.

Puiſſance E.　　　　　poids F.　　　　　　:: ſAPQ. ſCPQ.

L'on aura , 1°. la puiſſance E à la charge des bras de gruau IT, comme le produit des ſinus des angles APQ , HZO, & KHO, au produit des ſinus des angles CPA,

PZO , & KHZ. 2°. La puiſſance E à la reſiſtance des cro-chets K , comme le produit des ſinus des angles APQ, HZO , & KHO, au produit des ſinus des angles CPA, PZO , & ZHO. 3°. La puiſſance E à tout le poids de la machine faite de la roue CG & de ſon rouleau BA, com-me le produit des ſinus des angles APQ & HZO au pro-duit des ſinus des angles CPA & PZH. 4°. La puiſſance E au poids F, comme le ſinus de l'angle APQ au ſinus de l'an-gle CPQ. *Ce qu'il falloit démontrer.*

Je ne dis rien encore de tous les Corollaires qu'on pour-roit tirer de ces deux propoſitions, en ſuppléant, comme dans la premiere, les figures de tous les cas que leur uni-verſalité comprend. Il ſuffit de faire remarquer que l'uſa-ge de la premiere propoſition eſt (la peſanteur de la ma-chine CA & le poids F étant donnez avec leurs directions & celle de la puiſſance E) de faire trouver la valeur de la puiſſance E , &c. L'uſage de la troiſiéme eſt (la puiſſance E , & la peſanteur de la machine CA étant donnée avec leurs directions, & celle du poids F) de faire trouver la valeur du poids F , &c. L'uſage de la quatriéme eſt (la puiſſance E & le poids F étant donnez avec leurs directions & celle de la machine CA) de faire trouver la peſanteur de la machine CA , &c.

Voilà, ce me ſemble, tout ce que l'on peut demander par rapport à l'uſage preſent de la machine CA. Je paſſe donc au rouleau que M. Perault fait encore agir ſans frottement au pied de ſa machine, pour en augmenter , dit-il, la force.

Ce rouleau eſt GG tellement lié dans les cordes HI , Fig. 407. que lorſqu'on le fait tourner en abaiſſant les Leviers LN, les cordes I s'entortillent à l'entour, les cordes H ſe dé-tortillent , & le rouleau deſcend. D'ou il arrive que ſi la puiſſance E tient aſſez ferme contre le poids E, la corde ED pour l'empêcher de gliſſer ſur ce rouleau, ce poids ſe trouve obligé de monter, & parce que ce rouleau deſ-cend, & parce que ſa corde doit auſſi pour lors s'entor--tiller autour de ce même rouleau.

G g g iij

Il eſt encore manifeſte que dans cet uſage du rouleau GG, ſon mouvement ne ſe fait point ſur ſon axe, mais ſeulement ſur une ligne qui joint les points où les cordes H & I ſe rencontrent ; c'eſt-à-dire (en regardant ce rouleau de profil) ſeulement comme ſur l'extrêmité K de cette ligne, avec un levier LK, auquel ſont appliquez en L, G, & M, la puiſſance L, le poids du rouleau G, & le poids F, dont je ſuppoſe la corde DE retenue par la puiſſance E ſur le rouleau G, de même que ſi elle y étoit ſeulement attachée. Ainſi, 1°. le poids du rouleau G, & ce qu'il ſoûtient pour ſa part du poids F, doivent ici être entr'eux en raiſon reciproque des perpendiculaires tirées de l'appui K ſur leurs directions. 2°. La puiſſance L, & le reſte du poids F, ſont auſſi entr'eux en raiſon reciproque des perpendiculaires tirées du même point K ſur leurs directions : de ſorte que lorſque ces directions ſont paralleles à la partie de corde KI ou KH, dont l'extrêmité ſert d'appui K, ces perpendiculaires ſe confondant avec le diamétre KN & le levier LN, que je lui ſuppoſe en ligne droite ; le poids du rouleau G ſera à ce qu'il ſoûtient pour ſa part du poids F, comme le diamétre KN à ſa moitié KG ; & la puiſſance L au reſte du poids F, comme le diamétre KN à la ſomme LK faite de ce diamétre & du levier LN.

D'où il s'enſuit que ſi en ce cas le diamétre KN étoit de 4. parties, dont le levier LN fût (ſi l'on veut) de 10. que de plus le poids F fût de 100. liv. & la peſanteur du rouleau G de 10. liv. puiſque cette peſanteur du rouleau G eſt à ce qu'elle ſoûtient du poids F, comme le diamétre NK à ſa moitié GK, c'eſt-à-dire, comme 2. à 1. cette partie du poids F que la peſanteur du rouleau G ſoûtiendroit pour ſa partie, ſeroit de 5. liv. ainſi ce reſte ſoûtenu par la puiſſance L ſeroit de 95. liv. leſquelles étant auſſi à cette puiſſance L, comme LK à NC, c'eſt-à-dire ici, comme 14. à 4. cette même puiſſance, quoique ſecourue de la peſanteur du rouleau G, ſeroit encore de 27. liv. ½ au lieu que dans l'uſage ordinaire de ce rouleau,

où fon axe G feroit fixe, cette puiffance L ne feroit que
de 16. liv. $\frac{2}{3}$. c'eſt-à-dire , près de la moitié moins qu'ici.
Voici le tout en general, & pour tous les cas poffibles.

PROPOSITION V.

Soit la puiſſance L appliquée par le moyen d'un levier LN
au rouleau G lié, comme l'on vient de dire , fuivant HNMI jufqu'à
dans une corde attachée par fes extrémitez aux crochets H
& I, & auquel le poids F foit auffi appliqué avec une corde
DM, laquelle entortillée auffi autour, foit retenue deffus par
quelque puiſſance ou autrement : quelque angle LPG que faf-
fent entr'elles les directions LP & GP de la puiſſance L , &
du rouleau G : quelque angle auffi QZD que la direction PQ
de l'impreſſion commune qui refulte de leur concours d'action,
faffe dans fa rencontre en Z avec DM direction du poids F ;
fe dis qu'en cas d'équilibre ,

1°. La puiſſance L eſt au poids du rouleau G, comme le fi-
nus de l'angle ZPG , au finus de l'angle ZPL.

2°. La puiſſance L eſt au poids F, comme le produit des finus
ZPG & DZK , au produit des finus des angles LPG &
QZK.

3°. La puiſſance L eſt à la refiſtance du crochet I, comme le
produit des finus des angles ZPG , DZK, & HKI , au produit
des finus des angles LPG , QZD , & ZKH.

4°. La puiſſance L eſt à la refiſtance du crochet H , comme le
produit des finus des angles ZPG , DZK , & HKI , au pro-
duit des finus des angles LPG , QZD, & ZKI.

DEMONSTRATION.

Quelqu'angle LPG que faffent entr'elles LP & GP directions de la puiſſance L & du rouleau G , équipé comme il eſt ici , il eſt clair par toutes les propofitions de la
Nouvelle Mécanique, que ce que ce rouleau en reçoit
d'impreſſion, non feulement fe fait fuivant la diagonale
PQ de quelque parallelogramme RS , dont les côtez
foient pris fur les directions de LP & de GP , mais encore

FIG. 409.
jufqu'à 412.

que cette impreſſion compoſée ſur le rouleau G, eſt la
même (*Corol. 2. Lem. 3.*) que ſi au lieu de la puiſſance L
& de la peſanteur de ce rouleau, il étoit ſeulement pouſſé
ſuivant PQ par une force égale à celle que lui cauſent
ces deux enſemble : l'on peut donc regarder ce rouleau
ainſi tiré en même tems par ſa peſanteur, par la puiſſance L, & par le poids F, comme s'il ne l'étoit que par cette
nouvelle force appliquée ſuivant PQ, & par le poids F
appliqué ſuivant DM ; ainſi quelque angle DZQ que ces
directions faſſent entr'elles, il faut encore pour la même
raiſon que ce que le rouleau G recevra d'impreſſion de
ces deux forces, c'eſt-à-dire, du concours d'action de ſa
peſanteur, de celle du poids F, & de la puiſſance L, ſuive
de même la diagonale ZX de quelqu'autre parallelogramme AB, dont les côtez ſoient pris ſur PQ & DM
prolongées, & que cette commune impreſſion ſoit la même ſur ce rouleau ; que ſi au lieu de ces trois forces, il
étoit ſeulement pouſſé ſuivant ZX par une autre force
égale à celle que lui cauſent ces trois enſemble. On peut
donc encore regarder ce rouleau comme n'ayant d'impreſſion en tout que ce que cette nouvelle force lui en
pourroit donner ſuivant ZX contre la reſiſtance des cordes HK & KI.

Ainſi cette direction ZX prolongée doit paſſer (*Corol.*
1 5. Lem. 3.) par le point K où ces cordes concourent ; &
en cas d'équilibre (*Corol 5. Th. 1.*) la force de cette impreſſion ſuivant ZX, doit être à la reſiſtance de chaque
crochet I & K, comme le ſinus de l'angle HKI à chacun
des ſinus des angles ZKH & ZKI.

Or à cauſe que cette impreſſion ſuivant ZK ſuit (*Hyp.*)
la diagonale ZX du parallelogramme AB, dont les côtez
ZA & ZB ont été pris ſur les directions des forces dont
cette impreſſion eſt compoſée, c'eſt-à-dire, ſur les directions DM & QZ du poids F, & de la force qui ſuit PQ ;
cette impreſſion ſuivant ZX doit être (*Lem. 3. part. 1.*)
au poids F, & à la force qui ſuit ZQ, comme la diagonale ZX du parallelogramme AB à ſes côtez ZA & ZB :

de

de forte que cette impreſſion ſuivant ZX, le poids F, &
la force qui ſuit ZQ, ſont entr'eux comme ZX, ZA, &
ZB, ou comme les ſinus des angles QZD, QZK, & DZK.

De plus la force qui ſuit ZQ, ſuivant auſſi (*Hyp.*) la
diagonale PQ du parallelogramme RS, dont les côtez PS
& PR ont été pris ſur les directions LP & GP de la puiſſance L & du rouleau G ; cette force ſuivant ZQ, la
puiſſance L, & le poids du rouleau G, pour la même
raiſon, ſont encore entr'eux comme les ſinus des angles
LPG, ZPG, & ZPL.

Reprenant donc toutes ces rangées de proportionnelles,
& multipliant entr'elles & par ordre tout ce que l'on en
voit ici ſous un même crochet :

$\left\{\begin{array}{l}\text{Puiſſance L.}\qquad\text{poids du roul. G}:: \int Z\,P\,G.\ \int Z\,P\,L.\end{array}\right.$

$\left\{\begin{array}{l}\text{Puiſſance L.}\qquad\text{impreſ. ſuiv. ZQ}:: \int Z\,P\,G.\ \int L\,P\,G.\\ \text{Impr. ſuiv. ZQ. poids F}\qquad:: \int D\,Z\,K.\ \int Q\,Z\,K.\end{array}\right.$

$\left\{\begin{array}{l}\text{Puiſſance L.}\qquad\text{impreſ. ſuiv. ZQ}:: \int Z\,P\,G.\ \int L\,P\,G.\\ \text{Impr. ſuiv. ZQ. impreſ. ſuiv. ZX}:: \int D\,Z\,K.\ \int Q\,Z\,D.\\ \text{Impr. ſuiv. ZX. reſiſt. du croch. I}:: \int H\,K\,I.\ \int Z\,K\,H.\end{array}\right.$

$\left\{\begin{array}{l}\text{Puiſſance L.}\qquad\text{impreſ. ſuiv. ZQ}:: \int Z\,P\,G.\ \int L\,P\,G.\\ \text{Impr. ſuiv. ZQ. impreſ. ſuiv. ZX}:: \int D\,Z\,K.\ \int Q\,Z\,D.\\ \text{Impr. ſuiv. ZX. reſiſt. du croch. H}:: \int H\,K\,I.\ \int Z\,K\,I.\end{array}\right.$

L'on aura, 1°. la puiſſance L au poids du rouleau G,
comme le ſinus de l'angle ZPG au ſinus de l'angle ZPL.
2°. La puiſſance L au poids F, comme le produit des ſinus
des angles ZPG & DZK, au produit des ſinus des angles
LPG & QZK. 3°. La puiſſance L à la réſiſtance du crochet I, comme le produit des ſinus des angles ZPG, DZK,
& HKI, au produit des ſinus des angles LPG, QZD, &
ZKH. 4°. La puiſſance L à la réſiſtance du crochet H,
comme le produit des ſinus des angles ZPG, DZK, & HKI,
au produit des ſinus des angles LPG, QZD, & ZKI. *Ce
qui il falloit démontrer.*

PROPOSITION VI.

Toutes choses demeurant les mêmes que dans la proposition précedente, quelque angle MZG que fassent entr'elles les directions DM & GZ du poids F & du rouleau G : quelque angle aussi LPZ que la direction ZX de l'impression commune qui resulte de leur concours d'action, fasse dans sa rencontre en P avec LP direction de la puissance L ; Je dis encore qu'en cas d'équilibre ;

1°. La puissance L est au poids du rouleau G, comme le produit des sinus des angles ZPK & MZG, au produit des sinus des angles LPK & MZP.

2°. La puissance L est au poids F, comme le produit des sinus des angles ZPK & MZG, au produit des sinus des angles LPK & PZG.

3°. La puissance L est à la resistance du crochet I, comme le produit des sinus des angles ZPK & IKH, au produit des sinus des angles LPZ & PKH.

4°. La puissance L est à la resistance du crochet H, comme le produit des sinus des angles ZPK & IKH, au produit des sinus des angles LPZ & PKI.

DEMONSTRATION.

Par un raisonnement tout semblable à celui de la démonstration précedente, quelque angle MZG que les directions GZ & MZ du rouleau G & du poids F, fassent entr'elles, prenant ZX pour la direction de leur impression commune, & faisant sur leurs directions particulieres le parallelogramme AB, dont la diagonale soit sur ZX ; l'on trouvera que la pesanteur du rouleau G, le poids F, & la force de ce qui résulte d'impression de leur concours d'action suivant ZX, sont entr'eux comme les sinus des angles MZP, PZG, & MZG. De même, quelque angle LPZ que ZX prolongée fasse avec la direction LP de la puissance L, faisant sur ces lignes le parallelogramme RS, dont la diagonale PQ prolongée passe par le point K, où les cordes HK & IK concourent ; l'on trouvera encore que la puiffance L, la force qui fuit ZX, & celle de l'impreffion qui réfulte de leur concours d'action fuivant PQ, font entr'elles comme les finus des angles ZPK, LPK, & LPZ. Enfin l'on trouvera encore (*Corol.* 5. *Th.* 1.) que la force qui fuit ainfi PK, doit être à la réfiftance de chaque crochet I & H, comme le finus de l'angle IKH à chacun des finus des angles PKH & PKI.

Reprenant donc toutes ces rangées de proportionnelles, & les multipliant deux à deux felon l'ordre de leurs termes :

$$\begin{cases} \text{Puiffance L.} & \text{impref. fuiv. ZX} :: \smallint\text{ZPK.} & \smallint\text{LPK.} \\ \text{Impr. fuiv. ZX.} & \text{pefant. du roul. G} :: \smallint\text{MZG.} & \smallint\text{MZP.} \end{cases}$$

$$\begin{cases} \text{Puiffance L.} & \text{impref. fuiv. ZX} :: \smallint\text{ZPK.} & \smallint\text{LPK.} \\ \text{Impr. fuiv. ZX.} & \text{poids F} \qquad :: \smallint\text{MZG.} & \smallint\text{PZG.} \end{cases}$$

$$\begin{cases} \text{Puiffance L.} & \text{impref. fuiv. PQ} :: \smallint\text{ZPK.} & \smallint\text{LPZ.} \\ \text{Impr. fuiv. PQ.} & \text{réfift. du croch. I} :: \smallint\text{IKH.} & \smallint\text{PKH.} \end{cases}$$

$$\begin{cases} \text{Puiffance L.} & \text{impref. fuiv. PQ} :: \smallint\text{ZPK.} & \smallint\text{LPZ.} \\ \text{Impr. fuiv. PQ.} & \text{réfift. du croch. H} :: \smallint\text{IKH.} & \smallint\text{PKI.} \end{cases}$$

L'on aura, 1°. la puiffance L au poids du rouleau G, comme le produit des finus des angles ZPK & MZG, au produit des finus des angles LPK & MZP. 2°. La puiffance L au poids F, comme le produit des finus des angles ZPK & MZG, au produit des finus des angles LPK & PZG. 3°. La puiffance L à la réfiftance du crochet I, comme le produit des finus des angles ZPK & IKH, au produit des finus des angles LPZ & PKH. 4°. La puiffance L à la réfiftance du crochet H, comme le produit des finus des angles ZPK & IKH, au produit des finus des angles LPZ & PKI. *Ce qu'il falloit démontrer.*

PROPOSITION VII.

*Toutes choses demeurant encore les mêmes que dessus, quel-
que angle LPM que fassent entr'elles les directions LP & DM
de la puissance L & du poids F: quelque angle aussi PZG que
la direction PQ de l'impression commune qui résulte de leur
concours d'action, fasse dans sa rencontre en Z avec ZG direction du rouleau G; Je dis encore qu'en cas d'équilibre,*

*1°. La puissance L est au poids du rouleau G, comme le pro-
duit des sinus des angles MPZ & GZK, au produit des sinus des angles LPM & PZK.*

*2°. La puissance L au poids F, comme le sinus de l'angle
MPZ, au sinus de l'angle LPZ.*

*3°. La puissance L à la résistance du crochet I, comme le
produit des sinus des angles MPZ, GZK, & IKH, au produit des sinus des angles LPM, GZP, & ZKH.*

*4°. La puissance L à la résistance du crochet H, comme le
produit des sinus des angles MPZ, GZK, & IKH, au produit des sinus des angles LPM, GZP, & ZKI.*

DEMONSTRATION.

Par un raisonnement encore tout semblable à celui de
la démonstration précedente, quelque angle LPM que
les directions LP & DM de la puissance L & du poids F
fassent entr'elles, prenant PQ pour la direction de leur
impression commune, & faisant sur leurs directions particulieres le parallelogramme RS, dont la diagonale soit sur
PQ, l'on trouvera que la puissance L, le poids F, & la
force de ce qui résulte d'impression de leur concours
d'action suivant PQ, sont entr'eux comme les sinus des
angles MPZ, LPZ, & LPM. De même quelque angle
PZG que PQ prolongée fasse avec la direction ZG du
rouleau G, faisant sur ces lignes le parallelogramme AB,
dont la diagonale ZX prolongée passe par le point K où
les cordes HK & IK concourent; l'on trouvera encore
que la pesanteur du rouleau G, la force qui suit PQ, &

celle de l'impreſſion qui reſulte de leur concours d'action
ſuivant ZX, ſont entr'elles comme les ſinus des angles
PZK, GZK, & PZG. Enfin l'on trouvera encore que la
force qui ſuit ainſi ZK, doit être à la réſiſtance de chaque crochet I & H, comme le ſinus de l'angle IKH à chacun des ſinus des angles ZKH & ZKI.

Reprenant donc toutes ces rangées de proportionnelles,
& multipliant entr'elles & par ordre tout ce que l'on voit
ici ſous un même crochet:

$\left\{\begin{array}{l}\text{Puiſſance L.} \quad\quad \text{impreſ ſuiv. PQ} :: \quad ſ\text{MPZ.} \quad ſ\text{LPM.}\\ \text{Impr. ſuiv. PQ.} \quad \text{peſant. du roul. G} ; : \quad ſ\text{GZK.} \quad ſ\text{PZK.}\end{array}\right.$

$\left\{\text{Puiſſance L.} \quad\quad \text{poids F.} \quad\quad\quad :: \quad ſ\text{MPZ.} \quad ſ\text{LPZ.}\right.$

$\left\{\begin{array}{l}\text{Puiſſance L.} \quad\quad \text{impreſ ſuiv. PQ} :: \quad ſ\text{MPZ.} \quad ſ\text{LPM.}\\ \text{Impr. ſuiv. PQ.} \quad \text{impreſ ſuiv. ZX} :: \quad ſ\text{GZK.} \quad ſ\text{GZP.}\\ \text{Impr. ſuiv. ZX.} \quad \text{reſiſt. du croch. I} :: \quad ſ\text{IKH.} \quad ſ\text{ZKH.}\end{array}\right.$

$\left\{\begin{array}{l}\text{Puiſſance L.} \quad\quad \text{impreſ ſuiv. PQ} :: \quad ſ\text{MPZ.} \quad ſ\text{LPM.}\\ \text{Impr. ſuiv. PQ.} \quad \text{impreſ ſuiv. ZX} :: \quad ſ\text{GZK.} \quad ſ\text{GZP.}\\ \text{Impr. ſuiv. ZX.} \quad \text{reſiſt. du croch. H} :: \quad ſ\text{IKH.} \quad ſ\text{ZKI.}\end{array}\right.$

L'on aura, 1°. la puiſſance L à la peſanteur du rouleau
G, comme le produit des ſinus des angles MPZ & GZK
au produit des ſinus des angles LPM & PZK. 2°. La puiſſance L au poids F, comme le ſinus de l'angle MPZ, au
ſinus de l'angle LPZ. 3°. La puiſſance L à la reſiſtance
du crochet I, comme le produit des ſinus des angles
MPZ, GZK, & IKH, au produit des ſinus des angles
LPM, GZP, & ZKH. 4°. La puiſſance L à la reſiſtance
du crochet H, comme le produit des ſinus des angles
MPZ, GZK, & IKH, au produit des ſinus des angles
LPM, GZP, & ZKI. *Ce qu'il falloit démontrer.*

Je n'entre point encore dans le détail de tous les Corollaires qu'on pourroit tirer de ces trois dernieres propoſitions, en ſuppléant dans la ſixiéme & la ſeptiéme, comme
dans la cinquiéme, les Figures de tous les cas que leur

univerſalité comprend. Il ſuffit encore de faire remarquer
que l'uſage de la cinquiéme propoſition eſt (la puiſſance
L & le poids du rouleau G étant donnez avec leurs directions, & celle du poids F) de faire trouver la valeur
du poids F, &c. L'uſage de la ſixiéme eſt (le poids F & la
peſanteur du rouleau G étant donnez avec leurs directions, & celle de la puiſſance L) de faire trouver la valeur de la puiſſance L, &c. L'uſage de la ſeptiéme eſt (la
puiſſance L & le poids F étant donnez avec leurs directions, & celle du rouleau G) de faire trouver le poids du
rouleau G, &c.

L'application de tout cela aux Machines en queſtion,
fera voir ce que l'on doit attendre de cet uſage du rouleau
G: ce que j'en ai dit pour le cas des directions paralleles
immédiatement avant la cinquiéme propoſition, doit déja
en avoir fait comprendre quelque choſe.

Fıg. 408.

Mais on le verra encore mieux ſi l'on fait reflexion que
lorſqu'il s'agit de relever le levier LN pour avoir repriſe,
il faut encore plus de force dans la puiſſance L, que lorſqu'il le faut abaiſſer. Pour le comprendre, il faut conſiderer, 1°. *que la puiſſance E doit être plus grande que le poids
F joint aux frottemens de ſa corde ſur le rouleau G, pour ne
point ſe laiſſer emporter, lorſque, pour avoir repriſe, il faut
relever le levier LN*, puiſqu'elle doit alors ſurmonter tout
ce que ce poids joint à ces frottemens fait de reſiſtance
pour empêcher ſa corde de gliſſer. 2°. *Au contraire la
puiſſance E jointe à la reſiſtance de ces frottemens, ne doit va-
loir que le poids F, pour empêcher ſa corde de gliſſer ſur le rouleau G, lorſqu'il eſt queſtion de faire monter ce poids par
l'abaiſſement du levier LN;* puiſqu'il n'eſt alors beſoin que
de s'oppoſer à ce que ce poids fait d'efforts pour cela.

De là il ſuit, 1°. que dans l'abaiſſement du levier LN,
la puiſſance E doit être égale à la difference qui eſt entre
le poids F, & la reſiſtance du frottement de ſa corde avec
le rouleau G. 2°. Que ce qu'il faut de forces en tout dans
la puiſſance E pour un abaiſſement plus une élevation du
levier LN, eſt plus grand que deux fois ce poids F. 3°. Que

out ce qu'il faut de forces à cette puissance pour l'élevation de ce levier, doit surpasser ce qu'il lui en faut pour
l'abaissement de ce même levier, de plus de deux fois la
resistance des frottemens de sa corde avec le rouleau G.

4°. Que dans l'élevation du levier LN la puissance L
agissant contre la puissance E, de même que dans l'abaissement de ce levier, elle agit contre le poids F : & (toutes
choses d'ailleurs égales) cette puissance L employant des
forces proportionnelles aux resistances que ce poids & la
puissance E lui font tour à tour ; ce que cette puissance L
employe de forces dans l'abaissement du levier LN, doit
être à ce qu'elle en employe dans l'élevation de ce levier,
comme le poids F (je ne compte point le frottement de la
poulie D) est à ce même poids plus la resistance des frottemens de sa corde avec le rouleau G.

Il ne reste plus qu'un mot à dire de la roideur des cables qui se doivent entortiller autour des rouleaux dont
on se sert ici. M. Perault prétend que *bien loin que la
roideur que leur donne le poids qu'ils soûtiennent, repugne à
leur pliement ; il est vrai qu'au contraire plus le cable est éten-
du par la pesanteur du fardeau, & plus il a de disposition à se
plier. Car*, dit-il, *il faut considerer que, comme pour le pliement d'un cable il est necessaire que les parties qui sont au côté
où il se plie, s'acourcissent, il est certain que ce qui dispose ces
parties à s'acourcir, dispose le cable à se plier. Or il est évident
que plus les parties ont été allongées, & plus elles demandent
à s'acourcir, quand la cause qui les allongeoit vient à cesser ;
& c'est ce qui arrive aux parties qui sont du côté vers lequel
le cable se plie.* Au contraire, ces parties ne cessant point
d'être tendues, n'ont nulle liberté de se racourcir pour
se plier. Il est vrai que *la traction qui allongeoit les parties qui sont depuis le fardeau, ou le point de suspension jusqu'au rouleau, n'allonge plus celles qui sont à l'entour de ce
rouleau.* Mais aussi cette traction durant toûjours, elle ne
permet point non plus aux parties du cable qui sont du
côté de son rouleau, de se racourcir lorsqu'elles s'y ap-
pliquent : ainsi elles ne cessent point pour cela de de-

meurer toûjours également tendues. Ce n'est donc point parce que ces parties internes se racourcissent d'elles-mêmes, que ce cable se plie autour de son rouleau, mais seulement parce qu'on l'y force en allongeant encore les parties externes, jusqu'à ce qu'elles puissent fournir à la convexité qu'elles doivent avoir pour cela; c'est-à-dire, en les allongeant encore de la différence du circuit de la base de leur rouleau, aux cercles qu'elles décrivent autour de lui. Il faut donc encore pour entortiller ces cables autour des rouleaux dont on se sert ici, une nouvelle force d'autant plus considerable, que ces cables sont naturellement plus roides; que le poids qu'ils soûtiennent les a déja plus tendus, qu'ils sont d'un plus grand diamétre, & que celui de leur rouleau est plus petit. Je n'entre point dans un plus grand examen de cette force, de peur de me trop écarter. Passons à l'application de tout ce que je viens de dire.

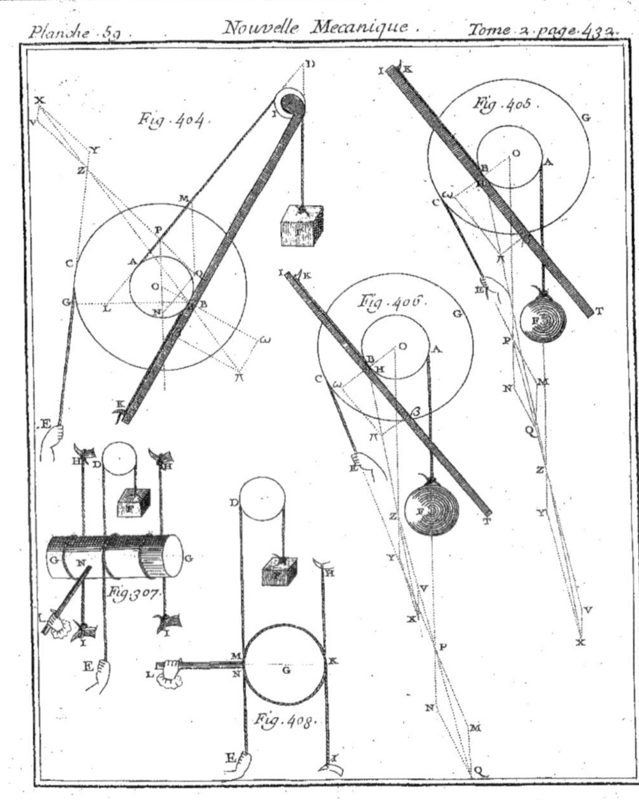
Fig. 404.
Fig. 405.
Fig. 406.
Fig. 307.
Fig. 408.

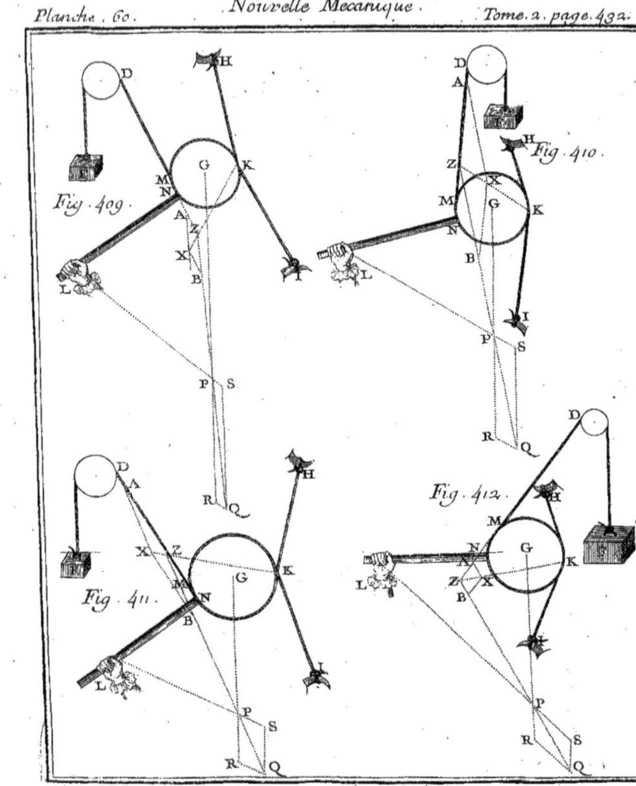
Fig. 409.
Fig. 410.
Fig. 411.
Fig. 412.

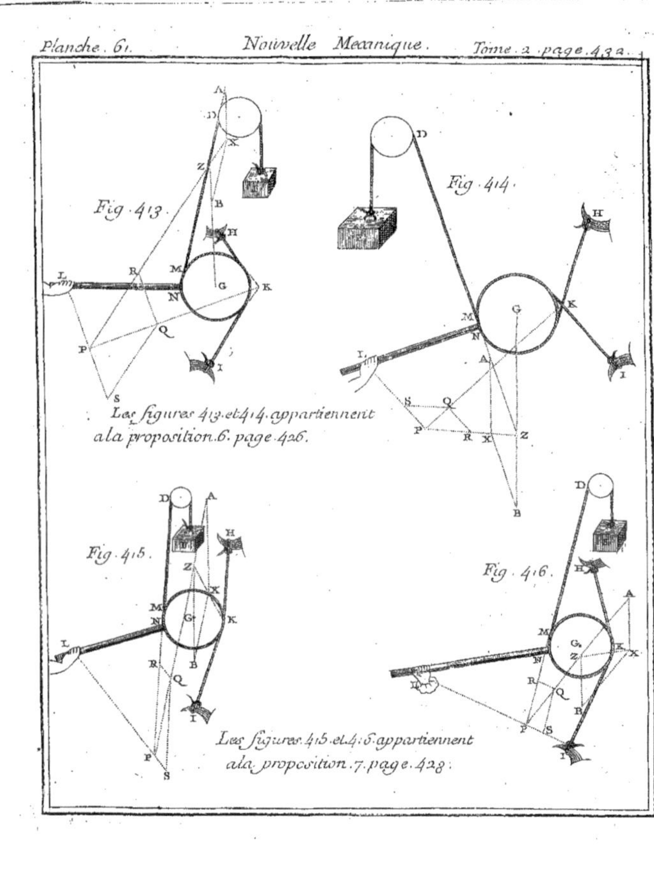

Planche. 61.
Nouvelle Mecanique.
Tome. 2. page. 432.
Fig. 413.
Fig. 414.
Les figures 413. et 414. appartiennent
a la proposition. 6. page. 426.
Fig. 415.
Fig. 416.
Les figures. 415. et 416. appartiennent
a la proposition. 7. page. 428.

APPLICATION

DES PROPOSITIONS PRECEDENTES
aux Machines fans frottement , dont il eft ici queftion.

Comparaifon de ces Machines avec elles-mêmes prifes à l'ordinaire.

JUfqu'ici je n'ai examiné ces Machines que par parties : en voici prefentement une toute entiere , dont l'examen fervira de modéle, non feulement pour découvrir par les propofitions précedentes ce qu'il faut de forces en tout fur ces fortes de Machines ; mais encore pour en calculer des plus impliquées par la voye de la Nouvelle Mécanique.

Fig. 437.

I.

1°. Soit donc , fi l'on veut , dans la Fig. 417. l'angle OPA fait par les directions OP & AP de la Machine CA & du poids F de 6'. l'angle de la corde AF ou de la direction AP avec l'horifon de 89. 58'. l'angle de la corde CM avec l'horifon de 50. deg. l'angle des bras de gruau VT avec l'horifon de 60. deg. le poids F de 100 livres, la pefanteur de la Machine CA faite de la poulie CF , & de fon rouleau HA , de 15 livres, le rayon CO de la poulie de 12 pouces ; & le rayon OH de fon rouleau de 2 pouces.

2°. Prefentement puifque (*nomb.* 1.) l'angle de la corde CM ou CX avec l'horifon, eft de 50. deg. & que celui de la direction AP ou AX avec ce même horifon eft de 89. 58'. l'angle CXA doit être de 40. 2'. & CXP ou SXP de 139. 58'. Ainfi puifque (*nomb.* 1.) l'angle APO

Calcul de la dépenfe des forces qu'il faut employer fur les Machines fans frotement dont il eft ici queftion, fuppofé que les directions des poids concourrent quelque part.

ou XPS est de 6′. l'on aura l'angle XSP ou CSO de 39°. 56′. Tirant donc le rayon OC par le point C, où la corde CM touche la poulie CA, l'on aura aussi l'angle COS de 50. 4′. D'où l'on aura ces deux analogies : comme 64189. sinus de l'angle CSO de 39. 56′. est à 76679. sinus de son complement COS de 50. 4′. ainsi CO (*n*. 1.) de 12. pouces est à CS. Et comme 64189. sinus de l'angle CSO de 39. 56′. à 100000. sinus de l'angle droit OCS, ainsi CO (*Hyp.*) de 12. pouces à OS. Ce qui donnera CS de 14. pouces $\frac{81502}{64189}$, & OS de 18. pouces $\frac{44598}{64189}$.

3°. Après cela si l'on tire le rayon OA par le point A, où la corde FA touche le rouleau HA, l'angle OAP étant droit, & l'angle OPA étant (*n*. 1.) de 6′. l'on aura encore cette analogie : comme 147. sinus de 6′. à 100000. sinus total, ainsi OA (*n*. 1.) de 2. pouces à OP. Ce qui donnera OP de 1149. pouces $\frac{37}{87}$. L'on vient de trouver (*n*. 2.) OS de 18. pouces $\frac{44598}{64189}$; SP sera donc de 1130. pouces $\frac{2209455}{5584448}$. De-là par cette analogie : comme 64323. sinus de l'angle SXP, qu'on vient de voir (*n*. 2.) de 139. 58′. à 147. sinus de l'angle XPS qu'on a supposé (*n*. 1.) de 6′. Ainsi SP de 1130. pouces $\frac{3209455}{5584448}$ à SX. Ce qui donnera SX de 2. pouces $\frac{2009687549757}{3592084448704}$.

4°. De plus prenant sur les directions prolongées de la Machine CA & du poids F des parties PN & PM, qui soient entr'elles comme les pesanteurs de cette Machine & de ce poids, c'est-à-dire (*n*. 1.) comme 15. à 100. Et achevant le parallelogramme MN, dont la diagonale soit PQ qui prolongée vers D, rencontre la corde CM en Z, on aura les deux côtez PN & NQ du triangle PNQ entr'eux comme 15. à 100. avec l'angle PNQ de 179. 54′. Et par conséquent aussi cette analogie : comme 115. somme des côtez PN & NQ à leur difference 85. Ainsi 8727. tangente de 3′. moitié de la somme des angles NPQ & NQP à 6450 $\frac{2}{3}$. tangente de la moitié de leur difference. Ce qui donnera 2′. 11″. 21‴. pour cette moitié de difference, laquelle moitié ajoûtée à 3′. moitié de la somme de ces angles, donnera 5′. 11″. 21‴. pour le plus grand NPQ ou SPZ, & 48″. 39‴. pour l'autre NQP ou XPZ. Ainsi puisque l'on sçait déja (*n.* 2.) que l'angle SXP ou ZXP est de 139. 58′. & que l'angle XSP ou ZSP est de 39. 56′. on aura encore XZP de 40. 1′. 11″. 21‴. & SZP de 139. 58′. 48″. 39‴.

5°. Presentement à cause que ZX est à ZP comme 2358. sinus de XPZ de (*n.* 4.) 48″. 39‴. est à 6432332. sinus de ZXP de (*n.* 2) 139. 58′. Et que de plus ZP est à ZS comme 6418958. sinus de ZSP de (*n.* 2.) 39. 56′. est à 15094. sinus de SPZ de 5′. 11″. 21‴. l'on aura ZX à ZS, comme le produit de 2358. & 6418958. sinus des angles XPZ & ZSP, au produit de 6432332. & 15094. sinus des angles ZXP & SPZ. Ainsi divisant SX, qu'on vient de trouver (*n.* 3.) de deux pouces $\frac{209687549757}{3592084448704}$, en une telle raison; l'on aura ZS de 2. pouces $\frac{416721281395198519837 86}{918005701308665804 62 72}$, c'est-à-dire, d'environ 2. pouces $\frac{4}{9}$. Ajoûtant donc 2. pouces $\frac{4}{9}$ à la valeur de CS, qu'on vient de trouver (*n.* 2.) de 14. pouces $\frac{21502}{64189}$, c'est-à-dire, encore d'environ 14. pouces $\frac{1}{3}$; l'on aura environ 16. pouces $\frac{7}{9}$ pour la valeur de CZ.

6°. D'ailleurs puisque (*n.* 1.) l'angle de la corde CM avec l'horison est de 50. deg. & que celui des bras de gruau VT avec le même horison est de 60. deg. l'angle CMH, ou son égal HOC (je suppose HO perpendiculaire à VT) sera de 10. deg. & dans le triangle OHC la somme des angles sur la base HC, sera de 170. degrez. Ainsi ayant (*n.* 1.) HO de 2. & OC de 12. pouces, l'on aura cette analogie: comme 14. somme des côtez HO & OC, sont à la difference 10. de ces mêmes côtez, ainsi 1143005. tangente de 85. deg. moitié de la somme des angles OCH & OHC, est à 816432 $\frac{1}{7}$. tangente de la moitié de leur difference. Ce qui donnera 83. 1′. 1″. 4‴.

pour cette moitié de difference, laquelle moitié souſtraite de 85. moitié de la ſomme de ces angles, laiſſera 1. 58. 58″. 56‴. pour la valeur du plus petit HCO ; lequel ajouté à l'angle droit OCZ, donnera 91. 58′. 58″. 56‴. pour la valeur de l'angle HCZ ; cette analogie : comme 3459. ſinus de l'angle HCO de 1. 58.′ 58″. 56‴. au côté HO de 2. pouces, ainſi 17364. ſinus de l'angle HOC de 10. deg. au côté HC, donnera HC de 10. pouces $\frac{138}{3456}$.

7°. Ainſi puiſque l'on a déja (*n.* 5.) 16. pouces $\frac{7}{9}$ pour la valeur de CZ, & que l'angle HCZ de (*n.* 6.) 91. 58′. 58″. 56‴. laiſſe 88. 1′. 1″. 4‴. pour la ſomme des angles CHZ & CZH, l'on aura encore cette analogie : comme 26. pouces $\frac{25405}{31131}$. ſomme des côtez CH de (*n.* 6.) 10. pouces $\frac{138}{3459}$. & CZ de (*n.* 5.) 16. pouces $\frac{7}{9}$ eſt à 6$\frac{22975}{31131}$. leur difference ; ainſi 96597. tangente de 44. 0′. 30″. 34‴. moitié de la ſomme des angles CHZ & CZH, à 24233 $\frac{1}{4}$. tangente de la moitié de leur difference. Ce qui donnera 13. 37′. 40″. 29‴. pour cette moitié de difference, laquelle moitié souſtraite de 44. 0′. 30″. 34‴. moitié de la ſomme de ces angles, laiſſera 30. 22′. 50″. 5‴. pour la valeur du plus petit CZH : d'où l'on aura encore HZD de 9. 38′. 21″. 16‴. puiſque l'on vient de voir (*n.* 4.) CZD ou XZP de 40. 1′. 11″. 21‴.

8°. L'on aura donc par ce moyen les quatre angles DZH de (*n.* 7.) 9. 38′. 21″. 16‴. CZH de (*n.* 7.) 30. 22′. 50″. 5‴. OPA de 6′. & OPD ou SPZ de (*n.* 4.) 5′. 11″. 21‴. avec leurs ſinus 16744. 50574. 174. & 150. Ainſi puiſque (*prop.* 1. *n.* 4.) le poids F eſt à la puiſſance, qui appliquée, ſi l'on veut, en R, le ſoûtiendroit avec la corde CR ou CM, comme le produit des ſinus des angles CZH & OPD, au produit des ſinus des angles DZH & OPA, c'eſt-à-dire ici, comme 7586100.

à 2913456. le poids F étant (*n.* 1.) de 100 livres, cette puiſſance en R ſeroit de 38 livres $\frac{30728}{75861}$.

9°. Soit encore au pied de la grue le rouleau G d'une direction BY perpendiculaire à l'horiſon, & entortillé, comme aux propoſitions 5. 6. & 7. dans la corde IKMNKH, dont les extrêmitez HK & IK faſſent avec l'horiſon des angles de 62. & de 58. deg. Que le levier LN de ce rouleau ſoit, ſi l'on veut, incliné à l'horiſon de 8. deg. & que la puiſſance L lui ſoit appliquée ſuivant une ligne Lβ, qui faſſe avec le levier LN un angle de 82. deg. Enfin que le rouleau G (j'y comprends auſſi ſon levier) ſoit de 5 livres, le diamétre de ce rouleau de 4 pouces, & le levier LN de 10 pouces.

10°. Cela étant, l'on aura l'angle GBM de 40. degrez; puiſque (*n.* 1.) BM eſt incliné de 50. deg. à l'horiſon, auquel on ſuppoſe (*n.* 9.) que GB eſt perpendiculaire. Tirant donc le rayon GM par le point M où la corde BM touche le rouleau G, l'angle GMB étant droit, l'on aura cette analogie : comme 64278. ſinus de l'angle GBM de 40. deg. au rayon GM (*n.* 9.) de 2. pouces, ainſi 100000. ſinus de l'angle droit GMB eſt à GB. Ce qui donnera 3. pouces $\frac{3583}{32199}$. pour la valeur de GB.

11°. De plus puiſque (*n.* 9.) les parties de corde HK & IK font avec l'horiſon des angles de 62. & de 58. deg. l'angle HKI qu'elles font entr'elles, ſera de 176. deg. Ainſi tirant GK du centre G au point K, où ces cordes prolongées concourent, l'on aura les angles GKI & GKH de chacun 88. deg. Tirant donc encore le rayon Gϖ par le point ϖ, où la corde IK touche le rouleau G, l'angle GϖK étant droit, on aura cette analogie : comme 99939. ſinus de l'angle GKϖ de 88. deg. au rayon Gϖ (*n.* 9.) de 2. pouces, ainſi 100000. ſinus de l'angle droit GϖK au côté GK. Ce qui donnera 2. pouces $\frac{1651}{49966}$. pour la valeur de GK.

12°. D'ailleurs (*n.* 9.) l'angle de la corde IK avec l'horison étant de 58. deg. & BY étant perpendiculaire à l'horison, l'angle KYG sera de 32. deg. l'on vient de voir (*n.* 11.) que l'angle GKY est de 88. deg. Il faut donc que l'angle KGB, qui est égal à ces deux pris ensemble, soit de 120. deg. Ce qui donnera 60. deg. pour la somme des angles GKB & GBK: ainsi puisque l'on connoît déja les côtez GB (*n.* 10.) de 3. pouces $\frac{3583}{32199}$. & GK (*n.* 11.) de 2. pouces $\frac{61}{49966}$. qui leur sont opposez dans le triangle KGB, l'on aura cette analogie: comme 5 pouces $\frac{180988657}{1605857274}$. somme des côtez GB & GK, à leur difference 1. pouce $\frac{177067699}{1605857274}$. c'est-à-dire, sans beaucoup s'éloigner de la précision, comme 5 $\frac{1}{16}$. à 1 $\frac{1}{16}$. ainsi 57735. tangente de 30. deg. moitié de la somme des angles GKB & GBK à 12364 $\frac{11}{81}$. tangente de la moitié de leur difference. Ce qui donnera environ 7. 3'. pour cette moitié de difference, laquelle moitié ôtée de 30. deg. laissera 22. 57'. pour la valeur du plus petit angle GBK.

13°. De-là par cette analogie: comme 38992. sinus de l'angle GBK *(n.* 12.) de 22. 57'. au côté GK (*n.* 11.) de 2. pouces $\frac{61}{49966}$. ainsi 86602. sinus de l'angle KGB (*n.* 12.) de 120. degrez à KB; l'on aura 3. pouces $\frac{451110240}{487596033}$. c'est-à-dire, quasi 4. pouces pour la valeur de KB.

14°. Après avoir ainsi trouvé la valeur de KB & de l'angle GBK, soient prises sur la corde CM, & sur la ligne de direction BY du rouleau G, dépuis le point B où cette corde & cette ligne concourent, des parties BR & BG, qui soient entr'elles comme la puissance de 38 liv. $\frac{30798}{75861}$. qu'on vient de voir (*n.* 8.) necessaire pour retenir ici le poids F avec la seule corde CR, est au poids du rouleau G, qu'on suppose (*n.* 9.) de 5. livres; & ache-

vant le parallelogramme RG, foit la diagonale YB, qui
prolongée rencontre en β la direction Lβ de la puiſſance
L. Cela fait, puiſque (*n.* 10.) l'angle GBM eſt de 40.
deg. l'angle GBR ſera de 140. deg. Ainſi, puiſque les
paralleles BG & RY rendent les deux angles RYB &
RBY pris enſemble égaux à l'angle GBR, leur ſomme
ſera auſſi de 140. deg. L'on aura donc dans le triangle
BRY les deux côtez RB & RY, comme $38\frac{30798}{75861}$. & 5.

avec 140. deg. pour la ſomme des angles RYB & RBY,
qui leur ſont oppoſez; & par conſequent l'on aura auſſi
cette analogie: comme $43\frac{30798}{75861}$. ſomme des côtez RB &
RY à leur difference $33\frac{30798}{75861}$. Ainſi 274747. tangente de 70. deg. moitié de la ſomme des angles RYB &
RBY à $208829\frac{2446008}{3332821}$. tangente de la moitié de leur
difference. Ce qui donnera 64. 24'. 43". 44'''. pour
cette moitié de difference; laquelle moitié étant ajoûtée
à 70. deg. moitié de la ſomme des angles RYB & RBY,
donnera 134. 24'. 43". 44'''. pour la valeur du plus
grand RYB ou de ſon égal YBG. D'où l'on aura l'angle
GBβ de 45. 35'. 16". 16'''. lequel ajoûté à l'angle GBK,
qu'on vient de trouver (*n.* 12.) de 22. 57'. donnera
68. 32'. 16". 16'''. pour la valeur de tout l'angle KBβ.

15°. L'on voit (*n.* 14.) que l'angle GBω eſt de 45.
35'. 16". 16'''. L'on voit auſſi que l'angle BGω doit être
de 82. deg. puiſque (*n.* 9.) BG eſt perpendiculaire à
l'horiſon, & que le levier LN n'eſt incliné à l'horiſon
que de 8. deg. L'on aura donc encore l'angle BωG de 52.
24'. 43". 44'''. Ainſi puiſque l'on a déja (*n.* 10.) le
côté GB de 3. pouces $\frac{2583}{32199}$. l'on aura auſſi ces deux analogies tout à la fois: comme 79241. ſinus de l'angle BωG
de 52. 24'. 43". 44'''. au côté GB de (*nomb.* 10.) 3.
pouces $\frac{2583}{32199}$. Ainſi 71432. ſinus de l'angle GBω de 45.
35'. 16". 16'''. au côté Gω; ainſi encore 99026. ſinus

de l'angle BGω de 82. deg. au côté Bω. Ce qui donnera
2. pouces $\frac{2053095842}{2551480959}$. pour la valeur de Gω, & 3. pouces
$\frac{2267098180\,3}{2551480959}$. pour celle de Bω; c'eſt-à-dire, ſans beaucoup
s'éloigner de la préciſion, 3. pouces pour la valeur de Gω,
& 4. pouces pour celle de Bω.

16°. De ce que Gω eſt de 3. pouces, puiſque GL (*n*.9.)
eſt de 12. pouces, ωL ſera de 9. pouces ; & de ce que
l'angle BωG ou βωL eſt (*n*. 15.) de 52. 35ʹ. 16ʺ. 16‴.
l'angle βLω étant (*n*. 9.) de 82. deg. l'angle Lβω ſera de
45. 35ʹ. 16ʺ. 16‴. Ayant donc le côté ωL de 9. pouces,
l'on aura encore cette analogie : comme 71432. ſinus de
l'angle Lβω de 45. 35ʹ. 16ʺ. 16‴. au côté ωL de 9.
pouces : ainſi 99026. ſinus de l'angle βLω de 82. deg.
au côté ωβ. Ce qui donnera ωβ de 12 pouces $\frac{34050}{71432}$. c'eſt-
à-dire, encore d'environ 12. pouces $\frac{1}{2}$. qui avec 4. pouces valeur (*n*. 15.) de Bω, feront 16. pouces $\frac{1}{2}$. pour
celle de toute la ligne Bβ.

17°. De-là, puiſque l'on a d'ailleurs le côté KB (*n*.15.)
de 4. pouces avec l'angle KBβ de 68. 32ʹ. 16ʺ. 16‴.
c'eſt-à-dire, 111. 27ʹ. 43ʺ. 44‴. pour la ſomme des
angles BKβ & BβK, qui ſont ſur la baſe Kβ du triangle
KBβ ; l'on aura encore cette analogie : comme 20$\frac{1}{2}$. ſomme des côtez Bβ & KB, à 12$\frac{1}{2}$. leur difference, ainſi
146764. tangente de 55. 43ʹ. 51ʺ. 52‴. moitié de la
ſomme des angles BKβ & BβK, à 89490$\frac{10}{41}$. tangente de
la moitié de leur difference. Ce qui donnera 41. 49ʹ.
31ʺ. 58‴. pour cette moitié de difference, laquelle moitié ſouſtraite de 55. 43ʹ. 51ʺ. 52‴. moitié de la ſomme
des angles BKβ & BβK, laiſſera 13. 54ʹ. 19ʺ. 54‴.
pour la valeur du plus petit BβK, lequel joint a l'angle
Lβω (*n*. 16.) de 45. 35ʹ. 16ʺ. 16‴. donnera 59. 29ʹ.
36ʺ. 10‴. pour la valeur de tout l'angle KβL.

18°. L'on aura donc encore par ce moyen les quatre
angles

angles KβB (*n.* 17.) de 13. 54'. 19''. 54'''. KβL (*n.* 17.)
de 59. 29'. 36''. 10'''. GBM (*n.* 10.) de 40. deg. &
GBβ (*n.* 14.) de 45. 35'. 16''. 16'''. avec leurs finus

$24031\frac{1113}{1800}$, $86156\frac{69}{180}$, 64278, & $71431\frac{52}{75}$. Ainfi
puifque l'impreffion que le poids F fait fuivant la corde
CM contre la puiffance L, eft égale à la puiffance qu'il
faudroit en R pour le foûtenir avec cette corde feule, &
que d'ailleurs en cas d'équilibre (*prop. 6. n. 2.*) cette impreffion eft à la puiffance L, (je fuppofe que la puiffance
E ne fert alors qu'à empêcher que la corde CMNϖME
ne gliffe fur le rouleau G) comme le produit des finus
des angles KβL & GBβ au produit des finus des angles
KβB & GBM ; la puiffance qu'il faudroit en R pour foûtenir le poids F avec la feule corde CM eft auffi à la puiffance L, comme le produit des finus des angles KβL &
GBβ au produit des finus des angles KβB & GBM,
c'eft-à-dire ici, comme 747,520,045,047,657. à
187,680,905,132,445. Cette puiffance R étant
donc ici (*n.* 8.) de 38 liv. $\frac{32728}{75861}$; la puiffance L fera dans
ce cas de 9 liv. $\frac{3066256024528816417}{50707618137360307677}$. c'eft-à-dire, d'un
peu plus que de 9 liv. $\frac{1}{2}$.

II.

1°. Telle eft la maniere de calculer la valeur de la puiffance L pour tous les cas où les directions OP & AP de la
machine CA & du poids F feroient quelque angle entre-
elles. Voici prefentement pour le cas où ces directions feroient paralleles entr'elles, & toutes deux perpendiculaires à l'horifon, comme on le fuppofe ordinairement.

2°. Soient donc Hρ & Hλ paralleles aux lignes CO &
OA. De-là, & de ce que CO eft perpendiculaire en C à
Mρ, & que l'angle HCO eft (*n.* 6. *art.* 1.) de 1.58'.58''.
56'''. il fuit que l'angle HρC eft droit, & que l'angle
HCρ eft de 88. 1'. 1''. 4'''. Ce qui fait que par l'analo-
gie des finus de ces angles avec les côtez qui leur font

Calcul de la dépenfe des forces qu'il faut employer fur les Machines fans frotement dont il eft ici queftion, fuppofé que les lignes de directions des poids foient paralleles entr'elles.

oppofez dans le triangle HCρ, fon côté HC de (*n.* 6. *a.* 1.)
10. pouces $\frac{138}{3459}$. donne Hρ de 10. pouces $\frac{702770}{1728462\frac{2}{3}}$. c'eſt-
à-dire, d'environ 10. pouces $\frac{1}{24}$.

3°. D'ailleurs puiſque le bras de gruau VT fait (*n.* 1.
a. 1.) avec l'horiſon auquel OS eſt perpendiculaire, un
angle de 60. deg. HO étant perpendiculaire à ce bras de
gruau, l'angle HOμ ſera de 60. deg. & l'angle HμO ſera
droit. Ce qui, ſelon HO de (*n.* 1. *a.* 1.) 2. pouces, donnera Hμ de 1 pouce $\frac{73204}{100000}$.

4°. De plus puiſque les directions AX & OS du poids F
& de la machine CA paſſent ici pour paralleles, DZ celle
de leur impreſſion commune ſera non ſeulement auſſi
parallele à ces lignes, mais encore elle diviſera en D le
rayon OA, en ſorte que OD ſoit à DA, comme le poids
F à la peſanteur de la machine CA, c'eſt-à-dire (*n.* 1. *a.* 1.)
comme 100. à 15. Ce qui, ſelon OA de (*n.* 1. *art.* 1.) 2.
pouces, fera OD, & par conſequent auſſi ſon égale μν de
1. pouce $\frac{17}{2.3}$.

5°. Ajoûtant donc Hμ de (*n.* 3.) 1. pouce $\frac{73204}{100000}$. avec
μν de (*nomb.* 4.) 1. pouce $\frac{17}{2.3}$. l'on aura Hν de 3. pouces
$\frac{1082692}{2300000}$. c'eſt-à-dire, d'environ 3. pouces $\frac{1}{2}$. Et parce que
Hρ de (*n.* 2.) 10. pouces $\frac{1}{24}$. & Hν de 3. pouces $\frac{1}{2}$ ſont les
ſinus des angles CZH & DZH ; & que OD & DA de
(*n.* 4.) 1. pouce $\frac{17}{2.3}$. & 2. pouces, ſont auſſi les ſinus des
angles OPD & OPA, que le paralleliſme ſuppoſé des li-
gnes OS, DZ, & AX, qu'on ſuppoſe ici, rend infiniment
aigus : le produit des ſinus des angles CZH & OPD ſera
au produit des ſinus des angles DZH & OPA, comme
$17\frac{32}{69}$ à 7. Ainſi puiſque le poids F eſt (*prop.* 1. *n.* 4.) à
la puiſſance qui appliquée ſuivant CM, le ſoûtiendroit

avec cette corde feule, comme le premier de ces produits au fecond; ce poids étant (*n.* 1. *a.* 1.) de 100 livres, cette puiſſance fera de 40 liv. $\frac{20}{241}$.

6°. La valeur de cette puiſſance reviendra encore la même en prenant à l'ordinaire pHν pour un levier dont l'appui eſt en H, & qui a un poids de 115 livres perpendiculairement appliqué à ſon extrêmité ν par où la direction DZ de l'impreſſion commune à la peſanteur de la machine CA de 15 livres, & au poids F de 100 livres, paſſe d'une force, qui dans ce cas des directions OS & AX ſuppoſées paralleles eſt égale à la ſomme de ces peſanteurs; car ce poids de 115 livres étant à cette puiſſance comme Hp de (*n.* 2.) 10. pouces $\frac{1}{24}$. à Hν de (*n.* 5.) 3. pouces $\frac{1}{2}$. l'on aura encore 40. liv. $\frac{20}{241}$. pour la valeur de cette puiſſance.

7°. Preſentement pour avoir la valeur de la puiſſance L dans le cas preſent, ſoient priſes ſur la corde CM, & ſur la ligne de direction BY du rouleau G, depuis le point B, où cette corde & cette ligne concourent, des parties BR & BG qui ſoient entr'elles comme la puiſſance de 40. livres $\frac{20}{241}$. qu'on vient de voir (*n.* 5. *&* 6.) neceſſaire pour retenir le poids F avec la ſeule corde CR, eſt au poids du rouleau G, qu'on ſuppoſe (*n.* 9. *a.* 1.) de 5. livres; & achevant le parallelogramme RG, ſoit ſa diagonale YB, qui prolongée rencontre en β la direction Lβ de la puiſſance L. Cela fait, puiſque (*n.* 10. *a.* 1.) l'angle GBM eſt de 40. deg. l'angle GBR ſera de 140. deg. L'on aura donc dans le triangle BRY les deux côtez RB & RY, comme 40. livres $\frac{20}{241}$. & 5. avec 140. deg. pour la ſomme des angles RYB & RBY, qui leur ſont oppoſez; & par conſequent l'on aura auſſi cette analogie: comme 45 $\frac{20}{241}$. ſomme des côtez RB & RY à leur difference 35 $\frac{20}{241}$. Ainſi 274747. tangente de 70. deg. moi-

K k k ij

tié de la somme des angles RYB & RBY à 21400 $\frac{1006}{2171}$. tangente de la moitié de leur difference. Ce qui donnera 64. 57'. 14''. 13'''. pour cette moitié de difference, laquelle moitié étant ajoûtée à 70. deg. moitié de la somme des angles RYB & RBY, donnera 134. 57'. 14''. 13'''. pour la valeur du plus grand RYB, ou de son égal YBG. D'où l'on aura l'angle GBβ de 45. 2'. 45''. 47'''. lequel ajoûté à l'angle GBK, que l'on a trouvé (*n.* 12. *a.* 1.) de 22. 57'. donnera 67. 59'. 45''. 47'''. pour la valeur de l'angle KBβ.

8°. Cet angle étant presque le même que dans le nombre 14. de l'article 1. où on l'a vû de 68. 32'. 16''. 16'''. & toutes choses d'ailleurs étant égales, le produit des sinus des angles KβΛ & GBβ sera encore ici au produit des sinus des angles KβB & GBM environ comme (*n.* 18. *a.* 1.) 7475 2004 5047 657. à 187680905132445. Ainsi puisque l'impression de 40. livres $\frac{20}{241}$. que fait ici (*n.* 5. & 6.) le poids F joint à la pesanteur de la machine CA, suivant la corde CM contre la puissance L, est en cas d'équilibre à cette puissance L (*prop.* 6. *n.* 2.) comme le premier de ces produits au second; cette puissance L sera ici d'environ 10. livres $\frac{71474235014572560}{18015233.08556484614}$. c'est-à-dire, d'un peu plus de 10. livres.

III.

Comparaison des machines sans frottemens, dont il est ici question avec ellesmêmes prises à l'ordinaire.

1°. Voyons présentement ce qu'il faudroit de forces en L suivant Lβ dans l'usage ordinaire où la machine CA & le rouleau G ne tournent que sur leurs centres fixes O & G. En ce cas il est clair que la puissance qu'il faudroit, par exemple, en R pour soûtenir le poids F, seroit à ce poids, (je n'y compte point les frottemens) comme le rayon AO du rouleau HA au rayon CO de la poulie CF; c'est-à-dire ici (*n.* 1. *a.* 1.) comme 2. à 12. Ainsi ce poids étant (*n.* 1. *a.* 1.) de 100. livres, cette puissance feroit jamais que de 16 livres $\frac{2}{3}$; au lieu qu'en évitant

frottemens, elle feroit ici de 38. liv. $\frac{30798}{75861}$. (*n.* 8. *a.* 1.)

1s le cas où les directions OP & AP feroient entr'elles.

angle OPA de 6'. & de 40. livres $\frac{20}{241}$. & (*n.* 5. *&* 6.

. 2.) de 40. livres $\frac{20}{241}$. dans celui où ces directions fe-

ent parallcles entr'elles, & toutes deux perpendicu-

res à l'horifon. C'eſt déja dans le premier cas près de

. livres, & dans le fecond près de 23. livres $\frac{1}{2}$. qu'il en

àte pour les frottemens qu'on y fauve, comme fi ces

ttemens pouvoient faire près d'une fois & demi autant

réfiſtance que le poids F, qu'on voit n'en faire alors

ir fa part que 16 $\frac{2}{3}$. à la puiſſance qui lui feroit appli-

ée fuivant CR.

2°. De plus puifque le poids F ainſi appliquée à la ma-

ine CA mobile feulement autour de fon centre fixe,

tire la corde CM (*n.* 1.) que d'une force de 16 $\frac{2}{3}$. la.

iſſance L, qui appliquée au levier LN foûtiendroit ce.

ids à l'aide du rouleau G, mobile feulement auſſi autour

. fon centre G, devroit être à cette réfiſtance de 16 li-

es $\frac{2}{3}$. (je n'y comprends point encore les frottemens)

mme le rayon de ce rouleau à la perpendiculaire ti-

e de fon centre G fur la direction Lβ de cette puiſſan-

;.c'eſt-à-dire, puifque (*n.* 9. *a.* 1.) ce rayon eſt de 2.

uces, ce levier de 10. & l'angle NLβ de 82. deg.

mme 2. à 11 $\frac{11038}{12500}$. Ce qui donneroit alors 2. livres.

$\frac{18766}{56017}$. pour la valeur de la puiſſance L. 2. livres. $\frac{258766}{44561 7}$

e réfiſtance eſt donc toute la part que le poids F peut

oir à ce que la puiſſance L en fentiroit dans l'ufage or-

inaire de la poulie CA & du rouleau G ; & le furplus.

oit être compté pour les frottemens que cette poulie &

e rouleau fouffriroient dans ce dernier ufage. L'on vient

K k k iij

de voir (*n*. 18. *a*. 1. & *n*. 8. *a*. 2.) qu'en les fauvant à la
maniere de M. Perault, ce que cette puiffance L y trouve
de réfiftance dans les circonftances prefentes, eft d'environ 9 livres ½, ou 10 livres, c'eft-à-dire, plus de triple

de ce que le poids F lui en feroit pour fa part dans l'ufage
ordinaire de la poulie CA & du rouleau G ; il faudroit
donc pour y gagner quelque chofe, & même il faudroit,
pour n'y rien perdre, que dans ce dernier ufage la réfiftance des frottemens fût plus que double de celle du
poids F. Ce que l'on aura fans doute bien de la peine à fe
perfuader.

3°. Mais l'inconvenient en paroîtra encore plus grand,
fi l'on fait réfléxion que lorfqu'il s'agit de relever le levier LN pour avoir reprife, il faut encore plus de forces
dans la puiffance L qu'il ne lui en a fallu pour l'abaiffer.
La démonftration s'en tire de ce que par l'article 4. de la
pénultiéme réfléxion qui fuit la démonftration de la propofition 7. Ce que la puiffance L employe de forces dans
l'abaiffement du levier LN doit être à ce qu'elle en employe dans l'élevation de ce levier, comme la réfiftance
que lui fait le poids F pour fa part fuivant la cordé CM,
eft à cette même réfiftance plus celle des frottemens de
cette même corde avec le rouleau G. Et qui pis eft encore,
ces frottemens font d'autant plus confiderables, felon
M. Perault lui-même, qu'il ne demande que très-peu de
forces à la puiffance E pour empêcher fa corde de gliffer
fur le rouleau G ; c'eft-à-dire, fuivant l'article 1. de la
réfléxion que je viens de citer, que très-peu de difference de la réfiftance de ces frottemens à celle que le poids F
fait fuivant CM.

4°. Je ne parle point ici de la force qu'on voit par l'art.
1. de la feconde réfléxion qui fuit la démonftration de la
propofition 7. qu'il faudroit à la puiffance E, lorfqu'il
s'agit de relever le levier LN pour avoir reprife, parce
que M. Perault l'a ingenieufement fuppléé par une machine qu'il appelle *Main*, au travers de laquelle paffe la

orde que l'on voit ici tenir à la puissance E , & qui la re-
ient sans qu'il en coûte aucunes forces. Je ne dis rien
non plus de ce qu'il faudroit de forces à cette même
puissance E pour dans l'abaissement du levier LN , empêcher sa corde de glisser sur le rouleau G ; parce qu'on
a peut encore suppléer par un poids suspendu à l'extrêmité de sa corde , & égal à ce qu'elle doit avoir de forces;
c'est-à-dire , par l'article 1. de la pénultiéme réfléxion qui
suit la démonstration de la proposition 7. égal à la difference qui est entre la résistance que le poids F fait suivant
la corde CM , & celle du frottement de cette corde avec
le rouleau G. Je passe aussi la pesanteur du rouleau G ,
qui au lieu d'aider comme en abaissant le levier LN , nuit
lorsqu'il le faut relever. Je passe même ce que la roideur
des cables qui se doivent entortiller autour des rouleaux
dont on se sert ici , demande encore de forces , de peur
de m'engager dans une discussion qui me menât trop loin.

I V.

1°. Ce que l'on peut opposer à ces inconveniens , c'est
que la pesanteur de la roue CF & de son rouleau HA ,
qu'on compte ici , se peut sauver comme M. Perault l'a
fait à la Machine sans frottement qu'il a inferée dans
l'art. 4. de ses Notes sur le chap. 5. liv. 10. de sa Traduction de Vitruve. Mais ce remede , sans même entrer dans
les inconveniens qui lui sont encore particuliers , n'est que
d'un très-petit secours. L'on en jugera par ce qui suit.

2°. L'on a vû (n. 3. a. 2. que $H\mu$ est d'un pouce $\frac{73204}{100000}$.
& parce que (*Hyp.*) $O\lambda$ est un parallelogramme , & que
(n. 1. a. 1.) OA est de 2. pouces ; $\mu\lambda$ est aussi de 2. pouces. Ainsi $H\lambda$ est de 3. pouces $\frac{73204}{100000}$. c'est-à-dire , d'environ 3. pouces $\frac{7}{10}$. Puisque donc $H\rho$ est (n. 2. a. 2.) de
10. pouces $\frac{1}{24}$. & que le poids F est à la puissance qu'il faudroit sur la corde CM pour demeurer contre lui seul en
équilibre sur le point H , comme $H\rho$ à $H\lambda$, cette puissan-

De quel secours il se-roit de sau-ver par un contre-poids la pesanteur de la roue & du rou-leau qui doivent monter avec le poids dans les machi-nes sans fro-tement dont il est ici question.

ce feroit encore, fans compter la pefanteur de la machine CA , de 3 4. livres $\frac{286}{341}$.

3°. Préfentement pour avoir la valeur de la puiffance L
dans le cas préfent, foient prifes fur la corde CM , & fur
la ligne de direction BY du rouleau G, depuis le point B
où cette corde & cette ligne concourent, des parties BR
& BG , qui foient entr'elles comme la puiffance de 3 4 livres $\frac{286}{341}$. qu'on vient de voir (*n.* 2.) neceffaire pour foûtenir ici le poids F avec la feule corde CR , eft au poids
du rouleau G , qu'on fuppofe (*n.* 9. *a.* 1.) de 5. livres ;
& achevant le parallelogramme RG , foit fa diagonale
Y B , qui prolongée rencontre en ß la direction Lß de la
puiffance L. Cela fait , puifque (*n.* 1 0. *a.* 1.) l'angle CBM
eft de 40. deg. l'angle GBR fera de 1 40. deg. L'on aura
donc dans le triangle BRY les deux côtez RB & RY com-
me 34 livres $\frac{286}{341}$. & 5. avec 1 40. deg. pour la fomme des
angles RYB & RBY , qui leur font oppofez ; & par confequent l'on aura aufli cette analogie : comme 3 9. livres
$\frac{286}{341}$. fomme des côtez RB & RY à leur difference 2 9 $\frac{286}{341}$.
ainfi 2 7 4 7 4 7. tangente de 70. deg. moitié de la fomme
des angles RYB & RBY à 2 0 5 2 6 6 $\frac{255}{217}$. tangente de la
moitié de leur difference. Ce qui donnera 6 4. 1′. 3 3″.
5 5‴. pour cette moitié de difference , laquelle moitié
étant ajoûtée à 7 0. deg. moitié de la fomme des angles
RYB & RBY , donnera 1 3 4. 1′. 3 3″. 5 5‴. pour la valeur du plus grand RYB , ou de fon égal YGß : d'où l'on
aura l'angle GBß de 4 5. 5 8′. 2 6‴. 5‴. lequel ajoûté à
l'angle GBK , que l'on a trouvé (*n.* 1 2. *a.* 1.) de 2 2.
5 7′. donnera 6 8. 5 5′. 2 6″. 5‴. pour la valeur de l'angle KBß.

4°. Cet angle étant prefque le même que dans le nombre 1 4. de l'article 1, où on l'a trouvé de 6 8. 3 2′. 1 6″.
1 6‴. & toutes chofes d'ailleurs étant égales , le produit
des

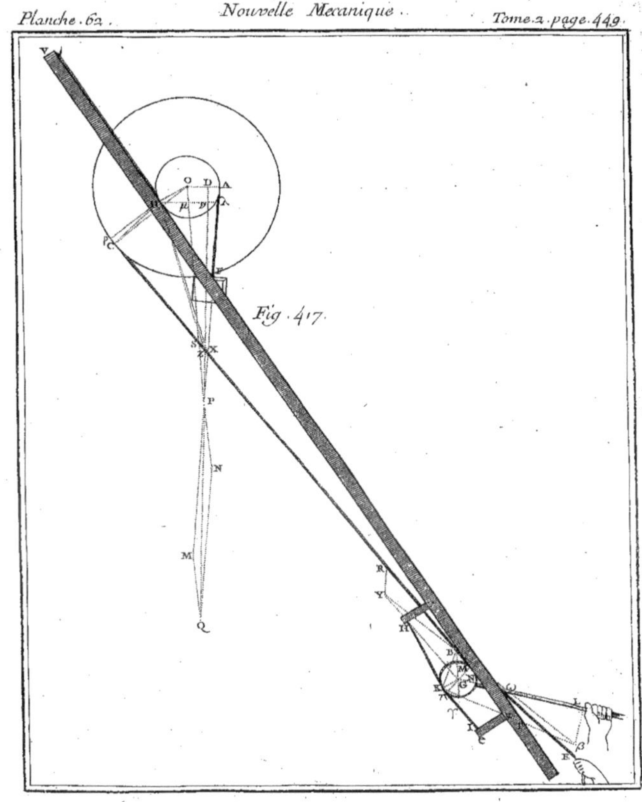
Fig . 417 .

des sinus des angles KβΛ & GBβ , sera encore ici au produit des sinus des angles KβB & GBM environ comme (*nomb. 18. art. 1.*) 747520045047657 à 187680905132445. Ainsi puisque l'impression de 34 livres $\frac{286}{341}$ que fait ici (*nomb. 2.*) le seul poids F suivant la corde CM contre la puissance L , est en cas d'équilibre à cette puissance L (*prop. 6. n. 2.*) comme le premier de ces produits au second ; cette puissance sera encore ici d'environ 8 livres $\frac{1904144700734383304}{2549048335361251037}$; ou, ce qui revient presqu'au même, d'environ 8 livres $\frac{5}{4}$. quoique l'on n'y compte point la pesanteur de la roue CF & de son rouleau BA.

5. Le poids F fera donc encore ici contre la puissance L près du triple de ce qu'il lui feroit de resistance pour sa part dans l'usage ordinaire, où l'on a vû (*n. 3. art. 3.*) que la machine CA & le rouleau G tournant sur leurs centres fixes , la resistance de ce poids contre cette puissance ne seroit que de 2 livres $\frac{258766}{445617}$. Il faudroit donc encore , même pour ne rien perdre à sauver les frottemens , comme fait M. Perault , que dans l'usage ordinaire de ces Machines , la resistance de leurs frottemens fût près de double de celle du poids F. Ce qui est encore très-difficile à croire. Ajoûtez à ceci les nombres 5. & 6. de l'art. 3.

6. Tels sont les inconveniens ausquels la premiere Machine sans frottement, que M. Perault a inserée dans l'art. 4. de ses Notes sur le ch. 5. liv. 10. de sa Traduction de Vitruve , est encore sujette. L'application en est aisée à faire. M. Perault a encore crû rendre cette Machine d'un usage plus facile qu'elle n'est ici , en faisant monter à plomb la roue CF avec son rouleau BA ; mais l'on a vû que c'est tout le contraire dès le commencement de cet Ecrit.

EXAMEN
DE L'OPINION
DE M. BORELLI.

Sur les proprietez des Poids suspendus
par des cordes.

AVERTISSEMENT.

C'EST ici l'*Examen promis dans la réflexion qui suit la preuve de la premiere proposition du Projet de la Nouvelle Mécanique. On a été naturellement conduit par les principes qu'on y suit, à une proposition sur les proprietez des poids suspendus par des cordes, qui s'est trouvée la même que celle que Monsieur Borelli avoit critiquée dans Stévin & dans Hérigone ; & ç'a été par la necessité de la justifier, qu'on s'est trouvé engagé à l'examen de sa critique.*

On divise cet examen en deux Chapitres : Dans le premier on fait voir que le sentiment que M. Borelli reprend dans Hérigone, dans Stévin & dans les autres, bien loin d'être contraire, comme il l'a crû, à la soixante-huitiéme Proposition du Tome premier de son Traité du Mouvement des Animaux, en est une suite si necessaire, que s'il eût fait encore quelques pas, il y seroit infailliblement entré. On indique ensuite dans ce même Chapitre quelques paralogismes que cet Auteur a commis, lors même qu'il croyoit en voir dans les raisonnemens qu'il a critiquez.

Dans le second Chapitre, après avoir encore donné quelques démonstrations du sentiment d'Hérigone & des autres, toutes differentes de celles que M. Borelli a critiquées, on rend par la méthode de la Nouvelle Mécanique les Lemmes sur lesquels cet Auteur a fondé tout

L l l ij

ce qu'il a dit de la force des *Muscles*, beaucoup plus ge-
néraux qu'ils ne le peuvent être par la sienne.

 Au reste si l'on attaque une erreur où *M. Borelli* est
tombé ; on n'en est pas moins persuadé du mérite extraordinaire de ce grand homme , dont les principaux *Ouvrages* doivent être mis au nombre des Livres les plus ori-
ginaux qui ayent paru dans ce siecle-ci ; mais il n'y a
personne qui ne puisse faire un faux pas , sur-tout dans
des matieres aussi délicates que celles-ci , & où le paralogisme se glisse aussi facilement.

 Tout ce qu'on citera de cet Auteur dans cet *Examen* ,
sera pris du Tome premier de son *Traité du Mouvement
des Animaux* , de l'Edition de *Rome* , faite en 1680.
On specifie l'Edition , à cause des pages qu'on en citera
quelquefois.

EXAMEN
DE L'OPINION
DE M. BORELLI,

Sur les proprietez des Poids suspendus
par des cordes.

ETAT DE LA QUESTION.

ONSIEUR BORELLI dans son Traité du
Mouvement des Animaux, Tome 1. ch. 13.
a fait une fort longue digression pour prouver
qu'Hérigone, Stévin & plusieurs autres, se
font trompez, d'avoir avancé comme propo-
sition generale, que *le poids T soûtenu avec les cordes obli-*
ques AC & BC par deux poids ou deux puissances R & S,
est à chacun d'eux ou d'elles, comme la partie HC de sa ligne
de direction à chacun des côtez CN & MC du parallelo-
gramme MN, dont elle est diagonale. Cet Auteur dit
(*pag.* 137.) que cette proposition prise dans toute son
étendue & sans restriction, lui paroît suspecte, pour

L l l iij

» bien des raiſons ; & même qu'il la croit capable de jet-
» ter dans l'erreur.

Il réduit toutes ces prétendues raiſons à trois. 1°. Il dit
» (*pag. 138.*) avoir démontré dans le Scholie de la 68.
» propoſition du Tome 1. de ce Traité, que les deux
» puiſſances R & S appliquées au poids T ſuivant des
» directions obliques , peuvent demeurer en équilibre
» avec lui, non ſeulement quelque rapport qu'elles ayent
» entr'elles , fût-il plus grand ou moindre que celui de
» NC à CM , mais encore de quelque maniere que
» le rapport de la ſomme de ces deux puiſſances à ce
» poids , fût different de celui de la ſomme de NC & MC
» à CH. 2°. Il a fait, dit-il, auſſi pluſieurs experiences
qui lui paroiſſent confirmer ce ſentiment. 3°. Enfin il a
crû voir du paralogiſme dans deux démonſtrations qu'il
a critiquées , dont la premiere paroît être du P. Pardie ,
& l'autre commune au reſte des Auteurs qu'il attaque.

Il eſt conſtant que de toutes ces raiſons, la premiere
eſt non ſeulement la principale , mais encore l'unique
qui puiſſe ſervir à la déciſion de ce differend. Car, 1°.
en fait d'exactitude & de préciſion, l'experience ne
prouve rien ; ſur-tout ici , où la reſiſtance qui vient du
frottement des poulies avec leurs pivots, &c. rend ces
ſortes d'experiences poſſibles en tant de manieres differentes , qu'il n'y a preſque point de ſentiment pour ou
contre lequel on n'en puiſſe faire à ſon gré. 2°. Qu'il y
ait , ou qu'il n'y ait point de paralogiſme dans les ſentimens que cet Auteur critique , on n'en peut rien conclure , non plus contre le ſentiment qu'il attaque ; puiſque la verité ne dépend point du tout de la maniere dont
on l'a démontre.

Toute la queſtion préſente ſe réduit donc à ſçavoir ſi
M. Borelli a démontré dans le Scholie de ſa 68. propoſition , Tome 1. » que les deux puiſſances R & S appli-
» quées au poids T ſuivant des directions obliques , peu-
» vent demeurer en équilibre avec lui , non ſeulement

quelque rapport qu'elles ayent entr'elles , fût-il plus «
grand ou moindre que celui de NC à CM , mais en- «
core de quelque maniere que le rapport de la somme «
de ces deux puissances à ce poids , fût different de ce- «
lui de la somme de NC & MC à CH. « Que dis-je ? Ce
feroit assez pour détruire la proposition qu'il rejette , s'il
avoit seulement démontré un cas où ce poids pût ainsi
demeurer en équilibre avec ces puissances , sans être à
chacune d'elles , comme la partie CH de sa ligne de direction , qui fait la diagonale du parallelogramme MN ,
à chacune des parties de leurs cordes , qui lui servent
de côtez. Mais bien loin de l'avoir fait , la proposition
d'où il tire le Scholie en question , prouve tout le contraire , je veux dire le sentiment d'où il a crû qu'elle le
devoit éloigner.

C'est ce qu'on va faire voir dans le premier Chapitre
de cet Examen : & dans le second , après avoir encore
donné quelques démonstrations de ce même sentiment ,
toutes differentes de celles que M. Borelli a critiquées ,
on rendra par la méthode de la Nouvelle Mécanique ,
les Lemmes qu'il a déduits de sa 68. proposition , beaucoup plus generaux qu'ils ne le peuvent être par la
sienne.

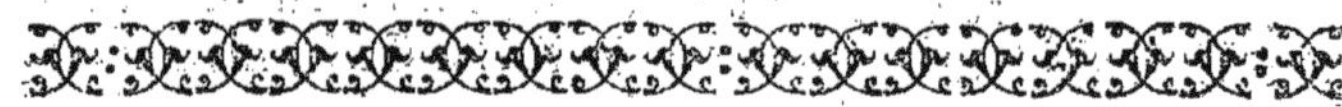

CHAPITRE I.

SENTIMENT D'HERIGONE,
de Stévin, &c.

SUR LES PROPRIETEZ DES POIDS
suspendus par des cordes.

*Démontré par la proposition même que M. Borelli avoit crû
leur être contraire.*

L E Scholie de la 68. proposition de M. Borelli, dont
il est ici question, porte, 1°. » Qu'avec les mêmes
» inclinaisons de cordes, le poids qui y est suspendu, &
» les forces qui le soûtiennent, peuvent varier en mille
» manieres differentes, sans que pour cela il cesse de faire
» équilibre avec elles, pourvû que la *puissance* R soit à
» *la partie* X *de ce poids*, comme GC à GF, ou comme
» AC à CH; & que la *puissance* S soit à *son autre partie* Z,
» comme IC à IK, ou comme BC à CH......... 2°. Ce mê-
» me Scholie porte reciproquement qu'en retenant les
» mêmes poids, *c'est-à-dire ici, les mêmes forces*, (pourvû
» que celui du milieu soit moindre que les deux extrê-
» mes) on peut changer l'inclinaison de leurs cordes,
» sans en rompre l'équilibre.

Il est clair que la premiere partie de ce Scholie peut
avoir deux sens bien differens. 1°. Elle peut signifier que
dans cette variation de poids & de forces, où cet Auteur veut que l'équilibre se conserve sans changer l'inclinaison de leurs cordes, ce poids demeure toûjours à
chacune de ces puissances en même raison que la diagonale CH du parallelogramme MN, à chaque partie de
leurs cordes, qui lui sert de côté; & en cela on va voir
que cette consequence est parfaitement juste, mais aussi

(Cor.

FIG. I.

(*Cor.* 2 1. *Th.* 1. *Nouv. Mécanique*) parfaitement conforme au fentiment que cet Auteur attaque. 2°. Au
contraire, fi on lui fait fignifier que cet équilibre puiffe
fubfifter fans un tel rapport, alors on conclud très-mal,
& même autant contre cet Auteur que contre Hérigone, &c. J'en dis tout autant de la feconde partie de ce
même Scholie ; & pour le démontrer, je vais faire voir
que la propofition d'où M. Borelli le tire, prouve tout le
contraire, & que s'il y eût fait un peu plus d'attention,
elle l'auroit infailliblement conduit au fentiment d'où il
a crû qu'elle le devoit éloigner ; je veux dire, à croire
(du moins pour tous les cas qu'elle comprend) que *le
poids T foûtenu avec les cordes obliques AC & BC par deux
poids ou deux puiffances R & S, eft toûjours à chacun d'eux
ou d'elles, comme la partie HC de fa ligne de direction, à
chacun des côtez CN & MC du parallelogramme MN,
dont elle eft la diagonale.* Voici comment.

DEMONSTRATION
fuivant M. Borelli.

Selon cet Auteur (*prop.* 68.) lorfque les puiffances R
& S foûtiennent enfemble le poids T, la puiffance R
foûtient pour fa part une partie X de ce poids, de
même qu'elle feroit, fi elle étoit appliquée fuivant fa
même direction AC avec cette partie X au levier horifontal CG ; & la puiffance S foûtient auffi pour la fienne
l'autre partie Z de ce même poids, de même qu'elle feroit, fi elle étoit auffi appliquée fuivant fa même direction
CB avec cette partie Z au levier CI qu'on fuppofe encore horifontal & égal au premier : & par conféquent fi
l'on regarde (*Cor.* 2. *Lem.* 2. *Nouv. Mécan.*) l'impreffion
que la puiffance S fait fuivant CB fur le nœud C qui
retient enfemble les cordes de ces puiffances & de ce
poids, comme compofée de deux impreffions particulieres, dont l'une eft fuivant l'horifontale CO, & l'autre
fuivant la perpendiculaire CH ; on trouvera que ce que
cette puiffance lui en fait fuivant CO, eft égal à la refi-

stance que feroit alors contre ce même point, & suivant
cette même ligne, le levier CG pour empêcher la corde
ACX de se redresser ; c'est-à-dire, égal à la charge de
l'appui G de ce même levier. Or soient appellées G, I,
les charges des appuis G, I, c'est-à-dire, les efforts dont
le nœud C est tiré tout à la fois de C vers G, & vers I ;
lesquels efforts directement contraires doivent être égaux
entr'eux, puisque (*hyp.*) aucun d'eux n'emporte le nœud
C vers aucun des côtez G, I ; ainsi l'on aura ici G$=$I.
Cela posé,

1°. L'on aura R. G : : AC. CG : : CG. CF : : CI. CF.

Et conséquemment $G=\dfrac{R\times CF}{CI}$.

2°. L'on aura de même S. I : : BC. CO : : CI. CK. Et

conséquemment aussi $I=\dfrac{S\times CK}{CI}$.

Donc $\dfrac{R\times CF}{CI}=G=I=\dfrac{S\times CK}{CI}$, ou R$\times$CF$=S\times$CK ; d'où
resulte R. S : : CK. CF. (en prenant CI$=$CG pour sinus
total, & $\int$ pour la marque des sinus) : : $\int$CIK. $\int$CGF
: : $\int$HCB. $\int$HCA (soit le parallelogramme MN) : : $\int$HCM.
$\int$CHM : : HM. CM : : CN. CM. *Ce qu'il falloit trouver.*

SCHOLIE.

Voilà ce que M. Borelli devoit premierement conclure
de sa 68. proposition, sinon en general, du moins pour
tous les cas qu'elle comprend : Sçavoir, que *lorsque deux*
puissances R & S soûtiennent ensemble quelque poids T avec
des cordes seulement, elles sont toûjours entr'elles en même
raison que les parties CN & MC de leurs cordes, qui ser-
vent de côtez au parallelogramme MN, qui a pour diago-
nale une partie CH de la ligne de direction du poids qu'elles
soûtiennent. De-là en faisant MP & NQ perpendiculaires sur HC, ces lignes marquant toûjours CP égale à
HQ, cet Auteur auroit trouvé, comme il a fait (*p.* 137.)

que *chacune des puissances* R *&* S , étant toûjours (*par le Corol. de sa* 6 9. *prop.*) à tout ce poids , comme chacun des côtez CN & MC du parallelogramme MN , à la somme de leurs sublimitez CP & CQ , *lui est aussi toûjours comme chacun de ces mêmes côtez à la diagonale CH de ce même parallelogramme.* Ce qu'il falloit démontrer.

Quoique cette consequence suive necessairement de la 6 8. *proposition de M. Borelli, cependant parce que cette proposition ne peut pas s'appliquer aux cas où une de ces puissances se trouve avoir sa direction au-dessous de l'horisontale qui passe par le point où leurs cordes se communiquent, elle n'en est pas une suite si generale que du Théoreme premier des poids suspendus par des cordes de la Nouvelle Mécanique. C'est pour cela qu'on se contente ici de dire, que si cet Auteur eût fait un peu plus d'attention à sa* 6 8. *prop. il auroit apperçû que tout ce que nous venons d'en conclure, est absolument vrai, du moins pour tous les cas qu'elle comprend.*

Telle est la consequence que M. Borelli devoit tirer de sa 6 8. proposition ; s'il l'eût fait, il auroit apperçû, 1°. que la premiere partie du Scholie qu'il en tire, n'est vraye qu'en cas que la variation du poids T & des forces R & S , entre lesquels il dit que l'équilibre se peut conserver sans changer l'inclinaison de leurs cordes, soit telle que ce poids demeure toûjours à chacune de ces puissances en même raison, que la diagonale CH du parallelogramme MN , à chaque partie de leurs cordes qui lui sert de côté. 2°. Il auroit encore vû que la seconde partie de ce même Scholie, est absolument fausse ; puisqu'il n'est pas possible de faire le moindre changement auquel que ce soit des angles ACB , ACH & BCH , sans changer en même tems le rapport qui est , ou entre les côtez du parallelogramme MN , ou entre quelqu'un d'eux & sa diagonale ; c'est-à-dire, puisque (*hyp.*) on ne change rien au rapport qui est entre ce poids & chacune de ces puissances , sans faire cesser la ressemblance de ces deux rapports ; & par consequent aussi, suivant ce qui

vient d'être conclu de la 68. proposition de M. Borelli,
sans rompre l'équilibre de ce poids avec ces puissances.

AUTRE DEMONSTRATION.
encore suivant M. Borelli.

La prop. 69. Tom. 1. de M. Borelli, donne encore
plus simplement ce qu'on vient de déduire de la prop.
68. du même Tome. Dans cette prop. 69. M. Borelli
suppose comme là, & comme nous ci-après dans la Fig.
2. que les puissances R, S, soûtiennent le poids T seulement avec des cordes CR, CS, CT, attachées ensemble
par un nœud commun & mobile C. Et après avoir pris
CG.CH :: R. S. & fait GP, HQ, perpendiculaires en
P, Q, sur la direction CT du poids T, prolongée vers
D; il démontre exactement, & sans leviers, que R+S.
T :: GC+CH. CP+CQ.

Or je dis que de cela suit encore la proposition que
M. Borelli conteste à Hérigone, à Stévin, &c. Pour le voir,
soit parallelement à CS la droite GD, qui rencontre en D
la direction TC du poids T, prolongée jusques-là : l'on
aura ainsi un triangle rectangle DPG semblable au rectangle CQH ; d'où résulte GP. HQ :: DP. CQ :: DG.
CH. Or on verra ci-après dans la Remarque de la prop.
3. du Chapitre suivant, que GP=HQ. Donc aussi DP=
CQ, & DG=CH ; & conséquemment CP+CQ=CP
+DP=CD. Or la prop. 69. Tome 1. de M. Borelli,
donne R+S. T :: CG+CH. CP+CQ. Donc aussi
R+S. T :: CG+CH. CD. De sorte que cet Auteur
ayant pris ici CG. CH :: R. S. l'on y aura, selon lui-même, les puissances R, S, & le poids T, en raison des lignes CG, CH, CD. Or puisque ci-dessus l'on avoit
DG=CH, & ces deux droites sont *(hyp.)* paralleles entr'elles, si l'on mene la droite DH, le quadrilatere
CGDH se trouvera être un parallelogramme, de qui
CG, CH, seront les côtez, & CD la diagonale. Donc,
suivant M. Borelli, les puissances R, S, sont non seulement comme les côtez CG, CH, du parallelogramme

CGDH, pris sur leurs directions ; mais aussi au poids T,
comme ces côtez correspondans sont à la diagonale CD
de ce parallelogramme, prise de même sur la direction
de ce poids. *Ce qu'il falloit encore démontrer suivant M.
Borelli, qui le contestoit.*

REMARQUE.

Ayant démontré, comme l'on vient de faire, que le
sentiment dont il est ici question, bien loin d'être contraire aux prop. 68. 69. Tom. 1. de M. Borelli, comme
cet Auteur l'a crû, en est une suite si necessaire, que
s'il eût fait encore quelques pas, il l'auroit infailliblement trouvé : c'est encore une nouvelle raison de ne
nous point arrêter aux experiences qu'il objecte à Stévin, à Hérigone, & aux autres ; & de ne toucher à la
critique qu'il a faite de leurs raisonnemens, que pour
indiquer les fausses suppositions sur lesquelles il s'est appuyé pour y trouver du paralogisme. Il y en a trois que
voici.

1°. Dans la critique qu'il a faite du premier de ces raisonnemens, qui paroît être du P. Pardie, après avoir dit
que si l'on regarde la corde AC comme une verge de fer
mobile autour du point fixe A., à laquelle le poids T *Fig. 38.*
soit attaché, ce poids sera soûtenu avec cette verge par
ce point fixe, de même que sur un plan CI perpendiculaire à AC ; il fait IL perpendiculaire à l'horisontale LC,
& (*pag.* 139.) il dit : *Patet quod pondus T....... ad vim quâ
idem T innititur, & comprimit idem planum IC, est ut IC
ad LC.* Cela seroit vrai (*Corol.* 20. *Th.* 26.) si BC étoit
parallele à CI perpendiculaire (*Hyp.*) à AC ; mais non
pas (*Corol.* 17. *Th.* 26.) lorsqu'elle lui est oblique ;
comme ici, où le poids S aide au poids T, à charger le
plan CI, qui ne le seroit que par ce poids T, si BC lui
étoit parallele.

2°. Dans la critique qu'il fait ensuite du raisonnement
d'Hérigone, de Stévin, &c. après avoir regardé le poids *Fig. 39.*
T soûtenu par les cordes AC & BC, comme s'il l'étoit

fur les plans CK perpendiculaire à AC, & CG perpendiculaire à CB, inégalement inclinez, il dit (*pag.* 141.) *Tunc pondus T dum moveri niteretur per duas rectas inclinatas CK & CG, cogeretur moveri, aut nifum exercere per diagonalem CO fecantem angulum GCK bifariam.* Pour cela il faudroit que ces deux plans CK, CO, fuffent également inclinez, & confequemment auffi les directions RC, SC, qu'on leur fuppofe perpendiculaires.

Outre cette fuppofition, M. Borelli fe fert encore ici de la premiere qu'il a déja faite contre le P. Pardie. Il dit (*pag.* 141.) après avoir fait CP perpendiculaire à l'horifontale KG : *Idem pondus abfolutum T ad vim quâ comprimit planum CO, eandem rationem habebit quàm CO ad OP.* Cela feroit vrai, fi ce poids T étoit retenu fur CO par une puiffance d'une direction parallele à CO.

3°. Enfin fi ces deux fuppofitions ne lui fuffifant pas encore pour trouver à redire au raifonnement d'Hérigone, de Stévin, &c. il y en ajoûte une troifiéme qui ne vaut pas mieux. *Vis*, dit-il au même endroit, *quam patitur planum CO à compreffione ponderis T æqualis eft viribus ambarum potentiarum R & S, quæ fuftinendo idem pondus in tali fitu plani CO inclinati vicem fupplent.* Cela eft faux. La force réfultante du concours des deux autres, eft toûjours moindre que leur fomme, tant que leurs directions font quelque angle entr'elles ; outre que cette force réfultante le long du plan CO, étant ainfi parallele à ce plan, ne feroit pas celle de fa compreffion qui réfulteroit du concours de cette force parallele & de la pefanteur du poids foûtenu par elle fur ce plan.

On ne démontre point ici la fauffeté de toutes ces fuppofitions : elle eft trop évidente par le Th. 26. des Surfaces de la Nouv. Méc. pour s'y arrêter davantage. D'ailleurs c'eft, ce me femble, avoir fuffifamment répondu à M. Borelli, que d'avoir démontré, comme l'on vient de faire, le fentiment d'Hérigone, de Stevin, &c. par la propofition même que cet Auteur croyoit leur être contraire : c'eft auffi tout ce qu'on s'étoit propofé dans ce premier Chapitre. Paffons au fecond.

CHAPITRE II.

NOUVELLES DEMONSTRATIONS
du sentiment d'Hérigone, de Stévin, &c.

Sur les proprietez des poids suspendus par des cordes.

AVEC QUELQUES PROPOSITIONS
de M. Borelli, rendues par la méthode de la Nouvelle
Mécanique, beaucoup plus generales qu'elles ne le
peuvent être par la sienne.

AVERTISSEMENT.

LE poids T étant soûtenu par deux ou plusieurs puissan- FIG. 5. 8.
ces R, S, &c. si des extrémitez G, H, &c. des parties
CG, CH, &c. de leurs cordes qui leur soient proportionnelles,
on fait GP, HQ, &c. perpendiculaires sur sa ligne de direction CD, elles y désigneront depuis leurs points de rencontre P, Q, &c. jusqu'au point C, où cette ligne concourt avec ces cordes, certaines parties CP, CQ, &c. dont
nous parlerons souvent dans la suite. C'est pourquoi nous leur
allons donner des noms.

DEFINITION I.

Lorsque ces parties CP, CQ, &c. se trouveront au-
dessus du point C, nous les appellerons les *sublimitez* des
puissances qui les auront déterminées par leurs proportionnelles.

DEFINITION II.

Et celles des lignes qui se trouveront au-dessous de ceu

même point C, nous les appellerons les *profondeurs* de ces mêmes puiſſances.

Selon ces définitions , CP eſt la ſublimité de la puiſſance R dans les fig. 5. & 6. CQ eſt encore la ſublimité de la puiſſance S dans la fig. 5. mais dans la fig. 6. CQ eſt la profondeur de cette même puiſſance.

On avertit encore que lorſqu'on comparera à la ſublimité ou à la profondeur de ces puiſſances , des parties de leurs cordes qui leur ſoient proportionnelles , on ne l'entendra pas indifféremment de toutes les proportionnelles qu'on pourroit leur aſſigner , mais ſeulement de celles qui déterminent les ſublimitez ou les profondeurs en queſtion.

PROPOSITION I.

Fig 5. 6.
7. 8.

L**E poids T ſoûtenu avec les cordes AC & BC par les puiſſances R & S, & en équilibre avec elles ; eſt toûjours à chacune d'elles , comme la partie DC de ſa ligne de direction , à chacun des côtez GC & HC du parallelogramme GH , dont elle eſt diagonale.**

Demonstrations.

1°. Voyez celle qu'on a donnée du Th. 1.

2°. Voyez ci-après la Remarque qui ſuit le Corollaire de la prop. 3.

Fig. 5. 6.

3°. Soient conçûs les leviers MC & NC placez chacun en ligne droite avec chacune des directions AC & BC des puiſſances R & S. De leurs points d'appui M & N pris à diſcrétion , ſoient tirées MF & NK perpendiculairement à ces mêmes lignes reciproquement priſes , & ML avec NO perpendiculaires auſſi à la ligne de direction DCE de ce même poids. Enfin de quelqu'un des points D de cette même ligne faite DH & DG paralleles à AC & à CB. Cela fait, il eſt clair que le levier CN étant (*hyp.*) en ligne droite avec la ligne de direction CB

de

de la puiſſance S, ſupplée neceſſairement tout l'effet de
cette puiſſance ; & que par conſequent la puiſſance R
pourroit ſuivant ſa même direction AC , ſoûtenir ſeule
le poids T avec ce levier ainſi placé, de même qu'elle le
ſoûtient preſentement avec la puiſſance S. Pour la même
raiſon, la puiſſance S pourroit auſſi le ſoûtenir ſeule avec
le levier CM, de même qu'elle le ſoûtient preſentement
avec la puiſſance R : le poids T eſt donc ſoûtenu par le
concours d'action des puiſſances R & S, de même qu'il
le ſeroit par la ſeule puiſſance R appliquée avec lui au
levier NC , ou bien par la ſeule puiſſance S appliquée
auſſi avec lui au levier CM. Or dans le premier cas la
puiſſance R ſeroit (*Th. 21. Cor. 13. de la Nouv. Mécan.*)
au poids T , comme NO à NK; c'eſt-à-dire, comme le
ſinus de l'angle NCO , ou de DCH à celui de l'angle
NCK , ou de CHD. Et dans le ſecond cas le poids T ,
pour la même raiſon, ſeroit à la puiſſance S, comme MF
à ML ; c'eſt-à-dire encore , comme le ſinus de l'angle
MCF , ou de CHD , à celui de l'angle MCL , ou de HDC.
Donc la puiſſance R , le poids T , & la puiſſance S , ſont
entr'eux, comme les ſinus des angles DCH , CHD , &
HDC; c'eſt-à-dire, comme les lignes DH , CD , & CH.
Le poids T eſt donc à la puiſſance R , comme CD à DH,
ou à GC ; & à la puiſſance S , comme la même CD à
CH. *Ce qu'il falloit démontrer.*

4°. Si au lieu des puiſſances R & S , les cordes AC & Fig. 7.
BC étoient attachées aux extrêmitez de quelque levier
AB , dont l'appui D fût dans la ligne de direction DCE
du poids T , il eſt clair qu'en quelque ſituation que ce
levier ſe trouvât alors , il y demeureroit , & que la
charge de ſon point d'appui ſeroit alors égale au poids T.
Il eſt encore clair que les extrêmitez A & B de ce même levier ſeroient auſſi tirées ſuivant AC & BC, chacune avec une force égale à celle de la puiſſance R ou S ,
qu'elle ſupplée. Or les forces avec leſquelles les points
A & B de ce levier ſeroient ainſi tirées ſuivant AC &
BC, ſeroient entr'elles (*Th. 21. Cor. 13. Nouv. Mécan.*)

comme DF & DK tirées du point D perpendiculairement fur BC & AC; c'eſt-à-dire, en faiſant le parallelogramme GH, comme les ſinus des angles DCH &
CDH, ou comme les côtez DH & HC de ce parallelogramme. Ces mêmes forces ſeroient auſſi (*Th.* 2 1.
part. 2. 3. 4.) chacune à la charge du point d'appui D
de ce levier, c'eſt-à-dire, au poids T, comme chacun
de ces mêmes côtez à la diagonale DC : les forces des
puiſſances R & S, c'eſt-à-dire, ces mêmes puiſſances elles-mêmes, font donc entr'elles, comme DH, ou GC &
HC; & au poids T, comme chacun de ces mêmes côtez
du parallelogramme GH à ſa diagonale DC. *Ce qu'il*
falloit démontrer.

On pourroit encore démontrer cette même propoſition en ſe
ſervant des plans inclinez, pourvû qu'on en prît un qui fût
perpendiculaire à la direction de quelqu'une des deux puiſſan
ces qui ſoûtiennent ce poids : car cette puiſſance, & la charge
de ce plan alors égales, n'ayant qu'un même rapport avec ce
poids, non plus qu'avec l'autre puiſſance qu'on conſidere en ce
cas comme le ſoûtenant ſeule ſur ce plan ; on trouveroit par
le Cor. 9. du Th. 26. que ce poids eſt toûjours à chacune de ces
puiſſances, comme le ſinus de l'angle que leurs cordes font
entr'elles, à chacun des ſinus des angles que font avec la ligne
de direction de ce poids chacune de ces cordes reciproquement
priſes. Tout cela eſt preſentement trop clair pour s'y arrêter
davantage.

COROLLAIRE I.

On peut conclure generalement de ces démonſtrations, ce que nous n'avons conclu (*chap.* 1.) de la 6 8.
prop. de M. Borelli, que pour les cas qu'elle comprend ;
ſçavoir, qu'il n'y en a aucun de poſſible, où l'on puiſſe
conſerver l'équilibre du poids T avec les puiſſances R
& S, en changeant le rapport qu'elles ont entr'elles, ou
avec lui, à moins qu'on ne change en même tems l'inclinaiſon de ces cordes, ſans changer auſſi le rapport de ces
mêmes puiſſances, ou entr'elles, ou avec ce poids ; parce

que fans cela il n'eft pas poffible de faire que chacun
des côtez CH & CG du parallelogramme GH, continue
d'être à fa diagonale DC, comme chacune des puiffances R & S au poids T ; ce qui doit cependant être, comme on le vient de voir, pour qu'elles faffent équilibre
avec lui.

On peut comparer ce Corollaire aux Scholies des propofi-
tions 68. & 69. de M. Borelli.

COROLLAIRE II.

Il fuit encore de ces démonftrations que chacune des FIG. 5.
puiffances R & S eft au poids T, comme chacune des
parties GC & HC de leurs cordes, qui leur font proportionnelles, à la fomme (*fig. 5.*) de leurs fublimitez,
ou à la difference (*fig. 6.*) qui eft entre la fublimité de
l'une & la profondeur de l'autre ; parce que dans le parallelogramme GH les angles GCD & CDH étant égaux,
auffi-bien que les lignes GC & DH ; de plus les angles
qui fe font en P & en Q, étant auffi (*avert.*) égaux, les
triangles GPC & HDQ font non feulement femblables,
mais encore leurs côtez CP & DQ font égaux. Donc
(*fig. 5.*) CP plus CQ eft égal à DQ plus CQ ; & (*fig. 6.*)
CP moins CQ fera auffi égal à DQ moins CQ. Or (*fig. 5.*)
DQ plus CQ eft égal à CD, de même (*fig. 6.*) que DQ
moins CQ. Donc (*fig. 5.*) CP plus CQ eft égal à CD,
auffi-bien (*fig. 6.*) que CP moins CQ. Or felon les démonftrations précedentes, chacune des puiffances R & S
eft au poids T, comme chacune de leurs proportionnelles CG & HC à CD. Donc chacune de ces mêmes puiffances eft à ce poids, comme chacune de ces mêmes proportionnelles à CP (*fig. 5.*) plus CQ, ou (*fig. 6.*) à CP
moins CQ ; c'eft à-dire, (*Déf. 1. & 2.*) à la fomme
(*fig. 5.*) de leurs fublimitez, ou bien (*fig. 6.*) à la difference qui eft entre la fublimité de l'une & la profondeur de l'autre.

COROLLAIRE III.

D'où l'on voit que la somme des deux puissances qui soûtiennent un poids avec des cordes, est toûjours à ce poids, comme la somme des longueurs de leurs cordes, qui leur sont proportionnelles, à la somme de leurs sublimitez, ou à la différence qui est entre la sublimité de l'une & la profondeur de l'autre.

On peut comparer encore ces deux derniers Corollaires à la 69. prop. de M. Borelli, & au Corollaire qu'il en tire.

PROPOSITION II.

Fig. 9.

DE quelque maniere qu'un poids T soit soûtenu avec des cordes par quelque nombre de puissances A, B, D, E, F, &c. que ce soit, appliquées à un même nœud C, si l'on prend sur leurs nœuds autant de parties CG, CR, CM, CN, CP, &c. qui leur soient proportionnelles, & que sous deux de ces parties, par exemple, sous GC & RC, l'on fasse un parallelograme RG, dont la diagonale CH fasse encore avec une autre de ces parties CM le parallelogramme HM, dont la diagonale CE fasse encore avec une autre de ces parties CN le parallelogramme LN, dont la diagonale CQ fasse encore avec une autre de ces parties CP le parallelogramme PQ, & ainsi jusqu'à la derniere de ces proportionnelles. On verra, 1°. que la diagonale du dernier de ces parallelogrammes, qui est ici CK, sera dans la ligne de direction du poids T. 2°. Et que chacune de ces puissances sera à ce poids, comme chacune des proportionnelles, selon qu'elles leur répondent, est à cette même diagonale.

DEMONSTRATION.

1°. Puisque (*hyp.*) la puissance A est à la puissance B comme CG à CR, il résultera (*Lem. 2.*) de leur concours d'action sur le point C une impression composée suivant CH, d'une force qui sera (*Cor. 1. du même*

Lem.) à chacune de ces puissances, comme CH à chacune des lignes CG & CR qui les représentent : l'impression que font ensemble ces deux puissances sur le point C, est donc la même que celle que feroit seule sur ce même point quelque nouvelle puissance, qui lui étant appliquée suivant CH, au lieu d'elles, leur seroit à chacune, comme CH à chacune des lignes CG & CR ; & par conséquent les trois puissances A , B , D , doivent faire ensemble la même impression sur le point C que cette nouvelle puissance (je l'appele H) feroit alors avec la puissance D. Or (*Lem.* 2.) l'impression qui résulteroit alors du concours d'action des puissances D & H sur le point C, se feroit suivant CL, d'une force qui seroit (*Cor.* 1. *du même Lemme*) à celle de la puissance D, comme CL à CM. Donc l'impression composée qui résulte du concours d'action des trois puissances A , B , D , sur le point C, se fait en effet suivant CL, d'une force qui est à celle de la puissance D, comme CL à CM : elles ne font donc toutes trois ensemble sur ce point que la même impression que feroit seule quelqu'autre puissance (je l'appelle L) qui appliquée suivant CL , au lieu de ces trois , feroit à la puissance D , comme CL à CM ; & par conséquent les quatre puissances A , B , D , E , ne doivent faire sur le point C que la même impression que feroit alors la puissance L avec la puissance E. Or (*Lem* 2.) l'impression qui résulteroit alors du concours d'action de ces deux dernieres puissances sur le point C, se feroit suivant CQ , d'une force qui seroit (*Cor.* 2. *du même Lem.*) à celle de la puissance E, comme CQ à CN. Donc l'impression composée qui résulte du concours d'action des quatre puissances A , B , D , E , sur le point C, se fait en effet suivant la ligne CQ , d'une force qui est à celle de la puissance E, comme CQ à CN. On prouvera de même que l'impression composée qui résulte du concours d'action des cinq puissances A , B , D , E , F , se fait aussi suivant CK , d'une force qui est à la puissance E , comme CK à CP. Et ainsi toûjours de même jusqu'à

la derniere des puiſſances appliquées à ce poids. D'où il
ſuit que l'impreſſion compoſée qui réſulte du concours
d'action de toutes ces puiſſances ſur le point C, en quelque nombre qu'elles ſoient , ſe fait toûjours ſuivant la
diagonale du dernier des parallelogrammes faits comme
l'on vient de dire, c'eſt-à-dire ici , ſuivant CK ; & par
conſequent (*Th.* 1 .*Nouv. Méc.*) cette diagonale eſt toûjours en ligne droite avec TC, c'eſt-à-dire, dans la ligne
de direction du poids T. *Ce qu'il falloit démontrer.*

2°. On vient de voir que le poids T eſt ſoûtenu par les
puiſſances A , B , D , E , F , &c. de même qu'il le ſeroit,
par exemple ici, par la puiſſance F aidée d'une autre ſuivant CQ , à qui elle ſeroit comme CP à CQ (les directions de toutes demeurant toûjours les mêmes) : Donc
(*prop.* 1.) la puiſſance F eſt au poids T, comme CP à
CK. Or (*hyp.*) la puiſſance F eſt à chacune des puiſſances E , D , B , A , &c. comme CP à chacune des parties
de leurs cordes CN, CM, CR, CG, &c. Donc chacune
de ces puiſſances eſt au poids T, comme chacune de ces
proportionnelles , ſelon qu'elles leur répondent, eſt à la
diagonale CK. Ce qu'on vient de dire de la puiſſance F,
ſe prouvera de même de toute autre dont la proportionnelle feroit un des côtez du parallelogramme qu'on vient
de démontrer , avoir toûjours ſa diagonale , comme ici
CK, dans la ligne de direction du poids T : ainſi en general de quelque maniere qu'un poids ſoit ſoûtenu avec
des cordes par quelque nombre de puiſſances que ce
ſoit , appliquées à un même nœud , chacune de ces
puiſſances eſt toûjours à ce poids, comme chacune de
leurs proportionnelles qui ſervent de côtez aux parallelogrammes dont il eſt ici queſtion, eſt à la diagonale du
dernier, qu'on vient de voir ſe trouver toûjours dans ſa
ligne de direction.

COROLLAIRE.

D'où l'on voit que toutes ces puiſſances priſes enſemble , ſont toûjours au poids T , qu'elles ſoûtiennent, com-

me la somme de leurs proportionnelles CG, CR, CM,
CN, CP, &c. à la diagonale du parallelogramme qu'on
vient de démontrer (*n.* 1.) se trouver toûjours dans la
ligne de direction de ce poids : de sorte que lorsque toutes
ces puissances sont égales entr'elles, ces mêmes proportionnelles l'étant aussi, la somme de toutes ces puissances
est à ce poids, comme une de ces proportionnelles à une
partie de cette diagonale divisée en autant d'égales qu'il
y a de telles puissances ; c'est-à-dire ici, comme laquelle
que ce soit des lignes CG, CR, CM, CN, CP, à $\frac{1}{5}$ de
CK.

PROPOSITION III.

TOutes choses étant les mêmes que dans la proposition pré- Fig. 9, 10.
cedente, on trouvera presentement que chacune des puissances *A*, *B*, *D*, *E*, *F*, &c. est au poids *T* qu'elles soûtiennent, comme chacune de leurs proportionnelles *CG*, *CR*, *CM*,
CN, *CP*, &c. à la somme de leurs sublimitez moins celle de
leurs profondeurs.

DEMONSTRATION.

De toutes les pointes des parallelogrammes GR, HM, Fig. 9.
LN, QP, &c. tirez G*g*, H*h*, R*r*, L*l*, M*m*, Q*q*, N*n*, P*p*,
&c. perpendiculairement sur la ligne de direction du
poids T, prolongée indéfiniment de part & d'autre. Cela
fait, vous trouverez par le Lemme 10. 1°. C*h*=C*g*—
C*r*. 2°. C*l*=C*m*—C*h*. Donc C*l*=C*m*—C*g*+C*r*. 3°. C*q*=
C*l*+C*n*. Donc C*q*=C*m*—C*g*+C*r*+C*n*. 4°. C*k*=C*q*
—C*p*. Donc C*k*=C*m*—C*g*+C*r*+C*n*—C*p*. Enfin continuant toûjours ainsi jusqu'à la diagonale qui se trouve
toûjours (*prop.* 2.) dans la ligne de direction du poids T,
on trouvera de même que cette diagonale est toûjours
égale à C*m*—C*g*+C*r*+C*n*—C*p*±, &c. Or on vient
de voir (*prop.* 2.) que chacune des puissances A, B, D,
E, F, &c. est aussi toûjours au poids T qu'elles soûtien-

nent , comme chacune de leurs proportionnelles CG ;
CR , CM , CN, CP, à cette même diagonale. Donc chacune de ces puissances est à ce poids, comme chacune de
ces proportionnelles à $Cm + Cr + Cn - Cg - Cp +$, &c.
c'est-à-dire (*Déf.* 1. *&* 2.) à la somme de leurs sublimitez Cm, Cr, Cn , &c. moins la somme de leurs profondeurs Cg, Cp , &c. D'où l'on voit en general, que de
quelque maniere qu'un poids soit soûtenu avec des cordes par quelque nombre de puissances que ce soit, appliquées à un même nœud , chacune de ces puissances est
toûjours à ce poids, comme chacune de leurs proportionnelles à la somme de leurs sublimitez moins celle de leurs
profondeurs. *Ce qu'il falloit démontrer*.

AUTRE DEMONSTRATION.

Fig. 10.　Soient encore les lignes CG , CR , CM , CN , CP, &c.
proportionnelles aux puissances A , B , D , E , F , &c. concevez par le point C, où elles se communiquent, un plan
horisontal OH, c'est-à-dire, perpendiculaire à la ligne de
direction du poids T ; tirez ensuite des extrêmitez de ces
proportionnelles , G , R , M, N, P, &c. autant de perpendiculaires sur le plan OH , & sur la ligne de direction du poids T indéfiniment prolongée de part & d'autre ; en faisant depuis C sur le plan OH autant de lignes
CH, CQ , CL, CO, CK, &c. qui joignent ce point avec
les perpendiculaires qui tombent sur ce plan, on aura
autant de parallelogrammes rectangles Hg, Qr, Lm,
On, Kp, &c. qui exprimeront (*Lem.* 2. *Cor.* 2.) que chacune de ces puissances, par exemple, la puissance A, fait
la même impression sur le point C, que feroient deux autres puissances appliquées à ce point, l'une suivant CH,
& l'autre suivant Cg, à chacune desquelles celle-ci seroit
comme CG à chacune de ces mêmes lignes. Le point C
est donc tiré vers bas suivant la ligne de direction du
poids T par la puissance A d'une force (*Cor.* 1. *du même*
Lemme) à qui cette puissance est comme CG à Cg. Pour
la

la même raiſon il eſt encore tiré ſuivant la ligne de direction du même poids. 1°. Vers bas, par la puiſſance F
d'une force à qui elle eſt comme CP à Cp, &c. 2°. Vers
haut, par la puiſſance B d'une force à qui elle eſt comme
CR à Cr; par la puiſſance D d'une force à qui elle eſt
comme CM à Cm; par la puiſſance E d'une force à qui
elle eſt comme CN à Cn, &c. Or (*hyp.*) la puiſſance A
eſt à chacune des puiſſances B, D, E, F, &c. comme ſa
proportionnelle CG à chacune des leurs CR, CM, CN,
CP, &c. Donc la puiſſance A eſt à chacune des forces
avec leſquelles le point C eſt tiré ſuivant la ligne de direction du poids T. 1°. Vers bas, par les puiſſances A,
F, &c. comme CG à chacune de leurs profondeurs Cg,
Cp, &c. 2°. Vers haut, par les puiſſances B, D, E, &c.
comme la même CG à chacune de leurs ſublimitez Cr,
Cm, Cn, &c. Donc cette même puiſſance A eſt à la ſomme de toutes les forces avec leſquelles le point C eſt tiré
ſuivant la ligne de direction du poids T. 1°. Vers bas, par
les puiſſances A, F, &c. comme ſa proportionnelle CG à
la ſomme de leurs profondeurs Cg, Cp, &c. 2°. Vers haut
par les puiſſances B, D, E, &c. comme la même CG à la
ſomme de leurs ſublimitez Cr, Cm, Cn, &c. Or la ſomme
faite de la peſanteur de ce poids, & des forces avec leſquelles le point C eſt tiré vers bas ſuivant la ligne de direction de ce même poids par les puiſſances A, F, &c.
étant diamétralement oppoſée à la ſomme de celles avec
leſquelles ce même point eſt tiré en même tems vers haut
ſuivant cette même ligne par les puiſſances B, D, E, &c.
& aucune de ces deux ſommes de force ne l'emportant
ſur l'autre; puiſque (*hyp.*) le poids T ne monte ni deſ-
cend : c'eſt une conſequence neceſſaire qu'elles ſoient
égales. Donc la puiſſance A eſt non ſeulement à la ſomme des forces avec leſquelles le point C eſt tiré vers bas
ſuivant la ligne de direction du poids T par les puiſſances
A, F, &c. comme ſa proportionnelle CG à la ſomme de
leurs profondeurs Cg, Cp, &c. mais auſſi à la ſomme faite de cette premiere & de la peſanteur de ce même poids,

comme la même CG à la somme des sublimitez C*r*, C*m*, C*n*, &c. des puissances B, D, E, &c. Donc la puissance A est à cette derniere somme moins la premiere, c'est-à-dire, à la pesanteur seule du poids T, ou à ce poids lui-même, comme sa proportionnelle CG à la somme des sublimitez C*r*, C*m*, C*n*, &c. moins la somme des profondeurs C*g*, C*p*, &c. Or (*hyp.*) chacune des puissances B, D, E, F, &c. est à la puissance A, comme chacune de leurs proportionnelles CR, CM, CN, CP, &c. à sa proportionnelle CG. Donc chacune des puissances A, B, D, E, F, &c. est au poids T qu'elles soûtiennent, comme chacune de leurs proportionnelles à la somme de leurs sublimitez moins celle de leurs profondeurs, *Ce qu'il falloit démontrer.*

COROLLAIRE.

On voit presentement en general que la somme de toutes les puissances qui soûtiennent un poids avec des cordes qui se tiennent par un même nœud, en quelque nombre qu'elles soient, quelque proportion qu'elles ayent entr'elles, & de quelque maniere qu'elles lui soient appliquées, est toûjours à ce poids, comme la somme des parties de leurs cordes qui leur sont (*chap. 2. avert.*) proportionnelles à la somme de leurs sublimitez moins celle de leurs profondeurs.

On peut comparer tout ceci avec les propositions 70. 73. 74. *de M. Borelli ; & on verra non seulement qu'elles sont très-limitées, mais encore qu'avec sa méthode on ne peut pas aller si loin.*

REMARQUE.

Fig. 2. &
11.

En faisant la seconde des deux démonstrations precedentes, il m'en est encore venu une de la premiere proposition. La voici.

Le poids T étant donc soûtenu avec des cordes par deux puissances R & S, des angles G & H du parallelogramme GH, dont la diagonale CD fait partie de la ligne de direc-

*tion de ce poids, soient faites GM & HN paralleles à cette
diagonale, & perpendiculaires à MCN, achevez les parallelogrammes MP & NQ. Cela fait, vous trouverez encore
de la maniere que nous avons fait, la seconde des deux démonstrations précedentes, que le poids T est aux puissances R
& S, comme la partie CD de sa ligne de direction aux parties CG & CH de leurs cordes, qui sont les côtez du parallelogramme CH, dont elle est diagonale.*

Car (*Cor. 6. Lem. 3. Nouv. Méc.*) la puissance R fait
sur le point C la même impression que feroient deux autres puissances appliquées à ce point, l'une suivant CP,
& l'autre suivant CM, à chacune desquelles celle-ci seroit comme CG à chacune de ces lignes. Le point C reçoit donc en même tems deux impressions differentes de
la puissance R, l'une suivant CP, d'une force qui est à
celle de cette puissance (*Cor. 5. du même Lem.*) comme
CP à CG, & l'autre suivant CM, d'une force qui est aussi
(*par le même Cor.*) à celle de cette même puissance, comme CM à CG. Pour la même raison ce même point C
reçoit encore en même tems deux impressions differentes
de la puissance S, l'une suivant CQ, d'une force qui est
à celle de cette puissance, comme CQ à CH, & l'autre
suivant CN, d'une force qui est aussi à celle de cette
même puissance, comme CN à CH. Or, 1°. la force de
l'impression que reçoit le point C de la puissance R suivant CM, est égale à celle qu'il reçoit en même tems de
la puissance S suivant CN ; puisqu'elles sont diamétralement opposées, & qu'aucune des deux (*hyp.*) ne sur-
monte l'autre. La force de la puissance R est donc à
celle de l'impression que reçoit le point C de la puissance
S suivant CN, comme CG à CM. Or CM est égale à CN,
puisque les triangles GPD & HQC semblables, & GD
égale à CH, rendent GP égale à HQ, & que les parallelogrammes MP & NQ rendent aussi GP égale à CM,
& HQ égale à CN. Donc la puissance R est à la force
de l'impression que le point C reçoit de la puissance S
suivant CN, comme CG à CN. Or on vient de voir que

la force de cette même impreſſion, eſt à la puiſſance S,
comme CN à CH. Donc la puiſſance R eſt à la puiſſance S, comme CG à CH. 2°. On vient de voir auſſi que
la puiſſance S eſt à la force de l'impreſſion qu'elle fait ſur
le point C ſuivant CQ, comme CH à CQ. Donc la
puiſſance R eſt auſſi à la force de cette même impreſſion
comme CG à CQ, c'eſt-à-dire, comme CG à DP, puiſque les triangles GPD & HQC ſemblables, & GD égale à CH, rendent DP égale à CQ. On vient de voir encore que cette même puiſſance R eſt à la force de l'impreſſion qu'elle fait ſur ce même point C ſuivant CP,
comme CG à CP. Donc la puiſſance R eſt à la ſomme,
ou à la difference des forces de ces deux impreſſions faites ſur le point C ſuivant CP & CQ, par elle & par la
puiſſance S, comme CG à la ſomme ou à la difference
de ces deux lignes. Or (*fig.* 2.) la ſomme de ces deux
lignes, où (*fig.* 11.) leur difference eſt égale à la diagonale CD du parallelogramme GH ; & (*fig.* 2.) la ſomme, où (*fig.* 11.) la difference des forces de ces deux
impreſſions, eſt auſſi égale au poids T. Donc la puiſſance
R eſt au poids T, comme CG à CD. On vient de démontrer (*n.* 1.) que cette même puiſſance R eſt auſſi à
la puiſſance S, comme CG à CH. Donc les puiſſances R
& S, & le poids T ſont entr'eux comme les lignes CG,
CH & CD ; & par conſequent ce poids eſt à chacune
d'elles, comme la partie CD de ſa ligne de direction à
chacune des parties de leurs cordes, qui ſont les côtez
du parallelogramme GH, dont elle eſt diagonale. *Ce
qu'il falloit démontrer.*

On voit de-là que ſi par le point C, où ſe communiquent les deux cordes qui ſoûtiennent quelque poids que
ce ſoit, on fait MN perpendiculaire à la ligne de direction de ce poids, & qu'après avoir pris de part & d'autre ſur cette ligne CM & CN égales entr'elles, on faſſe
aux points M & N les perpendiculaires MG & NH, qui
rencontrent aux points G & H les cordes des puiſſances
qui ſoûtiennent ce poids ; elles en détermineront des par-

ties CG, CH, qui seront toûjours proportionnelles à ces
mêmes puissances.

*Si M. Borelli eût fait reflexion que les puissances R &
S n'agissent pas seulement contre le poids T, mais aussi l'une
contre l'autre, & que de même qu'elles concourent ensemble
pour empêcher que ce poids n'attire à lui (fig. 2.) le nœud
C, de même aussi chacune d'elles concourt avec lui pour empêcher que l'autre ne l'emporte. Si, dis-je, il avoit fait cette
reflexion, il auroit vû sans doute que chacune de ces puissances fait impression sur ce nœud, non seulement suivant la
direction du poids qu'elles soûtiennent, pour le tenir toûjours
à même hauteur, mais aussi suivant l'horisontale MCN,
pour empêcher qu'aucune d'elles ne l'attire ni à droit ni à
gauche. D'où il auroit infailliblement conclu que ces impressions horisontales, étant diamétralement opposées, doivent
toûjours être égales. De-là voyant qu'elles augmentent ou
diminuent necessairement à mesure que les angles que font les
cordes de ces puissances avec la ligne de direction du poids
qu'elles soûtiennent, s'approchent ou s'éloignent de l'angle
droit, il auroit enfin apperçû l'impossibilité de faire, sinon
aucun, du moins un tel changement à leurs directions, sans en
rompre l'équilibre.*

*Je dis sinon aucun changement, parce qu'il a été dé-
montré (Cor. 1. prop. 1.) qu'il n'est pas possible d'y en faire
aucun sans rompre l'équilibre qui est (hyp.) entre ces puissances, & le poids qu'elles soûtiennent. Nous l'avons même
conclu (Chap. 1.) de la 68. proposition d'où cet Auteur tire
un Scholie tout contraire par un raisonnement dont le défaut
est presentement aisé à découvrir. Voyez-le.*

*Sur ce qu'on vient de dire de l'usage des impressions horison-
tales que font sur le nœud C (fig. 2. & 11.) les puissances R
& S, il est aisé de juger de celui des impressions semblables
que font aussi sur le nœud C de leurs cordes suivant le plan OH
(fig. 10.) les puissances A, B, D, E, F, &c. aussi ne s'y
arrêtera-t'on pas davantage.*

On peut encore comparer le Th. 7. & son premier Corollaire (Nouv. Mécan.) à la 78. prop. de M. Borelli.

On peut aussi comparer les Corollaires 2. 3. 4. du même Th. à la 71. prop. de M. Borelli, & au Corollaire qu'il en tire.

On peut enfin comparer les Corollaires 5. 6. 7. 8. du même Th. 7. à la 72. prop. de M. Borelli, & au Corollaire qu'il en tire.

Tels sont les principes generaux de tout ce que cet Auteur a dit des poids suspendus par des cordes, & de l'usage qu'il en a fait pour exprimer la force des muscles. C'est ce qu'on s'é-toit proposé d'établir dans ce Chapitre par la méthode de la Nouvelle Mécanique. Qu'on voye presentement si la sienne peut aller jusques-là, & si elle peut conduire à la solution du Problême 16. pag. 355. tom. II.

Fin du second Tome.

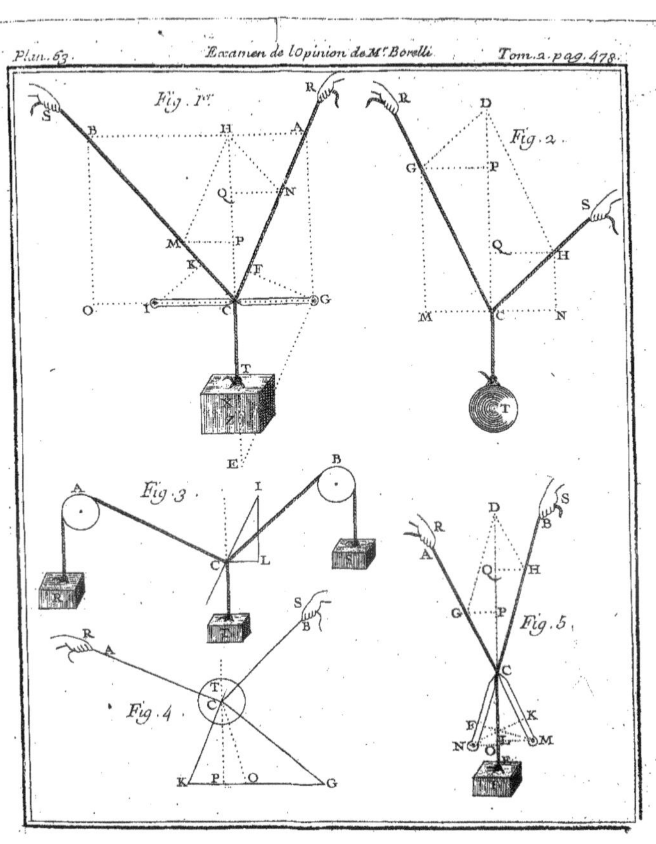

Plan. 63
Examen de l'Opinion de Mr. Borelli
Tom.2.pag.478.
Fig. 1.re
Fig. 2
Fig. 3
Fig. 4
Fig. 5

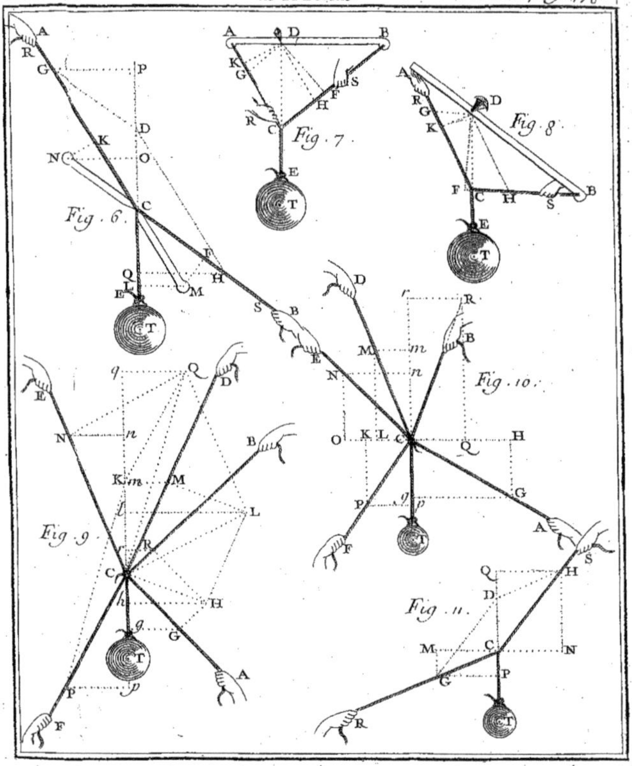

Plan. 64.
Examen de l'opinion
de M.ʳ Borelli.
Tom. 2 pag. 478.
Fig. 6.
Fig. 7.
Fig. 8.
Fig. 9.
Fig. 10.
Fig. 11.

Du 6. Decembre 1724.

MEſſieurs Saurin, de Mairan & de Beaufort, qui avoient été nommez pour examiner la *Nouvelle Mécanique de feu M. Varignon*, ayant dit que cet Ouvrage, dont le Projet avoit été imprimé en 1687. avoit été reçû des Sçavans avec une approbation generale, étoit attendu avec impatience par le merite de l'eſſäi, & la grande reputation de l'Auteur, qu'il feroit à fouhaiter qu'il eût pû y mettre la derniere main, & prendre foin lui-même de l'Edition ; que cependant l'Ouvrage étoit excellent dans l'état où il étoit, & digne du nom de M. Varignon : la Compagnie a jugé qu'il meritoit d'être imprimé. En foi de quoi j'ai figné le prefent Certificat. A Paris ce 10. Decembre 1724.

FONTENELLE, *Sec. perp. de l'Ac. R. des Sc.*

PRIVILEGE DU ROY.

LOUIS par la grace de Dieu Roy de France & de Navarre : A nos amez & féaux Conſeillers, les Gens tenans nos Cours de Parlement, Maîtres des Requêtes ordinaires de nôtre Hôtel, Grand Conſeil, Prévôt de Paris, Baillifs, Sénéchaux, leurs Lieutenans Civils, & autres nos Juſticiers qu'il appartiendra, SALUT. Notre amé & féal le *ſieur Jean-Paul Bignon, Conſeiller ordinaire en notre Conſeil d'Etat, & Préſident de notre Académie Royale des Sciences* ; Nous ayant fait très-humblement expoſer, que depuis qu'il Nous a plû donner à notredite Académie, par un Reglement nouveau, de nouvelles marques de notre affection, elle s'eſt appliquée avec plus de foin à cultiver les Sciences, qui font l'objet de ſes exercices : en ſorte qu'outre les Oüvrages qu'elle a déja donnez au Public, elle feroit en état d'en produire encore d'autres, s'il Nous plaiſoit lui accorder de nouvelles Lettres de Privilege, attendu que celles que Nous lui avons accordées en datte du 6. Avril 1699. n'ayant point de tems limité, ont été déclarées nulles par un Arrêt de notre Conſeil d'Etat du treiziéme Août 1713. Et deſirant donner au ſieur Expoſant toutes les facilitez & les moyens qui peuvent contribuer à rendre utiles au Public les travaux de notredite Académie Royale des Sciences ; Nous avons permis & permettons par ces Preſentes à ladite Académie, de faire imprimer, vendre ou débiter dans tous les lieux de notre obéïſſance, par tel Imprimeur qu'elle voudra choiſir, en telle forme, marge, caractere, & autant de fois que bon lui femblera, *toutes ſes Recherches ou Obſervations journalieres, & Relations annuelles de tout ce qui aura été fait dans les Aſſemblées ; comme auſſi les Ouvrages, Memoires ou Traitez de chacun des Particuliers qui la compoſent*, & generalement tout ce que ladite Académie voudra faire paroître ſous ſon nom, après avoir fait examiner leſdits Ouvrages, & jugé qu'ils font dignes de l'impreſſion ; & ce pendant le tems de quinze années conſécutives, à compter du jour de la date deſdites Préſentes.

Faisons défenses à toutes sortes de personnes de quelque qualité & condition qu'elles soient, d'en introduire d'impression étrangere dans aucun lieu de notre Royaume, comme aussi à tous Imprimeurs, Libraires, & autres, d'imprimer, faire imprimer, vendre, faire vendre, débiter ni contrefaire aucun desdits Ouvrages imprimez par l'Imprimeur de ladite Académie, en tout ni en partie, par extrait ou autrement, sans le consentement par écrit de ladite Académie ou de ceux qui auront droit d'eux ; à peine contre chacun des contrevenans de confiscation des Exemplaires contrefaits au profit de fondit Imprimeur, de trois mille livres d'amende, dont un tiers à l'Hôtel-Dieu de Paris, un tiers audit Imprimeur, & l'autre tiers au Dénonciateur, & de tous dépens, dommages & interêts ; à condition que ces Presentes seront enregistrées tout au long sur le Registre de la Communanté des Imprimeurs & Libraires de Paris, & ce dans trois mois de ce jour ; que l'impression de chacun desdits Ouvrages sera faite dans notre Royaume & non ailleurs, & ce en bon papier & en beaux caracteres, conformément aux Reglemens de la Librairie ; & qu'avant que de les exposer en vente, il en sera mis de chacun deux Exemplaires dans notre Bibliotheque publique, un dans celle de notre Château du Louvre, & un dans celle de notre trés-cher & féal Chevalier Chancelier de France le Sieur Daguesseau, le tout à peine de nullité des Presentes : Du contenu desquelles vous mandons & enjoignons de faire joüir ladite Académie ou ses ayans cause, pleinement & paisiblement, sans souffrir qu'il leur soit fait aucun trouble ou empchement : Voulons que la copie desdites Presentes qui sera imprimée au commencement ou à la fin desdits Ouvrages, soit tenuë pour dûement signifiée, & qu'aux copies collationnées par l'un de nos amez & féaux Conseillers & Secretaires foi soit ajoûtée comme à l'Original. Commandons au premier notre Huissier ou Sergent de faire pour l'execution d'icelles tous actes requis & nécessaires, sans demander autre permission, & nonobstant clameur de Haro, Charte Normande, & Lettres à ce contraires. Car tel est notre plaisir. Donné à Paris le vingt-troisiéme jour du mois de Juin l'an de grace mil sept cens dix-sept, & de notre Regne le deuxiéme. Par le Roy en son Conseil.

Signé, FOUQUET.

Il est ordonné par l'Edit du Roy du mois d'Août 1686. & Arrêt de son Conseil, que les Livres dont l'impression se permet par Privilege de Sa Majesté, ne pourront être vendus que par un Libraire ou Imprimeur.

Registré le present Privilege, ensemble la cession écrite ci dessous sur le Registre IV. de la Communauté des Imprimeurs & Libraires de Paris, p. 155. N. 205. conformément aux Reglemens, & notamment à l'Arrest du Conseil du 13. Août 1703. A Paris le 3. Juillet 1717. Signé, DELAUNE, *Syndic.*

Nous soussigné Président de l'Académie Royale des Sciences, déclarons avoir en tant que besoin cedé le present Privilege à ladite Académie, pour par elle & les differens Académiciens qui la composent, en joüir pendant le tems & suivant les conditions y portées. Fait à Paris le premier Juillet 1717.

Signé, J. P. BIGNON.

Extrait des Registres de l'Académie Royale des Sciences.
Du 6. Decembre 1724.

Par déliberation faite selon la forme ordinaire, la Compagnie a résolu de permettre au sieur JOMBERT, Marchand Libraire, d'imprimer la *Nouvelle Mécanique de M. Varignon*, & de lui ceder à cet égard le Privilege qu'elle a obtenu du Roy en datte du 29. Juin 1717. En foi de quoi j'ai signé le present Certificat. A Paris ce 6. Decembre 1724.

FONTENELLE, *Sec. perp. de l'Ac. R. des Sc.*